"十二五"普通高等教育本科国家级规划教材　高等学校理工科化学化工类规划教材

FUNDAMENTAL CHEMICAL PROCESS EQUIPMENT

化工设备机械基础

（第八版）

喻健良　王立业　刁玉玮　编著

大连理工大学出版社
Dalian University of Technology Press

图书在版编目(CIP)数据

化工设备机械基础 / 喻健良,王立业,刁玉玮编著
. -- 8 版. -- 大连 : 大连理工大学出版社,2022.11(2024.9重印)
ISBN 978-7-5685-3551-9

Ⅰ. ①化… Ⅱ. ①喻… ②王… ③刁… Ⅲ. ①化工设
备②化工机械 Ⅳ. ①TQ05

中国版本图书馆 CIP 数据核字(2022)第 013167 号

化工设备机械基础
HUAGONG SHEBEI JIXIE JICHU

大连理工大学出版社出版
地址:大连市软件园路 80 号 邮政编码:116023
发行:0411-84708842 邮购:0411-84708943 传真:0411-84701466
E-mail:dutp@dutp.cn URL:https//www.dutp.cn
大连市东晟印刷有限公司印刷 大连理工大学出版社发行

幅面尺寸:185mm×260mm 印张:23.75 字数:606 千字
1989 年 8 月第 1 版 2022 年 11 月第 8 版
2024 年 9 月第 4 次印刷

责任编辑:于建辉 责任校对:周 欢
封面设计:冀贵收

ISBN 978-7-5685-3551-9 定 价:59.80 元

本书如有印装质量问题,请与我社发行部联系更换。

前　言

　　化学工业是原料经物理加工或化学反应过程而生产出所需产品的工业,是现代人类社会赖以生存和发展的基础行业之一。化工设备是进行原料储存、流动、反应、换热、分离等过程的场所,是化学工业的重要组成部分。化工设备的发展,不仅是化学工业发展的重要基石,也是我国装备制造业的重要组成部分。

　　我国化学工业的起步较晚,但发展迅速。从 20 世纪六七十年代开始,随着从国外引进诸如合成氨装置等,我国的化学工业及化工设备才开始发展。目前,我国对大部分反应设备的设计及制造技术已经掌握,如数百万吨级氢气-液-固三相固定床反应器、世界最大的加氢反应器、几十万吨级的聚丙烯环管反应器等。此外,我国在塔设备的设计、研发、制造方面已经达到国际领先水平,在换热器的强化传热技术方面已经居于世界前列。

　　经过几十年的发展,我国一跃成为世界领先的化工设备制造大国,较多核心化工设备均能自给自足并以优异的质量实现出口,实现了国外超百年的技术发展进程。

　　当然,也应该看到,由于起步晚,发展时间短,我国较多化工装备仍然存在"大而不强"的短板,部分重大化学工程设备和新材料设备领域仍受制于人。尤其是一些国之重器以及关系国家产业链安全的重大技术装备,还未能实现国产化。"关键核心技术是要不来、买不来、讨不来的。"这就需要新一代化工设备人继承老一辈的优良传统和拼搏精神,不忘初心,继续努力,走出一条艰苦但必将胜利的自主创新之路。

　　本书是化工设备设计的基础教材,通过本书的学习,读者能够掌握化工设备设计的入门知识,为深入研究化工设备提供基础。

　　本书自 1989 年出版以来,受到了广大读者特别是高校师生的厚爱,许多高校从本书第一版开始就将其选作教材并沿用至今。本书第二版～第七版先后于 1992 年、1997 年、2000 年、2003 年、2006 年及 2013 年出版。其中,第五版于 2002 年入选普通高等教育"十五"国家级规划教材,第六版于 2006 年入选普通高等教育"十一五"国家级规划教材,第七版于 2013 年入选"十二五"普通高等教育本科国家级规划教材、于 2021 年获得首届辽宁省教材建设奖。

　　本书在编写及历次修订中始终保持及突出如下特色:

　　(1)加强基本知识、基本理论和基本概念的阐释,同时注重规范设计与工程应用要求。

（2）体系完整。本书分为3篇：化工设备材料篇，包括化工设备材料及其选择；化工容器设计篇，包括容器设计的基本知识、内压薄壁容器的应力分析、内压薄壁圆筒与封头的强度设计、外压圆筒与封头的设计、容器零部件；典型化工设备的机械设计篇，包括热交换器的机械设计、塔设备的机械设计、搅拌器的机械设计。本书基本概括了进行化工设备设计所必备的基础，为理解化工设备设计及进一步学习及应用提供了条件。

（3）本着服务教学、与时俱进的原则，及时依据国家及行业标准及规范的更新情况修订内容。本次修订主要参考了国家标准 GB/T 150.1～150.4—2011《压力容器》、GB/T 151—2014《热交换器》、NB/T 47020～47027—2012《压力容器法兰、垫片、紧固件》、NB/T 47041—2014《塔式容器》、HG/T 20592～20635—2009《钢制管法兰、垫片、紧固件》以及 TSG 21—2016《固定式压力容器安全技术监察规程》等。

（4）全面修订了文字、图表，使其更规范、更完善。在参照相关国家标准对文字和图表进行修订的同时，也根据教学过程中发现的问题以及读者提出的意见进行了适当更改。

（5）尽量满足不同专业、不同学时的教学需求。考虑到许多高校有学时数减少的趋势，加之本书的适用专业范围已经由传统的化工拓展到环境、安全、制药等相关专业，因此，本书内容力求详尽，教师在实际教学时可根据具体情况酌情删减。

（6）为使学生体验设计与计算的全过程，尽快培养出工程观念，本书各章均配有适量的例题和习题，并将计算与设计所需的必要数据、标准列于附录。

本书第一版至第五版第1～6章及附录由刁玉玮教授编写，第7～9章由王立业副教授编写。第六版第1～6章及附录由喻健良教授修订，第7～9章由王立业副教授修订，全书由刁玉玮教授统稿并定稿。第七版第1～6章及附录由喻健良教授、伊军高级工程师修订，第7～9章由王立业副教授修订，全书由喻健良教授统稿并定稿。第八版由喻健良教授、闫兴清工程师、伊军高级工程师修订，全书由喻健良教授统稿并定稿。

李荣华、李铭为本书第一版及第二版描图，侯明参加了本书第三版、第四版的修订工作，伊军高级工程师对本书第五版、六版的修订提出了宝贵意见，常州大学高光藩教授审阅了第七版书稿，在此一并表示谢意！

本书可作为高等学校化工、安全、环境、生物、制药等相关专业学生学习化工容器与设备机械设计基础知识的教材，也可供有关工程技术人员参考。

与本书配套的教学课件及《化工设备机械基础学习指导》（喻健良主编）均已出版。

编著者
2021 年 11 月

读者在使用本书的过程中所有意见和建议请发往：dutpbk@163.com
欢迎访问高教数字化服务平台：https://www.dutp.cn/hep/
联系电话：0411-84708462　84708445

目　录

第 1 篇　化工设备材料

第1章　化工设备材料及其选择 /3
1.1　概　述 /3
1.2　材料的性能 /4
  1.2.1　力学性能 /4
  1.2.2　物理性能 /10
  1.2.3　化学性能 /11
  1.2.4　加工工艺性能 /12
1.3　金属材料的分类与牌号 /13
  1.3.1　分　类 /13
  1.3.2　钢铁牌号及表示方法 /16
1.4　碳钢与铸铁 /18
  1.4.1　铁碳合金的组织结构 /18
  1.4.2　铁碳合金状态图 /21
  1.4.3　碳钢中元素对其性能的影响 /23
  1.4.4　钢的热处理 /24
  1.4.5　铸　铁 /26
1.5　低合金钢 /26
  1.5.1　合金元素对钢性能的影响 /27
  1.5.2　低合金钢 /28
  1.5.3　不锈耐酸钢 /29

  1.5.4　耐热钢 /30
  1.5.5　低温用钢 /33
  1.5.6　锅炉和压力容器用钢 /33
1.6　有色金属材料 /36
  1.6.1　铝及其合金 /36
  1.6.2　铜及其合金 /37
  1.6.3　铅及其合金 /38
  1.6.4　钛及其合金 /38
1.7　非金属材料 /38
  1.7.1　无机非金属材料 /39
  1.7.2　有机非金属材料 /39
1.8　化工设备的腐蚀及防腐措施 /41
  1.8.1　金属腐蚀 /41
  1.8.2　晶间腐蚀和应力腐蚀 /45
  1.8.3　金属腐蚀破坏的形式 /47
  1.8.4　金属设备的防腐措施 /47
1.9　化工设备材料的选择 /48
  1.9.1　选材的一般原则 /48
  1.9.2　选材举例 /50
习　题 /51

第 2 篇　化工容器设计

第 2 章　容器设计的基本知识 /55

2.1 　容器的分类 /55

2.1.1　常用的分类方法 /55

2.1.2　依据"固容规"分类 /57

2.2 　容器的结构及零部件标准化 /59

2.2.1　容器结构 /59

2.2.2　容器零部件的标准化 /60

2.3 　特种设备安全监察及法规标准 /62

2.3.1　特种设备安全监察 /62

2.3.2　《固定式压力容器安全技术
监察规程》简介 /62

2.3.3　特种设备法规、部门规章、安全
技术规范和标准 /63

2.4 　压力容器机械设计的基本要求 /64

习　题 /66

第 3 章　内压薄壁容器的应力分析 /67

3.1 　回转壳体的应力分析——薄膜
理论 /67

3.1.1　薄壁容器及其应力特点 /67

3.1.2　基本概念与基本假设 /68

3.1.3　经向应力计算公式——区域
平衡方程式 /69

3.1.4　环向应力计算公式——微体
平衡方程式 /71

3.1.5　轴对称回转壳体薄膜理论的
适用范围 /73

3.2 　薄膜理论的应用 /73

3.2.1　受气体内压的圆筒壳 /73

3.2.2　受气体内压的球壳 /74

3.2.3　受气体内压的椭球壳(椭圆形
封头) /75

3.2.4　受气体内压的锥壳 /78

3.2.5　受气体内压的碟形壳(碟形
封头) /78

3.2.6　例　题 /81

3.3 　内压圆筒的边缘应力 /83

3.3.1　边缘应力的概念 /83

3.3.2　边缘应力的特点 /84

3.3.3　对边缘应力的处理 /85

习　题 /86

第 4 章　内压薄壁圆筒与封头的
强度设计 /89

4.1 　强度设计的基本知识 /89

4.1.1　关于弹性失效的设计准则 /89

4.1.2　强度理论及其相应的
强度条件 /90

4.2 　内压薄壁圆筒壳与球壳的
强度设计 /91

4.2.1　强度计算公式 /91

4.2.2　设计参数的确定 /93

4.2.3　容器的厚度和最小厚度 /99

4.2.4　耐压试验 /100

4.2.5　泄漏试验 /102

4.2.6　例　题 /102

4.3 　封头的设计 /105

4.3.1　半球形封头 /105

4.3.2　椭圆形封头 /105

4.3.3　碟形封头 /106

4.3.4　球冠形封头 /108

4.3.5　锥形封头 /109

4.3.6　平板封头 /116

4.3.7　例　题 /121

4.3.8　封头的选择 /123

习　题 /127

第 5 章　外压圆筒与封头的设计 /130

5.1 　概　述 /130

5.1.1　外压容器的失稳 /130

5.1.2　容器失稳形式的分类 /130

5.2 　临界压力 /131

5.2.1　概　念 /131

5.2.2　影响临界压力的因素 /131

　　5.2.3　长圆筒、短圆筒
　　　　　和刚性圆筒　/133
　　5.2.4　临界压力的理论计算
　　　　　公式　/134
　　5.2.5　临界长度　/135
　5.3　外压圆筒的工程设计　/135
　　5.3.1　设计准则　/135
　　5.3.2　外压圆筒壁厚设计的
　　　　　图算法　/136
　　5.3.3　例　题　/144
　5.4　外压球壳与凸形封头的设计　/145
　　5.4.1　外压球壳和球形封头的
　　　　　设计　/145
　　5.4.2　凸面受压封头的设计　/146
　　5.4.3　例　题　/147
　5.5　外压圆筒加强圈的设计　/147
　　5.5.1　加强圈的作用与结构　/147
　　5.5.2　加强圈的间距　/148
　　5.5.3　加强圈的尺寸设计　/148
　　5.5.4　加强圈与圆筒间的连接　/149
　　5.5.5　例　题　/150
　习　题　/151
第6章　容器零部件　/154
　6.1　法兰连接　/154
　　6.1.1　法兰连接结构与密封
　　　　　原理　/154
　　6.1.2　法兰的结构与分类　/155

　　6.1.3　影响法兰密封的因素　/157
　　6.1.4　法兰标准及选用　/161
　6.2　容器支座　/174
　　6.2.1　卧式容器支座　/174
　　6.2.2　立式容器支座　/181
　6.3　容器的开孔补强　/183
　　6.3.1　开孔应力集中现象
　　　　　及其原因　/183
　　6.3.2　开孔补强设计原则、形式
　　　　　与结构　/185
　　6.3.3　等面积补强设计方法　/189
　　6.3.4　例　题　/192
　6.4　容器附件　/193
　　6.4.1　接　管　/193
　　6.4.2　凸　缘　/194
　　6.4.3　手孔与人孔　/194
　　6.4.4　视　镜　/195
　6.5　容器设计举例　/195
　　6.5.1　罐体壁厚设计　/195
　　6.5.2　封头厚度设计　/196
　　6.5.3　鞍　座　/197
　　6.5.4　人　孔　/198
　　6.5.5　人孔补强　/199
　　6.5.6　接　管　/199
　　6.5.7　设备总装配图　/200
　习　题　/202

第3篇　典型化工设备的机械设计

第7章　热交换器的机械设计　/209
　7.1　概　述　/209
　　7.1.1　管壳式热交换器的结构及主要
　　　　　零部件　/209
　　7.1.2　管壳式热交换器的分类　/210
　　7.1.3　管壳式热交换器总体
　　　　　设计内容　/212

　7.2　换热管的选用及其与管板的
　　　连接　/213
　　7.2.1　换热管的选用　/213
　　7.2.2　换热管的材料标准　/214
　　7.2.3　换热管与管板的连接　/215
　7.3　管板结构　/217
　　7.3.1　换热管的排列形式　/217
　　7.3.2　管间距　/219

7.3.3 管板受力及其设计方法
简介 /219
7.3.4 管程的分程及管板与隔板的
连接 /220
7.3.5 管板与壳体的连接结构 /221
7.4 折流板、支承板、旁路挡板及拦液板的
作用与结构 /223
7.4.1 折流板与支承板 /223
7.4.2 旁路挡板 /225
7.4.3 拦液板 /226
7.5 温差应力 /226
7.5.1 管壁与壳壁温差引起的
温差应力 /226
7.5.2 管子拉脱力的计算 /228
7.5.3 温差应力的补偿 /230
7.5.4 膨胀节的结构及设置 /232
7.6 管箱与壳程接管 /234
7.6.1 管箱 /234
7.6.2 壳程接管 /234
7.7 管壳式热交换器的机械设计
举例 /235
习题 /243
第8章 塔设备的机械设计 /245
8.1 塔体与裙座的机械设计 /246
8.1.1 塔体厚度的计算 /246
8.1.2 裙座设计 /256
8.2 塔体与裙座的机械设计举例 /263
8.2.1 设计条件 /263
8.2.2 按计算压力计算塔体和封头
厚度 /264
8.2.3 塔设备质量载荷计算 /265
8.2.4 风载荷与风弯矩计算 /267
8.2.5 地震弯矩计算 /269
8.2.6 偏心弯矩计算 /270
8.2.7 各种载荷引起的轴向
应力 /270
8.2.8 塔体和裙座危险截面的强度
与稳定校核 /271

8.2.9 塔体水压试验和吊装时的应力
校核 /273
8.2.10 基础环设计 /274
8.2.11 地脚螺栓计算 /275
8.3 板式塔结构 /275
8.3.1 总体结构 /275
8.3.2 塔盘结构 /277
8.3.3 塔盘的支承 /281
8.4 填料塔结构 /282
8.4.1 喷淋装置 /283
8.4.2 液体再分布器 /285
8.4.3 支承结构 /286
习题 /287
第9章 搅拌器的机械设计 /291
9.1 概述 /291
9.2 搅拌器的型式及选型 /292
9.3 搅拌器的功率 /294
9.3.1 搅拌器功率和搅拌作业
功率 /294
9.3.2 影响搅拌器功率的因素 /294
9.3.3 从搅拌作业功率的观点确定
搅拌过程的功率 /295
9.4 搅拌容器结构设计 /296
9.4.1 罐体的尺寸确定 /296
9.4.2 顶盖的结构 /298
9.5 传动装置及搅拌轴 /300
9.5.1 传动装置 /300
9.5.2 搅拌轴的设计 /302
9.6 轴封 /303
9.6.1 填料密封 /303
9.6.2 机械密封 /304
附录 /305
附录1 常用金属材料的物理性能 /305
附录2 锅炉和压力容器用钢板的
化学成分和力学性能 /306
附录3 钢板、钢管、锻件和螺柱的
高温力学性能 /308

附录 4　无缝钢管的尺寸范围
　　　　及常用系列　/313
附录 5　螺栓、螺母材料组合
　　　　及适用温度范围　/314
附录 6　钢板、钢管、锻件和螺栓的
　　　　许用应力　/315
附录 7　图 5-5、图 5-7～图 5-15 的曲线数据
　　　　表(GB 150.3—2011)　/326
附录 8　压力容器用钢制法兰　/333

附录 9　钢制管法兰标准(HG/T
　　　　20592—2009)摘要　/340
附录 10　容器支座　第 1 部分:鞍式支座
　　　　　标准(JB/T 4712.1—
　　　　　2007)　/352
附录 11　容器支座　第 3 部分:耳式支座
　　　　　标准(JB/T 4712.3—
　　　　　2007)摘要　/363
附录 12　裙座参数　/366

参考文献　/370

第 1 篇

化工设备材料

正确选择和使用材料是化工容器与设备机械设计的基础及重要环节。本篇主要内容如下:

1. 详细介绍化工设备用材料的基础知识,其主脉络是讲述材料的性能(包括力学性能、物理性能、化学性能及加工工艺性能)、影响材料性能的因素(金属材料的组织、结构、化学成分等),以及通过改变金属材料的化学成分、进行热处理等方法和途径达到获得理想材料的目的。

2. 详细介绍我国最新金属材料标准,普通碳素钢、优质碳素钢和铸铁的牌号、性能及选用,以及化工设备应用最广泛的低合金钢和化工设备用的特种钢,如不锈钢、耐热钢、低温用钢等。

3. 简要介绍铝、铜、铅、钛及其合金,无机、有机非金属材料的种类及应用。

4. 简要讲述化工设备的腐蚀与防护措施,着重介绍氢腐蚀、晶间腐蚀、应力腐蚀的机理及防腐措施。

通过本篇内容的学习,使大家初步学会正确合理地选用承压类化工容器和设备用材料。

第1章

化工设备材料及其选择

1.1 概 述

化学工业是多品种的基础工业,化工设备的种类很多,设备的操作条件也比较复杂。依据操作压力,有真空、常压、低压、中压、高压和超高压设备;依据操作温度,有低温、常温、中温和高温设备;处理的介质大多数有腐蚀性或易燃、易爆、有毒等。甚至对于某种具体设备来说,既有温度、压力要求,又有耐腐蚀要求,而且这些要求有时还互相制约,有时某些条件又经常变化。

这种多样性的操作特点,为化工设备材料选用带来了复杂性,因此合理选用化工设备用材料是设计化工设备的重要环节。在选择材料时,必须根据材料的各种性能及其适用范围,综合考虑具体的操作条件,抓住主要矛盾,遵循适用、安全和经济的原则。

选用材料的一般要求是:

(1)材料品种应符合我国资源和供应情况;

(2)材质可靠,能保证使用寿命;

(3)要有足够的强度,良好的塑性和韧性;

(4)对腐蚀性介质具有良好的耐腐蚀性;

(5)便于制造加工,焊接性能良好;

(6)经济上合理。

例如,对于压力容器用材料来说,经常在有腐蚀性介质的条件下工作,除了承受较高的介质压力以外,有时还会受到冲击和疲劳载荷的作用;在制造过程中,材料还要经历各种冷、热加工(如下料、卷板、焊接、热处理等)使之成型,因此,对压力容器用材料有较高的要求。除了依据介质不同要有耐腐蚀要求以外,还应有较高的强度,良好的塑性、韧性和冷弯性能,低缺口敏感性,良好的加工和焊接性能。对低合金钢板材要注意是否有分层、夹渣、白点和裂纹等缺陷,尤其白点和裂纹是绝对不允许存在的。对中、高温容器,由于钢材在中、高温的长期作用下,金相组织和力学性能等将发生明显的变化,又由于化工用的中、高温容器往往都要承受一定的介质压力,故在选材时还必须考虑材料的组织稳定性和中、高温的力学性能。对于低温容器用钢,要着重考虑材料在低温下的脆性破坏问题。

1.2 材料的性能

材料的性能包括力学性能、物理性能、化学性能和加工工艺性能等。

1.2.1 力学性能

构件在使用过程中受力(载荷)超过某一限度时,就会发生变形,甚至断裂。将材料抵抗外力(或外加能量)所表现的行为,包括变形和断裂,即在外力作用下不产生超过允许的变形或不被破坏的能力,叫作材料的力学性能(也称机械性能)。通常用材料在外力作用下表现出来的弹性、塑性、强度、硬度和韧性等特征指标来衡量。

力学性能

金属材料在外力作用下所引起的变形和断裂过程,大致可分为三个阶段:

(1)弹性变形阶段;

(2)弹-塑性变形阶段;

(3)断裂阶段。

一般的断裂有两种形式:断裂之前没有明显塑性变形阶段,称为脆性断裂;经过大量塑性变形之后才发生断裂,称为韧性断裂。

1.强度

强度是固体材料在外力作用下抵抗产生塑性变形和断裂的特性。常用的强度指标有屈服强度和抗拉强度等。

(1)屈服强度(R_{eL})

金属材料承受载荷作用,当载荷不再增加或缓慢增加时,金属材料仍继续发生明显的塑性变形的现象习惯上称为"屈服"。当金属材料发生屈服现象时,在试验期间材料达到塑性变形发生而力不增加的应力点,称为"屈服点",也称为屈服强度,并用上屈服强度 R_{eH} (MPa)和下屈服强度 R_{eL} (MPa)表示,如图 1-1 所示。工程上用下屈服强度代表金属材料抵抗产生塑性变形的能力。

$$R_{eL} = \frac{F_s}{S_0} \qquad (1-1)$$

式中　F_s——载荷不再增加,甚至有所降低时,试件还继续伸长的最小应力,N;

　　　S_0——试样的原始横截面积,mm^2。

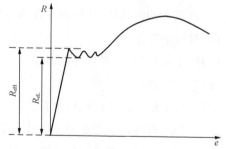

e—延伸率;R—应力;R_{eH}—上屈服强度;R_{eL}—下屈服强度

图 1-1　金属材料上、下屈服强度示意图

除退火或热轧的低碳钢和中碳钢等少数合金有明显的"屈服点"外,大多数金属合金没有明显的"屈服点"。因此,工程中规定发生 0.2% 残余伸长时的应力为"条件屈服点",称为名义屈服强度(或 0.2% 非比例延伸强度),以 $R_{p0.2}$ (MPa)表示。

$$R_{p0.2} = \frac{F_{0.2}}{S_0} \qquad (1-2)$$

式中　$F_{0.2}$——产生 0.2% 残余伸长的载荷，N。

$R_{eL}(R_{p0.2})$ 是公认的评定工程材料的重要力学性能指标。

在材料标准中用 $R_{eL}(R_{p0.2}, R_{p1.0})$ 表示材料标准室温屈服强度（0.2%、1.0% 非比例延伸强度）。

（2）抗拉强度（R_m）

金属材料在拉伸条件下，从开始加载到发生断裂所能承受的最大应力值，叫作抗拉强度。由于外力形式的不同，有抗拉强度、抗压强度、抗弯强度和抗剪切强度等。抗拉强度是压力容器设计常用的性能指标，是试件断裂前最大载荷下的应力，以 R_m（MPa）表示。

$$R_m = \frac{F_m}{S_0} \qquad (1\text{-}3)$$

式中　F_m——试件断裂前所承受的最大载荷，N。

在材料标准中用 R_m 表示其抗拉强度下限值。R_m 是评定工程材料的重要力学性能指标。

工程上所用的金属材料，不仅希望具有高的 R_{eL} 值，而且还希望具有一定的屈强比（R_{eL}/R_m）。屈强比越小，材料的塑性储备就越大，越不容易发生危险的脆性破坏。但是，屈强比太小，材料的强度水平就不能充分发挥。反之，屈强比越大，材料的强度水平就越能得到充分发挥，但塑性储备越小。实际上，一般还是希望屈强比大一些。

（3）蠕变极限（R_n^t）

高温下材料的屈服强度、抗拉强度、塑性及弹性模量等性能均发生显著的变化。通常是随着温度的升高，金属材料的强度降低，塑性提高。除此之外，金属材料在高温下还有一个重要特性，即"蠕变"。所谓蠕变，是指在高温时，在一定的应力下，应变随时间而增加的现象，或者金属在高温和存在内应力的情况下逐渐产生塑性变形的现象。

对某些金属如铅、锡等，在室温下也有蠕变现象。钢铁和许多有色金属，只有当温度超过一定值以后才会发生蠕变。例如，碳素钢和普通低合金钢在温度超过 350 ℃ 时，低合金铬钼钢在温度超过 450 ℃ 时，高合金钢在温度超过 550 ℃ 时，才发生蠕变。而轻合金在温度超过 50 ℃ 时就发生蠕变。

在生产实际中，因金属材料蠕变而造成的破坏实例并不少见。例如，由于存在蠕变，高温高压的蒸气管道的管径随时间的增加而不断增大，厚度随之减薄，最后可能导致管道破裂。

材料在高温条件下抵抗发生缓慢塑性变形的能力，用蠕变极限 R_n^t（MPa）表示。常用的蠕变极限有两种：一种是在工作温度下引起规定变形速度 [如 $v = 1 \times 10^{-5}$ mm/(mm·h) 或 $v = 1 \times 10^{-4}$ mm/(mm·h)] 的应力值；另一种是在一定工作温度下，在规定的使用时间内，使试件发生一定量的总变形的应力值。如在某一温度下，在 1 万小时或 10 万小时内产生的总变形量为 1% 时的最大应力。在材料标准中用 R_n^t 表示材料在设计温度下经 10 万小时蠕变率为 1% 的蠕变极限平均值。

材料的蠕变极限与温度、蠕变速度有关。表 1-1 给出了不锈耐酸钢（S32168）在不同温度及不同蠕变速度下的蠕变极限。

表 1-1　S32168 在不同温度及不同蠕变速度下的蠕变极限

蠕变速度 mm/(mm·h)	蠕变极限/MPa			
	425 ℃	475 ℃	520 ℃	560 ℃
10^{-6}	176	91	33	6
10^{-7}	—	88	19	—

（4）持久强度（R_D^t）

在给定温度下，促使试样或工件经过一定时间发生断裂的应力叫作持久强度，以 R_D^t（MPa）表示。在化工容器用钢中，设备的设计寿命一般为 10 万小时，以 R_D^t 表示材料在设计温度下经 10 万小时断裂的持久强度的平均值。

持久强度是一定温度和应力下材料抵抗断裂的能力。在相同条件下，持续的时间越久，则该材料抵抗断裂的能力越强。

（5）疲劳强度（R_{-1}）

很多构件与零件，经常受到大小及方向变化的交变载荷，这种交变载荷，使金属材料在应力远低于屈服强度时就发生断裂，这种现象称为"疲劳"。金属在无数次交变载荷作用下，不致引起断裂的最大应力，称为"疲劳极限"。

实际上不可能进行无数次试验，而是把经 $10^6 \sim 10^8$ 次循环试验不发生断裂的最大应力作为疲劳极限，又称疲劳强度。如钢在纯弯曲交变载荷下循环试验 5×10^6 次时，所测得不发生断裂的最大应力，即算作它的弯曲疲劳强度，用 R_{-1}（MPa）表示。一般钢铁的弯曲疲劳强度仅为抗拉强度的一半，甚至还低一些。

金属的疲劳强度与很多因素有关，如合金成分、表面状态、组织结构、夹杂物含量与分布状况以及应力集中情况等。

2. 塑性

塑性是金属材料在断裂前发生不可逆永久变形的能力。塑性指标是指金属在外力作用下产生塑性变形而不被破坏的能力。常用的塑性指标有断后伸长率（A）和断面收缩率（Z）。

塑性

（1）断后伸长率（A）

试样受拉力断裂后，断后标距的残余伸长（$L_u - L_0$）与原始标距（L_0）之比的百分率，称为断后伸长率，以 A（%）表示。

$$A = \frac{L_u - L_0}{L_0} \times 100\% \tag{1-4}$$

式中　L_u——室温下将断后的两部分试样紧密地对接在一起，保证两部分的轴线位于同一条直线上，测量试样断裂后的标距，mm；

L_0——室温下施力前的试样标距，mm；

$L_u - L_0$——试样断后标距的残余伸长，即断后试件的绝对伸长，mm。它是在试件整个拉伸至断裂时所产生的塑性变形量。

A 的大小与试样尺寸有关。对于比例试样，若原始标距不为 $5.65\sqrt{S_0}$（S_0 为平行长度的原始横截面积），符号 A 应附以下脚注说明所使用的比例系数，例如，$A_{11.3}$ 表示原始标距为 $11.3\sqrt{S_0}$ 的断后伸长率。对于非比例试样，符号 A 应附以下脚注说明所使用的原始标距,以毫米(mm)表示,例如,$A_{80\,mm}$ 表示原始标距为 80 mm 的断后伸长率。

(2)断面收缩率(Z)

试样断裂后,横截面积的最大缩减量($S_0 - S_u$)与原始横截面积(S_0)之比的百分率,称为断面收缩率,以 Z 表示。

$$Z = \frac{S_0 - S_u}{S_0} \times 100\% \tag{1-5}$$

式中　S_u——试样断裂后的最小横截面积,mm^2;

　　　S_0——试样的原始横截面积,mm^2。

断面收缩率 Z 与试样尺寸无关,它能更可靠、更灵敏地反映材料塑性的变化。

断后伸长率和断面收缩率均用于衡量金属材料塑性大小。断后伸长率和断面收缩率越大,表示金属材料的塑性越好。如纯铁的断后伸长率几乎为 50%,而普通铸铁的断后伸长率还不到 1%,因此,纯铁的塑性远比普通铸铁好。

焊接结构用碳素钢、低合金高强度钢和低合金低温钢钢板其断后伸长率(A)指标应符合表 1-2 的规定。

表 1-2　　　　　　　　　　钢板断后伸长率指标

钢板标准抗拉强度下限值 R_m/MPa	断后伸长率 A/%
≤420	≥23
>420~550	≥20
>550~680	≥17
>680	≥16

(3)冷弯

冷弯也是衡量金属材料和焊缝塑性的指标之一,它是由冷弯试验测定的。金属材料和焊接接头在室温下以一定的内半径进行弯曲,在试样被弯曲受拉面出现第一条裂纹前,金属材料的变形越大,其塑性就越好。焊接接头的冷弯试验常以一定的弯曲角度($\alpha = 120°$或 $180°$)下是否出现裂纹为评定标准。

冷弯试验不但是对压力容器用材的一项验收指标,而且在容器制造过程中,对焊接工艺试板和产品试板均需做冷弯试验。(对不锈钢冲击试验可以不做,但冷弯试验必须做。)

上述塑性指标在工程中具有重要的实际意义。首先,良好的塑性可顺利地进行某些成型工艺,如弯卷、锻压、冷冲、焊接等。其次,良好的塑性使零件在使用中能因产生塑性变形而避免突然断裂,故在静载荷下使用的容器和零件,都需要具有一定的塑性。当然,塑性过高,材料的强度必然很低,因此必须合理确定材料性能需求。

3. 硬度

硬度是指金属材料表面上不大的体积内抵抗其他更硬物体压入表面发生变形或破裂的能力;或称在外力作用下,材料抵抗局部变形,尤其是抵抗塑性变形、压痕或划痕的能力。硬度是衡量材料软硬的指标,它不是一个单纯的物理量,而是反映材料弹性、强度、塑性和韧性等的综合性能指标。

常用的硬度测量方法是用一定的载荷(压力)把一定的压头压入金属表面,然后测定压痕的面积或深度。当压头和压力一定时,压痕越深或面积越大,硬度就越低。根据压头和压力的不同,常用的硬度指标可分为布氏硬度(HBW)、洛氏硬度(HRA、HRB、HRC)、维氏硬度(HV)和肖氏硬度(HS)等。

布氏硬度测量方法是以直径为 D 的硬质合金球,在载荷 F(N)下压入金属表面,如图 1-2 所示。经规定保压时间卸载后,根据试件表面压痕直径 d,按式(1-6)计算材料的布氏硬度。

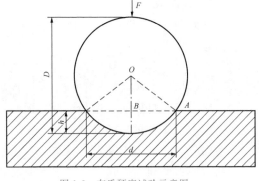

图 1-2 布氏硬度试验示意图

$$\text{HBS(HBW)} = 0.102\frac{F}{A}$$

$$= 0.102\frac{2F}{\pi D(D-\sqrt{D^2-d^2})}$$

$$(1\text{-}6)$$

式中 F——载荷,N;

D——硬质合金球直径,mm;

A——压痕表面积,mm^2,

$$A = \frac{1}{2}\pi D(D-\sqrt{D^2-d^2});$$

d——压痕直径,mm。

布氏硬度测量误差小,数据稳定,由于压痕大,不能用于太薄件、成品件和硬度大于650 HBW 的材料。

硬度是材料的重要性能指标之一。一般说来,硬度高强度也高,耐磨性较好。大部分金属硬度和强度之间有一定的关系,因而可用硬度近似地估计抗拉强度。根据经验,它们的关系为(应力均以 MPa 计):

对于碳钢及低合金钢,当 $450 < \text{HBW} \leqslant 650$ 时,$R_m \approx (3.36 \sim 4.08)\text{HBW}$。

4. 冲击吸收能量

冲击吸收能量是衡量材料韧性的一个指标,是材料在冲击载荷作用下吸收塑性变形功和断裂功的能力,常以标准试样的冲击吸收能量 KV_2 表示。目前工程上常用一次摆锤冲击弯曲试验来测定金属承受冲击载荷的能力。其试样的安放和试样原理如图 1-3 和图 1-4 所示。

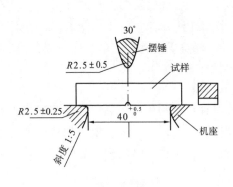

图 1-3 冲击试样的安放

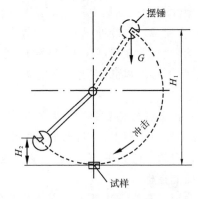

图 1-4 冲击试验原理

将欲测定的材料先加工成标准试样,如图 1-5 所示。然后放在试验机的机座上,将具有一定重量 G 的摆锤举至一定的高度 H_1,使其获得一定的位能(GH_1),再将其释放,冲断试样,摆锤的剩余能量为 GH_2。摆锤冲断试样所失去的位能,即冲击负荷使试样断裂所做的功,称为冲击吸收能量,以 KV_2 表示,即 $KV_2=GH_1-GH_2=G(H_1-H_2)$,单位是 N·m(J)。冲击试样缺口底部单位横截面积上的冲击吸收功,称为冲击韧度(α_K)。

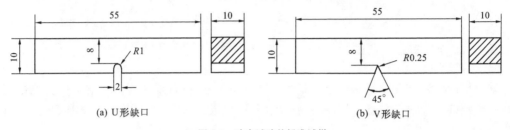

图 1-5　冲击试验的标准试样

$$\alpha_K=\frac{KV_2}{F}\quad(J/cm^2)\tag{1-7}$$

冲击试样在受到摆锤突然冲击发生断裂时,其断裂过程是一个裂纹萌生和扩展的过程,在裂纹向前扩展的过程中,如果塑性变形能发生在裂纹扩展之前,就可以阻止裂纹的长驱直入。它要继续扩展,就需另找途径,这样就能消耗更多的能量。因此,冲击吸收能量的大小,取决于材料有无迅速塑性变形的能力。

根据上述断裂机理,对韧性可以这样理解:韧性是材料在外加动载荷突然袭击时的一种及时和迅速塑性变形的能力。韧性高的材料,一般都有较高的塑性指标;但塑性较高的材料,却不一定都有较高的韧性。这是因为,在静载荷下能够缓慢塑性变形的材料,在动载荷下不一定能迅速塑性变形。

一方面,由于同一材料在冲击试验时所消耗的功主要取决于发生塑性变形的体积,而不仅仅取决于缺口处横截面积 F;另一方面,缺口断面上的应力分布也不均匀,所以式(1-7)中用 F 来平均 KV_2 并不准确。目前英国、美国等国家均直接用冲击吸收能量 KV_2 表示夏比(V 形缺口)试样的冲击值。我国 1985 年版的《钢制石油化工压力容器设计规定》中,对钢板的韧性指标已改用冲击吸收能量 KV_2。冲击试验常用试样有梅氏(U 形缺口)试样[如图 1-5(a)所示]和夏比(V 形缺口)试样[如图 1-5(b)所示]。我国过去多年沿用苏联的梅氏试样。试验数据表明,夏比(V 形缺口)试样缺口尖端的圆角小,能模拟较高的应力集中和反映材料的缺口敏感性,它对考核材料低温时的韧性(脆性)较梅氏试样敏感。因此,我国《压力容器安全技术监察规程》中规定,对低温容器用材料,要提供夏比(V 形缺口)冲击吸收能量 KV_2。目前现行的 TSG 21—2016《固定式压力容器安全技术监察规程》规定,"厚度不小于 6 mm 的钢板""直径和厚度可以制备宽度为 5 mm 小尺寸冲击试样的钢管""任何尺寸的钢锻件",按照设计要求的冲击试验温度下的 V 形缺口试样冲击吸收能量(KV_2)指标应符合表 1-3 的规定。

表 1-3   碳素钢和低合金钢(钢板、钢管和钢锻件)冲击吸收能量

钢材标准抗拉强度下限值 R_m/MPa	3 个标准试样冲击吸收能量平均值 KV_2/J
≤450	≥20
>450~510	≥24
>510~570	≥31
>570~630	≥34
>630~690	≥38(且侧膨胀值 LE≥0.53 mm)
>690	≥47(且侧膨胀值 LE≥0.53 mm)

5. 缺口敏感性

缺口敏感性是指在带有一定应力集中的缺口条件下,材料抵抗裂纹扩展的能力,属于材料的韧性范畴。但缺口敏感性和冲击韧性不同。缺口敏感性是在静载荷下抵抗裂纹扩展的性能,而冲击韧性是指材料承受动载荷时抵抗裂纹扩展的能力。

一种常用缺口敏感性试验方法是:从垂直钢材轧制面方向开出带有 60°角的 V 形缺口,缺口深度为 2 mm,在油压机上进行弯曲试验,弯曲时支点的跨距为 40 mm,求得载荷 F 与挠度 f 的关系曲线,根据曲线的陡降程度判定缺口敏感性是否合格。

1.2.2　物理性能

金属材料的物理性能有相对密度 ρ_r、熔点 t_m、比热容 c、导热系数 λ、线膨胀系数 α、电阻率 ρ、弹性模量 E 及泊松比 μ(有时也将弹性模量和泊松比归入材料的力学性能)等。

1. 线膨胀系数 α

金属及合金受热时,体积一般都要膨胀(即几何尺寸要伸长),这一特性称为热膨胀性。通常用线膨胀系数来定量,以 α 表示。

物理性能

$$\alpha = \frac{1}{l}\frac{\Delta l}{\Delta t} \quad [\text{mm}/(\text{mm} \cdot \text{℃})] \tag{1-8}$$

式中　l——试件原始长度,mm;

Δl——试件伸长量,mm;

Δt——温度差,℃。

异种钢的焊接,要考虑它们的线膨胀系数是否接近,以避免因膨胀量不等而使构件变形或损坏。有些设备的衬里及组合件,应注意材料的线膨胀系数要和基体材料相同或接近,以防止受热后因膨胀量不同而松动或破坏。

2. 弹性模量 E 与泊松比 μ

材料在弹性范围内,应力和应变成正比,即 $\sigma = E\varepsilon$。比例系数 E 称为弹性模量,单位为 MPa,弹性模量表示金属材料在弹性变形阶段的应力和应变关系。弹性模量是金属材料对弹性变形抗力的指标,用以衡量材料产生弹性变形的难易程度的。材料的弹性模量越大,使它产生一定量的弹性变形的应力也越大。金属的弹性模量主要取决于金属原子结构、结晶点阵和温度等因素,而合金化、热处理和冷热加工等因素对它的影响很小,因此,弹性模量是

金属材料最稳定的性能之一。对同一种材料,弹性模量 E 随温度的升高而降低。

泊松比是拉伸试验中试件单位横向收缩与单位纵向伸长之比,以 μ 表示。对于各种钢材,泊松比近乎为常数,即 $\mu=0.3$。

几种常用金属材料的物理性能见表 1-4;钢材不同温度下的弹性模量和钢材的平均线膨胀系数,参见附表 1-1 和附表 1-2。

表 1-4　　几种常用金属材料的物理性能

金属材料	相对密度 ρ_r g/cm³	熔点 t_m ℃	比热容 c J/(kg·K)	导热系数 λ W/(m·K)	线膨胀系数 α 10^{-6}mm/(mm·℃)	电阻率 ρ Ω·mm²/m	弹性模量 E 10^3 MPa	泊松比 μ
低碳钢及低合金钢	7.8	~1 500	460.57	46.52~58.15	11~12	0.11~0.13	201	0.24~0.28
铬镍奥氏体钢	7.9	1 370~1 430	502.44	13.96~18.61	16~17	0.70~0.75	195	0.25~0.30
紫铜	8.9	1 083	385.20	384.95	16.5	0.017	112	0.31~0.34
纯铝	2.7	660	900.20	220.97	23.6	0.027	75	0.32~0.36
纯铅	11.3	327	129.80	34.89	29.3	0.188	15	0.42
纯钛	4.5	1 688	577.81	15.12	8.5	0.45	109	0.34

1.2.3　化学性能

金属材料的化学性能是指材料在所处介质中的化学稳定性,即材料是否会与介质发生化学和电化学作用而引起腐蚀。金属的化学性能主要包括耐腐蚀性和抗氧化性。

1. 耐腐蚀性

金属和合金对周围介质,如大气、水汽、各种电解液侵蚀的抵抗能力叫作耐腐蚀性。腐蚀包括化学腐蚀和电化学腐蚀两种类型。化学腐蚀一般在干燥气体及非电解质溶液中进行,腐蚀时没有电流产生;电化学腐蚀是在电解液中进行,腐蚀时有微电流产生。

根据介质侵蚀能力的强弱,对于不同介质中工作的金属材料的耐腐蚀性要求也不相同。如海洋设备及船舶用钢,须耐海水及海洋大气腐蚀;而贮存和运输酸的容器、管道等,则应具有较高的耐酸性能。一种金属材料在某种介质、某种条件下是耐蚀的,而在另一种介质或条件下就可以不耐蚀。如镍铬不锈钢在稀酸中耐蚀,而在盐酸中则不耐蚀;铜及其合金在一般大气中耐蚀,但在氨水中却不耐蚀。常用金属材料在不同温度和浓度的酸碱盐类介质中的耐腐蚀性见表 1-5。

表 1-5　　常用金属材料在不同温度和浓度的酸碱盐类介质中的耐腐蚀性

金属材料	硝酸 c/%	硝酸 t/℃	硫酸 c/%	硫酸 t/℃	盐酸 c/%	盐酸 t/℃	氢氧化钠 c/%	氢氧化钠 t/℃	硫酸铵 c/%	硫酸铵 t/℃	硫化氢 c/%	硫化氢 t/℃	尿素 c/%	尿素 t/℃	氨 c/%	氨 t/℃
灰铸铁	×	×	70~100 (80~100)	20 (70)	×	×	(任)	(480)	×	×			×	×		
高硅铸铁 STSi15R	≥40 <40	≤沸 <70	50~100	<120	(<35)	30	(34)	(100)	耐	耐	潮湿	100	耐	耐	(25)	(沸)
碳钢	×	×	70~100 (80~100)	20 (70)	×	×	≤35 ≥70 100	120 260 480	×	×	80	200	×	×		(70)
18-8 型不锈钢	<50 (60~80) 95	沸 (沸) 40	80~100 (<10)	<40 (<40)	×	×	≤90	100	饱	250		100			溶液与气体	100

（续表）

金属材料	硝酸		硫酸		盐酸		氢氧化钠		硫酸铵		硫化氢		尿素		氨	
	$c/\%$	$t/℃$	$c/\%$	$t/℃$	$c/\%$	$t/℃$	$c/\%$	$t/℃$	$c/\%$	$t/℃$	$c/\%$	$t/℃$	$c/\%$	$t/℃$	$c/\%$	$t/℃$
铝	(80~95) >95	(30) 60	×	×	×	×	×	×	10	20	100				气	300
铜	×	×	<60 (80~100)	20 (20)	(<27)	(55)	50	35	(10)	(40)	×	×			×	×
铅	×	×	<75 (96)	50 (20)	×	×	×	×	(浓)	(110)	干燥气	20			气	300
钛	任	沸	5	35	<10	<40	10	沸					耐	耐		

注 ①此表中列出的材料耐腐蚀性的一般数据，"任"表示任意浓度，"沸"表示沸点，"饱"表示饱和浓度。
②带有"（ ）"表示尚耐腐蚀，腐蚀速度为 0.1~1 mm/a；不带"（ ）"表示耐腐蚀，腐蚀速度为 0.1 mm/a 以下；"×"表示不耐腐蚀或不宜用；空白为无数据。

2. 抗氧化性

抗氧化性是指金属材料在高温条件下抵抗氧化气氛腐蚀作用的能力。现代工业生产中的许多设备，如各种工业锅炉、热加工设备、汽轮机及各种高温化工设备等，它们在高温工作条件下，不仅有自由氧的氧化腐蚀过程，还有其他气体介质，如水蒸气、CO_2、SO_2 等的氧化腐蚀过程，因此锅炉给水中的氧含量和其他介质中的硫及其他杂质的含量对钢的氧化是有一定影响的。

1.2.4　加工工艺性能

金属材料的加工工艺性能是指金属材料适应冷或热加工的能力，即保证加工质量的前提下加工过程的难易程度。加工工艺性能包括铸造性能、锻造性能、焊接性能、切削加工性能、热处理工艺性能等。这些性能直接影响化工设备和零部件的制造工艺方法，也是选择材料时必须考虑的重要因素之一。

金属材料的加工分为冷加工和热加工。冷加工有冷卷、冷冲压、冷锻、冷挤压及机械切削加工等；热加工有热卷、热冲压、铸造、热锻、焊接及热处理等。

1. 铸造性能（可铸性）

指金属材料能用铸造的方法获得合格铸件的性能。铸造性主要包括流动性、收缩性和偏析。流动性是指液态金属充满铸模的能力，收缩性是指铸件凝固时，体积收缩的程度，偏析是指金属在冷却凝固过程中，因结晶先后差异而造成金属内部化学成分和组织的不均匀性。

2. 锻造性能

指金属材料在压力加工时，能改变形状而不产生裂纹的性能。它包括在热态或冷态下能够进行锤锻、轧制、拉伸、挤压等加工。可锻性的好坏主要与金属材料的化学成分有关。

3. 焊接性能（可焊性）

指金属材料对焊接加工的适应性能。主要是指在一定的焊接工艺条件下，获得优质焊接接头的难易程度。焊接性能包括两个方面的内容：一是结合性能，即在一定的焊接工艺条件下，一定的金属形成焊接缺陷的敏感性；二是使用性能，即在一定的焊接工艺条件下，一定的金属焊接接头对使用要求的适用性。

4. 切削加工性(可切削性,机械加工性)

指金属材料被刀具切削加工后而成为合格工件的难易程度。切削加工性好坏常用加工后工件的表面粗糙度,允许的切削速度以及刀具的磨损程度来衡量。它与金属材料的化学成分、力学性能、导热性及加工硬化程度等诸多因素有关。通常用硬度和韧性大致判断切削加工性的好坏。一般来说,金属材料的硬度越高越难切削,硬度虽不高,但韧性大,切削也较困难。

5. 热处理

(1)退火:指金属材料加热到适当的温度,保持一定的时间,然后缓慢冷却的热处理工艺。常见的退火工艺有:再结晶退火、去应力退火、球化退火、完全退火等。退火的目的主要是降低金属材料的硬度,提高塑性,以利切削加工或压力加工,减少残余应力,提高组织和成分的均匀化,或为后道热处理做好组织准备等。

(2)正火:指将钢材或钢件加热到 A_{c3} 或 A_{cm}(钢的上临界点温度)以上 30～50 ℃,保持适当时间后,在静止的空气中冷却的热处理的工艺。正火的目的主要是提高低碳钢的力学性能,改善切削加工性,细化晶粒,消除组织缺陷,为后道热处理做好组织准备等。

(3)淬火:指将钢件加热到 A_{c3} 或 A_{c1}(钢的下临界点温度)以上某一温度,保持一定的时间后以适当的冷却速度,获得马氏体(或贝氏体)组织的热处理工艺。常见的淬火工艺有盐浴淬火、马氏体分级淬火、贝氏体等温淬火、表面淬火和局部淬火等。淬火的目的是使钢件获得所需的马氏体组织,提高工件的硬度、强度和耐磨性,为后道热处理做好组织准备等。

1.3　金属材料的分类与牌号

1.3.1　分　类

金属是个大家庭,人们通常把金属材料分成两大类:黑色金属和有色金属。

1. 黑色金属

黑色金属是对铁、铬和锰及其合金(尤其是合金钢及钢铁)的统称。三种金属都是冶炼钢铁的主要原料。

金属材料的
分类与牌号

(1)生铁

生铁是碳含量 2.11%～6.67%并含有非铁杂质较多的铁碳合金。生铁是高炉产品,按其用途分为炼钢生铁和铸造生铁两大类。习惯上炼钢生铁叫作生铁,铸造生铁简称铸铁。铸造生铁又可分为白口铸铁、灰口铸铁、可锻铸铁、球墨铸铁和特种铸铁等品种。生铁按化学成分分为普通生铁和合金生铁,普通生铁是指不含其他合金元素的生铁,如炼钢生铁和铸造生铁;合金生铁是指含有共生金属的铁矿石或通过加入其他成分的元素炼成含有多种合金元素的特种生铁,如锰铁、硅铁和铬铁等。

(2)钢

钢是碳含量小于 2.11%的铁碳合金(理论上一般把碳含量小于 2.11%的铁碳合金称为钢)。为了保证其韧性和塑性,碳含量一般不超过 1.7%。钢的主要元素除了铁、碳外,还有硅、锰、硫、磷等。钢的分类方法多种多样,主要分类方法有如下七种:

①按品质分类

普通钢(磷含量≤0.040%,硫含量≤0.040%)

优质钢(磷、硫含量均≤0.035%)

高级优质钢(磷含量≤0.030%,硫含量≤0.040%)

特级优质钢(磷含量≤0.025%,硫含量≤0.020%)

②按化学成分分类

碳素钢:低碳钢(碳含量≤0.25%)、中碳钢(碳含量0.25%~0.60%)、高碳钢(碳含量>0.60%)

合金钢:低合金钢(合金元素总含量≤5%)、中合金钢(合金元素总含量5%~10%)、高合金钢(合金元素总含量>10%)

③按成形方法分类

锻钢、铸钢、热轧钢、冷拉钢。

④按金相组织分类

退火状态:亚共析钢(铁素体+珠光体)、共析钢(珠光体)、过共析钢(珠光体+渗碳体)、莱氏体钢(珠光体+渗碳体+莱氏体)

正火状态:珠光体钢、贝氏体钢、马氏体钢、奥氏体钢

无相变或部分发生相变的

⑤按用途分类

建筑及工程用钢:普通碳素结构钢、低合金结构钢、钢筋钢

结构钢:调质结构钢、表面硬化结构钢、冷塑性成形用钢

工具钢:碳素工具钢、合金工具钢、高速工具钢

特殊性能钢:不锈耐酸钢、耐热钢、低温用钢、耐磨钢

专业用钢:桥梁用钢、锅炉压力容器用钢、船舶用钢

⑥综合分类

普通钢:碳素结构钢、低合金结构钢、特定用途普通结构钢

优质钢:结构钢、工具钢

⑦按冶炼方法分类

a.按炉种分类

平炉钢、转炉钢、电炉钢

b.按脱氧程度和浇注制度分类

沸腾钢、半镇静钢、镇静钢

镇静钢为完全脱氧的钢。钢液在浇注前加入足够数量的Si、Al等强氧化剂元素,使钢液进行完全脱氧,把FeO中的氧还原出来,生成SiO_2和Al_2O_3,使得钢中氧含量不超过0.01%(通常为0.002%~0.003%)。通常铸成上大下小带保温帽的钢锭模,浇注时钢液镇静不沸腾。浇注后钢液从底部向上、向中心顺序地凝固,在钢锭上部形成集中缩孔,这节帽头在轧制开坯后需切除,因而成材率较低,成本较高。但这种方法铸成的钢锭内部紧密坚实,偏析小,质量均匀。因此重要用途的优质碳钢和合金钢大都是镇静钢。化工压力容器一般都要选用镇静钢。镇静钢的钢锭如图1-6所示。

沸腾钢是脱氧不完全的钢。钢液在浇注前只用弱脱氧剂 Mn
脱氧,使钢水中残留一定的氧,氧含量为 $0.03\%\sim0.07\%$,因此在钢
液中仍然保留相当数量的 FeO,浇注后钢液在锭模中发生[FeO]+
[C]===CO+[Fe]的自脱氧反应,放出大量的 CO 气体,出现沸腾现
象,故称沸腾钢,用符号"F"表示。沸腾钢锭中没有缩孔,凝固收缩
后气体分散为很多形状不同的气泡,布满全锭,因而内部结构疏松。
这个缺点通过碾压时的压合作用可以得到克服。沸腾钢锭没有缩
孔处的废弃部分,所以成材率高,成本低。但沸腾钢的钢锭碳含量
偏析比较严重,在钢结构中多用于承受静载的结构。

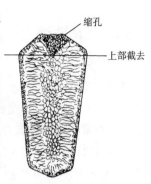

图 1-6 镇静钢的钢锭

半镇静钢脱氧程度介于镇静钢与沸腾钢之间,浇注前在盛钢桶
内或钢锭模内加入脱氧剂,锭模也是上小下大,钢锭的特征是具有
薄的紧密外壳,头部还有缩孔,钢锭内部结构下半部像沸腾钢,上半部像镇静钢。由于此种钢
经部分脱氧,能早期消除模内沸腾,所以钢锭的偏析发展较弱。这是生产这种钢锭的主要原
因。同时这种钢锭头部切除较小,成材率也较高。

镇静钢、半镇静钢和沸腾钢的区别:因为镇静钢在模内平静地进行凝固,所以没有沸腾
钢那样大的偏析且钢锭各部位的成分比较均匀。镇静钢钢锭的特征是其内部性质比沸腾钢
和半镇静钢均匀,但是镇静钢钢锭在结晶过程中受选分结晶规律的影响也会产生偏析现象,
高温下析出的晶体较纯,低温下析出的晶体含夹杂较多,造成了钢锭各部位各种元素、气体
和非金属夹杂物的不均匀分布。镇静钢的成坯率比沸腾钢的成坯率高 $5\%\sim10\%$,成本也较
高,但是对成分没有限制,且材质均匀。总之,从钢的性能上比较,镇静钢优于沸腾钢,但镇
静钢由于有巨大缩孔,使成材率大大低于沸腾钢,成本上产生很大差异。故镇静钢常用于有
较高需用性能的优质合金钢中,而一般大量使用的建筑用普通钢则大多是沸腾钢或半镇静
钢。

2. 有色金属

有色金属又称非铁金属,是指除黑色金属外的金属和合金。有色金属分类方法各种各
样,按照比重来分,铝、镁、锂、钠、钾等的比重小于 4.5,称作轻金属;铜、锌、镍、汞、锡、铅等的
比重大于 4.5,称作重金属。金、银、铂、锇、铱等比较贵,称作贵金属;镭、铀、钍、钋等具有放
射性,称作放射性金属;铌、钽、锆、镥、金、镭、铪、铀等因为地壳中含量较少,或者比较分散,
故称为稀有金属。

按合金成分分类:

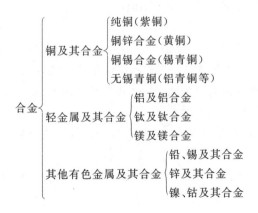

1.3.2 钢铁牌号及表示方法

1.牌号表示原则

钢铁产品牌号的表示,通常采用汉语拼音大写字母、化学元素符号和阿拉伯数字相结合的方法。为了便于国际交流和贸易,也可采用大写英文字母或国际惯例表示符号。

(1)碳素结构钢和低合金结构钢

碳素结构钢和低合金结构钢的牌号通常由四部分组成:第一部分为前缀符号＋强度值(单位:N/mm² 或 MPa),其中通用结构钢前缀符号为代表屈服强度的拼音字母"Q";第二部分(必要时)为钢的质量等级,用英文字母 A、B、C、D、E、F…表示;第三部分(必要时)为脱氧方式表示符号,即沸腾钢、半镇静钢、镇静钢、特殊镇静钢分别用"F""b""Z""TZ"表示,镇静钢、特殊镇静钢表示符号通常可以省略;第四部分(必要时)为钢材产品用途、特性和工艺方法表示符号,见表 1-6。

表 1-6　钢材产品用途、特性和工艺方法表示符号

产品名称	采用的汉字及汉字拼音或英文单词			采用字母	位置
	汉字	汉字拼音	英文单词		
锅炉和压力容器用钢	容	RONG	—	R	牌号尾
低温压力容器用钢	低容	DI RONG	—	DR	牌号尾
船用钢	采用国际符号				

(2)合金结构钢和合金弹簧钢

合金结构钢牌号通常由四部分组成:第一部分以两位阿拉伯数字表示平均碳含量(以万分之几计)。第二部分为合金元素含量,以化学元素符号[①]及阿拉伯数字表示。平均含量小于 1.50％时,牌号中仅标明元素,一般不标明含量;平均含量为 1.50％～2.49％、2.50％～3.49％、3.50％～4.49％、4.50％～5.49％…时,在合金元素后相应写成2、3、4、5…。第三部分为钢材冶金质量,即高级优质钢、特级优质钢分别以"A""E"表示,优质钢不用字母表示。第四部分(必要时)为钢材产品用途、特性和工艺方法表示符号,见表 1-6。

(3)不锈钢和耐热钢

不锈钢和耐热钢的牌号由碳含量和合金元素含量两部分组成。

①碳含量

用两位或三位阿拉伯数字表示最佳控制值(以万分之几或十万分之几计)。具体表示方法如下:

规定碳含量上限者,当碳含量上限不大于 0.10％时,以其上限的 3/4 表示碳含量;当碳含量上限大于 0.10％时,以其上限的 4/5 表示碳含量。例如,碳含量上限为 0.08％,其牌号中的碳含量以 06 表示;碳含量上限为 0.20％,其牌号中的碳含量以 16 表示;碳含量上限为0.15％,其牌号中的碳含量以 12 表示。

对超低碳不锈钢(即碳含量不大于 0.030％),用三位阿拉伯数字表示碳含量最佳控制值

---

① 化学元素符号的排列顺序推荐按含量值递减排列。如果两个或多个元素的含量相等,相应符号位置按英文字母的顺序排列。

(以十万分之几计)。例如,碳含量上限为 0.030% 时,其牌号中的碳含量以 022 表示;碳含量上限为 0.020% 时,其牌号中的碳含量以 015 表示。

规定上、下限者,以平均碳含量×100 表示。例如,碳含量为 0.16%～0.25% 时,其牌号中的碳含量以 20 表示。

②合金元素含量

合金元素含量以化学元素符号及阿拉伯数字表示,表示方法同合金结构钢第二部分。钢中有意加入的铌、钛、锆、氮等合金元素,虽然含量很低,也应在牌号中标出。例如:

碳含量不大于 0.08%,铬含量为 18.00%～20.00%,镍含量为 8.00%～11.00% 的不锈钢,牌号为 06Cr19Ni10。

碳含量不大于 0.030%,铬含量为 16.00%～19.00%,钛含量为 0.10%～1.00% 的不锈钢,牌号为 022Cr18Ti。

碳含量为 0.15%～0.25%,铬含量为 14.00%～16.00%,锰含量为 14.00%～16.00%,镍含量为 1.50%～3.00%,氮含量为 0.15%～0.30% 的不锈钢,牌号为 20Cr15Mn15Ni2N。

碳含量不大于 0.25%,铬含量为 24.00%～26.00%,镍含量为 19.00%～22.00% 的耐热钢,牌号为 20Cr25Ni20。

2. 钢号表示方法

碳素钢和低合金钢牌号示例见表 1-7。

表 1-7　　　　　　　　　　　　碳素钢和低合金钢牌号示例

序号	产品名称	第一部分	第二部分	第三部分	第四部分	牌号实例
1	碳素结构钢	屈服强度下限 235MPa	A 级	沸腾钢	—	Q235AF
2	低合金高强结构钢	屈服强度下限 345MPa	D 级	特殊镇静钢	—	Q345D
3	锅炉和压力容器用钢	屈服强度下限 345MPa	—	特殊镇静钢	压力容器"容"拼音首字母"R"	Q345R
4	锅炉和压力容器用钢	碳含量≤0.22%	锰含量 1.20%～1.60% 钼含量 0.45%～0.65% 铌含量 0.025%～0.05%	特级优质钢	压力容器"容"拼音首字母"R"	18MnMoNbER

3. 钢牌号新旧对照

近年来,钢材标准不断修订,表 1-8 为锅炉和压力容器用碳素钢和低合金钢牌号新旧对照表,表 1-9 为高合金钢板的牌号新旧对照表。

表 1-8　　　　　　　　　锅炉和压力容器用碳素钢和低合金钢牌号新旧对照表

GB 713—2014	GB 713—1997	GB 6654—1996	GB 713—2014	GB 713—1997	GB 6654—1996
Q245R	20g	20R	15CrMoR	15CrMog	15CrMoR
Q345R	16Mng、19Mng	16MnR	12Cr1MoVR	12Cr1MoVg	
Q370R		15MnNbR	14Cr1MoR		
Q420R			12Cr2Mo1R		
18MnMoNbR		18MnMoNbR	12Cr2Mo1VR		
13MnNiMoR	13MnNiCrMoNbg	13MnNiMoNbR	07Cr2AlMoR		

表 1-9 高合金钢板的牌号新旧对照表

序号	统一数字代号	新牌号	旧牌号	序号	统一数字代号	新牌号	旧牌号
1	S11306	06Cr13	0Cr13	10	S31668	06Cr17Ni12Mo2Ti	0Cr18Ni12Mo2Ti
2	S11348	06Cr13Al	0Cr13Al	11	S31708	06Cr19Ni13Mo3	0Cr19Ni13Mo3
3	S11972	019Cr19Mo2NbTi	00Cr18Mo2	12	S31703	022Cr19Ni13Mo3	00Cr19Ni13Mo3
4	S30408	06Cr19Ni10	0Cr18Ni9	13	S32168	06Cr18Ni11Ti	0Cr18Ni10Ti
5	S30403	022Cr19Ni10	00Cr19Ni10	14	S39042	015Cr21Ni26Mo5Cu2	—
6	S30409	07Cr19Ni10	—	15	S21953	022Cr19Ni5Mo3Si2N	00Cr18Ni5Mo3Si2
7	S31008	06Cr25Ni20	0Cr25Ni20	16	S22253	022Cr22Ni5Mo3N	—
8	S31608	06Cr17Ni12Mo2	0Cr17Ni12Mo2	17	S22053	022Cr23Ni5Mo3N	—
9	S31603	022Cr17Ni12Mo2	00Cr17Ni14Mo2				

4. 铸铁、铸钢牌号表示方法

铸铁、铸钢牌号表示方法见表 1-10。

表 1-10 铸铁(GB/T 5612—2008)、铸钢(GB/T 5613—2014)牌号表示方法

名称	代号	牌号举例	说明
灰铸铁	HT	HT250	HT 后的数字为抗拉强度 R_m,单位 MPa
球墨铸铁	QT	QT400-18	QT 后第一组数字为抗拉强度 R_m;第二组数字为断后伸长率 $A(\%)$
铸钢	ZG	ZG200-400	ZG 后第一组数字为屈服强度最低值 R_{eL},单位 MPa;第二组数字为抗拉强度最低值 R_m,单位均为 MPa。两组数字间用"-"隔开
		ZG15Cr2MoV	15:碳的名义含量 0.15%;Cr2:铬的名义含量 2%;Mo:钼的平均含量小于 1.5%;V:钒平均含量小于 1.5%
		ZG06Cr19Ni10	06:碳的名义含量 0.06%;Cr19:铬的名义含量 19%;Ni10:镍的名义含量 10%

1.4 碳钢与铸铁

碳钢和铸铁统称为铁碳合金,是工业中应用最广的合金。碳含量为 0.021 8%～2.11% 的铁碳合金称为碳钢,碳含量大于 2.11% 的铁碳合金称为铸铁。当碳含量小于 0.02% 时,称为工程纯铁,工程纯铁极少使用;当碳含量大于 4.3% 时,称为铸铁,铸铁太脆,没有实际应用价值。

碳钢与铸铁

1.4.1 铁碳合金的组织结构

1. 金属的组织与结构

工业上作为结构使用的金属材料是固态的。固态金属都属于晶体物质。各种铁碳合金表面上看似乎一样,但其内部微观情况却有着很大的差别。如果用金相分析的方法,在金相显微镜下可以看到它们的差异。通常在低于 1 500 倍的显微镜下观察到的金属的晶粒,称为金属的显微组织,简称组织,如图 1-7 所示。如果用 X 光和电子显微镜则可以观察到金属原子的各种规则排列,称为金属的晶体结构,简称结构。

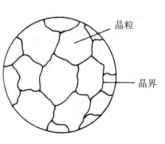

图 1-7 金属的显微组织

这种金属内部的微观组织和结构的不同形式,影响着金属材料的性质。图 1-8 为灰铸铁中石墨存在的形式与分布,其中球状石墨的铸铁强度最好,细片状石墨次之,粗片状石墨最差。

(a)球状石墨　　　　(b)细片状石墨　　　　(c)粗片状石墨

图 1-8　灰铸铁中石墨存在的形式与分布

如图 1-9 所示为纯铁在不同温度下的晶体结构。其中,图 1-9(a)为面心立方晶格,图 1-9(b)为体心立方晶格,前者的塑性好于后者,而后者的强度高于前者。

(a)面心立方晶格(γ-Fe)　　　　　　(b)体心立方晶格(α-Fe)

图 1-9　纯铁在不同温度下的晶体结构

2. 纯铁的同素异构转变

上述体心立方晶格的纯铁称为 α-Fe,而面心立方晶格的纯铁称为 γ-Fe。

α-Fe 经加热可转变为 γ-Fe,反之,高温下的 γ-Fe 冷却可转变为 α-Fe。这种在固态下晶体结构随温度变化的现象,称为"同素异构转变"。这一同素异构转变是在 910 ℃下恒温完成的。

$$\gamma\text{-Fe} \underset{\text{（面心立方晶格）}}{\overset{910\ ℃}{\rightleftharpoons}} \alpha\text{-Fe}$$

（面心立方晶格）　（体心立方晶格）

如图 1-10 所示,铁的同素异构转变是固态下铁原子重新排列的过程,实质上也是一种结晶过程,纯铁塑性较好,强度较低,在工业上用得很少,常用的是铁碳合金。

3. 铁与碳的相互关系和碳钢的基本组织

碳对铁碳合金性能的影响极大,铁中加入少量的碳以后,强度显著增加,这是由于碳加入后引起了内部组织改变的缘故。

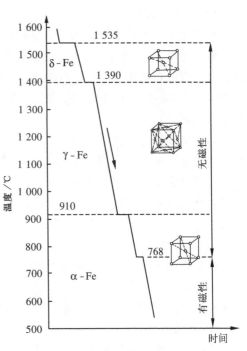

图 1-10　铁的同素异构转变

两种物质的相互关系基本上可以分为溶解、化合与混合几种,而铁和碳的关系也遵循这一普遍原则。碳在铁中的存在形式有固溶体(两种或两种以上元素在固态下互相溶解,而仍然保持溶剂晶格原来形式的物体叫作固溶体)、化合物和混合物。下面具体介绍铁和碳溶解、化合和混合所形成的各种基本组织。

(1)铁素体(F)

碳溶解在 α-Fe 中所形成的固溶体叫作铁素体,用符号"F"表示,如图 1-11 所示。由于 α-Fe 的原子间隙很小,所以溶碳能力极低,在室温下仅能溶解 0.006% 的碳。所以铁素体强度和硬度低,但塑性和韧性很好。因而含铁素体的钢(如低碳钢)就表现出软而韧的性能。

(2)奥氏体(A)

碳溶解在 γ-Fe 中所形成的固溶体叫作奥氏体,用符号"A"表示,如图 1-12 所示。由于 γ-Fe 原子间隙较大,所以碳在 γ-Fe 铁中的溶解度比在 α-Fe 中大得多。如在 727 ℃ 时可溶解 0.77%,在 1 148 ℃ 时可达最大值 2.11%。碳钢只有加热到 727 ℃(称为临界点)以上,组织发生转变时才存在奥氏体。奥氏体的性能特点是强度、硬度高,塑性低,韧性好,且没有磁性。

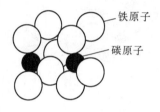

图 1-11　碳溶于 α-Fe 中示意图

图 1-12　碳溶于 γ-Fe 中示意图

(3)渗碳体(C)

铁和碳形成的具有复杂结构的金属化合物,称为渗碳体,用符号"C"表示。其中铁原子与碳原子之比为 3∶1,即 Fe_3C。其碳含量高达 6.69%。Fe_3C 的性能既不同于铁,也不同于碳。其硬度高(HBW 为 784),塑性几乎为零,熔点约为 1 600 ℃。由于 Fe_3C 又硬又脆,纯粹的 Fe_3C 在工业上并无用处。Fe_3C 以不同的大小、形状与分布出现在组织中,对钢的组织与性能影响很大。

渗碳体在一定条件下可以分解为铁和碳,这种游离的碳是以石墨形式存在的。铁碳合金中碳含量小于 2% 时,其组织是在铁素体中散布着渗碳体,这就是碳素钢;当碳含量大于 2% 时,部分碳就以游离石墨的形式存在于合金中,这就是铸铁。石墨本身的性质是质软,强度低。石墨分布在铸铁中相当于对铸铁挖了许多孔洞,因而铸铁的抗拉强度和塑性都比钢的低。

(4)珠光体(P)

珠光体是铁素体和渗碳体二者组成的机械混合物,用符号"P"表示。碳素钢中珠光体组织的平均碳含量约为 0.77%。它的力学性能介于铁素体和渗碳体之间,即其强度、硬度比铁素体显著增高,塑性、韧性比铁素体要差,但比渗碳体要好得多。

(5)莱氏体(L)

莱氏体是珠光体和初次渗碳体共晶混合物,用符号"L"表示。它存在于高碳钢和白口铁中。莱氏体具有较高的硬度(HBW＞686),是一种较粗而硬的组织。

(6)马氏体(M)

钢和铁从高温奥氏体状态急冷(淬火)下来,得到一种碳原子在 α-Fe 中过饱和的固溶体,称为马氏体,用符号"M"表示。马氏体组织有很高的硬度,而且硬度随着碳含量的增大而提高。但马氏体很脆,延展性很低,几乎不能承受冲击载荷。马氏体由于碳原子过饱和,所以不稳定,加热后容易分解或转变为其他组织。

1.4.2　铁碳合金状态图

铁碳合金状态图又称铁碳合金相图,它是描绘铁碳合金内部组织、成分(碳含量)与温度关系的图形。它能显示出不同碳含量的钢和铸铁在缓慢加热或冷却过程中组织变化的规律,是研究钢铁组织与性能的基础,对于钢铁的各种热加工工艺,也具有重要的指导意义。

图 1-13 为铁碳合金状态图。

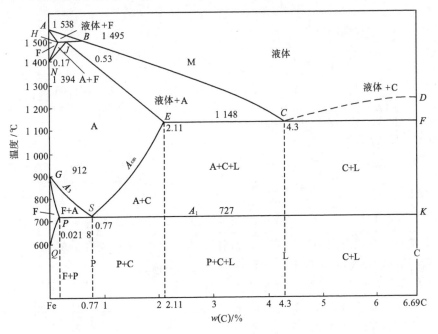

图 1-13　铁碳合金状态图

1. 碳钢在常温下的组织

由图 1-13 可以看出,碳含量 0.77% 的钢,由单一的珠光体所组成,称为共析钢;碳含量小于 0.77% 的钢,由铁素体加珠光体所组成,称为亚共析钢;碳含量大于 0.77% 而小于 2.11% 的钢,由珠光体加渗碳体所组成,称为过共析钢。碳含量 2.11%～4.3% 的铸铁,由珠光体加渗碳体加莱氏体所组成。碳含量 4.3% 的铸铁为单一的莱氏体组织。碳含量在 4.3% 以上的铸铁的平衡组织,则由莱氏体加渗碳体所组成。

2. 临界点及其意义

钢在加热或冷却过程中,其内部组织发生转变的温度叫作临界温度,或称临界点。在状态图中的临界点有 A_1(PSK 线)、A_3(GS 线)和 A_{cm}(ES 线),各临界点的组织转变情况如下。

A_1——在图中是一条水平线，温度为 727 ℃，它表示各种钢在加热到 727 ℃时，珠光体开始转变成奥氏体。反之，从高温冷却至 727 ℃时，奥氏体转变为珠光体。

A_3——表示亚共析钢加热到 A_3 时，其组织中的铁素体全部转变为奥氏体。反之，当冷却到 A_3 时，奥氏体开始转变为铁素体。

A_{cm}——表示过共析钢加热到 A_{cm} 时，其组织中的渗碳体全部溶解到奥氏体中。反之，当冷却到 A_{cm} 时，奥氏体中开始析出渗碳体。A_{cm} 和 A_3 点一样，都是随着碳含量的变化而变化。

状态图中的 ACD 线为液相线，即液态合金开始结晶时温度的连线。$AECF$ 线为固相线，即液态合金结晶终了时温度的连线。

图 1-13 中各点的温度、碳含量及含义见表 1-11。

表 1-11 　　　　　　　图 1-13 中各点的温度、碳含量及含义

符号	温度/℃	碳含量/%（质量分数）	含义
A	1 538	0	纯铁的熔点
B	1 495	0.53	包晶转变时液态合金的成分
C	1 148	4.30	共晶点
D	1 227	6.69	Fe_3C 的熔点
E	1 148	2.11	碳在 γ-Fe 中的最大溶解度
F	1 148	6.69	Fe_3C 的成分
G	912	0	α-Fe→γ-Fe 同素异构转变点
H	1 495	0.09	碳在 δ-Fe 中的最大溶解度
J	1 495	0.17	包晶点
K	727	6.69	Fe_3C 的成分
N	1 394	0	γ-Fe→δ-Fe 同素异构转变点
P	727	0.021 8	碳在 α-Fe 中的最大溶解度
S	727	0.77	共析点
Q	600（室温）	0.005 7（0.000 8）	600 ℃（或室温）时碳在 α-Fe 中的最大溶解度

通过对铁碳合金状态图的分析可知，碳钢的组织主要取决于碳含量的多少。当碳含量极低时（＜0.006%），碳原子全部溶解到铁中，通常组成单一的铁素体组织。随着碳含量的增加，珠光体量逐渐增加，而铁素体量逐渐减少。当碳含量达到 0.77%时，碳钢组织全部为珠光体。碳含量超过 0.77%，碳钢组织中除了珠光体外，开始出现渗碳体。随着碳含量的增加，渗碳体量不断增多且呈网状分布在晶界上，正是由于上述组织的变化，引起钢的性能随碳含量而变化。如珠光体量不断增加，钢的强度和硬度不断提高，而塑性和韧性有所降低，当网状渗碳体出现时，又使强度略有降低。其变化规律可用图1-14 来表示。

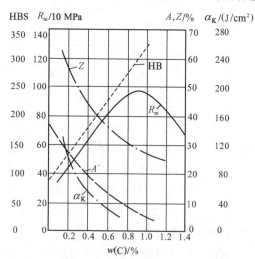

图 1-14　碳含量对碳钢力学性能的影响

1.4.3　碳钢中元素对其性能的影响

目前工业上使用的钢铁材料中,碳钢占有很重要的地位。碳钢不仅价格低廉,而且在许多情况下,其性能已能够满足使用要求。碳钢在化工设备中应用也很普遍。

普通碳钢中除碳以外,还含有少量锰、硅、硫、磷、氧、氮、氢等元素。这些元素往往并非为改善钢材质量而有意加入的,而是由于矿石及冶炼等原因引入钢中的,通称为杂质。它们对碳钢的性能有一定的影响。

1.锰(Mn)的影响

锰的含量在 0.8% 以下时,一般认为是常存的杂质;锰的含量在 0.8% 以上时,可认为是合金元素。前者是冶炼中引入的,可脱氧和减轻硫的有害作用,是一种有益元素。后者当锰含量较高时,锰能溶解于铁素体,起强化铁素体的作用。按技术条件规定,优质碳素结构钢中锰含量是 0.5%~0.8%,而较高锰含量碳钢中,锰含量是 0.8%~1.2%。

2.硅(Si)的影响

硅的含量小于 0.5% 时,认为是常存的杂质。它也是炼钢过程中为了脱氧而引入的。脱氧不完全的钢(如沸腾钢),其中的硅含量小于 0.3%。硅在钢中或者溶于铁素体内,或者以脱氧生成物 SiO_2 的形式残存于钢中。溶于铁素体的硅,可提高钢的强度、硬度,所以硅算是一种有益元素。

3.硫(S)的影响

碳钢中的硫来源于矿石和冶炼中的焦炭,硫以硫化亚铁(FeS)的形态存在于钢中,FeS 和 Fe 能形成低熔点的化合物(熔点为 985 ℃),其熔点低于钢材热加工开始温度(1 150~1 200 ℃)。在热加工时,由于低熔点化合物的过早熔化而导致工件开裂,这种现象称为"热脆性"。硫含量越高,热脆性越强,所以硫是一种有害元素,钢中硫的含量应控制在 0.07% 以下。

4.磷(P)的影响

磷来源于矿石。磷在钢中能溶于铁素体内,使铁素体在室温时的强度提高,而塑性、韧性下降,即产生所谓的"冷脆性",使钢的冷加工及焊接性能变坏,所以磷是一种有害元素。磷含量越高,冷脆性越强,故钢中磷的含量控制较严,一般应小于 0.06%。

5.氧(O)的影响

炼钢以后,氧在钢中常以 MnO、SiO_2、FeO、Al_2O_3 等夹杂物形式存在,它们的熔点高,并以颗粒状存在于钢中,从而破坏了钢基体的连续性,大大降低了钢的力学性能,如冲击韧性、疲劳强度等。

6.氮(N)的影响

铁素体的溶氮能力很低。当钢中溶有过量的氮,加热至 200~250 ℃时,会析出氮化物,这种现象称为"时效",使钢的硬度、强度提高,塑性下降。

在钢液中加入 Al、Ti 进行固氮处理,使氮固定在 AlN 和 TiN 中,就可以消除钢的时效倾向。

7.氢(H)的影响

氢在钢中的严重危害是造成"白点"。氢常常存在于轧制的厚板或大锻件中,在纵断面中可看到圆形或椭圆形的银白色斑点,在横断面上则表现为细长的发丝状裂纹。锻件中有了"白点",使用时会突然断裂,造成事故。化工压力容器用钢,不允许有"白点"存在。

氢产生"白点"冷裂,主要是因为钢由高温奥氏体冷却至较低温度时,氢在钢中的溶解度急剧下降。当冷却较快时,氢原子来不及扩散到钢的表面逸出,留在钢中一些缺陷处,由原子状态氢变成分子状态氢。氢分子不能扩散,在积聚的局部地区产生几百大气压的巨大压力,使该处局部应力超过了钢的抗拉强度而在该处形成"白点"——裂纹源。

1.4.4 钢的热处理

钢铁在固态下通过加热、保温和不同的冷却方式,以改变其组织,满足所要求的物理、化学与力学性能,这样的加工工艺称为热处理。热处理工艺不仅应用于钢和铸铁,亦广泛应用于其他金属材料。

钢的热处理

设备和零件经过热处理,可使其材料的各种性能按所需要求得到改善和提高,充分发挥合金元素的作用和材料潜力,延长使用寿命,并减少金属材料的消耗。廉价的普通碳素钢,经过专门的热处理以后,其性能有时并不比合金钢差。

如图 1-15 所示为钢的热处理工艺曲线。

钢的常规热处理工艺一般分为退火、正火、淬火、回火等。

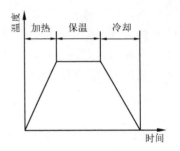

图 1-15 钢的热处理工艺曲线

1.退火与正火

退火是把工件加热到一定温度,保温一段时间,然后随炉一起缓慢冷却下来,以得到接近平衡状态组织的一种热处理方法。正火是将工件加热至临界点以上 30~50 ℃,并保温一段时间,然后将工件从炉中取出置于空气中冷却下来。正火的冷却速度要比退火的快一些,因而晶粒更细化。如图 1-16 所示为各种退火、正火的加热温度及冷却速度。

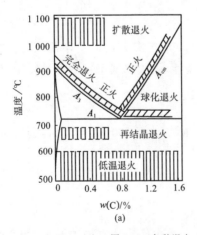
(a)

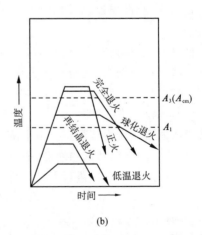
(b)

图 1-16 各种退火、正火的加热温度及冷却速度

退火和正火的作用相似,可以降低硬度,提高塑性;调整组织,部分改善力学性能;使组

织均匀化,消除部分内应力。

2.淬火与回火

淬火是将钢加热至淬火温度——临界点以上 30～50 ℃(图 1-17),并保温一定时间,然后在淬火剂中冷却以得到马氏体组织的一种热处理工艺。淬火剂的冷却能力按以下次序递增:空气、油、水、盐水。合金钢导热性比碳钢差,为防止产生过高应力,合金钢一般都在油中淬火;碳钢可在水和盐水中淬火。淬火可以增加工件的硬度、强度和耐磨性。淬火时冷却速度太快,容易引起变形和裂纹;冷却速度太慢,又达不到技术要求,因此,淬火常常是产品质量的关键所在。

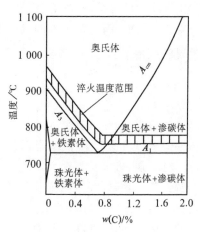

图 1-17　碳钢的淬火温度范围

回火是在零件淬火后再进行一次较低温度(A_1以下的某一温度)的加热与冷却处理工艺。回火可以降低或消除工件淬火后的内应力,使组织趋于稳定,并获得技术上所需要的性能。回火处理有以下几种:

(1)低温回火

零件经淬火后,再加热至150～250 ℃,保温1～3 h,然后在空气中冷却,得到一种叫作回火马氏体的组织,硬度比淬火马氏体稍低,但残余应力得到部分消除,脆性有所降低。一般对需要硬度高、强度大、耐磨的零件进行低温回火处理。

(2)中温回火

当零件具有较高的韧性、弹性和屈服强度时,可采用中温回火,中温回火的加热温度为350～500 ℃。

(3)高温回火

当零件的强度、韧性、塑性都较好时,可采用高温回火。高温回火的加热温度为500～650 ℃。这种淬火加高温回火的操作,习惯上称为"调质处理",它可以大大改善零件的力学性能。调质处理广泛地应用于各种重要的零件。例如,45 钢经正火与调质两种不同热处理后的力学性能见表 1-12。

表 1-12　45 钢(ϕ20～40 mm)经正火与调质两种不同热处理后的力学性能

热处理方法	R_m/MPa	A/%	α_K/(J·cm^{-2})	HBS
正火	700～800	15～20	40～64	163～220
调质	750～850	20～25	64～96	210～250

此外,生产上还采用称为"时效"的热处理工艺,它可以进一步消除内应力,稳定零件尺寸。时效与回火作用类似。

3.化学热处理

化学热处理是指将零件放在某种化学介质中,通过加热、保温、冷却等过程,使介质中的某些元素渗入零件表面,改变表面层的化学成分和组织结构,从而使零件表面具有某些性能。化学热处理有渗碳、渗氮、渗铬、渗硅、渗铝、氰化等。其中,渗碳或碳与氮共渗(氰化)可提高零件的耐磨性;渗铝可提高抗高温氧化性;渗氮、渗铬可显著提高耐腐蚀性;渗硅可提高耐腐蚀性。

1.4.5 铸 铁

铸铁是铁、碳和硅等组成的合金的总称,工业上常用的铸铁一般碳含量为 $2\%\sim4\%$,碳在铸铁中多以石墨形态存在,有时也以渗碳体形态存在。除碳外,铸铁中还含有 $1\%\sim3\%$ 的硅,以及锰、磷、硫等元素。

铸铁是一种脆性材料,抗拉强度低,但耐磨性、铸造性、减振性和切削加工性能都很好。铸铁在一些介质(浓硫酸、醋酸盐溶液、有机溶剂等)中还具有相当好的耐腐蚀性能。另外,铸铁的价格低廉,因此在工业中被大量应用。

1. 铸铁的分类与性能

铸铁分为球墨铸铁、灰口铸铁、可锻铸铁、高硅耐腐蚀铸铁及合金铸铁等。灰口铸铁牌号为 HT200、HT250、HT300 和 HT350,球墨铸铁牌号为 QT400-18R。

表 1-13 给出了 45 钢、球墨铸铁和灰口铸铁的力学性能比较,可见,球墨铸铁的一些力学性能指标接近 45 钢,但远高于灰口铸铁。

表 1-13　　　　　　　45 钢、球墨铸铁和灰口铸铁的力学性能比较

材料	R_m/MPa	R_{eL}/MPa	A/%	α_K/(J·cm^{-2})	HBS
45 钢(正火)	610	360	16	50	≤240
球墨铸铁	400~900	250~600	2~18	15~30	130~360
灰口铸铁	150~400	—	—	—	140~270

2. 压力容器用铸铁的应用限制

铸铁不得用于盛装毒性程度为极度、高度或中度的危害介质,以及设计压力不小于 0.15 MPa 的易爆介质压力容器的受压元件,也不得用于管壳式余热锅炉中的受压元件。除上述压力容器之外的元件选用以下铸铁材料:

(1)球墨铸铁的设计压力不大于 1.6 MPa,设计温度为 0~300 ℃;

(2)QT400-18L 的设计压力不大于 1.6 MPa,设计温度为 -10~300 ℃;

(3)灰口铸铁的设计压力不大于 0.8 MPa,设计温度为 10~200 ℃。

1.5 低合金钢

随着现代工业和科学技术的不断发展,对设备及零件的强度、硬度、韧性、塑性、耐磨性、耐腐蚀性以及各种物理、化学性能的要求也越来越高。而碳素钢与合金钢相比,有强度与屈强比低(表 1-14)、淬透性差、高温强度低(表 1-15)以及特殊物理、化学性能差等缺点,已不能

完全满足要求，故只有各种合金钢才能胜任。

表 1-14　　　　　　　　几种碳素钢与合金钢强度的比较

种类	材料	R_m/MPa	R_{eL}/MPa	R_{eL}/R_m
碳素钢	Q235B	370	235	0.64
	Q245R	400	245	0.61
合金钢	Q345R	510	345	0.68

表 1-15　　　　　　　　几种碳素钢与合金钢高温强度的比较

材料	板厚/mm	R_{eL}/MPa			
		20 ℃	400 ℃	450 ℃	500 ℃
Q235B	16～30	235	—	—	
Q245R	16～36	235	129	121	—
Q345R	16～36	325	190	180	
18MnMoNbR	30～60	400	310	275	—
15Cr1MoR	6～60	295	189	179	174

1.5.1　合金元素对钢性能的影响

低合金钢
和特种钢

　　为了改善钢材的性能，在碳钢中特意加入一些合金元素，即为合金钢。目前常用的合金元素有铬(Cr)、锰(Mn)、镍(Ni)、硅(Si)、硼(B)、钨(W)、铝(Al)、钼(Mo)、钒(V)、钛(Ti)和稀土元素(RE)等。

　　铬　是合金钢主加元素之一，在化学性能方面，它不仅能提高耐腐蚀性能，也能提高抗氧化性能。当其含量达到 13% 时，能使钢的耐腐蚀能力显著提高。铬能提高钢的淬透性，显著提高钢的强度、硬度和耐磨性，但会降低钢的塑性和韧性。

　　锰　可提高钢的强度。锰含量增加有利于提高钢的低温冲击韧性。

　　镍　镍对钢铁性能有良好的作用。它能提高淬透性，使钢具有很高的强度，而又保持良好的塑性和韧性。镍能提高耐腐蚀性和低温冲击韧性。镍基合金具有更高的热强性能。镍被广泛应用于不锈钢和耐热钢中。

　　硅　可提高强度、高温疲劳强度、耐热性及耐 H_2S 等介质的腐蚀性。硅含量增加会降低钢的塑性和冲击韧性。

　　硼　提高钢的淬透性、高温强度，强化晶界。

　　钨　提高钢的硬度、强度、耐磨性、抗氢性能，增加淬火钢回火稳定性，使钢具有热硬性。

　　铝　为强脱氧剂，能显著细化晶粒，提高冲击韧性，降低冷脆性。铝还能提高钢的抗氧化性和耐热性，对抵抗 H_2S 介质腐蚀有良好作用。铝的价格比较便宜，所以在耐热合金钢中常以铝来代替铬。

　　钼　能提高钢的高温强度、硬度，细化晶粒，防止回火脆性。含钼小于 0.6% 时可提高塑性。钼能抗氢腐蚀。

　　钒　　可提高钢的高温强度,细化晶粒,提高淬透性。铬钢中加一点钒,在保持钢的强度的同时,能改善钢的塑性。

　　钛　　为强脱氧剂,可提高强度,细化晶粒,提高韧性,减小铸锭缩孔和焊缝裂纹等倾向,在不锈钢中起稳定碳的作用,减少铬与碳化合的机会,防止晶间腐蚀,还可提高耐热性。

　　稀土元素　　可提高强度,改善塑性、低温脆性、耐腐蚀性及焊接性能。

　　上述部分常用合金元素对钢性能的影响见表1-16。

表 1-16　　　　　　　　　　　部分常用合金元素对钢性能的影响

元素	对组织结构的影响			对性能的影响						
	形成碳化物	强化铁素体	细化晶粒	淬透性	强度	塑性	硬度、耐磨性	韧性	耐热性	耐腐蚀性
Cr	中等	小	小	大	↑	↓	↑	↓	↑	↑
Mn	小	大	中等	大	↑	—	—	↑	↑	—
Ni	—	小	小	中等	↑	保持良好	—	保持良好	↑	↑
Si	石墨化	最大	—	小	↑	↓	↑	↓	↑	↑ (H₂S)
W	较大	小	中等	中等	—	—	—	—	—	—
Al	—	—	大	很小	↓	↑	↑	↓	↑	↑ (H₂S)
Mo	大	小	中等	大	↑ (高温)	↑ (含量<0.6%)	—	—	↑	抗氢腐蚀
V	大	小	大	大	↑ (高温)	—	—	—	—	—
Ti	大	大	最大	—	↑	—	—	↑	↑	抗晶间腐蚀

　　注　　表中的大、中等、小表示影响作用的大小;↑、↓表示提高和降低;—表示没有影响或影响甚微。

1.5.2　低合金钢

　　低合金钢,亦称低合金高强度钢,是在碳素钢的基础上加入少量 Si、Mn、Cu、Ti、V、Nb、P 等合金元素构成的,它的碳含量较低,多数都小于 0.2%,其组织多数仍为铁素体和珠光体组织。少量合金元素的加入可以大大提高钢材的强度,并改善钢材的耐腐蚀性能和低温性能。

低合金钢

　　低合金钢可轧制成各种钢材,如板材、管材、棒材和型材等。它广泛用于制造远洋轮船、大跨度桥梁、高压锅炉、大型容器、汽车、矿山机械及农业机械等。采用 Q345R 制造的大型化工容器,其重量比采用碳钢制造的轻 1/3;用 14Cr1MoR 制造的球形贮罐,与碳钢制造的相比可节省钢材 45%;用 12Cr2Mo1R 代替 Q245R 制造的氨合成塔,每台可节省 30~40 t 钢材。低合金钢具有耐低温性能,这对北方高寒地区使用的车辆、桥梁、容器等具有十分重要的意义。

1.5.3　不锈耐酸钢

不锈耐酸钢是不锈钢和耐酸钢的总称。严格地讲,不锈钢是指耐大气腐蚀的钢;耐酸钢是指能抵抗酸和其他强腐蚀性介质腐蚀的钢。耐酸钢一般都具有不锈的性能。

不锈钢中同时加入铬和镍,可形成单一的奥氏体组织。

根据所含主要合金元素的不同,不锈钢常分为以铬为主的铬不锈钢和以铬、镍为主的铬镍不锈钢。目前,还有我国自行研制的节镍(无镍)不锈钢。

(1)铬不锈钢

在铬不锈钢中,起耐腐蚀作用的主要元素是铬,铬能固溶于铁的晶格中形成固溶体。在氧化性介质中,铬能生成一层稳定而致密的氧化膜,对钢材起保护作用而且耐腐蚀。这种耐腐蚀作用的强弱常与钢中的碳含量、铬含量有关。当铬含量大于 11.7% 时,钢的耐腐蚀性会显著地提高,而且铬含量越多越耐腐蚀。但由于碳是钢中必须存在的元素,它能与铬形成铬的碳化物(如 $Cr_{23}C_6$ 等),因而可能消耗大量的铬,致使铁固溶体中的有效铬含量减少,使钢的耐腐蚀性降低,故不锈钢中碳含量越少越耐腐蚀。为了使铁固溶体中的铬含量不低于11.7%,以保证耐腐蚀性能,就要将不锈钢的铬含量适当地提高,所以实际应用的不锈钢,其铬含量都在 13% 以上。常用的铬不锈钢有:

①1Cr13(碳含量不大于 0.15%)和 2Cr13(平均碳含量为 0.2%)等钢种

经调质后有较高的强度与韧性,并对弱腐蚀介质(如盐水溶液、稀硝酸、浓度不高的某些有机酸等)在温度低于 30 ℃ 时,有良好的耐腐蚀性。在淡水、海水、蒸气、潮湿大气条件下,也具有足够的耐腐蚀性,但在硫酸、盐酸、热硝酸、熔融碱中耐腐蚀性低,故多用作化工设备中受力大的耐腐蚀零件,如轴、活塞杆、阀件、螺栓、浮阀(塔盘零件)等。

②0Cr13 和 Cr17Ti 等钢种

因含形成奥氏体的碳元素量少(都小于 0.1%),铬含量多,且铬、钛(少量)都是形成铁素体的元素,故在高温与常温下都是铁素体组织,因而常在退火状态下使用。它们具有较好的塑性,而且耐氧化性酸(如稀硝酸)和硫化氢气体腐蚀,故常用来部分代替高铬镍 18-8 不锈钢用于化工设备上,如用于维尼纶生产中耐冷醋酸和防铁锈污染产品的耐腐蚀设备上。

(2)铬镍不锈钢

铬镍不锈钢的典型钢号是 S30408(0Cr18Ni9),其中含 C≤0.08%,Cr 17%~19%,Ni 8%~11%,故常以其 Cr、Ni 平均含量"18-8"来表示这种钢的代号。因钢中含有形成奥氏体的镍元素量较多,故 18-8 钢加热至 1 100~1 150 ℃,并在水中淬火后,常温下也能得到单一的奥氏体组织,钢中的 C、Cr、Ni 都固溶于奥氏体晶格中。经这种热处理后,奥氏体 18-8 不锈钢具有较高的抗拉强度、较低的屈服强度、极好的塑性和韧性,其焊接性能和冷弯成型等工艺性能也很好,是目前用来制造各种贮槽、塔器、反应釜、阀件等化工设备使用最广泛的一类不锈钢。

18-8 钢具有铬不锈钢的氧化铬薄膜的保护作用,且因镍能使钢得到单一的奥氏体组织,故在很多介质中比铬不锈钢具有更高的耐腐蚀性。18-8 钢对 65% 以下、温度低于 70 ℃,或 60% 以下、温度低于 100 ℃ 的硝酸,以及苛性碱(熔融碱除外)、硫酸盐、硝酸盐、硫化氢、醋酸等都很耐腐蚀,并且有良好的抗氢、氮性能,而对还原性介质,如盐酸、稀硫酸等则是不耐腐蚀的。18-8 钢在含有氯离子的溶液中易遭受腐蚀,严重时往往引起钢板穿孔腐蚀。

另外,18-8 钢容易产生一种所谓"晶间腐蚀"的现象。当 18-8 钢加热到 400～850 ℃,或自高温缓慢冷却(如焊接)时,碳会从过饱和奥氏体中以碳化铬($Cr_{23}C_6$)的形式沿晶界析出,使奥氏体晶界附近的铬含量降低至不锈钢耐腐蚀所需要的最低含量(12%)以下,从而使腐蚀集中在晶界附近的贫铬区,这种沿晶界附近产生的腐蚀现象,称为晶间腐蚀。

常用不锈钢的热处理规范、力学性能及应用举例见表 1-17。

表 1-17　　　　　常用不锈钢的热处理规范、力学性能及应用举例

类别	牌号	热处理规范				力学性能(不小于)			应用举例
		淬火温度 ℃	冷却剂	回火温度 ℃	冷却剂	$\frac{R_m}{MPa}$	$\frac{R_{eL}}{MPa}$	$\frac{A}{\%}$	
马氏体	1Cr13	1 000～1 050	油,水	700～790	油,水,空气	600	420	20	抗弱腐蚀性介质、受冲击载荷、要求较高韧性的零件,如汽轮机叶片、水压机阀、结构架、螺栓、螺帽等
	2Cr13	1 000～1 050	油,水	660～777	油,水,空气	660	450	16	
	3Cr13	1 000～1 050	油	200～300					有较高硬度及耐磨性的热油泵轴、阀片、阀门、弹簧、手术刀片及医疗器械零件
	4Cr13	1 050～1 100	油	200～300					
铁素体	0Cr13	1 000～1 050	油,水	700～790	油,水,空气	500	350	24	抗水蒸气、碳酸氢铵母液、热含硫石油腐蚀的设备
	1Cr28	—	—	700～800	空气	450	300	20	硝酸浓缩设备用容器管道及零件,次氯酸钠及磷酸生产设备
奥氏体	S30403	1 010～1 150	水	—	—	490	180	40	具有良好的耐蚀及耐晶间腐蚀性能,为化学工业用良好的耐蚀材料。普遍应用于抗腐蚀需求的化学、煤炭、石油环境中的容器及设备
	S30408	1 010～1 150	水	—	—	520	205	40	耐酸容器及设备衬里、输送管道等设备和零件,抗磁仪表,医疗器械
	S31608	1 010～1 150	水	—	—	520	205	40	抗硫酸、磷酸、蚁酸及醋酸等腐蚀性介质的设备
	S31708							35	
	S31603 S31703	1 050～1 100	水	—	—	490	180	40	耐腐蚀性要求高的焊接构件,尤其是尿素、硫铵维尼龙等的生产设备

1.5.4　耐热钢

在原油加热、裂解、催化设备中,常用到许多能耐高温的钢材,例如裂解炉管,在工作时

就要求能承受 $650\sim800$ ℃的高温。在这样高的温度下,一般碳钢是无法承受的,必须采用耐热钢。这主要是因为一般碳钢在较高的温度下,抗氧化腐蚀性能和强度变得很差。如 Q245R 在高于 540 ℃时,在氧化性的气体中,钢的表面就会被氧腐蚀而生成氧化皮,并层层剥落。在强度方面,Q245R 在 475 ℃时屈服强度只有 41 MPa,比在室温时低得多。这是因为 Q245R 在 $480\sim500$ ℃时,钢中的 Fe_3C 开始分解出石墨碳(此过程称为石墨化过程),而石墨的强度是极低的。另外,钢在再结晶温度(Q245R 约为 400 ℃)以上受力变形时,没有冷作硬化,因而使钢变得很软,强度很低,塑性极好,抗蠕变性能很差。

因而,从强度与抗氧化腐蚀两方面来考虑,一般碳钢大多只能用于 400 ℃以下的温度。当使用温度要求更高时,就应选用其他更耐热的钢种。

1. 高温设备对钢材的要求

高温设备对钢材的要求主要是良好的化学稳定性与热强性。

(1)化学稳定性

化学稳定性又称热稳定性,主要是指钢材抵抗高温气体(如 O_2、H_2S、SO_2 等)腐蚀的能力,但对一般耐热钢来说,高温气体主要是指 O_2,所以,耐热钢的热稳定性主要是指抗氧化性。

在钢中加入 Cr、Al、Si 等合金元素,可以提高钢的热稳定性,这主要是由于钢中的 Cr(或 Al、Si)被氧化后能生成一层致密的氧化膜,保护钢的表面,从而避免氧的继续侵蚀。

(2)热强性

在一定热稳定性的前提下,钢材的高温强度越高,蠕变过程越缓慢,说明其热强性越好。为了提高钢的热强性,通常采用三种方法:

①强化固溶体。在钢中加入 Cr、Mo 等元素,在高温时仍可固溶强化铁素体与奥氏体。

②稳定金相组织。在钢中加入 Cr、Mo、V、Ti 等形成稳定碳化物的元素,便可在高温下抑制或阻止珠光体中渗碳体的球化、聚集、石墨化等,从而减少或消除因金相组织不稳定而造成热强性降低的现象。同时,由于这些稳定碳化物分布于钢组织中(特别是碳化钒常呈弥散形式分布于晶内或晶间),可显著提高钢材对高温蠕变的抗力,故可提高使用温度。

③提高钢的再结晶温度。明显的蠕变主要在再结晶温度以下产生,若设法提高钢的再结晶温度,便可提高热强性。在钢中加入合金元素 Mo、Cr、W,可显著提高钢的再结晶温度,其中 Mo 的作用最大,每增加 1% 的 Mo,约可提高再结晶温度 115 ℃,而每增加 1% 的 Cr,约可提高再结晶温度 45 ℃。在钢中加入多量的 Ni、Mn 和少量的氮,可使钢得到单一的奥氏体组织,从而使钢的再结晶温度由普通碳钢的 450 ℃提高到 800 ℃以上。

2. 常用耐热钢

国内常用耐热钢的化学成分、热处理状态、力学性能及用途见表 1-18。

表 1-18 国内常用耐热钢的化学成分、热处理状态、力学性能及用途

类别	钢号	C	Si	Mn	Cr	Ni	Mo	V	P	S	热处理	R_m/MPa	R_{eL}/MPa	A/%	温度/℃	KV_2/J	10万小时 R^t_D/MPa	用途举例
低碳钢	Q245R	≤0.2	≤0.35	0.50~1.00					≤0.025	≤0.010	热轧、控轧或正火	400~520	245	25	0	34	91(450℃)	≤450℃锅炉与压力容器常用高温低碳钢
珠光体钢	15CrMoR	0.12~0.18	0.15~0.40	0.40~0.70	0.80~1.20		0.45~0.60		≤0.025	≤0.010	正火加回火	450~590	295	19	20	47	56(550℃)	≤550℃高、中压蒸气管
	12Cr1MoVR	0.08~0.15	0.15~0.40	0.40~0.70	0.90~1.20		0.25~0.35	0.15~0.30	≤0.025	≤0.010	正火加回火	440~590	245	19	20	47	52(575℃)	≤580℃高压锅炉过热器、联箱、主蒸气管
	12Cr2Mo1VR	0.11~0.15	≤0.10	0.30~0.60	2.00~2.50	≤0.25	0.90~1.10	0.25~0.35	≤0.010	≤0.005	正火加回火	590~760	415	17	20	60	56(575℃)	≤590℃过热器管;≤570℃气高温高压抗氢压力容器
铁素体钢	S11306	≤0.06	≤1.00	≤1.00	11.50~13.50	≤0.60			≤0.035	≤0.020	退火	415	205	20	—	—	186(500℃)	≤475℃汽轮机叶片
奥氏体钢	S30408	≤0.08	≤0.75	≤2.00	18.00~20.00	8.00~10.50			≤0.035	≤0.020	固溶	520	205	40	—	—	37(1万小时700℃)	≤800℃反复加热耐氧化介质装备构件
	S31608	≤0.08	≤0.75	≤2.00	16.00~18.00	10.00~14.00	2.00~3.00		≤0.035	≤0.020	固溶	520	205	40	—	—	24(1万小时800℃)	≤800℃反复加热耐氧化及还原介质装备构件

1.5.5 低温用钢

在化工生产中,有些设备[如深冷分离、空气分离、润滑油脱脂、液化天然气、液化石油气、液氢($-252.8\ ℃$)、液氦($-269\ ℃$)和液体 CO_2($-78.5\ ℃$)等的贮存设备]常处于低温状态下工作,因而其零部件必须采用能承受低温的金属材料制造。普通碳钢在低温($-20\ ℃$以下)下变脆,冲击韧性显著下降,往往容易引起低温脆断,造成严重后果。因此,对低温用钢的基本要求是:具有良好的韧性(包括低温韧性)、加工工艺性和可焊性。为了保证这些性能,低温钢的碳含量应尽可能降低,其平均碳含量为 $0.08\%\sim0.18\%$,以形成单相铁素体组织,再加入适量的 Mn、Al、Ti、Nb、Cu、V、N 等元素以改善钢的综合力学性能。但在深冷条件下,铁素体低温钢还不能满足上述基本要求,而单相奥氏体组织可以满足这些要求。

目前低温设备用钢材,主要是以高铬镍钢为主,其次是使用镍钢、铜、铝等。结合我国的资源情况,近年我国研制成功了无铬镍的低温钢系列,并逐步应用于生产。例如,使用温度为 $-40\sim-110\ ℃$的低温钢都属于低合金钢,这些低温钢的组织均为铁素体;使用温度为 $-196\sim-253\ ℃$的低温钢是 Fe-Mn-Al 系新钢种,它是单相奥氏体组织。常用低温钢的主要化学成分、热处理状态及力学性能见表 1-19。

表 1-19 常用低温钢的主要化学成分、热处理状态及力学性能

牌号	钢板厚度/mm	主要化学成分(质量分数,%)					热处理	常温力学性能(不小于)			低温冲击韧性	
		C	Mn	Ni	Al	其他		$\dfrac{R_m}{MPa}$	$\dfrac{R_{eL}}{MPa}$	$\dfrac{A}{\%}$	温度/℃	$\dfrac{KV_2}{J}$
16MnDR	6～60	≤0.20	1.20～1.60	—	≥0.015	少量 V、Ti、Nb、Re	正火	490～460	315～285	21	-40	≥24
	>60～120						正火加回火	450～440	275～265		-30	—
15MnNiDR	6～60	≤0.18	1.20～1.60	0.20～0.60	≥0.015	V≤0.06	正火或正火加回火	490～470	325～305	20	-45	≥27
09MnNiDR	6～120	≤0.12	1.20～1.60	0.30～0.80	≥0.015	Nb≤0.04	正火或正火加回火	440～420	300～260	23	-70	≥27
08Ni3DR	6～100	≤0.05	≤0.70	3.25～3.75	—	—	正火或调质	490～480	320～300	21～29	-100	≥21
06Ni9DR	6～40	≤0.13	≤0.90	8.50～9.50	—	—	调质	680	560～550	21	-196	≥41

1.5.6 锅炉和压力容器用钢

在锅炉和压力容器制造过程中,受压元件用材料必须符合 GB/T 150—2011 和 TSG 21—2016 的规定。

1. 压力容器用钢材品种

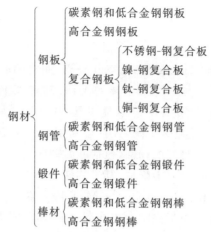

2. 压力容器用钢材标准

(1) 钢板

GB/T 150.2—2011 引用的压力容器用碳素钢和低合金钢钢板标准分别为 GB 713—2014《锅炉和压力容器用钢板》、GB/T 3531—2014《低温压力容器用钢板》和 GB/T 19189—2011《压力容器用调质高强度钢板》。

GB 713—2014《锅炉和压力容器用钢板》标准实施日是 2015 年 4 月 1 日,该标准所代替标准的历次版本发布情况为 GB 713—1963、GB 713—1972、GB 713—1986、GB 713—1997、GB 6654—1996 和 GB 713—2008。GB 713—2008 标准是第一次将锅炉和压力容器用钢材标准合并,代替了 GB 713—1997《锅炉用钢板》和 GB 6654—1996《压力容器用钢板》(含修改单)。GB 713—2008(含第 1 号修改单)共列入 Q245R、Q345R、Q370R、18MnMoNbR、17MnNiVNb、13MnNiMoR、15CrMoR、14Cr1MoR、12Cr2Mo1R、12Cr1MoVR、12Cr1Mo1VR 共计 11 个牌号。GB 713—2014 与 GB 713—2008 相比主要变化有:扩大钢板厚度范围;纳入 Q420R、07Cr2AlMoR、12Cr2Mo1VR;降低各牌号的磷、硫含量上限;提高各牌号的夏比 V 型冲击吸收能量指标等。标准适用于锅炉和中常温压力容器的受压元件用厚度为 3~250 mm 的钢板。

GB/T 3531—2014《低温压力容器用钢板》标准实施日是 2015 年 4 月 1 日。该标准所代替标准的历次版本发布情况分别为 GB 3531—1983、GB 3531—1996 和 GB 3531—2008。标准名称由"低温压力容器用低合金钢钢板"修改为"低温压力容器用钢板"。与 GB 3531—2008 相比,主要技术变化有:增加钢材牌号,加严钢中有害元素磷、硫含量的控制;提高各牌号低温冲击吸收能量。GB 3531—2014 标准共计 6 个牌号,适用于制造 −196~<−20℃ 低温压力容器用厚度为 5~120 mm 的钢板。

GB/T 19189—2011《压力容器用调质高强度钢板》与 GB 19189—2003 相比,主要变化有:扩大钢板的厚度范围,最小厚度由 12 mm 扩展到 10 mm;除保留 12MnNiVR 钢号外,改变钢材牌号,07MnCrMoVR 改为 07MnMoVR、07MnNiMoVDR 改为 07MnNiVDR,新增07MnNiMoDR;降低各牌号的硫、磷含量;提高各牌号的冲击功指标,由 47 J 提高至 80 J。

GB/T 150.2—2011 规定压力容器用高合金钢钢板标准为 GB 24511—2017《承压设备

用不锈钢和耐热钢钢板和钢带》,该标准实施日是 2018 年 9 月 1 日。GB 24511—2009 共列入奥氏体型不锈钢 S30408、S30403、S30409、S31008、S30608、S31603、S31668、S39042、S31708、S31703、S32168,奥氏体-铁素体型不锈钢 S21953、S22253、S22053 和铁素体型不锈钢 S11348、S11972、S11306 共计 17 个牌号。

GB/T 150.2—2011 规定压力容器用复合钢板有四种:NB/T 47002.1—2009《压力容器用爆炸焊接复合板　第 1 部分:不锈钢-钢复合板》、NB/T 47002.2—2009《压力容器用爆炸焊接复合板　第 2 部分:镍-钢复合板》、NB/T 47002.3—2009《压力容器用爆炸焊接复合板　第 3 部分:钛-钢复合板》、NB/T 47002.4—2009《压力容器用爆炸焊接复合板　第 4 部分:铜-钢复合板》。

压力容器用复合钢板按相应材料标准的规定选用,并应符合以下要求:

①复合钢板的复合界面的结合剪切强度:不锈钢-钢复合板不小于 210 MPa,镍-钢复合板不小于 210 MPa,钛-钢复合板不小于 140 MPa,铜-钢复合板不小于 100 MPa;

②复合板的未结合率不应大于 5%,设计文件中应规定复合板的级别;

③复合钢板基层材料的使用状态符合材料标准的规定;

④碳素钢和低合金钢基层材料(包括钢板和锻件)按照基层材料标准的规定进行冲击试验,冲击功合格指标符合基层材料标准或技术条件规定。

(2)钢管

GB/T 150.2—2011 规定压力容器用碳素钢和低合金钢钢管标准有 GB/T 8163—2018《输送流体用无缝钢管》、GB/T 5310—2017《高压锅炉用无缝钢管》、GB/T 9948—2013《石油裂化用无缝钢管》、GB/T 6479—2013《高压化肥设备用无缝钢管》。高合金钢钢管标准有 GB 13296—2013《锅炉、热交换器用不锈钢无缝钢管》、GB/T 21833—2020《奥氏体-铁素体型双相不锈钢无缝钢管》等。

(3)锻件

GB/T 150.2—2011 规定压力容器用锻件标准有 NB/T 47008—2017《承压设备用碳素钢和低合金钢锻件》、NB/T 47009—2017《低温承压设备用合金钢锻件》、NB/T 47010—2017《承压设备用不锈钢和耐热钢锻件》。

NB/T 47008—2017 代替了 NB/T 47008—2010、JB/T 9626—1999,该标准适用于设计温度不低于−20 ℃、设计压力小于 100 MPa。承压设备用碳素钢和低合金钢锻件,共有 20、35、16Mn、08Cr2AlMo、09CrCuSb、20MnMo、20MnMoNb、20MnNiMo、15NiCuMoNb、12CrMo、15CrMo、12Cr1MoV、14Cr1Mo 、12Cr2Mo1、12Cr2Mo1V、12Cr3Mo1V、12Cr5Mo、10Cr9Mo1VNbN、10Cr9MoW2VNbBN 、30CrMo、35CrMo、35CrNi3MoV、36CrNi3MoV 等 23 个钢号。NB/T 47009—2017 代替了 NB/T 47009—2010,共有 16MnD、20MnMoD、08MnNiMoVD、10Ni3MoVD、09MnNiD、08Ni3D、06Ni9D 等 7 个钢号。NB/T 47010—2017 代替了 NB/T 47010—2010 和 JB/T 9626—1999,共有 S11306、S11348、S30408、S30403、S30409、S30453、S30458、S32168、S32169、S34778、S34779、S31608、S31603、S31609、S31653、S31658、S31668、S31703、S31008、S39042、S31252、S21953、S22253、S22053、S25073、S25554、S23043、S51740 等 28 个钢号。

1.6 有色金属材料

有色金属及其合金的种类很多,常用的有铝、铜、铅、钛等及其合金。

在石油化工中,由于耐腐蚀、低温、高温、高压等特殊工艺条件的要求,设备的材质也经常采用有色金属及其合金。

有色金属具有很多优越性能,例如,铜有良好的导电性和低温韧性;铝的相对密度小,耐硝酸腐蚀;铅能防辐射,耐稀硫酸等多种介质的腐蚀。本节简要介绍几种常用的有色金属及其合金的性能和用途。

1.6.1 铝及其合金

铝及铝合金具有良好的耐腐蚀性,较高的比强度、导热性和导电性等优异性能,因而在航天、航空、机械制造及化工工业中得到广泛应用。

1. 工业纯铝

铝的密度为 $2.72\ kg/m^3$,约为铁密度的 1/3。铝的熔点与其纯度有关,并随铝的纯度的提高而升高。当铝的纯度达到 99.996% 时,熔点为 660.24 ℃。铝具有良好的导电性、导热性,其导电性仅次于银和铜,在所有金属中居第三位。由于铝和氧有较强的亲和力,在室温下能与空气中的氧发生化合并生成致密的氧化膜牢固地附着于基体金属表面,从而阻止氧进一步与基体金属化合,因此铝在大气中具有优良的耐腐蚀性能。铝为面心立方晶格,因此较容易发生滑移变形,所以具有塑性高而强度低的力学性能特点。工业纯铝的力学性质与纯度有关,纯度越高则塑性越好、强度越低。容器中常用的纯铝牌号有 5083、5086 等。

2. 铝合金

在铝中适当添加铜、锌、镁、硅、锰及稀土元素等构成的合金称为铝合金。所添加的合金元素在固态铝中的溶解度一般都是有限的,因此在铝合金的组织中除了会形成铝基固溶体外,还会有第二相——金属间化合物。铝合金保持了纯铝的相对密度小、耐腐蚀能力强的特点,其力学性能大幅度提高。经过热处理的铝合金的力学性能完全可以和钢铁材料相媲美。铝合金的上述特性,使其在航空工业和交通运输行业得到了广泛的应用。近年来在化工、石油化工行业的应用也在逐渐增加。另外,由于铝及铝合金具有面心立方晶格,在低温时无脆性转变现象,因此非常适用于制造深冷设备中的容器、贮罐及管道等。

3. 铝合金牌号表示方法

铝合金牌号按 GB/T 16474—2011《变形铝及铝合金牌号表示方法》执行。

1000 系列为纯铝板,如 1100、1145,这类铝板铝含量为 99% 以上。

2000 系列为以铜为合金元素的铝板,铜含量为 2%～5%,常用于航空航天工业,又称航空铝材。

3000 系列为以锰为合金元素的铝板,锰含量为 2%～5%,具有一定防锈性能,广泛用于空调、冷箱等潮湿环境。

4000 系列为以硅为合金元素的铝板,目前应用不太广泛。

5000 系列为以镁为合金元素的铝板,主要有 5052、5083 等牌号,具有比重轻、抗拉强度高、延伸性良好、耐腐蚀性能良好等特性,主要用于焊接结构、贮槽、压力器皿、运输槽罐等。

6000～8000 系列目前不常用。

铝制化工设备具有钢所没有的优越性能,它在化工生产中有许多特殊用途。如铝的导热性能好,适于制作换热设备;铝不会产生火花,可用来制作贮存易挥发性介质的容器;铝不会使食物中毒,不污染物品,不改变物品颜色,在食品工业中可广泛用以代替不锈钢制作有关设备;高纯铝可用来制作高压釜、漂白塔设备及浓硝酸贮槽、槽车、管道、泵、阀门等。

铝及铝合金用于压力容器受压元件时的使用规定:设计压力不大于 16 MPa;镁含量大于或等于 3％的铝合金(如 5083、5086),设计温度为－269～65 ℃,其他牌号的铝和铝合金,设计温度为－269～200 ℃。

1.6.2　铜及其合金

1. 铜

纯铜又称紫铜。纯铜塑性好,导电性和导热性很高,在低温下可保持较高的塑性和冲击韧性,多用来制作深冷设备和高压设备的垫片。

铜耐稀的硫酸、亚硫酸,稀的和中等浓度的盐酸、醋酸、氢氟酸及其他非氧化性酸的腐蚀。铜不耐各种浓度的硝酸。在氨和铵盐溶液中,会形成可溶性的铜氨离子 $[Cu(NH_3)_4]^{2+}$,故不耐腐蚀。

铜用于深度冷冻分离气体的装置中,也用于有机合成及有机酸工业。

铜可用来制作蒸发器、蒸馏釜、蒸馏塔、蛇管、管子、离心机的转鼓等。

化工上常用的纯铜有 T2、T3、T4、TUP(用磷脱氧的无氧纯铜)4 种,供应品种有板材和管材等。铜板的牌号、化学成分及力学性能见表 1-20。

表 1-20　铜板的牌号、化学成分及力学性能

牌号	化学成分/%			制造方法和材料状态		R_m/MPa	A/%	用途
	主要成分		杂质含量总和(不大于)			厚度≥5 mm		
	Cu	P						
T2	≥99.9		0.10	冷轧	软	≥200	≥30	T2、T3、T4 均可用来制作化工设备及深冷设备;TUP 可用来制作合成纤维工业中的塔设备;T4 可用来制作平衬垫
T3	≥99.7		0.30		硬	≥300	≥30	
T4	≥99.5		0.50			≥300	≥30	
TUP	≥99.5	0.01～0.04	0.49	热轧		≥200	≥30	

2. 铜合金

铜的强度较低,虽然可以通过加工硬化提高其强度和硬度,但其塑性急剧下降。为了改善铜的性能,在铜中加入锌、锡等元素,构成铜合金。

(1)黄铜

铜与锌的合金称为黄铜。它的铸造性能良好,强度比纯铜高,价格也便宜。为了改善黄铜的性能,在黄铜中加入锡、锰、铝等构成特殊黄铜。

化工上常用的黄铜有 H80、H68、H62 等。H80、H68 塑性好,可在常温下冲压成型,可用来制作容器的零件。H62 在室温下塑性较差,但强度较高,价格低廉,可用来制作深冷设备的筒体、管板、法兰及螺母等。

（2）青铜

铜与锌以外的元素组成的合金称为青铜。

铜与锡的合金称为锡青铜。它具有良好的耐腐蚀性、耐磨性,主要用来制作耐腐蚀及耐磨零件,如泵壳、阀门、轴承、涡轮、齿轮及旋塞等。

锡青铜分为铸造和压力加工两种,其中以铸造锡青铜用得最多。

用于压力容器受压元件的铜及铜合金应为退火状态。

1.6.3　铅及其合金

铅在许多介质中,特别是在硫酸中,具有很高的耐腐蚀性。由于铅的强度和硬度都低,不耐磨,非常软,相对密度大等,故不适于单独制作化工设备,只能制作设备衬里。铅还有耐辐射的特点。

铅耐亚硫酸、磷酸（＜85％）、铬酸、氢氟酸（＜60％）等介质的腐蚀,不耐蚁酸、醋酸、硝酸和碱溶液等介质的腐蚀。

铅与锑的合金称为硬铅,强度和硬度都比纯铅高,可用来制作加料管、鼓泡器、耐酸泵和阀门等零件。

1.6.4　钛及其合金

钛的相对密度不大（仅 4.5）,比铁轻 43％,但钛的强度比铁的强度高 1 倍,比纯铝的强度几乎高 5 倍。这种高的强度与不大的相对密度相结合,使得钛在技术上占有极重要的地位。同时,钛的耐腐蚀性接近或超过不锈钢。因此,在航空工业和化学工业中,钛及其合金都得到了广泛应用。

在钛中添加锰、铝或铬、钒等金属元素,能获得性能优良的钛合金。钛还是一种很好的耐热材料。

钛及钛合金用于压力容器受压元件时的使用规定:钛及钛合金的设计温度不高于315 ℃,钛-钢复合板的设计温度不高于 350 ℃;用于制造压力容器壳体的钛及钛合金在退火状态下使用。

1.7　非金属材料

非金属材料具有优良的耐腐蚀性能,原料来源丰富,品种多样,适于因地制宜,就地取材,是一种有着广阔发展前途的化工材料。非金属材料既可以用作单独的结构材料,又能用作金属设备的保护衬里、涂层,还可以用作设备的密封材料、保温材料和耐火材料。

应用非金属材料制作化工设备,除要求非金属材料有良好的耐腐蚀性外,还应有足够的强度,渗透性、孔隙及吸水性要小,热稳定性好,加工制造容易,成本低以及来源丰富。

非金属材料分为无机非金属材料(陶瓷、搪瓷、铸石、玻璃等)及有机非金属材料(塑料、涂料、不透性石墨等)两大类。

1.7.1　无机非金属材料

1. 化工陶瓷

化工陶瓷具有良好的耐腐蚀性能,足够的不透性、耐热性和一定的机械强度。其主要原料是黏土、瘠性材料和助熔剂,用水混合后经过干燥和高温焙烧,形成表面光滑、断面像细密石质的材料。但陶瓷性脆易裂,导热性差。

目前化工生产中,化工陶瓷设备与管道应用很多。化工陶瓷产品有塔、贮槽、容器、泵、阀门、旋塞、反应器、搅拌器和管道、管件等。

2. 化工搪瓷

化工搪瓷由硅含量高的瓷釉经过 900 ℃左右的高温煅烧,使瓷釉密着在金属胎表面而形成。化工搪瓷具有优良的耐腐蚀性能和电绝缘性能,但易碎裂。

搪瓷的导热系数不到钢的 1/4,热膨胀系数较大,故搪瓷设备不能直接用火焰加热,以免损坏搪瓷面,可以用蒸气或油浴缓慢加热。使用温度为 $-30 \sim 270$ ℃。

目前我国生产的搪瓷设备有反应釜、贮罐、换热器、蒸发器、塔和阀门等。

3. 辉绿岩铸石

辉绿岩铸石是用辉绿岩熔融后铸成的,可制成板、砖等材料,用来制作设备衬里,也可用来制作管材。铸石除了对氢氟酸和熔融碱不耐腐蚀外,对其他各种酸、碱、盐均具有良好的耐腐蚀性能。

4. 玻璃

化工上用的玻璃不是一般的钠钙玻璃,而是硼玻璃(耐热玻璃)或高铝玻璃,它们有良好的热稳定性和耐腐蚀性。

玻璃在化工生产上用来制作管道或管件,也可以用来制作容器、反应器、泵、换热器、隔膜阀等。

玻璃虽然有耐腐蚀、清洁、透明、阻力小、价格低等特点,但质脆,耐温度急变性差,不耐冲击和振动。目前已成功地采用在金属管内衬玻璃或用玻璃钢加强玻璃管道等方法来弥补其不足。

1.7.2　有机非金属材料

1. 工程塑料

以高分子合成树脂为主要原料,在一定条件下塑制成的型材或产品(泵、阀等),统称为塑料。在工业生产中广泛应用的塑料即为"工程塑料"。

一般塑料是以合成树脂为主,加入添加剂以改善产品性能。一般添加剂有:

①填料　提高塑料的力学性能;

②增塑剂　降低材料的脆性和硬度,使材料具有可塑性;

③稳定剂　延缓塑料的老化;

④固化剂   加快固化速度,使固化后的树脂具有优良的机械强度。

塑料的品种较多,根据受热后的变化和性能的不同,可分为热塑性和热固性两大类。

热塑性塑料是以可经受反复受热软化(或熔化)和冷却凝固的树脂为基本成分制成的塑料,如聚氯乙烯、聚乙烯等。热固性塑料是以经加热转化(或熔化)和冷却凝固后变成不溶状态的树脂为基本成分制成的塑料,如酚醛树脂、氨基树脂等。

由于塑料一般具有良好的耐腐蚀性能、一定的机械强度,相对密度不大,价格较低,所以在化工生产中得到了广泛应用。

(1)硬聚氯乙烯塑料

硬聚氯乙烯塑料具有良好的耐腐蚀性能,能耐稀硝酸、稀硫酸、盐酸、碱、盐等腐蚀,并有一定的强度,加工成型方便,焊接性能较好。导热系数小,冲击韧性低,耐热性较差是它的缺点。硬聚氯乙烯塑料的使用温度为-15~60 ℃;当温度为60~90 ℃时,其强度显著下降。

硬聚氯乙烯塑料广泛地用于制作各种化工设备,如塔、贮槽、容器、尾气烟囱、离心泵、通风机、管道、管件、阀门等。

(2)聚乙烯塑料

聚乙烯塑料是乙烯的高分子聚合物,有优良的电绝缘性、防水性、化学稳定性。在室温下,除硝酸外,其对各种酸、碱、盐溶液均稳定,对氢氟酸特别稳定。

聚乙烯塑料可用来制作管道、管件、阀门、泵等,也可以用来制作设备衬里,还可以涂在金属表面作为防腐涂层。

(3)耐酸酚醛塑料

耐酸酚醛塑料是以酚醛树脂为黏结剂,以耐酸材料(石棉、石墨、玻璃纤维等)为填料的一种热固性塑料。它有良好的耐腐蚀性和耐热性,能耐多种酸、盐和有机溶剂的腐蚀。

耐酸酚醛塑料可以用来制作管道、阀门、泵、塔节、容器、贮槽、搅拌器,也可以用来制作设备衬里,目前在氯碱、染料、农药等工业中应用较多,使用温度为-30~130 ℃。这种塑料性质较脆,冲击韧性较低。设备在使用过程中出现裂缝或孔洞,可用酚醛胶泥修补。

(4)聚四氟乙烯塑料

聚四氟乙烯塑料具有优异的耐腐蚀性,能耐强腐蚀性介质(硝酸、浓硫酸、王水、盐酸、苛性碱等)腐蚀,耐腐蚀性甚至超过贵重金属,有"塑料王"之称,使用温度为-100~250 ℃。

聚四氟乙烯塑料常用来制作耐腐蚀、耐高温的密封元件和管道等。由于聚四氟乙烯塑料有良好的自润滑性,还可以用来制作无油润滑的活塞环。

(5)玻璃钢

用玻璃钢纤维增强的塑料又称玻璃钢。它以合成树脂为黏结剂,以玻璃纤维为增强材料,按一定成型方法制成。玻璃钢是一种新型的非金属防腐蚀材料,强度高,具有优良的耐腐蚀性能和良好的工艺性能等,在化工生产中应用日益广泛。

根据所用树脂的不同,玻璃钢性能差异很大。目前应用在化工防腐蚀方面的有环氧玻璃钢、酚醛玻璃钢(耐酸性好)、呋喃玻璃钢(耐腐蚀性好)、聚酯玻璃钢(施工方便)等。

玻璃钢在化工生产中可用来制作容器、贮槽、塔、鼓风机、槽车、搅拌器、泵、管道、阀门等多种设备。

2. 涂料

涂料是一种高分子胶体的混合物溶液。将其涂在物体表面,即可固化形成薄涂层,可用来保护物体免遭大气及酸、碱等介质的腐蚀。涂料多数情况下用于涂刷设备、管道的外表面,也常用作设备内壁的防腐蚀涂层。

采用涂料防腐的特点是:涂料品种多,选择范围广,适应性强,使用方便,价格低,适于现场施工等。但是,由于涂层较薄,在有冲击、磨蚀作用以及强腐蚀介质的情况下,涂层容易脱落,这限制了涂料在设备内壁防腐蚀方面的应用。

常用的防腐蚀涂料有防锈漆、底漆、大漆、酚醛树脂漆、环氧树脂漆等以及某些塑料涂料,如聚乙烯涂料、聚氯乙烯涂料等。

3. 不透性石墨

不透性石墨是由各种树脂浸渍石墨消除孔隙而得到的。它具有较高的化学稳定性和良好的导热性,热膨胀系数小,耐温度急变性好;不污染介质,能保证产品纯度;加工性能良好和相对密度小等优点。它的缺点是机械强度较低,性脆。

不透性石墨的耐腐蚀性主要取决于浸渍树脂的耐腐蚀性。由于其耐腐蚀性强和导热性好,常用来制作腐蚀性强的介质的换热器,如氯碱生产中应用的换热器和盐酸合成炉;也可以用来制作泵、管道和机械密封中的密封环和压力容器用的安全爆破片等。

1.8 化工设备的腐蚀及防腐措施

腐蚀是影响金属设备及其构件使用寿命的主要因素之一。在化工以及轻工、能源等领域,约有 60% 的设备失效与腐蚀有关。

化工设备的
腐蚀及防护

在化学工业中,金属(特别是黑色金属)是制造设备的主要材料,由于经常要和各种酸、碱、盐、有机溶剂及腐蚀性气体等接触而发生腐蚀,因此要求材料具有较好的耐腐蚀性。腐蚀不仅使金属和合金材料遭受巨大的损失,影响设备的使用寿命,而且使设备的检修周期缩短,增加非生产时间和修理费用;腐蚀使设备及管道的跑、冒、滴、漏现象更为严重,使原料和成品遭受大量损失,影响产品质量,污染环境,危害人的健康;腐蚀引起设备爆炸、火灾等事故,使设备遭到破坏而停止生产,造成巨大的经济损失甚至危及人的生命。对于化工设备,正确地选材和采取有效的防腐蚀措施,使之不受腐蚀或减少腐蚀,以保证设备的正常运转,延长其使用寿命,节约金属材料,对促进化学工业的迅速发展有着十分重大的意义。

1.8.1 金属腐蚀

金属与周围介质之间发生化学或电化学作用而引起的破坏称为腐蚀。如金属设备在大气中生锈,钢铁在酸中溶解及高温下的氧化等。金属腐蚀有两种:化学腐蚀与电化学腐蚀。

1. 金属腐蚀的评定方法

金属腐蚀的评定方法很多,对于均匀腐蚀,工程设计中常用的评定方法有两种:

(1)根据质量变化评定金属腐蚀

用质量减少或增加速度表示金属腐蚀速度的方法应用极为广泛。它是通过实验的方法,测出金属试件在单位表面积、单位时间内因腐蚀而引起的质量变化。当测定试件在腐蚀

前后的质量减少时,可用下式表示腐蚀速度:

$$K = \frac{m_0 - m_1}{St}$$ (1-9)

式中　K——腐蚀速度,$g/(m^2 \cdot h)$;

　　　m_0——腐蚀前试件的质量,g;

　　　m_1——腐蚀后试件的质量,g;

　　　S——试件与腐蚀介质接触的面积,m^2;

　　　t——腐蚀作用的时间,h。

这种方法只能用于均匀腐蚀,并且只有当能很好地除去腐蚀产物而不致损害试件主体金属时,结果才能准确。

（2）根据腐蚀深度评定金属腐蚀

根据质量变化测定腐蚀速度时,没有考虑金属的相对密度。当质量减少相同时,相对密度不同的金属其截面尺寸的减小也不同。为了表示腐蚀前后截面尺寸的变化,常用金属厚度的减小量,即腐蚀深度来表示腐蚀速度,由式(1-9)导出:

$$K_a = \frac{24 \times 365 K}{1\,000 \rho} = 8.76 \frac{K}{\rho}$$ (1-10)

式中　K_a——用每年金属厚度的减小量表示的腐蚀速度,mm/a;

　　　ρ——金属的相对密度,g/cm^3。

按腐蚀深度评定金属的耐腐蚀性能有三级标准,见表 1-21。

表 1-21　　　　　　　　金属耐腐蚀性能的三级标准

耐腐蚀性能	腐蚀速度/$(mm \cdot a^{-1})$	耐腐蚀级别
耐蚀	<0.1	1
可用	0.1~1.0	2
不可用	>1.0	3

2. 化学腐蚀

金属遇到干燥的气体或非电解质溶液而发生化学作用所引起的腐蚀叫作化学腐蚀。化学腐蚀的产物在金属的表面上,腐蚀过程中没有电流产生。

如果化学腐蚀生成的化合物很稳定,即不易分解或溶解,且组织致密,与金属本体结合牢固,那么,这种腐蚀产物附着在金属表面上,有钝化腐蚀的作用,称为"钝化膜",起保护作用,或称钝化作用。

如果化学腐蚀生成的化合物不稳定,即易分解、溶解或脱落,且与金属结合不牢固,则腐蚀产物就会一层层脱落(氧化皮即属此类),这种腐蚀产物不能保护金属不再继续受到腐蚀,这种作用称为"活化作用"。

（1）金属的高温氧化及脱碳

在化工生产中,有很多设备是在高温下操作的,如氨合成塔、硫酸氧化炉、石油气制氢转化炉等。金属的高温氧化及脱碳是一种高温下的气体腐蚀,是化工设备中常见的化学腐蚀之一。

当温度高于 300 ℃时,钢和铸铁就在表面出现可见的氧化层。随着温度的升高,钢铁的氧化速度大大增加。在 570 ℃以下氧化时,形成的氧化物中不含 FeO,其氧化层由 Fe_3O_4 和

Fe_2O_3 构成,如图 1-18(a)所示。这两种氧化物组织致密、稳定,附着在铁的表面上不易脱落,于是就起到了保护膜的作用。在 570 ℃以上氧化时,形成的氧化物有三种,如图 1-18(b)所示。其厚度比约为 $d(Fe_2O_3) : d(Fe_3O_4) : d(FeO) = 1 : 10 : 100$。氧化层主要成分是 FeO,其结构疏松,容易脱落,即常见的氧化皮。

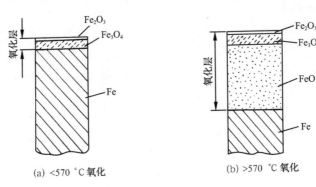

(a) <570 ℃氧化　　　　(b) >570 ℃氧化

图 1-18　钢铁的氧化层结构示意图

为了提高钢的高温抗氧化能力,必须设法阻止或减弱 FeO 的形成。冶金工业中,在钢里加入适量的合金元素铬、硅或铝是冶炼抗氧化、不起皮钢的有效方法。

在高温(700 ℃以上)氧化的同时,钢还发生脱碳作用。脱碳作用的化学反应式如下:

$$Fe_3C + O_2 \Longrightarrow 3Fe + CO_2$$
$$Fe_3C + CO_2 \Longrightarrow 3Fe + 2CO$$
$$Fe_3C + H_2O \Longrightarrow 3Fe + CO + H_2$$

脱碳作用使钢的力学性能下降,特别是降低了表面硬度和抗疲劳强度,因而高温工作的零件要注意这一问题。

(2)氢腐蚀

在合成氨、石油加氢及其他一些化工工艺中,常遇到反应介质中氢占很大比例的情况,而且这些过程又多是在高温、高压下进行的,例如,合成氨的压力常采用 31.4 MPa,温度一般为 470~500 ℃。

氢气在较低温度和压力(≤200 ℃,≤5.0 MPa)下对普通碳钢及低合金钢不会有明显的腐蚀,但是在高温、高压下则会产生腐蚀,使材料的强度和塑性显著降低,甚至损坏材料,这种现象常称为"氢腐蚀"。

铁碳合金在高温、高压下的氢腐蚀过程可分为氢脆阶段和氢侵蚀阶段。

第一阶段为氢脆阶段。氢与钢材直接接触时被钢材吸附,并以原子状态向钢材内部扩散,溶解在铁素体中形成固溶体。在此阶段,溶在钢中的氢并未与钢材发生化学作用,也未改变钢材的组织,在显微镜下观察不到裂纹,钢材的抗拉强度和屈服强度也无大改变。但是溶在钢中的氢使钢材显著变脆,塑性减小,这种脆性与氢在钢中的溶解度成正比。

第二阶段为氢侵蚀阶段。溶解在钢材中的氢气与钢中的渗碳体发生化学反应,生成甲烷,从而改变了钢材的组织。其化学反应式为

$$Fe_3C + 2H_2 \Longrightarrow 3Fe + CH_4$$

这一化学反应常在晶界处发生,生成甲烷,聚集在晶界原有的微观孔隙内,形成局部高

压,引起应力集中,使晶界变宽,产生更大的裂纹,或在钢材表层夹杂等缺陷中聚集形成鼓泡,使钢材力学性能降低。又由于渗碳体还原为铁素体时,体积减小,由此而产生的组织应力与前述内应力叠加在一起使裂纹扩展,而裂纹的扩展又为氢和碳的扩散提供了有利条件。这样反复不断进行下去,最后使钢材完全脱碳,裂纹形成网格,严重地降低了钢材的力学性能,甚至使材料遭到破坏。

铁碳合金的氢腐蚀随着压力和温度的升高而加剧,因为高压有利于氢气在钢中的溶解,而高温则增加氢气在钢中的扩散速度及脱碳反应的速度。通常铁碳合金产生氢腐蚀有一开始温度和开始压力,它是衡量钢材抵抗氢腐蚀能力的一个指标。铁碳合金氢腐蚀开始温度和开始压力的关系见表1-22。

表 1-22   铁碳合金氢腐蚀开始温度和开始压力的关系

开始压力/MPa	开始温度/℃	开始压力/MPa	开始温度/℃
3~10	300~280	30~40	220~210
10~20	270~240	40~60	210~200
20~30	230~220	60~80	200~190

为了防止氢腐蚀的发生,可以降低钢中的碳含量,使其没有碳化物(Fe_3C)析出。此外,在钢中加入合金元素,如铬、钛、钼、钨、钒等,形成稳定的碳化物,不易与氢作用,可以避免氢腐蚀。

3. 电化学腐蚀

电化学腐蚀是指金属与电解质溶液相接触产生电化学作用而引起的腐蚀。电化学腐蚀过程是一种原电池工作过程,腐蚀过程中有电流产生,使其中电位较负的部分(阳极)失去电子而遭受腐蚀。电化学腐蚀过程由以下三个环节组成(图1-19),它至少包括一个阳极反应和一个阴极反应。

(1)阳极反应

金属溶解,即金属离子从金属转移到介质中并放出电子的氧化过程($Me \longrightarrow Me^+ + e$)。

(2)电子流动

阳极过剩电子流向阴极。

(3)阴极反应

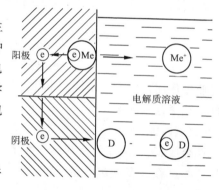

Me—金属;Me^+—金属阳离子
e—电子;D—能吸收电子的物质

图 1-19   电化学腐蚀过程原理

介质中氧化剂组分得到来自阳极的电子的还原过程($e_阳 + D \longrightarrow [De]$)。

以上三个环节缺一不可,其中阻力较大的环节决定着整个腐蚀过程的速度。如金属在酸、碱、盐溶液、水和海水中的腐蚀,金属在潮湿空气中的大气腐蚀,地下金属管线的腐蚀以及电解质溶液中不同金属接触处的电偶腐蚀(两种相互接触的不同金属处于同一腐蚀性介质中,由于存在电位差,其中一种电位较负的金属往往会遭到腐蚀,这种腐蚀称为电偶腐蚀)等均属电化学腐蚀。

电化学腐蚀进行的过程中必须具备三个条件:

(1)同一金属上有不同电位的部分之间存在电位差(图 1-20 中的微电池),或不同金属之间存在电位差(图 1-20 中的大电池);

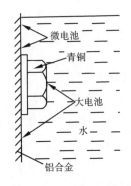

图 1-20　微电池与大电池联合示意图

(2)阳极和阴极互相连接;

(3)阳极和阴极处在相互连通的电解质溶液中。

1.8.2　晶间腐蚀和应力腐蚀

晶间腐蚀是一种极其危险的腐蚀,应力腐蚀则是近年来被证实在化工与石油化工设备中发生较多和较严重的一种腐蚀。这两种腐蚀均属于电化学腐蚀。

1.晶间腐蚀

晶间腐蚀是一种局部的、选择性的腐蚀破坏。这种腐蚀破坏沿金属晶粒的边缘进行,腐蚀性介质渗入金属的深处,腐蚀破坏了金属晶粒之间的结合力,使材料的强度和塑性几乎完全丧失,从表面上看不出异样,但内部已经瓦解,只要用锤轻轻敲击,就会碎成粉末,因此,晶间腐蚀如不能及早发现,往往会造成灾难性的事故。

在黑色金属中,只有部分铁素体不锈钢和奥氏体不锈钢才有可能产生晶间腐蚀。

如奥氏体不锈钢的晶间腐蚀,奥氏体不锈钢中含有少量的碳,在高温(1 050 ℃)时,碳可以完全分布在整个合金中,但在 450~850 ℃加热或缓慢冷却时,C 就与 Cr 和 Fe 生成复杂的碳化物 $(Cr \cdot Fe)_{23}C_6$ 沿晶界析出,如图 1-21 所示。此时,这种钢就有晶间腐蚀的敏感性,该温度范围称为"敏化温度"。在敏化温度内,奥氏体不锈钢中的碳很快向晶界处扩散,并优先与铬化合成上述的碳化物析出。由于铬的扩散速度比较慢,碳化物中的铬主要从晶界附近获取,于是便形成晶界附近一带铬含量减少的贫铬区(图1-21)。如果铬含量降低至钝化所需的极限(如

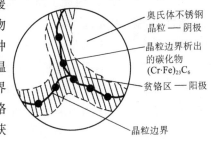

奥氏体不锈钢
晶粒 — 阴极

晶粒边界析出
的碳化物
$(Cr \cdot Fe)_{23}C_6$

贫铬区 — 阳极

晶粒边界

图 1-21　奥氏体不锈钢的晶间腐蚀

12.5%)以下,则贫铬区便处于活化状态,也就是在电化学行为中,成为阳极区,此时晶粒本身为阴极(图 1-21),就会产生微电池作用,晶间腐蚀迅速进行。

晶间腐蚀是一种危险性较大的腐蚀,因为它不在构件表面留有任何腐蚀的宏观迹象,也不会减少构件的厚度尺寸,只在内部沿着金属的晶粒边缘进行腐蚀,即从内部瓦解材料,使其完全失去强度和塑性,最易在使用过程中发生破坏。

为了防止奥氏体不锈钢的晶间腐蚀,可以在钢中加入 Ti 和 Nb 元素,这两种元素都有较

好的固定碳的作用,从而使铬的碳化物在晶间难以生成。防止奥氏体不锈钢晶间腐蚀的更有效的方法是采用低碳、超低碳的奥氏体不锈钢。

2.应力腐蚀

应力腐蚀亦称腐蚀裂开,是金属在腐蚀性介质和拉应力的共同作用下产生的一种破坏形式。在应力腐蚀过程中,腐蚀和拉应力起互相促进的作用。一方面,腐蚀减小金属的有效截面积,形成表面缺口,产生应力集中;另一方面,拉应力加速腐蚀的进程,使表面缺口向深处扩展,最后导致断裂。因此,应力腐蚀可使金属在平均应力低于其屈服极限的情况下被破坏。

因为化工与石油化工生产中的压力容器一般都承受较大的拉应力,在结构上又常难以避免不同程度的应力集中的存在,同时容器的工作介质又常具有腐蚀性,这就具备了应力腐蚀发生的条件。在压力容器的腐蚀破坏形式中,应力腐蚀破坏是较常见的,也是最危险的。

金属的应力腐蚀断裂过程,可以分为三个阶段。

(1)第一阶段为孕育阶段

金属表面由于腐蚀和拉应力集中的共同作用,逐渐形成一些最初的腐蚀——机械性裂纹。金属表面的应力集中常由不均匀的内应力、机械擦伤、加工纹路、裂纹、夹层等表面缺陷和结构形状的不连续等所引起。如果局部集中应力在开始时还不足以形成裂纹,则这一阶段就延长下去,直至金属表面某处局部腐蚀形成薄弱区域,并在该区域内局部应力集中达到能产生最初的腐蚀(机械性裂纹)为止。

(2)第二阶段为腐蚀裂纹扩展阶段

最初的腐蚀——机械性裂纹,在腐蚀性介质的电化学作用和金属内的主要拉应力的共同作用下进一步扩展。裂纹扩展的总方向一般是和主要拉应力方向垂直的。应力腐蚀的机理可借助图 1-22 解释如下:原始裂纹两侧是一层保护膜,该保护膜构成了腐蚀电池的阴极,裂纹尖端构成腐蚀电池的阳极,在主要拉应力的作用下裂纹尖端前面的区域是金属局部应力最大的地方,它是裂纹将扩展的区域。由于在裂纹尖端高度集中的局部应力与大面积的阴极和小面积的阳极的电化学腐蚀的联合作用,裂纹扩展的速度很快,可以达到每小时毫米级甚至厘米级。

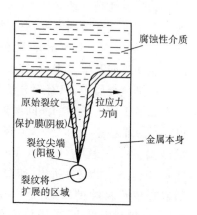

图 1-22 应力腐蚀的裂纹扩展

(3)第三阶段为最终破坏阶段

随着裂纹的进一步扩展,诸多裂纹中的一条裂纹会由于拉应力越来越大而比其他裂纹扩展得更快,且到最后它会排斥其他裂纹的扩展,而把主要拉应力都转移到这条裂纹上来,最终导致构件的断裂。在这一阶段,断裂是在机械因素起主导作用的情况下进行的,且越到最后,机械因素作用越大。

应力腐蚀的断裂面大体上与主要拉应力方向垂直,在断口附近常有许多与主断口平行的裂纹。应力腐蚀只有在拉应力状态下才会发生,而在压应力状态下,则不会发生应力腐蚀。

产生应力腐蚀的材料与腐蚀性介质的匹配情况见表 1-23。

表 1-23	产生应力腐蚀的材料与腐蚀性介质的匹配情况
金属材料	腐蚀性介质
低碳钢	NaOH 溶液,硝酸盐溶液,(硅酸钠＋硝酸钙)溶液
碳钢,低合金钢	42% $MgCl_2$ 溶液,氢氰酸
高铬钢	NaClO 溶液,海水,H_2S 溶液
奥氏体不锈钢	氯化物溶液,高温、高压蒸馏水
铜与铜合金	含氨蒸气,汞盐溶液,含 SO_2 大气
铝与铝合金	熔融的 NaCl,NaCl 溶液,海水,水蒸气,含 SO_2 大气
镍与镍合金	NaOH 溶液

1.8.3 金属腐蚀破坏的形式

根据金属腐蚀破坏的形式,金属腐蚀可分为均匀腐蚀与非均匀腐蚀,后者又称局部腐蚀。局部腐蚀又可分为区域腐蚀、点腐蚀、晶间腐蚀等。各种金属腐蚀破坏的形式如图 1-23 所示。

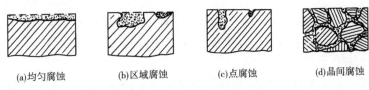

(a)均匀腐蚀　　　(b)区域腐蚀　　　(c)点腐蚀　　　(d)晶间腐蚀

图 1-23　金属腐蚀破坏的形式

均匀腐蚀是在腐蚀介质作用下,金属整个表面的腐蚀破坏,这是危险性较小的一种腐蚀,因为只要设备或零件具有一定厚度,其力学性能因腐蚀而引起的改变并不大。

局部腐蚀只是在金属表面上个别地方腐蚀,但是这种腐蚀很危险,因为整个设备或零件的强度是依最弱的断面强度而定的,而局部腐蚀能使断面强度大大降低,尤其是点腐蚀常造成设备个别地方穿孔而引起渗漏。

1.8.4 金属设备的防腐措施

为了防止化工与石油化工生产设备被腐蚀,除了选择合适的耐腐蚀材料制造设备外,还可以采用多种防腐蚀措施对设备进行防腐。具体措施有以下几种。

1. 衬覆保护层

(1)金属保护层

金属保护层是用耐腐蚀性能较强的金属或合金覆盖在耐腐蚀性能较弱的金属上。常见的有电镀法(镀铬、镀镍等)、喷镀法及衬不锈钢衬里等。

(2)非金属保护层

常用的有金属设备内部衬以非金属衬里和涂防腐涂料。

在金属设备内部衬砖、板是行之有效的非金属防腐方法。

常用的砖板衬里材料有酚醛胶泥衬瓷板、瓷砖、不透性石墨板,水玻璃胶泥衬辉绿岩板、瓷板、瓷砖。

除砖板衬里之外,还有橡胶衬里和塑料衬里。

2. 电化学保护

(1)阴极保护

阴极保护又称牺牲阳极保护。近年来,阴极保护在我国已广泛应用到化工生产中,主要用来保护受海水、河水腐蚀的冷却设备和各种输送管道,如卤化物结晶槽、制盐蒸发设备等。

如图 1-24 所示为阴极保护示意图,把盛有电解液的金属设备和一直流电源的负极相连,电源正极和一个辅助阳极相连。当电路接通后,电源便给金属设备以阴极电流,使金属设备的电极电位向负方向移动,当电位降至腐蚀电池的阳极的起始电位时,金属设备的腐蚀即可停止。

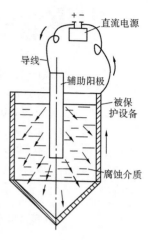

图 1-24　阴极保护示意图

外加电流阴极保护的实质是整个金属设备被外加电流极化为阴极,而辅助电极为阳极,称为辅助阳极。辅助阳极的材料必须是良好的导电体,在腐蚀介质中耐腐蚀,常用的有石墨、硅铸铁、废钢铁等。

(2)阳极保护

阳极保护是将被保护设备接阳极直流电源,使金属表面生成钝化膜而起保护作用。阳极保护只有当金属在介质中能钝化时才能应用,而且阳极保护的技术复杂,使用不多。

3. 添加缓蚀剂

在腐蚀介质中加入少量物质,可以使金属的腐蚀速度降低甚至停止,这种物质称为缓蚀剂。加入的缓蚀剂不应该影响化工工艺过程的进行,也不应该影响产品质量。缓蚀剂要严格选择,一种缓蚀剂对某种介质能起缓蚀作用,对另一种介质则可能无效,甚至有害。选择缓蚀剂的种类和用量,须根据设备的具体操作条件通过试验来确定。

缓蚀剂有重铬酸盐、过氧化氢、磷酸盐、亚硫酸钠、硫酸锌、硫酸氢钙等无机缓蚀剂和生物碱、有机胶体、氨基酸、酮类、醛类等有机缓蚀剂两大类。按使用情况分三种:在酸性介质中常用硫脲、若丁(二甲苯硫脲)、乌洛托品(六亚甲基四胺);在碱性介质中常用硝酸钠;在中性介质中常用重铬酸钠、亚硝酸钠、磷酸盐等。

1.9　化工设备材料的选择

1.9.1　选材的一般原则

在设计和制造化工容器与设备时,合理选择和正确使用材料是一项十分重要的工作。选择容器用钢必须综合考虑:

容器的操作条件——设计压力、设计温度、介质特性和操作特点等;

材料的使用性能——力学性能、物理性能、化学性能(主要是耐腐蚀性能);

材料的加工工艺性能——焊接性能、热处理性能、冷弯性能及其他冷热加工性能;

经济合理性及容器结构——材料价格、制造费用和使用寿命等。

通常,容器的材料选择须遵循下列一般原则:

（1）压力容器用钢材应符合 GB/T 150.2—2011《压力容器　第 2 部分：材料》的要求，材料适用于设计压力不大于 35 MPa 的压力容器。选材应接受国家质量技术监督局颁发的《固定式压力容器安全技术监察规程》的监督。压力容器受压元件用钢应是由电炉或氧气顶吹转炉冶炼的镇静钢。对于标准抗拉强度下限值大于或等于 540 MPa 的低合金钢钢板和奥氏体-铁素体不锈钢钢板，以及用于设计温度低于 −20 ℃ 的低温钢板和低温钢锻件，还应采用炉外精炼工艺。钢材（板材、带材、管材、型材、锻件等）的质量与规格应符合现行国家标准、行业标准或有关技术规定。

（2）选用材料时还应考虑容器具体使用条件及标准对材料附加要求的力学性能试验项目，应注意中高温、低温及腐蚀条件下材料可能出现的问题，如碳素钢、碳锰钢在高于 425 ℃ 温度下长期使用时，钢中碳化物有石墨化倾向；低温下某些材料出现低应力脆断等。

（3）一般情况下，按下列原则规定选材是经济的。

①所需钢板厚度小于 8 mm 时，在碳素钢与低合金钢之间，应优先选用碳素钢钢板。在以刚度设计或结构设计为主时，亦应尽量选用普通碳素钢钢板。

②在以强度设计为主时，应根据材料对压力、温度、介质等的使用限制，依次选用 Q245R、Q345R、18MnMoNbR 等钢板（由于 15MnVR、15MnVNR、18MnMoNbR 焊接性能差，焊接工艺要求严格，在使用中发现较多压力容器焊接接头处有裂纹，因此，近年来为新钢种 13MnNiMoNbR 和 07MnCrMoVR 所代替）。高压容器应优先选用低合金钢，高、中强度钢。如选用屈服强度级别为 350 MPa 和 400 MPa 的低合金钢 Q345R 与 Q370R，价格与碳素钢相近，但强度比碳素钢（如 Q235B 和 Q245R）高 30%～60%。

③所需不锈钢厚度大于 12 mm 时，应尽量采用衬里、复合、堆焊等结构。另外，不锈钢应尽量不用作设计温度小于等于 500 ℃ 的耐热用钢。

④珠光体耐热钢应尽量不用作设计温度小于等于 350 ℃ 的耐热用钢。在必须用作耐热或抗氢用途时，应尽量减少、合并钢材的品种与规格（减少钢材的品种与规格也是所有设计选材中应遵循的原则）。

⑤温度不低于 −196 ℃ 的低温用钢，应尽可能采用无镍铬铁素体钢，以代替镍铬不锈钢和有色金属；中温用钢（温度不超过 500 ℃）可采用含钼或钒的中、高强度钢，以代替 Cr-Mo 钢。

⑥在有强腐蚀介质的情况下，应积极试用无镍、铬或少镍、铬的新型合金钢（如含 Si、Al、V、Mo 的钢种）。对要求耐大气腐蚀及海水腐蚀的场合，应尽量采用我国自己研制的含铜和含磷等钢种，如 16MnCu、15MnVCu、12MnPV 及 10 PCuRe、16MnRe、10MnPNbRe 等。

（4）通常，下列各类钢材选用对象也是设计选材的指导准则。

①碳素钢用于介质腐蚀性不强的常、低压容器，厚度不大的中压容器，锻件、承压钢管、非受压元件以及其他由刚性和结构因素决定厚度的场合。

②低合金高强度钢用于介质腐蚀性不强、厚度较大（≥8 mm）的受压容器。

③珠光体耐热钢用作抗高温、氢或硫化氢腐蚀，或设计温度为 350～650 ℃ 的压力容器用耐热钢。

④不锈钢用于介质腐蚀性较强（电化学腐蚀、化学腐蚀）及防铁离子污染时的耐腐蚀用钢及设计温度大于 500 ℃ 或小于 −100 ℃ 的耐热或低温用钢。

⑤不含稳定化元素且碳含量大于 0.03% 的奥氏体不锈钢，需经焊接或 400 ℃以上热加工时，不应使用于可能引起不锈钢发生晶间腐蚀的环境。

（5）用作设备法兰、管法兰、管件、人(手)孔、液面计等化工设备标准零部件的钢材，应符合有关零部件的国家标准、行业标准对钢材的技术要求。

（6）钢板(除奥氏体型钢材外)根据最低使用温度下限板厚和使用状态进行冲击试验，低于 −196～−253 ℃由设计文件规定冲击试验要求。

各种钢材都有其一定的允许使用温度范围(表 1-24)，设计时应根据由工艺条件和设备结构确定的设计温度选择材料。

表 1-24　　　　　　　　　各种钢材的使用温度范围

钢材种类	使用温度范围/℃	钢材种类	使用温度范围/℃
非受压容器用碳素钢	依据使用场合具体分析	碳钼钢及锰钼铌钢	～475
沸腾钢	0～250	铬钼低合金钢	～575
镇静钢	0～300	铁素体高合金钢	0～500
压力容器用碳素钢	−20～475	奥氏体高合金钢	−253～700
低合金钢	−40～475	铁素体-奥氏体高合金钢	−20～700
低温用钢	～−196		

1.9.2　选材举例

1.选择液氨贮罐材料(使用地:沈阳)

（1）分析贮罐操作条件

①介质

贮罐内盛装经氨压缩机压缩并被水冷凝下来的液氨。液氨对大多数材料尚无腐蚀作用。

②温度与压力

根据冷却水的温度，氨气冷凝时一般需要加压 0.9～1.4 MPa，由于液氨贮罐大都露天放置，因而罐内液氨的温度和压力直接受到大气温度的影响。夏季贮罐经太阳暴晒，温度可达 40 ℃甚至更高，这时氨的饱和蒸气压为 1.485 MPa(表压)，冬季沈阳月平均最低气温为 −19.8 ℃，此时氨的饱和蒸气压约为 0.09 MPa(表压)，因此，贮罐的操作温度和压力又是波动的。根据《固定式压力容器安全技术监察规程》有关固定式常温贮存液化气体压力容器设计压力的规定，其设计压力应当以规定温度下的工作压力为基础确定。对于液氨贮罐，在无保冷措施下，其工作压力为 50 ℃时液氨饱和蒸气压[1.973 MPa(表压)]，设计压力取值为 2.16 MPa。

（2）选择材料品种

通过操作条件的分析可知，该容器属于中压、低温范畴，同时温度和压力有波动。对材料的要求应是耐压，耐低温，且抗压力波动。根据选材原则，应优先选用低合金钢，如 Q245R、Q345R 等材料。

2.选择浓硫酸贮罐材料

已知贮罐容积为 40 m³，间歇操作，通蒸气清洗。

（1）分析贮罐操作条件

介质为浓硫酸，是强腐蚀介质，操作温度为常温，压力为常压。容器选材主要考虑腐蚀和制造因素。

（2）选择材料品种

由表 1-5 可见，耐浓硫酸腐蚀的材料有灰铸铁、高硅铸铁、碳钢、18-8 型不锈钢。其中，灰铸铁和高硅铸铁质脆，抗拉强度低，又不可能铸造出 40 m³ 的大型设备，故不能选用；18-8 型不锈钢各种性能虽好，但价格较高，考虑经济合理性一般不宜首选；似乎只能考虑碳钢。但由于贮罐为间歇操作，即罐内浓硫酸时有时无，当空罐时遇到潮湿天气，加之有时通蒸气清洗，罐壁上的浓硫酸便吸收水分而变稀，由表 1-5 可见，碳钢不耐稀硫酸腐蚀，因此碳钢亦不能选用。该浓硫酸贮罐最好采用碳钢制作外壳来满足强度要求，内部采用衬里，如 Q245R 衬瓷砖或衬铅来解决腐蚀问题。

3. 选择生产聚氯乙烯的聚合釜材料

（1）分析设备操作条件

①介质

用悬浮法生产聚氯乙烯，釜内的反应物是水和氯乙烯单体，并加入一定量的明胶和引发剂（偶氮二异丁腈）以及少量的重铬酸钾，配制成近于中性的悬浮液，因而介质对材料的耐腐蚀性没有特殊要求。

②温度与压力

该聚合反应开始需加热，随着反应的进行放出大量热量，需将热量移出，维持 50 ℃的正常反应温度。为了满足换热要求，聚合釜多采用夹套式结构，且要求釜壁材料有较高的导热系数。该聚合反应的压力一般控制为 0.7～0.8 MPa，为了保证产品具有良好的热稳定性和电绝缘性，在生产过程中应防止铁离子混入。

综上分析，该设备属常温常压、介质无腐蚀设备，主要是保证无铁离子进入产品和有良好的传热效果。

（2）选择材料品种

考虑满足强度和传热等要求，釜体可选用搪瓷、铝和不锈钢等材料，夹套选用碳钢。如果搪瓷聚合釜规格、容积不能满足生产要求，可以采用不锈钢复合钢板制造釜体。

习　题

一、名词解释

A 组

1. 蠕变	2. 断后伸长率	3. 弹性模量	4. 硬度	5. 冲击吸收能量
6. 泊松比	7. 耐腐蚀性	8. 抗氧化性	9. 屈服强度	10. 抗拉强度

B 组

1. 镇静钢	2. 沸腾钢	3. 半镇静钢	4. 低碳钢	5. 低合金钢
6. 碳素钢	7. 铸铁	8. 铁素体	9. 奥氏体	10. 马氏体

C 组

1. 热处理	2. 正火	3. 退火	4. 淬火	5. 回火

6.调质

D 组

1.腐蚀速度　　　2.化学腐蚀　　　3.电化学腐蚀　　　4.氢腐蚀　　　5.晶间腐蚀

6.应力腐蚀　　　7.阴极保护

二、选择材料

设备	介质	设计温度/℃	设计压力/MPa	供选材料（选中者画圈）
氨合成塔外筒 （ϕ3 000 mm）	氮,氢,少量氨	≤200	15	S30408,　　Q245R,　　Q235A 18MnMoNbR,　　13MnNiMoNbR
液氨贮罐 （ϕ2 600 mm,L=4 800 mm）	液氨	≤50	2.16	Q235B,Q345R,S30408,铜,铝,硬 聚氯乙烯塑料,酚醛树脂漆浸渍的 不透性石墨
溶解乙炔气瓶蒸压釜 （ϕ1 500 mm×15 000 mm）	水蒸气	≤200	15	Q235A,　　S30408,　　Q245R, Q345R,　　18MnMoNbR, 07MnCrMoVR
高温高压废热锅炉的 高温气侧壳体内衬	转化气 （H_2,CO_2,N_2, CO,H_2O, CH_4,Ar）	890~1 000	3.14	18MnMoNbR,　　0Cr13, Q235B,Cr25Ni20, S30408,　　Cr22Ni14N

三、判断题

1.对于均匀腐蚀、氢腐蚀和晶间腐蚀,采取增加腐蚀裕量的方法,都能有效地解决设备在使用寿命内的腐蚀问题。　　　　　　　　　　　　　　　　　　　　　　　　　　　　　　（　　）

2.材料的屈强比（R_{eL}/R_m）越高,越有利于充分发挥材料的潜力,因此,应极力追求高的屈强比。　（　　）

3.材料的冲击吸收能量（KV_2）高,则其塑性指标断后伸长率 A 也高;反之,材料的 A 高,则 KV_2 也一定高。　　　　　　　　　　　　　　　　　　　　　　　　　　　　　　　　　　　　（　　）

4.只要设备的使用温度为 20~300 ℃,设计压力<1.6 MPa,且容器厚度≤16 mm,无论处理何种介质,均可采用 Q235B 钢板制造。　　　　　　　　　　　　　　　　　　　　　　　　　　　（　　）

5.弹性模量 E 和泊松比 μ 是材料的重要力学性能,一般钢材的 E 和 μ 都不随温度的变化而变化,所以都可以取为定值。　　　　　　　　　　　　　　　　　　　　　　　　　　　　　　（　　）

6.蠕变强度表示材料在高温下抵抗产生缓慢塑性变形的能力;持久强度表示材料在高温下抵抗断裂的能力;而冲击韧性则表示材料在外加载荷突然袭击时及时和迅速塑性变形的能力。　（　　）

四、填空题

1.对于铁基合金,其屈服强度随着温度的升高而（　　　　）,弹性模量 E 随温度的升高而（　　　　）。

2.A、Z 是金属材料的（　　　　）指标;R_m、R_{eL} 是金属材料的（　　　　）指标;KV_2 是金属材料的（　　　　）指标。

3.对钢材,其泊松比 μ 约为（　　　　）。

4.氢腐蚀属于化学腐蚀与电化学腐蚀中的（　　　　）腐蚀,而晶间腐蚀与应力腐蚀属于（　　　　）腐蚀。

5.奥氏体不锈钢发生晶间腐蚀的温度是（　　　　）~（　　　　）℃,防止晶间腐蚀的方法一是减少奥氏体不锈钢中的含（　　　　）量,二是在奥氏体不锈钢中加入（　　　　）和（　　　　）元素。

6.应力腐蚀只有在（　　　　）应力状态下才能发生。在（　　　　）和（　　　　）应力状态下则不会发生应力腐蚀。

第 2 篇

化工容器设计

本篇由容器设计的基本知识、内压薄壁容器的应力分析、内压薄壁圆筒与封头的强度设计、外压圆筒与封头的设计、容器零部件 5 章组成，是本教材的主体与核心部分。本篇主要内容如下：

1. 首先介绍容器设计的基本知识，包括容器的分类，容器的结构及零部件标准化，特种设备安全监察及法规以及压力容器机械设计的基本要求。

2. 以简洁的语言讲述压力容器强度设计的基本理论——薄膜理论，列举薄膜理论在圆筒壳、球壳、椭球壳、锥壳、碟形壳等回转壳体中的应用，从而奠定了容器设计的理论基础。

3. 详细讲述内压薄壁圆筒和各种成型封头的强度设计理论。运用该设计理论，可以对容器进行强度校核和确定允许工作压力。在讲述外压失稳概念的基础上，详细介绍外压圆筒与封头以及外压容器加强的工程设计。

4. 较详细地讲述容器主要零部件，包括法兰 (设备法兰与管法兰)、支座 (主要是卧式容器支座)、开孔补强的分类、结构、标准及选用；介绍了人孔、手孔、凸缘、视镜、接管等容器附件标准的选用，使读者能够正确选用容器零部件和附件的标准，同时可以对补强圈式开孔补强进行强度校核。

5. 通过液氨贮罐的设计例题，对本篇内容做一次全面系统的运用，达到巩固和学以致用的目的。

通过本篇的学习，读者可以具备独立进行中、低压内压容器和外压容器筒体和封头的强度与稳定性设计；正确合理地选用法兰、卧式容器支座以及人孔、手孔等附件标准，即掌握容器的全部机械设计的理论基础。

第2章

容器设计的基本知识

2.1 容器的分类

　　压力容器是一种能够承受气态或液态介质压力载荷的密闭容器,用途极为广泛,在工业、民用、军工以及科学研究等领域具有重要的地位和作用。其中,以在化学工业中应用最多。压力容器种类繁多,不同类型的容器具有不同的结构和特性。因此,必须对压力容器进行分类,以便对不同类型的容器分别实施科学化使用及管理。

容器的分类

2.1.1 常用的分类方法

　　根据不同的使用及管理目标,压力容器的分类方法有许多种,表2-1列出的是常见的压力容器的分类方法。这些分类方法在不同场合都有应用,但在化工设备领域,从安全管理角度出发,后四种分类方法应用得更为普遍。

表 2-1　　　　　　　　　　　　压力容器的分类方法

分类方法	容器种类
按厚度分类	薄壁容器、厚壁容器
按承压方式分类	内压容器、外压容器
按工作壁温分类	高温容器、中温容器、常温容器、低温容器
按几何形状分类	球形容器、圆筒形容器、圆锥形容器、轮胎形容器
按制造方法分类	焊接容器、锻焊容器、铸造容器、锻造容器、铆接容器、组合式容器
按材质分类	钢制容器、铸铁容器、有色金属容器、非金属容器
按安放形式分类	立式容器、卧式容器
按安全监督分类	固定式容器、移动式容器、气瓶、氧舱
按压力等级分类	低压容器、中压容器、高压容器、超高压容器
按用途分类	贮存容器、反应容器、换热容器、分离容器
按"固容规"分类*	第Ⅰ类容器、第Ⅱ类容器、第Ⅲ类容器

　　* "固容规"指《固定式压力容器安全技术监察规程》。

　　从安全监督的角度来考察,压力容器一般分为固定式容器、移动式容器、气瓶和氧舱四大类。由于使用情况不同,对这些不同容器的技术管理要求亦不同。我国分别制定了《固定式压力容器安全技术监察规程》《移动式压力容器安全技术监察规程》《气瓶安全技术规程》和《氧舱安全技术监察规程》。为了便于监督和管理,这四类容器还可以用不同的方法进行更细致的分类。

所谓固定式压力容器,是指安装在固定位置使用的压力容器,包括为了某一特定用途仅在装置或者场区内部搬动、使用的压力容器,例如移动式空气压缩机的储气罐。

压力是压力容器的最主要的工作参数。从安全技术方面来看,容器的工作压力越高,发生破裂和爆炸事故的可能性与危害性越大,其后果也越严重。为了对压力容器进行分级管理和技术监督,目前我国普遍将压力容器按设计压力的高低分为低压、中压、高压和超高压容器四种,表 2-2 为这四种压力容器划分的压力范围。

表 2-2 容器按压力等级分类

容器种类	代号	设计压力范围/MPa	容器种类	代号	设计压力范围/MPa
低压容器	L	$0.1 \leqslant p < 1.6$	高压容器	H	$10 \leqslant p < 100$
中压容器	M	$1.6 \leqslant p < 10$	超高压容器	U	$p \geqslant 100$

不同压力等级的容器还可以根据其用途进行分类。在长期实践的基础上,人们根据压力容器在生产工艺过程中所起的作用,将其归纳为贮存容器、反应容器、换热容器和分离容器四种。表 2-3 给出了这四种容器的分类情况。

表 2-3 容器按用途分类

容器种类	代号	主要作用	设备举例
贮存容器 (其中球罐代号 B)	C	储备或盛装气体、液化气体等介质	常用的压缩气体或液化气体贮罐(槽)、计量槽、消毒锅、印染机、烘缸、蒸锅等
反应容器	R	完成介质的物理、化学反应	反应锅、反应器、反应釜、聚合釜、变换炉、合成塔、煤气发生炉等
换热容器	E	使工作介质在容器内进行热量交换,以达到生产工艺过程中所需要的将介质加热或冷却等目的	换热器、加热器、冷却器、冷凝器、蒸发器、水洗塔、废热锅炉等
分离容器	S	完成介质的流体压力平衡、缓冲和气体净化分离	分馏塔、吸收塔、干燥塔、净化塔、洗涤塔、分离器、过滤器、压力缓冲器、除氧器等

移动式压力容器是指由罐体[①]或者大容积钢质无缝气瓶(以下简称气瓶[②])与走行装置或者框架采用永久性连接组成的运输装备,包括铁路罐车、汽车罐车、长管拖车、罐式集装箱和管束式集装箱等。罐车也称槽车,它是固定在汽车或火车车架上的卧式贮罐。一般充装低压液化气体,较普遍使用的是液化石油气槽车和液氨槽车。

气瓶应包括不同压力、不同容积、不同结构形式和不同材料用以贮运永久气体、液化气体和溶解气体的一次性或可重复充气的移动式压力容器。

气桶是一种容积比气瓶稍大的移动式压力容器,其常见容积为 $200 \sim 1\,000$ L。气桶两端封头一般是对称的,形状像桶。气桶充装的都是低压液化气体,最常用的是液氯气桶。气桶除结构形状和尺寸与气瓶稍有不同外,其使用条件、管理要求等与气瓶基本相同。

---

① 罐体是指铁路罐车、汽车罐车、罐式集装箱中用于充装介质的压力容器,其设计制造按照《移动式压力容器安全技术监察规程》的有关规定进行。

② 气瓶是指长管拖车、管束式集装箱中用于充装介质的压力容器,其设计制造按照《气瓶安全技术规程》的有关规定进行。

氧舱是指采用空气、氧气或者混合气体等可呼吸气体为压力介质,用于人员在舱内进行治疗、适应性训练的载人压力容器,可分为医用氧舱和高气压舱两种。

上述压力容器的分类方法汇总见图 2-1。

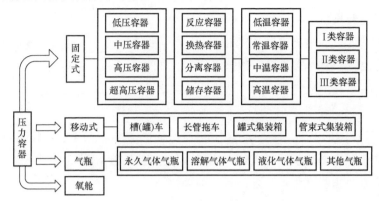

图 2-1　压力容器常见分类方法汇总

按容器壁温分类的方法也常有应用。根据容器的壁温,容器可分为常温、中温、高温和低温容器四种。

(1)常温容器

指壁温为-20～200 ℃的容器。

(2)高温容器

指壁温达到材料蠕变温度的容器。

对碳素钢或低合金钢容器,温度超过 420 ℃者;对合金钢(如 Cr-Mo 钢),温度超过 450 ℃者;对奥氏体不锈钢,温度超过 550 ℃者,均属高温容器。

(3)中温容器

指壁温在常温和高温之间的容器。

(4)低温容器

指壁温低于-20 ℃的容器。其中壁温为-20～-40 ℃者为浅冷容器,低于-40 ℃者为深冷容器。

2.1.2　依据"固容规"分类

按《固定式压力容器安全技术监察规程》规定,将该规程适用范围内的压力容器划分为三类,以利于对压力容器进行分类监督管理。

压力容器类别的划分应当根据介质特性、设计压力和容积来进行。

1. 介质分组

压力容器的介质分为以下两组:

(1)第一组介质

毒性程度为极度危害、高度危害的化学介质,易爆介质,液化气体。

(2)第二组介质

除第一组以外的介质。

2. 介质危害性

介质危害性是指压力容器在生产过程中因事故致使介质与人体大量接触,发生爆炸或者因经常泄漏引起职业性慢性危害的严重程度,用介质毒性危害程度和爆炸危险程度表示。

(1)毒性危害程度

综合考虑急性毒性、最高容许浓度和职业性慢性危害等因素,极度危害最高容许浓度小于 $0.1~mg/m^3$;高度危害最高容许浓度为 $0.1 \sim 1.0~mg/m^3$;中度危害最高容许浓度为 $1.0 \sim 10.0~mg/m^3$;轻度危害最高容许浓度大于或者等于 $10.0~mg/m^3$。

(2)易爆介质

指气体或者液体的蒸气、薄雾与空气混合形成的爆炸混合物,并且其爆炸下限小于 10%,或者爆炸上限和爆炸下限的差值大于或者等于 20% 的介质。

(3)介质毒性危害程度和爆炸危险程度的确定

按照 HG/T 20660—2017《压力容器中化学介质毒性危害和爆炸危险程度分类》确定。HG 20660 没有规定的,由压力容器设计单位参照 GBZ 230—2010《职业性接触毒物危害程度分级》的原则确定介质组别。

3. 分类方法

(1)一般规定

压力容器的类别的划分应当根据介质特性选择类别划分图,再根据设计压力 p(单位:MPa)和容积 V(单位:m³)标出坐标点,确定压力容器类别。

第一组介质:压力容器分类如图 2-2 所示。

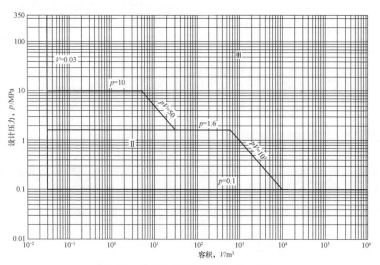

图 2-2 压力容器分类图(第一组介质)

第二组介质:压力容器分类如图 2-3 所示。

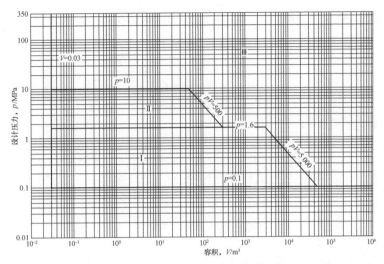

图 2-3　压力容器分类图(第二组介质)

(2)多腔压力容器类别划分

多腔压力容器(如换热器的管程和壳程、夹套容器等)按照类别高的压力腔作为该容器的类别,并且按照该类别进行使用管理。但是应当按照每个压力腔各自的类别分别提出设计、制造技术要求。对各压力腔进行类别划定时,设计压力取本压力腔的设计压力,容积取本压力腔的几何容积。

(3)同腔多种介质压力容器类别划分

一个压力腔内有多种介质时,按照组别高的介质划分类别。

(4)介质含量极小的压力容器类别划分

当某一危害性物质在介质中含量极小时,应当根据其危害程度及其含量综合考虑,按照压力容器设计单位决定的介质组别划分类别。

(5)特殊情况的类别划分

坐标点位于图 2-2 或者图 2-3 的分类线上时,按照较高的类别划分其类别。简单压力容器统一划分为第 I 类压力容器。

2.2　容器的结构及零部件标准化

2.2.1　容器结构

压力容器的结构一般都比较简单。压力容器的主要作用是贮装压缩气体、液化气体或为这些介质的传热、传质、化学反应提供一个密闭的空间。其主要结构部件是一个能承受压力的壳体以及其他必要的连接件和密封件等。除盛装容器外,其他工艺用途的容器还根据需要设置各种工艺附件装置。但是,所有设备,不论其大小、结构形状、内部构件型式如何,它们都有一个外壳,这个外壳就叫作容器,即容器是化工与石油化工生产所用各种设备外部壳体的总称。尽管化工设备千差万别,多种多样,但所有化工设备设计的基础都是容器设计。

具体来说,容器一般是由壳体(如圆筒壳、椭球壳、半球壳、圆锥壳等)、封头(端盖)、法兰、支座、接口管、人孔、手孔等零部件组合而成的。如图 2-4 所示为一种卧式容器的结构简图。

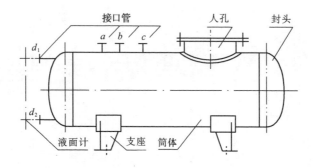

图 2-4 一种卧式容器的结构简图

2.2.2 容器零部件的标准化

就广义而言,从产品的设计、制造、检验和维修等方面来看,标准化是组织现代化生产的重要手段之一。实现标准化,有利于成批生产,缩短生产周期,提高产品质量,降低成本,从而提高产品的竞争能力。标准化为组织专业化生产提供了有利条件,有利于合理地利用国家资源,节省原材料,有效地保障人民的安全与健康;采用国际性的标准,可以消除贸易障碍,提高竞争能力。我国加入世贸

容器零部件的标准化

组织之后,经济与世界接轨,标准化的意义更加重要。实现标准化可以增加零部件的互换性,有利于设计、制造、安装和检修,提高劳动生产率。我国有关部门已经制定了一系列容器零部件的标准,如圆筒体、封头、法兰、支座、人孔、手孔、视镜和液面计等。

容器零部件标准化的基本参数有两个,即公称直径 DN 和公称压力 PN。

1.公称直径 DN

公称直径又称平均外径,是指标准化以后的标准直径,单位 mm。主要分为三个方面:

(1)压力容器的公称直径

压力容器圆筒体可以采用钢板卷制,也可用管子制造。GB/T 9019—2015《压力容器公称直径》标准规定了压力容器公称直径系列尺寸,适用于圆筒形压力容器。压力容器公称直径以容器圆筒直径表示,按内、外径分为两个系列。以内径为基准的公称直径最小为 DN 300 mm,最大为 DN 13 200 mm;DN 300 mm~1 000 mm,每增加 50 mm 为一个直径档次;DN 1 000 mm~13 200 mm,每增加 100 mm 为一个直径档次,共计 137 个规格。当筒体的直径较小,直接采用无缝钢管制作时,可按表 2-4 的规定进行选取。无缝钢管的尺寸范围及常用系列见附录 4。

表 2-4　压力容器的公称直径(外径为基准)(GB/T 9019—2015)　(mm)

公称直径	150	200	250	300	350	400
外径	168	219	273	325	356	406

(2)管子的公称直径

一般来说,管子的直径分为外径、内径和公称直径。无缝钢管的外径用字母 D_o 表示。

常用无缝钢管的公称直径和外径对照见表 2-5。化工厂用于输送水、煤气以及用于采暖的管子采用有缝钢管,它们的尺寸系列见表 2-6。

表 2-5　　　　　　　　　　　　无缝钢管的公称直径 DN 与外径 D_o　　　　　　　　　　　　（mm）

DN	D_o	DN	D_o	DN	D_o	DN	D_o
10	14	65	76	225	245	600	630
15	18	80	89	250	273	700	720
20	25	100	108	300	325	800	820
25	32	125	133	350	377	900	920
32	38	150	159	400	426	1 000	1 020
40	45	175	194	450	480	1 200	1 220
50	57	200	219	500	530	1 400	1 420

表 2-6　　　　　　　　　　　　有缝钢管的公称直径 DN 与外径 D_o

DN		D_o	DN		D_o	DN		D_o	DN		D_o
mm	in	mm	mm	in	mm	mm	in	mm	mm	in	mm
6	$\frac{1}{8}$	10	20	$\frac{3}{4}$	26.75	50	2	60	125	5	140
8	$\frac{1}{4}$	13.5	25	1	33.5	70	$2\frac{1}{2}$	75.5	150	6	165
10	$\frac{3}{8}$	17	32	$1\frac{1}{4}$	42.25	80	3	88.5			
15	$\frac{1}{2}$	21.25	40	$1\frac{1}{2}$	48	100	4	114			

（3）容器零部件的公称直径

容器零部件如法兰、支座等的公称直径,是指与其相配的筒体或管子的公称直径。例如,公称直径为 200 mm 的管法兰,指的是连接公称直径为 200 mm 管子用的管法兰;公称直径为 1 000 mm 的压力容器法兰,指的是公称直径为 1 000 mm 容器筒体和封头用的法兰。

2. 公称压力 PN

在制定零部件标准时,仅有公称直径这一个参数是不够的。因为对于公称直径相同的筒体、封头或法兰,只要它们的工作压力不同,它们的其他尺寸就不同,所以还需要将压力容器和管子等零部件所承受的压力也分成若干个规定的压力等级。这种规定的标准压力等级就是公称压力,以 PN 表示。表 2-7 给出了压力容器法兰与管法兰的公称压力。

表 2-7　　　　　　　　　　　　压力容器法兰与管法兰的公称压力

压力容器法兰	管法兰	压力容器法兰	管法兰	压力容器法兰	管法兰
0.25 MPa	$PN2.5$	1.60 MPa	$PN16$	6.40 MPa	$PN63$
0.60 MPa	$PN6$	2.50 MPa	$PN25$	—	$PN100$
1.00 MPa	$PN10$	4.00 MPa	$PN40$	—	$PN160$

设计时,如果选用标准零部件,则必须将操作温度下的最高工作压力(或设计压力)调整到所规定的某一公称压力等级,然后根据 DN 和 PN 选定该零件的尺寸。如果不选用标准的零部件,而是进行非标准设计,设计压力就不必符合规定的公称压力。

2.3 特种设备安全监察及法规标准

2.3.1 特种设备安全监察

特种设备是指涉及人身和财产安全有较大危险性的锅炉、压力容器(含气瓶)、压力管道、电梯、起重机械、客运索道、大型游乐设施和场(厂)内专用机动车辆。锅炉、压力容器(含气瓶)、压力管道属于承压类特种设备,电梯、起重机械、客运索道、大型游乐设施和场(厂)内专用机动车辆属于机电类特种设备。国家对特种设备实施目录管理,特种设备目录由国务院负责特种设备安全监督管理的部门制定,报国务院批准后执行。2004年1月19日,经国务院批准,国家质量监督检验检疫总局(以下简称"国家质检总局")制定并公布了《特种设备目录》。2014年,由国家质检总局根据《中华人民共和国特种设备安全法》《特种设备安全监察条例》的规定进行了首次修订,共十大类51个类别113个品种。关于特种设备的法律为《中华人民共和国特种设备安全法》,由中华人民共和国第十二届全国人民代表大会常务委员会第三次会议于2013年6月29日通过,自2014年1月1日起实施。

特种设备安全监察机构是为了保障特种设备安全而设立的,特种设备安全监察法规也是为了保障特种设备安全而制定的。国务院颁布的《特种设备安全监察条例》明确规定特种设备的生产、使用、检验等单位,应当依照国务院特种设备安全监督管理部门制定并公布的安全技术规范的要求,进行相应的活动,并提出了特种设备安全技术规范的概念。

按照《特种设备安全监察条例》规定,特种设备安全监察制度分为行政许可制度和监督检查制度两项。特种设备行政许可制度共8项:特种设备设计许可,特种设备制造单位资格许可,特种设备安装、改造、维修单位资格许可,罐车和气瓶充装单位资格许可,特种设备使用登记,特种设备检验检测机构核准,特种设备检验人员考核和特种设备作业人员考核。对应于行政许可制度,有许多安全技术规范,如许可条件、鉴定评审细则、核准规则等,还有各类人员考核规则、考核大纲。特种设备监督检查制度共5项:强制检验制度(包括设备生产过程监督检验和在用设备定期检验)、现场安全监督检查制度、事故调查处理制度、安全责任追究制度和安全状况公布制度。

2.3.2 《固定式压力容器安全技术监察规程》简介

TSG 21—2016《固定式压力容器安全技术监察规程》(以下简称"固容规")是根据《中华人民共和国特种设备安全法》《特种设备安全监察条例》制定的。其目的是保障固定式压力容器的安全使用,预防和减少事故,保护人民生命和财产安全,促进经济社会发展。

1. 适用范围

"固容规"适用于同时具备下列条件的压力容器:

(1)工作压力大于或者等于0.1 MPa;[①]

(2)容积大于或者等于0.03 m³,并且内直径(非圆形截面指截面内边界最大几何尺寸)

---

① 工作压力,是指正常工作情况下,压力容器顶部可能达到的最高压力(表压力)。

大于或者等于 150 mm；[①]

（3）盛装介质为气体、液化气体以及介质最高工作温度高于或者等于其标准沸点的液体。[②]

其中，超高压容器应当符合《超高压容器安全技术监察规程》的规定，非金属压力容器应当符合《非金属压力容器安全技术监察规程》的规定，简单压力容器应当符合《简单压力容器安全技术监察规程》的规定。

2. 不适用范围

"固容规"不适用于下列压力容器：

（1）移动式压力容器、气瓶、氧舱；

（2）军事装备、核设备、航空航天器、铁路机车、海上设施和船舶以及矿山井下使用的压力容器；

（3）正常运行工作压力小于 0.1 MPa 的容器（包括与大气连通的在进料或者出料过程中需要瞬时承受压力大于或者等于 0.1 MPa 的容器）；

（4）旋转或者往复运动的机械设备中自成整体或者作为部件的受压器室（如泵壳、压缩机外壳、涡轮机外壳、液压缸、造纸轧辊等）；

（5）板式热交换器、螺旋板式热交换器、空冷式热交换器、冷却排管；

（6）常压容器的蒸汽加热盘管、过程装置中的管式加热炉；

（7）电力行业专用的全封闭组合电器（如电容压力容器）；

（8）橡胶行业使用的轮胎硫化机以及承压的橡胶模具；

（9）无增强的塑料制压力容器。

"固容规"是贯彻执行《中华人民共和国特种设备安全法》的安全技术规范之一，具有强制性。它对压力容器的材料、设计、制造、安装、改造与修理、监督检验、使用管理、定期检验和安全附件等方面的主要问题都做出了基本规定，并从安全技术方面提出了最基本的要求。压力容器制造和使用都必须遵守"固容规"的要求，各单位必须满足"固容规"中的具体要求，企业制定的压力容器相关标准不得低于"固容规"。即"固容规"是压力容器制造和使用中最低且必须强制执行的标准，也是压力容器安全监察机构对制造和使用压力容器的单位进行安全监察的依据。

2.3.3　特种设备法规、部门规章、安全技术规范和标准

1. 法律、法规

《中华人民共和国特种设备安全法》（2014 年 1 月 1 日起施行）

《中华人民共和国安全生产法》

《特种设备安全监察条例》（2003 年 6 月 1 日施行、2009 年修订版，2009 年 5 月 1 日起施

[①]　容积，是指压力容器的几何容积，即由设计图样标注的尺寸计算（不考虑制造公差）并且圆整。一般需扣除永久连接在压力容器内部的内件的体积。

[②]　容器内介质为最高工作温度低于其标准沸点的液体时，如果气相空间的容积大于或者等于 0.03 m³ 时，也属于"固容规"的适用范围。

行）

《生产安全事故报告和调查处理条例》

2. 部门规章

《特种设备目录》(国质检特〔2014〕679号)

总局第115号令《特种设备事故报告和调查处理规定》

总局第116号令《高耗能特种设备节能监督管理办法》

3. 安全技术规范

TSG 21—2016《固定式压力容器安全技术监察规程》

TSG R0005—2011《移动式压力容器安全技术监察规程》

TSG 23—2021《气瓶安全技术规程》

TSG 11—2020《锅炉安全技术规程》

TSG 07—2019《特种设备生产和充装单位许可规则》

TSG 08—2017《特种设备使用管理规则》

TSG D0001—2009《压力管道安全技术监察规程——工业管道》

TSG ZF001—2006《安全阀安全技术监察规程》

TSG ZF003—2011《爆破片装置安全技术监察规程》

4. 标准

GB/T 150.1~150.4—2011《压力容器》

GB/T 151—2014《热交换器》

GB/T 12337—2014《钢制球形储罐》

NB/T 47041—2014《塔式容器》

NB/T 47042—2014《卧式容器》

JB/T 4732—1995《钢制压力容器——分析设计标准》(2005年确认)

JB/T 4734—2002《铝制焊接容器》

JB/T 4745—2002《钛制焊接容器》

JB/T 4755—2006《铜制压力容器》

JB/T 4756—2006《镍及镍合金制压力容器》

2.4 压力容器机械设计的基本要求

容器的总体尺寸(例如反应釜釜体容积的大小,釜体长度与直径的比例,传热方式及传热面积的大小;又如蒸馏塔的直径与高度,接口管的数目、方位及尺寸等)一般是根据工艺生产要求,通过化工工艺计算和生产经验确定的。这些尺寸通常称为设备的工艺尺寸。

当设备的工艺尺寸初步确定以后,就须进行零部件的结构和强度设计。压力容器机械设计至少应满足如下要求。

1. 强度

强度就是压力容器抵抗外力破坏的能力。容器应有足够的强度,以保证安全生产。

2. 刚度

刚度是指容器及其构件抵抗外力使其发生变形的能力。容器及其构件必须有足够的刚度，以防止在使用、运输或安装过程中发生不允许的变形。有时设备构件的设计主要取决于刚度而不是强度。例如，塔设备的塔板，其厚度通常由刚度而不是由强度来确定。因为塔板的允许挠度很小，一般在 3 mm 左右。如果挠度过大，则塔板上液层的高度就有较大差别，使通过液层的气流不能均匀分布，因而大大影响塔板效率。

3. 稳定性

稳定性是指容器或构件在外力作用下保持原有形状的能力。承受压力的容器或构件，必须保证足够的稳定性，以防止被压瘪或出现褶皱。

4. 耐久性

化工设备的耐久性是根据所要求的使用年限来确定的。化工设备的设计使用年限一般为 10～15 年，但实际使用年限往往超过这个数字。其耐久性大多取决于腐蚀情况，在某些特殊情况下还取决于设备的疲劳、蠕变或振动等。为了保证设备的耐久性，必须选择适当的材料，使其能耐所处理介质的腐蚀，或采用必要的防腐蚀措施以及正确的施工方法。

5. 密封性

化工设备的密封性是一个十分重要的问题。设备密封的可靠性是安全生产的重要保证之一，因为化工厂中所处理的物料中很多是易燃、易爆或有毒的，设备内的物料如果泄漏出来，不但会造成生产上的损失，而且会使操作人员中毒，甚至引起爆炸；如果空气漏入负压设备，亦会影响工艺过程的进行或引起爆炸。因此，化工设备必须具有可靠的密封性，以保证安全，创造良好的劳动环境，维持正常的操作条件。

6. 节省材料和便于制造

化工设备在结构上应保证尽可能降低材料的消耗，尤其是贵重材料的消耗。在考虑结构时，应以便于制造、保证质量为原则。应尽量减少或避免复杂的加工工序，并尽量减少加工量。在设计时应尽量采用标准零部件和标准尺寸。

7. 方便操作和便于运输

化工设备的结构还应当考虑到操作方便，同时还要考虑到安装、维护、检修方便。在化工设备的尺寸和形状方面还应考虑到运输的方便和可能性。制造厂可能与使用厂相距很远，当由水路运输时，一般尺寸限制问题不大，但由陆路运输时，就必须考虑到设备的直径、重量与长度是否符合铁路或公路运输的限定。

8. 技术经济指标合理

化工设备的主要技术经济指标包括单位生产能力、消耗系数、设备价格、管理费用和产品总成本五项。

单位生产能力是指化工设备单位体积、单位质量或单位面积在单位时间内所能完成的生产任务。一般说来，单位生产能力越高越好。

消耗系数是指生产单位产品所需消耗的原料及能量，包括原料、燃料、蒸气、水、电能等。消耗系数不仅与所采用的工艺路线有关，而且与设备的设计有很大关系。一般说来，消耗系数越低越好。

习 题

一、指出下列压力容器温度与压力分级范围

温度分级	温度范围/℃	压力分级	压力范围/MPa
常温容器		低压容器	
中温容器		中压容器	
高温容器		高压容器	
低温容器		超高压容器	
浅冷容器			
深冷容器			

二、填空题

1. 钢板卷制的简体和成型封头的公称直径是指它们的(　　　)径。

2. 无缝钢管作简体时,其公称直径是指它们的(　　　)径。

3. 查手册找出下列无缝钢管的公称直径 DN。

规格	$\phi14\times3$	$\phi25\times3$	$\phi45\times3.5$	$\phi57\times3.5$	$\phi108\times4$
DN					

4. 压力容器法兰标准中公称压力 PN 有哪些等级?

PN							

5. 管法兰标准中公称压力 PN 有哪些等级?

PN									

6. 我国现有与压力容器相关的法规标准与安全技术规范是(　　　　)、(　　　　　　　)、(　　　　　　)、(　　　　　　　)。

第3章

内压薄壁容器的应力分析

3.1 回转壳体的应力分析——薄膜理论

压力容器按厚度可以分为薄壁容器和厚壁容器。通常是将容器的厚度与其最大截面圆的内径之比小于等于 0.1，即 $\delta/D_i \leqslant 0.1$，亦即 $K = D_o/D_i \leqslant 1.2$（$D_o$ 为容器的外径，D_i 为容器的内径，δ 为容器的厚度）的容器称为薄壁容器，否则称为厚壁容器。化学工业中应用最多的是薄壁容器。

3.1.1 薄壁容器及其应力特点

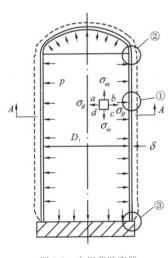

图 3-1 内压薄壁容器

对压力容器各部分进行应力分析，是强度设计中首先需要解决的问题。如图 3-1 所示为一钢制压力容器，由圆筒形壳体及凸形封头和平底盖组成。这个容器上的各部分应力分布是不同的，对于离凸形封头和平底盖稍远的圆筒中段①处，受压前后经线仍近似保持直线（图中虚线），故这部分只承受拉应力，没有显著的弯曲应力。这里可以忽略薄壁圆筒变形前后圆周方向曲率半径变大所引起的弯曲应力。但在凸形封头、平底盖与筒体连接处②和③，则因封头与平底盖的变形小于筒体部分的变形，边缘连接处由于变形协调形成一种机械约束，从而在边缘附近产生附加的弯曲应力。在任何一个压力容器中，总是存在这样两类不同性质的应力。前者称为薄膜应力，可用简单的无力矩理论来计算；后者称为边缘应力，要用比较复杂的有力矩理论及变形协调条件才能计算。本章对薄膜应力作较详细的讨论，对边缘应力只作简要介绍。

薄壁容器及其应力特点

如图 3-2 所示的圆筒形容器，当其受到内压力 p 作用以后，其直径要略微增大，故筒壁内的"环向纤维"要伸长，因此在筒体的纵向截面上必定有应力产生，此应力称为环向应力，以 σ_θ 表示。由于筒壁很薄，可以认为环向应力沿厚度均匀分布。鉴于容器两端是封闭的，在受到内

压力 p 作用后,筒体的"纵向纤维"也要伸长,则在筒体的横向截面上也必定有应力产生,此应力称为经向(轴向)应力,以 σ_m 表示。本节将通过对回转壳体的应力分析推导出任意轴对称回转壳体的应力计算公式。

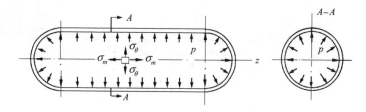

图 3-2 内压薄壁圆筒壁内的两向应力

3.1.2 基本概念与基本假设

1. 基本概念

为本节应力分析及以后章节的需要,首先介绍关于回转壳体的一些基本概念。

(1)回转壳体

回转壳体指壳体的中间面是直线或平面曲线绕其同平面内的回转轴旋转 360° 而成的壳体。平面曲线形状不同,所得到的回转壳体形状便不同。例如,与回转轴平行的直线绕该轴旋转一周形成圆柱壳;半圆形曲线绕该轴旋转一周形成球壳;与回转轴相交的直线绕该轴旋转一周形成圆锥壳等,如图 3-3 所示。

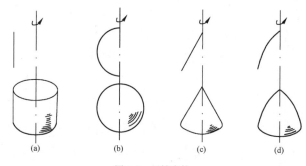

图 3-3 回转壳体

(2)轴对称

所谓轴对称问题,是指壳体的几何形状、约束条件和所受外力均对称于回转轴。化工用的压力容器通常均是轴对称结构。本章讨论的是满足轴对称条件的薄壁壳体。

(3)中间面

如图 3-4 所示为一般回转壳体的中间面。所谓中间面,是与壳体内外表面等距离的中曲面,内外表面间的法向距离即为壳体厚度。对于薄壁壳体,可以用中间面来表示它的几何特性。

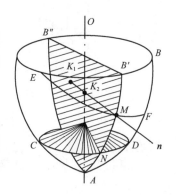

图 3-4 回转壳体的几何特性

（4）母线

如图 3-4 所示回转壳体的中间面，是由平面曲线 AB 绕回转轴 OA 旋转一周而成的，形成中间面的平面曲线 AB 称为母线。

（5）经线

通过回转轴作一纵截面与壳体曲面相交所得的交线（如图 3-4 中 AB' 和 AB''）称为经线。显然，经线与母线的形状是完全相同的。

（6）法线

通过经线上任意一点 M 且垂直于中间面的直线，称为中间面在该点的法线（n），法线的延长线必与回转轴相交。

（7）纬线

作圆锥面与壳体中间面正交，得到的交线叫作纬线。过 N 点作垂直于回转轴的平面与中间面相割形成的圆称为平行圆，即是纬线，显然平行圆即是纬线，如图 3-4 中 CND 的圆。

（8）第一曲率半径

中间面上任一点 M 处经线的曲率半径为该点的第一曲率半径 R_1，$R_1 = MK_1$。

（9）第二曲率半径

通过经线上任一点 M 的法线作垂直于经线的平面与中间面相割形成的曲线 EMF，此曲线在 M 点处的曲率半径称为该点的第二曲率半径 R_2。第二曲率半径的中心 K_2 落在回转轴上，其长度等于法线段 MK_2 的长度，即 $R_2 = MK_2$。

2. 基本假设

在这里讨论的内容均假定壳体完全弹性，同时，材料具有连续性、均匀性和各向同性。此外，对于薄壁壳体，通常采用以下几点假设使问题简化。

基本假设

（1）小位移假设

壳体受力以后，各点的位移都远小于厚度。根据这一假设，在考虑变形后的平衡状态时，可以利用变形前的尺寸来代替变形后的尺寸，从而变形分析中的高阶微量可以忽略不计，使问题简化。

（2）直法线假设

在壳体变形前垂直于中间面的直线段，在壳体变形后仍为直线，并垂直于变形后的中间面。联系假设（1）可知，变形前后的法向线段长度不变。据此假设，沿厚度各点的法向位移均相同，变形前后壳体厚度不变。

（3）不挤压假设

壳体各层纤维变形前后均互不挤压。据此假设，与壳壁其他应力分量相比，壳壁法向的应力是可以忽略的微小量，其结果就变为平面问题。这一假设只适用于薄壳。

上述假设实质上只是把材料力学中对于梁的假设推广用于壳体。对于薄壁壳体，采用这些假设所得的结果是足够精确的。

3.1.3　经向应力计算公式——区域平衡方程式

求经向应力时，所采用的假想截面不是垂直于轴线的横截面（因为横截面截得

区域平衡
方程式

壳体的厚度不是其真正的厚度,而且各处厚度也不同。此外,这样的截面上不仅有正应力,还有剪应力),而是与壳体正交的圆锥面。为了求得任一纬线上的经向应力,必须以该纬线为锥底作一圆锥面(纬线截面),其顶点在壳体轴线上,圆锥面的母线长度即回转壳体曲面在该纬线上的第二曲率半径 R_2,如图 3-5 所示。

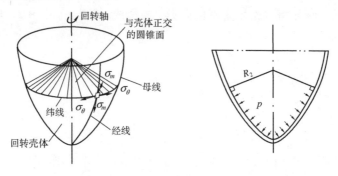

图 3-5 回转壳体上的主要应力

圆锥面将壳体分成两部分,现取其下部分(图 3-6)作脱离体,建立静力平衡方程式。

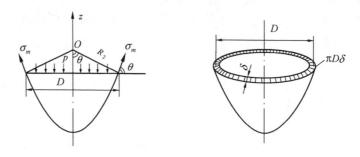

图 3-6 回转壳体的经向应力分析

作用在该部分上的外力(内压)在 z 轴方向上的合力为

$$P_z = \frac{\pi}{4} D^2 p \tag{3-1}$$

作用在截面上的应力的合力在 z 轴上的投影为

$$N_z = \sigma_m \pi D \delta \sin \theta \tag{3-2}$$

根据 z 轴方向的平衡条件:

$$P_z - N_z = 0$$

即

$$\frac{\pi}{4} D^2 p - \sigma_m \pi D \delta \sin \theta = 0 \tag{3-3}$$

由图 3-6 可以看出

$$R_2 = \frac{D}{2\sin \theta}, \quad 即 \ D = 2R_2 \sin \theta$$

代入式(3-3)中可得

$$\sigma_m = \frac{pR_2}{2\delta} \qquad (\text{MPa}) \tag{3-4}$$

式中　D——中间面平行圆直径，mm；

　　　δ——厚度，mm；

　　　R_2——壳体中曲面在所求应力点的第二曲率半径，mm；

　　　σ_m——经向应力，MPa。

式(3-4)为计算回转壳体在任意纬线上经向应力的一般公式，即区域平衡方程式。

3.1.4　环向应力计算公式——微体平衡方程式

从壳体中截取一个微小单元体，考察其平衡，即可求得环向应力的计算表达式。由于单元体足够小，可以近似地认为其上的应力是均匀的。微小单元体的取法如图 3-7 及图 3-8 所示，它由三对曲面截得：一是壳体的内外表面；二是两个相邻的、通过壳体轴线的经线平面；三是两个相邻的、与壳体正交的纬线截面。

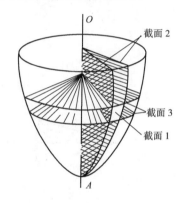
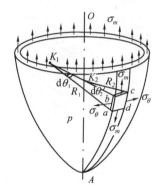

图 3-7　确定回转壳体环向应力时微小单元体的取法　　图 3-8　微小单元体的应力及几何参数

如图 3-9 所示是所截得的微小单元体的受力图，其中图 3-9(a)为空间视图。在微小单元体的上下面上作用有经向应力 σ_m；内表面上作用有内压力 p，外表面不受力；另外两个与纵截面相应的面上作用有环向应力 σ_θ。

由于 σ_m 可由式(3-4)求得，内压力 p 已知，所以考察微小单元体的平衡，即可求得环向应力 σ_θ。

内压力 p 在微小单元体 $abcd$ 上所产生的外力的合力在法线 $\boldsymbol{n}$ 上的投影为 P_n。

$$P_n = p\,\mathrm{d}l_1\,\mathrm{d}l_2 \tag{3-5}$$

在 bc 与 ad 截面上经向应力 σ_m 的合力在法线 $\boldsymbol{n}$ 上的投影为 N_{mn}，如图 3-9(b)所示。

$$N_{mn} = 2\sigma_m \delta \mathrm{d}l_2 \sin\frac{\mathrm{d}\theta_1}{2} \tag{3-6}$$

在 ab 与 cd 截面上环向应力 σ_θ 的合力在法线 $\boldsymbol{n}$ 上的投影为 $N_{\theta n}$，如图 3-9(c)所示。

$$N_{\theta n} = 2\sigma_\theta \delta \mathrm{d}l_1 \sin\frac{\mathrm{d}\theta_2}{2} \tag{3-7}$$

根据法线 $\boldsymbol{n}$ 方向上力的平衡条件，得

$$P_n - N_{mn} - N_{\theta n} = 0$$

即
$$p\, \mathrm{d}l_1 \mathrm{d}l_2 - 2\sigma_m \delta \mathrm{d}l_2 \sin\frac{\mathrm{d}\theta_1}{2} - 2\sigma_\theta \delta \mathrm{d}l_1 \sin\frac{\mathrm{d}\theta_2}{2} = 0 \qquad (3\text{-}8)$$

因为微小单元体的夹角 $\mathrm{d}\theta_1$ 与 $\mathrm{d}\theta_2$ 很小,因此取

$$\sin\frac{\mathrm{d}\theta_1}{2} \approx \frac{\mathrm{d}\theta_1}{2} = \frac{\mathrm{d}l_1}{2R_1}$$

$$\sin\frac{\mathrm{d}\theta_2}{2} \approx \frac{\mathrm{d}\theta_2}{2} = \frac{\mathrm{d}l_2}{2R_2}$$

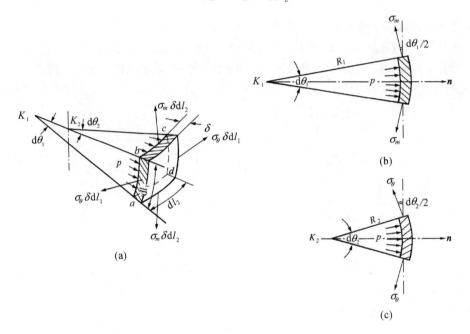

图 3-9　回转壳体的环向应力分析

代入式(3-8),并对各项均除以 $\delta \mathrm{d}l_1 \mathrm{d}l_2$,整理得

$$\frac{\sigma_m}{R_1} + \frac{\sigma_\theta}{R_2} = \frac{p}{\delta} \qquad (3\text{-}9)$$

式中　σ_θ——环向应力,MPa;

R_1——回转壳体中曲面在所求应力点的第一曲率半径,mm。

其他符号意义及单位同前。

式(3-9)为计算回转壳体在内压力 p 作用下环向应力的一般公式,即微体平衡方程式。

对于第一曲率半径,即经线的平面曲率半径,如果经线的曲线方程为 $y = y(x)$,则

$$R_1 = \frac{[1+(y')^2]^{3/2}}{y''} \qquad (3\text{-}10)$$

以上我们对承受气体内压的回转壳体进行了应力分析,导出了计算回转壳体经向应力和环向应力的一般公式。这些分析和计算都以应力沿厚度方向均匀分布为前提,这种情况只有

当器壁较薄以及离两部分连接区域稍远时才是正确的。这种应力与承受内压的薄膜非常相似,因此称为薄膜理论。

3.1.5　轴对称回转壳体薄膜理论的适用范围

薄膜应力是只有拉压正应力,没有弯曲正应力的一种两向应力状态,因而薄膜理论又称为无力矩理论。只有在没有(或不大的)弯曲变形情况下的轴对称回转壳体,薄膜理论的结果才是正确的。在工程上,薄膜理论的适用范围除壳体较薄这一条件外,还应满足下列条件:

(1)回转壳体曲面在几何上轴对称,壳壁厚度无突变,曲率半径连续变化,材料为各向同性的,且物理性能(主要是 E 和 μ)相同。

(2)载荷在壳体曲面上的分布轴对称且连续,没有突变情况。因为,壳体上任何有集中力作用处或壳体边缘处存在边缘力和边缘力矩时,都将不可避免地有弯曲变形发生,薄膜理论在这些情况下就不能应用。

(3)壳体边界的固定形式应该是自由支承,否则壳体边界上的变形将受到约束,在载荷作用下势必引起弯曲变形和弯曲应力,不再保持无力矩状态。

(4)壳体的边界力应当在壳体曲面的切平面内,要求在边界上无横剪力和弯矩。

综上所述,薄壁无力矩应力状态的存在,必须满足壳体是轴对称的,即几何形状、材料、载荷的对称性和连续性,同时需保证壳体应具有自由边缘。当这些条件不能全部满足时,就不能应用无力矩理论去分析发生弯曲时的应力状态。但对于远离局部区域(如壳体的连接边缘、载荷变化的分界面、容器的支座附近与开孔接管处等)的情况,无力矩理论仍然有效。

3.2　薄膜理论的应用

本节我们将应用薄膜理论对若干个典型壳体进行应力分析,为强度计算做准备。

3.2.1　受气体内压的圆筒壳

受气体内压
的圆筒壳

如图 3-10 所示为一承受气体内压 p 的圆筒形容器。已知圆筒的平均直径为 D,壁厚为 δ,试求圆筒上任一点 A 处的经向应力和环向应力。

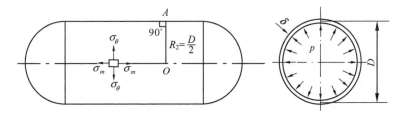

图 3-10　薄膜理论应用之一

1. 求经向应力 σ_m

R_2 可由上节所述方法确定,即自 A 点作圆筒经线(在此为直线)的垂线交轴线于 O 点,则

$OA=R_2$。由图 3-10 可见,R_2 即为圆筒的半径,亦即

$$R_2=\frac{D}{2}$$

代入式(3-4),得

$$\sigma_m=\frac{pD}{4\delta} \quad \text{(MPa)} \tag{3-11}$$

2. 求环向应力 σ_θ

p、δ 已知,σ_m、R_2 前面亦已求得,而 R_1 为壳体经线在所求应力点的第一曲率半径。对圆筒壳,经线为直线,故

$$R_1 \rightarrow \infty$$

代入式(3-9),得

$$\sigma_\theta=\frac{pD}{2\delta} \quad \text{(MPa)} \tag{3-12}$$

对比式(3-11)和式(3-12)可以看出,薄壁圆筒承受内压时,其环向应力是轴向应力的 2 倍。因此在设计过程中必须注意:如果需要在圆筒上开设椭圆形孔,应使椭圆形孔的短轴平行于筒体的轴线(图 3-11),以尽量减小纵截面的削弱程度,从而使环向应力增加少一些。同时从式(3-11)和式(3-12)还可以看出,筒体承受内压时,筒壁内所产生的应力与圆筒的 δ/D 成反比,即

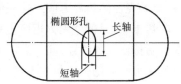

图 3-11 薄壁圆筒上开孔的有利形状

$$\sigma_\theta=\frac{p}{2\delta/D}, \quad \sigma_m=\frac{p}{4\delta/D}$$

这里,δ/D 的大小体现了圆筒承压能力的高低。也就是说,看一个圆筒能耐多大压力,不能只看壁厚的大小。

3.2.2 受气体内压的球壳

化工设备中的球罐以及其他压力容器中的球形封头均属球壳。球形封头可视为半球壳,除与其他部件(如圆筒)连接处外,其中的应力与球壳完全一样。

如图 3-12 所示为一球壳,已知其平均直径为 D,厚度为 δ,气体内压力为 p,试求球壳中的应力。

球壳的特点是中心对称,因此应力分布有两个特点:一是各处的应力均相等;二是经向应力与环向应力相等。

由图 3-12 可见,对于球壳,其曲面在任意点 A 处的第一曲率半径与第二曲率半径均等于球壳的半径,即

$$R_1=R_2=\frac{D}{2}$$

将其代入式(3-4)和式(3-9),即可得

$$\sigma_m=\sigma_\theta=\frac{pD}{4\delta} \quad \text{(MPa)} \tag{3-13}$$

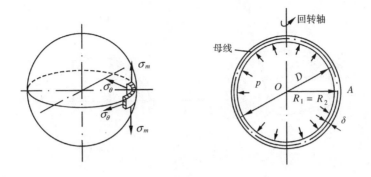

图 3-12　薄膜理论应用之二

　　将球壳的环向应力与圆筒壳的环向应力相比较可以发现,对相同的内压力 p,球壳的环向应力是同直径、同厚度的圆筒壳的环向应力的 $1/2$,这是球壳的又一特点之一,也是球壳显著的优点。

3.2.3　受气体内压的椭球壳(椭圆形封头)

　　工程上的椭球壳主要是椭圆形封头,它是由四分之一椭圆曲线绕回转轴旋转而成的。椭球壳上的应力同样可以应用式(3-4)和式(3-9)求得。主要的问题是如何确定第一曲率半径 R_1 和第二曲率半径 R_2。

1. 第一曲率半径 R_1

壳体的经线为椭圆,其曲线方程为

$$\frac{x^2}{a^2}+\frac{y^2}{b^2}=1$$

由此得

$$y'=-\frac{b^2}{a^2}\cdot\frac{x}{y},\quad y''=-\frac{b^4}{a^2}\cdot\frac{1}{y^3}$$

代入式(3-10),得

$$R_1=\frac{[a^4y^2+b^4x^2]^{3/2}}{a^4b^4}$$

将 $y^2=b^2-\dfrac{b^2}{a^2}x^2$ 代入上式,得

$$R_1=\frac{1}{a^4b}[a^4-x^2(a^2-b^2)]^{3/2} \tag{3-14}$$

2. 第二曲率半径 R_2

　　采用作图法,如图 3-13 所示,自任意点 $A(x,y)$ 作经线的垂线,交回转轴于 O 点,则 OA 即为 R_2,根据几何关系,得

$$R_2=\frac{x}{\sin\theta}$$

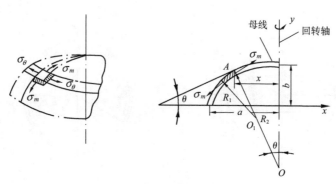

图 3-13　薄膜理论应用之三

因为 $y'=\tan\theta$，所以

$$\sin\theta=\frac{|y'|}{[1+(y')^2]^{1/2}}$$

于是得到

$$R_2=\frac{[1+(y')^2]^{1/2}x}{|y'|}$$

将 $y'=-\dfrac{b^2}{a^2}\cdot\dfrac{x}{y}$ 代入上式，得

$$R_2=\frac{(a^4y^2+b^4x^2)^{1/2}}{b^2}$$

再将 $y^2=b^2-\dfrac{b^2}{a^2}x^2$ 代入上式，得

$$R_2=\frac{1}{b}[a^4-x^2(a^2-b^2)]^{1/2} \tag{3-15}$$

3. 应力计算公式

将式(3-14)和式(3-15)分别代入式(3-4)和式(3-9)中，得到椭球壳任意点的应力计算公式为

$$\sigma_m=\frac{p}{2\delta b}\sqrt{a^4-x^2(a^2-b^2)}\quad(\text{MPa}) \tag{3-16}$$

$$\sigma_\theta=\frac{p}{2\delta b}\sqrt{a^4-x^2(a^2-b^2)}\left[2-\frac{a^4}{a^4-x^2(a^2-b^2)}\right]\quad(\text{MPa}) \tag{3-17}$$

式中　a,b——分别为椭球壳的长、短半径，mm；

　　　x——椭球壳上任意点距椭球壳中心轴的距离，mm；

　　　其他符号意义与单位同前。

4. 椭圆形封头上的应力分布

由式(3-16)和式(3-17)可以得到：

在 $x=0$ 处，　　　　$\sigma_m=\sigma_\theta=\dfrac{pa}{2\delta}\left(\dfrac{a}{b}\right)$

在 $x=a$ 处，　　　　$\sigma_m=\dfrac{pa}{2\delta}$，　$\sigma_\theta=\dfrac{pa}{2\delta}\left(2-\dfrac{a^2}{b^2}\right)$

分析上述各式,可得下列结论:

(1)在椭圆形封头的中心(即 $x=0$ 处),经向应力 σ_m 和环向应力 σ_θ 相等。

(2)经向应力 σ_m 恒为正值,即拉应力,且最大值在 $x=0$ 处,最小值在 $x=a$ 处,如图 3-14 所示。

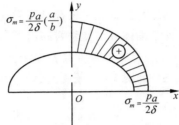

图 3-14　椭圆形封头的经向应力分布

(3)在 $x=0$ 处,环向应力 $\sigma_\theta>0$;在 $x=a$ 处,σ_θ 有大于零、等于零和小于零三种情况:

$2-a^2/b^2>0$ 时,即 $a/b<\sqrt{2}$ 时,$\sigma_\theta>0$;

$2-a^2/b^2=0$ 时,即 $a/b=\sqrt{2}$ 时,$\sigma_\theta=0$;

$2-a^2/b^2<0$ 时,即 $a/b>\sqrt{2}$ 时,$\sigma_\theta<0$。

$\sigma_\theta<0$,即 σ_θ 为压应力。a/b 值越大,封头成型越浅,在 $x=a$ 处的压应力越大。

上述三种情况的环向应力分布如图 3-15 所示。

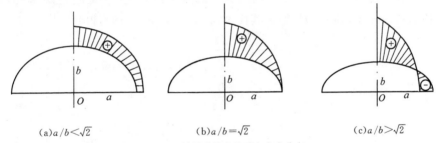

(a)$a/b<\sqrt{2}$　　　　　　(b)$a/b=\sqrt{2}$　　　　　　(c)$a/b>\sqrt{2}$

图 3-15　椭圆形封头的环向应力分布

(4)当 $a/b=2$ 时,即标准型式的椭圆形封头。

在 $x=0$ 处,　　　　　　　　　$\sigma_m=\sigma_\theta=\dfrac{pa}{\delta}$

在 $x=a$ 处,　　　　　　　　　$\sigma_m=\dfrac{pa}{2\delta}$,　$\sigma_\theta=-\dfrac{pa}{\delta}$

如图 3-16 所示。

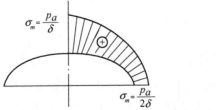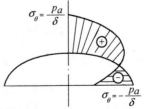

图 3-16　$a/b=2$ 时椭圆形封头的应力分布

3.2.4 受气体内压的锥壳

单纯的锥形容器在工程上比较少见,锥壳一般都是作为收缩器或扩大器,以逐渐改变气体或液体的流速,或便于固体或黏性物料卸出。

受气体内压的锥壳

如图 3-17 所示为一锥壳,其受均匀气体内压力 p 作用。已知其厚度为 δ,半锥角为 α,从图中可见,对于任一点 A,

$$R_1 \to \infty, \quad R_2 = \frac{r}{\cos \alpha}$$

其中,r 为所求应力点 A 到回转轴的垂直距离。

将上述 R_1、R_2 分别代入式(3-4)和式(3-9),得

$$\sigma_m = \frac{pr}{2\delta}\frac{1}{\cos \alpha} \tag{3-18}$$

$$\sigma_\theta = \frac{pr}{\delta}\frac{1}{\cos \alpha} \tag{3-19}$$

因此,锥壳中的应力随着 r 的增大而增大,在锥底处应力最大,而在锥顶处应力为零。同时,锥壳中的应力随着锥角 α 的增大而增大。由图 3-18 可见,在锥底处,r 等于与之相连的圆柱壳体直径的一半,即 $r=D/2$,将其代入式(3-18)和式(3-19),得到锥底各点的应力为

$$\sigma_m = \frac{pD}{4\delta}\frac{1}{\cos \alpha} \tag{3-20}$$

$$\sigma_\theta = \frac{pD}{2\delta}\frac{1}{\cos \alpha} \tag{3-21}$$

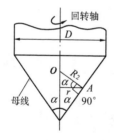

图 3-17 薄膜理论应用之四

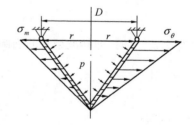

图 3-18 锥形封头的应力分析

3.2.5 受气体内压的碟形壳(碟形封头)

如图 3-19 所示为一承受气体内压的碟形封头,它由三部分经线曲率不同的壳体所组成:$\overset{\frown}{bb}$ 段是半径为 R 的球壳;$\overline{ac}$ 段是半径为 r 的圆筒;$\overset{\frown}{ab}$ 段是连接球顶与圆筒的折边,它是过渡半径为 r_1 的圆弧段。因此,应分别应用薄膜理论求出各段壳体中的薄膜应力 σ_m 和 σ_θ。

对球顶部分($\overset{\frown}{bb}$):

$$\sigma_m = \sigma_\theta = \frac{pR}{2\delta}$$

对圆筒部分($\overline{ac}$)：
$$\sigma_m = \frac{pr}{2\delta} = \frac{pD}{4\delta}, \quad \sigma_\theta = \frac{pr}{\delta} = \frac{pD}{2\delta}$$

对折边过渡部分($\overset{\frown}{ab}$)：用通过 M 点法线方向的 R_2 截取封头的上半部，沿 $O'O$ 轴（图 3-20）列平衡方程式可得

$$\sigma_m = \frac{pR_2}{2\delta} \tag{3-22}$$

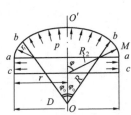

图 3-19　薄膜理论应用之五

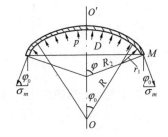

图 3-20　碟形封头过渡圆弧部分的经向应力

将式(3-22)[即式(3-4)]代入式(3-9)中求 σ_θ，过渡圆弧部分 $R_1 = r_1$，故

$$\sigma_\theta = \frac{pR_2}{\delta} - \frac{pR_2}{2\delta}\left(\frac{R_2}{r_1}\right) = \frac{pR_2}{2\delta}\left(2 - \frac{R_2}{r_1}\right) \tag{3-23}$$

式中，第二曲率半径 R_2 是一个变量，随 φ 角而变($\varphi_0 \leqslant \varphi \leqslant 90°, r \leqslant R_2 \leqslant R$)，$R_2$ 可由下式求出：

$$R_2 = r_1 + \frac{r - r_1}{\sin\varphi} = r_1 + \frac{D/2 - r_1}{\sin\varphi} \tag{3-24}$$

将式(3-24)分别代入式(3-22)与式(3-23)，得

$$\sigma_m = \frac{p}{2\delta}\left(r_1 + \frac{D/2 - r_1}{\sin\varphi}\right) \tag{3-25}$$

$$\sigma_\theta = \frac{p}{2\delta}\left(r_1 + \frac{D/2 - r_1}{\sin\varphi}\right)\left(1 - \frac{D/2 - r_1}{r_1\sin\varphi}\right) \tag{3-26}$$

以上各式中

　　p——介质压力，MPa；

　　δ——碟形封头厚度，mm；

　　r_1——过渡圆弧半径，mm；

　　D——碟形封头平均直径，mm；

　　R_2——所求应力点的第二曲率半径，mm；

　　φ——所求应力点第二曲率半径与回转轴的夹角，(°)。

由上述分析可知，过渡圆弧部分的经向应力 σ_m 和环向应力 σ_θ 均是变化的，其应力分布

如图 3-21 所示。经向应力连续变化，而环向应力突跃式变化，并且是负值（压应力）。

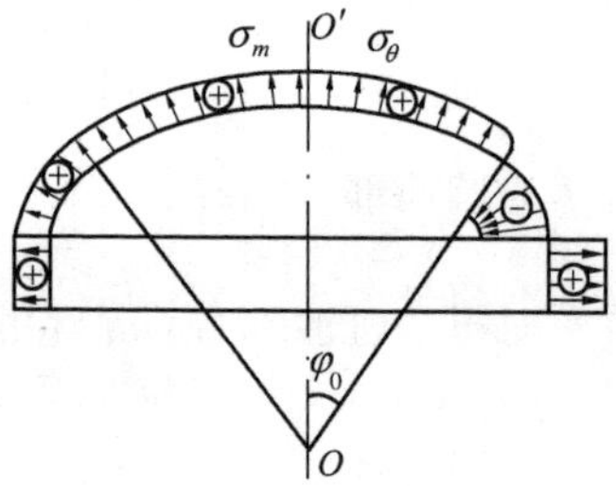

在 $R_2 = R$ 处（$\varphi = \varphi_0$），

$$\sigma_m = \frac{pR}{2\delta} \tag{3-27}$$

$$\sigma_\theta = \frac{pR}{2\delta}\left(2 - \frac{R}{r_1}\right) \tag{3-28}$$

在 $R_2 = r$ 处（$\varphi = 90°$），

$$\sigma_m = \frac{pr}{2\delta} \tag{3-29}$$

图 3-21　碟形封头的应力分布

$$\sigma_\theta = \frac{pr}{2\delta}\left(2 - \frac{r}{r_1}\right) \tag{3-30}$$

以上各种回转壳体的薄膜应力计算公式汇总于表 3-1 中。

表 3-1　　　　　　　　各种回转壳体的薄膜应力计算公式

名称	简图	曲率半径	应力计算公式
一般回转壳体	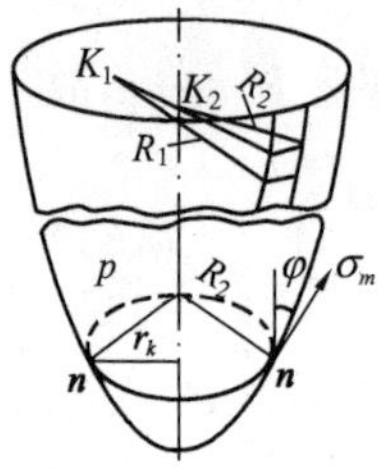 	R_1——第一曲率半径 R_2——第二曲率半径 r_k——平行圆半径	区域平衡方程式： $\sigma_m = \dfrac{pR_2}{2\delta}$ 微体平衡方程式： $\dfrac{\sigma_m}{R_1} + \dfrac{\sigma_\theta}{R_2} = \dfrac{p}{\delta}$
圆筒壳	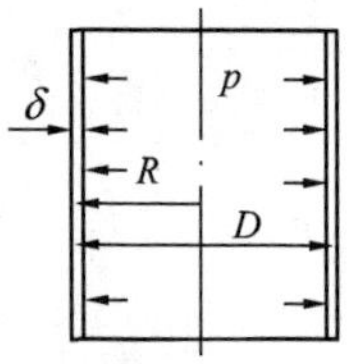	$R_1 \to \infty$ $R_2 = R$ $r_k = R$	$\sigma_m = \dfrac{pR}{2\delta} = \dfrac{pD}{4\delta}$ $\sigma_\theta = \dfrac{pR}{\delta} = \dfrac{pD}{2\delta}$
球壳	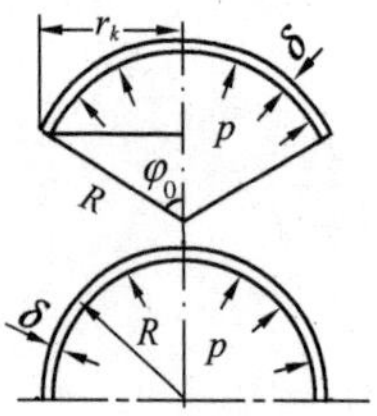	$R_1 = R_2 = R$ $r_k = R\sin\varphi_0$	$\sigma_m = \sigma_\theta = \dfrac{pR}{2\delta} = \dfrac{pD}{4\delta}$
锥壳	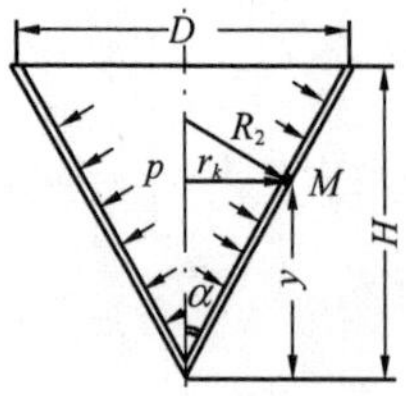	$R_1 \to \infty$ $R_2 = \dfrac{r_k}{\cos\alpha}$ $r_k = y\tan\alpha = r$	$\sigma_m = \dfrac{pr}{2\delta}\dfrac{1}{\cos\alpha}$ $\sigma_\theta = \dfrac{pr}{\delta}\dfrac{1}{\cos\alpha}$

（续表）

名称	简图	曲率半径	应力计算公式
椭球壳	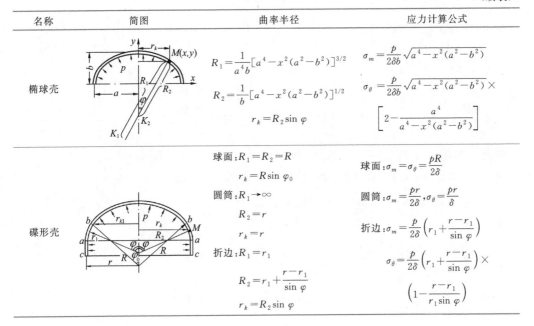	$R_1 = \dfrac{1}{a^4 b}[a^4 - x^2(a^2 - b^2)]^{3/2}$ $R_2 = \dfrac{1}{b}[a^4 - x^2(a^2 - b^2)]^{1/2}$ $r_k = R_2 \sin \varphi$	$\sigma_m = \dfrac{p}{2\delta b}\sqrt{a^4 - x^2(a^2 - b^2)}$ $\sigma_\theta = \dfrac{p}{2\delta b}\sqrt{a^4 - x^2(a^2 - b^2)} \times$ $\left[2 - \dfrac{a^4}{a^4 - x^2(a^2 - b^2)}\right]$
碟形壳		球面：$R_1 = R_2 = R$ $r_k = R \sin \varphi_0$ 圆筒：$R_1 \to \infty$ $R_2 = r$ $r_k = r$ 折边：$R_1 = r_1$ $R_2 = r_1 + \dfrac{r - r_1}{\sin \varphi}$ $r_k = R_2 \sin \varphi$	球面：$\sigma_m = \sigma_\theta = \dfrac{pR}{2\delta}$ 圆筒：$\sigma_m = \dfrac{pr}{2\delta}$，$\sigma_\theta = \dfrac{pr}{\delta}$ 折边：$\sigma_m = \dfrac{p}{2\delta}\left(r_1 + \dfrac{r - r_1}{\sin \varphi}\right)$ $\sigma_\theta = \dfrac{p}{2\delta}\left(r_1 + \dfrac{r - r_1}{\sin \varphi}\right) \times$ $\left(1 - \dfrac{r - r_1}{r_1 \sin \varphi}\right)$

3.2.6 例 题

【例 3-1】 有一外径为 $\phi219$ 的氧气瓶，最小壁厚为 $\delta = 6.5$ mm，材质为 40Mn2A，工作压力为 15 MPa，试求氧气瓶筒壁内的应力。

解 氧气瓶筒身平均直径为

$$D = D_o - \delta = 219 - 6.5 = 212.5 \text{ (mm)}$$

经向应力

$$\sigma_m = \frac{pD}{4\delta} = \frac{15 \times 212.5}{4 \times 6.5} = 122.6 \text{ (MPa)}$$

环向应力

$$\sigma_\theta = \frac{pD}{2\delta} = \frac{15 \times 212.5}{2 \times 6.5} = 245.2 \text{ (MPa)}$$

例题

【例 3-2】 有一圆筒形容器，两端为椭圆形封头（图 3-22），已知圆筒平均直径 $D = 2\,020$ mm，壁厚 $\delta = 20$ mm，工作压力 $p = 2$ MPa。

（1）试求筒身上的经向应力 σ_m 和环向应力 σ_θ。

（2）如果椭圆形封头的 a/b 分别为 $2, \sqrt{2}$ 和 3，封头厚度为 20 mm，分别确定封头上最大经向应力与环向应力及最大应力所在的位置。

解 （1）筒身上应力分别为

经向应力

$$\sigma_m = \frac{pD}{4\delta} = \frac{2 \times 2\,020}{4 \times 20} = 50.5 \text{ (MPa)}$$

环向应力

$$\sigma_\theta = \frac{pD}{2\delta} = \frac{2 \times 2\,020}{2 \times 20} = 101 \text{ (MPa)}$$

(2)① $a/b=2$ 时，$a=1\,010$ mm，$b=505$ mm。

在 $x=0$ 处，$\sigma_m=\sigma_\theta=\dfrac{pa}{2\delta}\left(\dfrac{a}{b}\right)=\dfrac{2\times1\,010}{2\times20}\times2=101$（MPa）

在 $x=a$ 处，$\sigma_m=\dfrac{pa}{2\delta}=\dfrac{2\times1\,010}{2\times20}=50.5$（MPa）

$$\sigma_\theta=\frac{pa}{2\delta}\left(2-\frac{a^2}{b^2}\right)=\frac{2\times1\,010}{2\times20}\times(2-4)=-101\text{（MPa）}$$

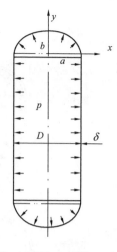

图 3-22　例 3-2 附图（1）

应力分布如图 3-23（a）所示，其最大应力有两处：一处在椭圆形封头的顶点，即 $x=0$ 处；一处在椭圆形封头的底边，即 $x=a$ 处。

② $a/b=\sqrt{2}$ 时，$a=1\,010$ mm，$b\approx714$ mm。

在 $x=0$ 处，

$$\sigma_m=\sigma_\theta=\frac{pa}{2\delta}\left(\frac{a}{b}\right)=\frac{2\times1\,010}{2\times20}\times\sqrt{2}=71.4\text{（MPa）}$$

在 $x=a$ 处，$\qquad\sigma_m=\dfrac{pa}{2\delta}=\dfrac{2\times1\,010}{2\times20}=50.5$（MPa）

$$\sigma_\theta=\frac{pa}{2\delta}\left(2-\frac{a^2}{b^2}\right)=\frac{2\times1\,010}{2\times20}\left[2-(\sqrt{2})^2\right]=0\text{（MPa）}$$

最大应力在 $x=0$ 处，应力分布如图 3-23（b）所示。

③ $a/b=3$ 时，$a=1\,010$ mm，$b\approx337$ mm。

在 $x=0$ 处，$\qquad\sigma_m=\sigma_\theta=\dfrac{pa}{2\delta}\left(\dfrac{a}{b}\right)=\dfrac{2\times1\,010}{2\times20}\times3=151.5$（MPa）

在 $x=a$ 处，$\qquad\sigma_m=\dfrac{pa}{2\delta}=\dfrac{2\times1\,010}{2\times20}=50.5$（MPa）

$$\sigma_\theta=\frac{pa}{2\delta}\left(2-\frac{a^2}{b^2}\right)=\frac{2\times1\,010}{2\times20}(2-3^2)=-353.5\text{（MPa）}$$

最大应力在 $x=a$ 处，应力分布如图 3-23（c）所示。

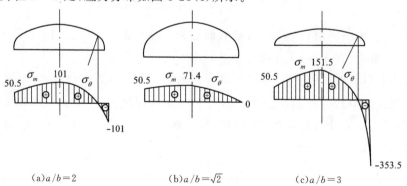

（a）$a/b=2$　　　　　　　（b）$a/b=\sqrt{2}$　　　　　　　（c）$a/b=3$

图 3-23　例 3-2 附图（2）

3.3 内压圆筒的边缘应力

关于轴对称回转壳体薄膜理论(无力矩理论)的适用范围在 3.1.5 节中已经述及,本节将对不适用于薄膜理论应用范围的边缘问题作简要介绍。

内压圆筒的
边缘应力

3.3.1 边缘应力的概念

在应用薄膜理论分析内压圆筒的变形与应力时,我们忽略了两种变形与应力。

(1)圆筒受内压直径增大时,筒壁金属的环向"纤维"不但被拉长了,而且其曲率半径由原来的 R 变到 $R+\Delta R$,如图 3-24 所示。根据力学理论可知,有曲率变化就有弯曲应力。所以在内压圆筒壁的纵向截面上,除作用有环向拉应力 σ_θ 外,还存在着环向弯曲应力 $\sigma_{\theta b}$。但 $\sigma_{\theta b}$ 相对很小,可以忽略不计。

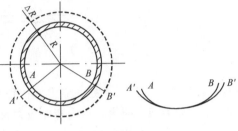

图 3-24 内压圆筒的环向弯曲变形

(2)连接边缘的变形与应力

所谓连接边缘是指壳体部分与另一部分相连接的边缘,通常是对连接处的平行圆而言,例如圆筒与封头、圆筒与法兰、不同厚度或不同材料的筒节、裙式支座与直立壳体相连接处的平行圆等。此外,壳体经线曲率有突变或载荷沿轴向有突变的接界平行圆,亦应视作连接边缘,以上各种情况参见图 3-25。圆筒形容器受内压之后,由于封头刚性大,不易变形,而筒体刚性小,容易变形,连接处二者变形大小不同,即圆筒半径的增大值大于封头半径的增大值,如图 3-26(a)左侧虚线所示。如果让其自由变形,必因两部分的位移不同而出现边界分离现象,显然,这与实际情况不符。实际上由于边缘连接并非自由,必然发生如图 3-26(a)右侧虚线所示的边缘弯曲现象,伴随这种弯曲变形,也要产生弯曲应力。因此,连接边缘附近的横截面内除作用有轴(经)向拉应力 σ_m 外,还存在着轴(经)向弯曲应力 σ_{mb},这就势必改变了无力矩应力状态,用无力矩理论就无法求解。

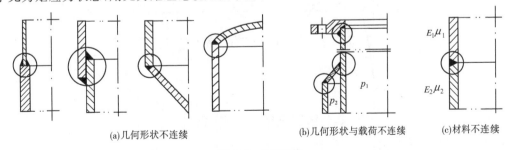

(a)几何形状不连续　　　(b)几何形状与载荷不连续　　　(c)材料不连续

图 3-25 连接边缘

分析这种边缘弯曲的应力状态,可以将边缘弯曲现象看作附加边缘力和弯矩作用的结果,如图 3-26(b)所示的边缘力 p_0 和边缘力矩 M_0 是一种轴对称的自平衡力系。即壳体两部分受薄膜应力之后出现了边界分离,只有加上边缘力和弯矩使之协调,才能满足边缘连接

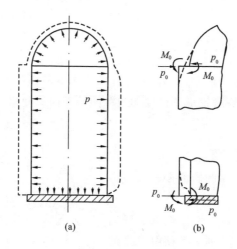

图 3-26 连接边缘的变形

的连续性,因此连接边缘处的应力就特别大。连接边缘处的应力即为有力矩的应力状态,可以简单地化为薄膜应力与边缘弯曲应力叠加。

上述边缘弯曲应力的大小与连接边缘的形状、尺寸、材质等因素有关,有时可以达到很大值。

3.3.2 边缘应力的特点

今有一内径为 $D_i = 1\,000$ mm,壁厚 $\delta = 10$ mm 的钢制内压圆筒,其一端为平封头,且封头厚度远远大于筒体壁厚。内压为 $p = 1$ MPa。经理论计算和实测,圆筒壳内、外壁轴向应力(薄膜应力与边缘弯曲应力的叠加值)分布情况如图 3-27 所示。

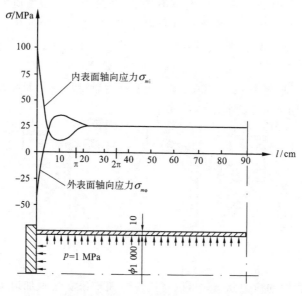

图 3-27 内压圆筒的边缘应力及其分布

由此例可以看出,边缘应力具有以下两个特点:

（1）局部性

不同性质的连接边缘产生不同的边缘应力，它们都有明显的衰减波特性。以圆筒壳为例，其沿轴向的衰减经过一个周期后，即离边缘距离为 $2.5\sqrt{r\delta}$（其中 r 与 δ 分别为圆筒的半径与壁厚）处，边缘应力已经基本衰减完了。

（2）自限性

从根本上说，发生边缘弯曲的原因是薄膜变形不连续。当然，这是指弹性变形。当边缘两侧的弹性变形相互约束时，必然产生边缘力和边缘弯矩，从而产生边缘应力。但是当边缘处的局部材料发生屈服进入塑性变形阶段时，这种弹性约束就开始缓解，因而原来不同的薄膜变形便趋于协调，结果边缘应力就自动限制。这就是边缘应力的自限性。

边缘应力与薄膜应力不同，薄膜应力是由介质压力直接引起的，而边缘应力则是由连接边缘两部分变形协调所引起的附加应力，它具有局部性和自限性。通常把薄膜应力称为一次应力，把边缘应力称为二次应力。根据强度设计准则，具有自限性的应力一般使容器直接发生破坏的危险性较小。

3.3.3　对边缘应力的处理

（1）在边缘区作局部处理。由于边缘应力具有局部性，在设计中可以在结构上只作局部处理。例如，改变连接边缘的结构，如图 3-28 所示；边缘应力区局部加强；保证边缘区内焊缝的质量；降低边缘区的残余应力（如进行消除应力热处理）；避免边缘区附加局部应力或应力集中，如不在连接边缘区开孔等。

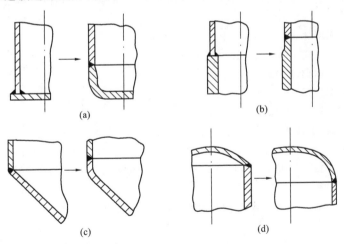

图 3-28　改变连接边缘的结构

（2）只要是塑性材料，即使边缘局部某些点的应力达到或超过材料的屈服强度，邻近尚未屈服的弹性区也能够抑制塑性变形的发展，使塑性区不再扩展，故大多数塑性较好的材料制成的容器，例如低碳钢、奥氏体不锈钢、铜、铝等压力容器，当承受静载荷时，除结构上作某些处理外，一般并不对边缘应力作特殊考虑。

但是，某些情况则不然。例如，塑性较差的高强度钢制的重要压力容器、低温下铁素体钢制的重要压力容器、受疲劳载荷作用的压力容器等。对于这些压力容器，如果不注意控制边缘应力,则在边缘高应力区有可能导致脆性破坏或疲劳破坏。因此必须正确计算边缘应力。

(3)由于边缘应力具有自限性,故它的危害性没有薄膜应力的大。薄膜应力随着外力的增大而增大,是非自限性的。如前所述,具有自限性的应力属二次应力。当分清应力性质以后,在设计中考虑边缘应力可以不同于薄膜应力。实际上,无论设计中是否计算边缘应力,在边缘结构上作优化处理显然都是必要的。

习 题

一、名词解释

A 组

1. 薄壁容器	2. 回转壳体	3. 经线
4. 薄膜理论	5. 第一曲率半径	6. 小位移假设
7. 区域平衡方程式	8. 边缘应力	9. 边缘应力的自限性

B 组

1. 厚壁容器	2. 轴对称	3. 法线
4. 无力矩理论	5. 第二曲率半径	6. 直法线假设
7. 不挤压假设	8. 微体平衡方程式	9. 边缘应力的局部性

二、判断题

A 组

1. 下列直立薄壁容器,受均匀气体内压作用,哪些能用薄膜理论求解壁内应力?哪些不能?

(1)横截面为正六角形的柱壳 （   ）

(2)横截面为圆的轴对称柱壳 （   ）

(3)横截面为椭圆的柱壳 （   ）

(4)横截面为圆的椭球壳(蛋状) （   ）

(5)横截面为半圆的柱壳 （   ）

(6)横截面为圆的锥形壳 （   ）

2. 在承受内压的圆筒形容器上开椭圆孔,应使椭圆的长轴与筒体轴线平行。 （   ）

3. 薄壁回转壳体中任一点,只要该点的两个曲率半径 $R_1 = R_2$,则该点的两向应力 $\sigma_\theta = \sigma_m$。 （   ）

4. 因为内压薄壁圆筒的两向应力与壁厚成反比,当材质与介质压力一定时,则壁厚大的容器壁内的应力总是小于壁厚小的容器。 （   ）

5. 按无力矩理论求得的应力称为薄膜应力,薄膜应力是沿厚度均匀分布的。 （   ）

B 组

1. 卧式圆筒形容器,其内无气体介质压力,只充满液体。因为圆筒内液体静载荷不是沿轴线对称分布的,所以不能用薄膜理论应力公式求解。 （   ）

2. 由于圆锥形容器锥顶部分应力最小,所以开孔宜在锥顶部分。 （   ）

3. 凡薄壁壳体,只要其几何形状和所受载荷对称于旋转轴,则壳体上任何一点用薄膜理论应力公式求解的应力都是真实的。 （   ）

4. 椭球壳的长、短半轴之比 a/b 越小,其形状越接近球壳,其应力分布也就越趋于均匀。 （   ）

5. 因为从受力分析角度来说,半球形封头最好,所以在任何情况下,都必须首先考虑采用半球形封头。 （   ）

三、指出和计算下列回转壳体上诸点的第一曲率半径和第二曲率半径

A 组

1. 球壳上任一点(图 3-29)。

2. 圆锥壳上 M 点(图 3-30)。

3. 碟形壳上连接点 A 与 B(图 3-31)。

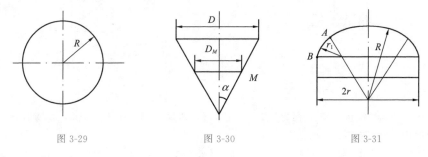

图 3-29　　　　　　　图 3-30　　　　　　　图 3-31

B 组

1. 圆柱壳上任一点(图 3-32)。

2. 圆锥壳与柱壳的连接点 A 及锥顶点 B(图 3-33)。

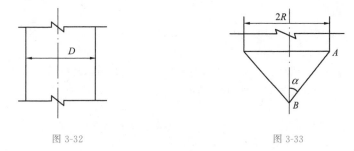

图 3-32　　　　　　　　　　　图 3-33

四、计算下列各种承受气体均匀内压作用的薄壁回转壳体上诸点的薄膜应力 σ_m 和 σ_θ

A 组

1. 球壳上任一点。已知 $p=2$ MPa,$D=1\,008$ mm,$\delta=8$ mm。(图 3-34)

2. 圆锥壳上 A 点和 B 点。已知 $p=0.5$ MPa,$D=1\,010$ mm,$\delta=10$ mm,$\alpha=30°$。(图 3-35)

3. 椭球壳上 A,B,C 点。已知 $p=1$ MPa,$a=1\,010$ mm,$b=505$ mm,$\delta=20$ mm,B 点处坐标 $x=600$ mm。(图 3-36)

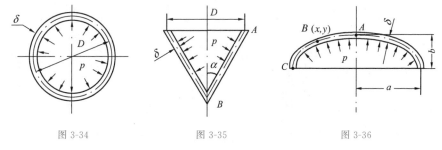

图 3-34　　　　　　　图 3-35　　　　　　　图 3-36

B 组

1. 圆柱壳上任一点。已知 $p=1$ MPa,$D=2\,024$ mm,$\delta=24$ mm。(图 3-37)

2. 两端开口的柱壳,内表面承受轴对称线性载荷,顶端最大载荷强度为 q_0,求 A 点的薄膜应力 σ_m 和

σ_θ。已知 $H=1\,000$ mm，$D=1\,010$ mm，$\delta=10$ mm，$y=600$ mm，$q_0=1$ MPa。（图 3-38）

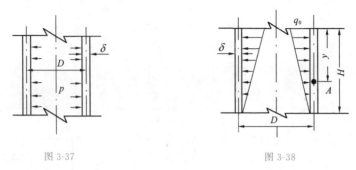

图 3-37   图 3-38

五、工程应用题

1．某厂生产的锅炉汽包，其工作压力为 2.5 MPa，汽包圆筒的平均直径为 816 mm，壁厚为 16 mm，试求汽包圆筒壁内的薄膜应力 σ_m 和 σ_θ。

2．有一平均直径为 10 020 mm 的球形容器，其工作压力为 0.6 MPa，厚度为 20 mm，试求该球形容器壁内的工作应力。

3．有一承受气体内压的圆筒形容器，两端均为椭圆形封头。已知圆筒平均直径为 2 030 mm，筒体与封头厚度均为 30 mm，工作压力为 3 MPa，试求：

（1）圆筒壁内的最大工作应力；

（2）当封头椭圆长、短半轴之比分别为 $\sqrt{2}$，2，2.5 时，计算封头上薄膜应力 σ_m 和 σ_θ 的最大值并确定其所在位置。

4．有一半顶角为 $\alpha=45°$ 的圆锥形封头，其内气体压力为 $p=2$ MPa，封头厚度为 14 mm，所求应力点 M 处的平均直径为 1 014 mm，试求 M 点处的 σ_m 和 σ_θ。

第4章

内压薄壁圆筒与封头的强度设计

在压力容器的设计中,通常依据工艺要求确定其公称直径。强度设计的任务是选择合适的材料,然后根据给定的公称直径以及设计压力(计算压力)和设计温度,设计出合适的厚度,以保证设备安全可靠地运行。

本章将在第 3 章应力分析的基础上,介绍几种典型容器厚度的设计计算公式,以及实际设计中涉及的若干问题。

内压薄壁圆筒和封头的强度计算公式,主要是以壳体无力矩理论为基础推导得到,推导过程如下:

(1)根据薄膜理论进行应力分析,确定薄膜应力状态下的主应力;

(2)根据弹性失效的设计准则,应用强度理论确定应力的强度判据;

(3)对于封头,考虑到薄膜应力的变化和边缘应力的影响,按壳体中的应力状况在公式中引进应力增强系数。

(4)根据应力强度判据,考虑腐蚀等实际因素,导出具体的计算公式。

4.1 强度设计的基本知识

4.1.1 关于弹性失效的设计准则

强度设计的
基本知识

设计压力容器时,确定容器壁内允许应力的限度(即容器判废的标准)有不同的理论依据和准则。对于中、低压薄壁容器,目前通用的是弹性失效理论。依据这一理论,容器上某处的最大应力达到材料在设计温度下的屈服强度 R_{eL}^t,容器即告破坏(这里所讲的"破坏",并不完全指容器破裂,而是泛指容器失去正常的工作能力,即工程上所说的"失效")。也就是说,容器的每一部分必须处于弹性变形范围内,保证器壁内的相当应力必须小于材料由单向拉伸时测得的屈服强度,即 $\sigma_{当} < R_{eL}$。为了保证结构安全可靠地工作,还必须留有一定的安全裕度,使结构中的最大工作应力与材料的许用应力之间满足一定的关系,这就是强度安全条件,即

$$\sigma_{当} \leqslant \frac{\sigma^0}{n} = [\sigma]^t \tag{4-1}$$

式中,$\sigma_{当}$ 可由主应力借助于强度理论来确定;σ^0 为极限应力,可由简单拉伸试验确定;n 为安全系数;$[\sigma]^t$ 为许用应力。

4.1.2 强度理论及其相应的强度条件

压力容器零部件中各点的受力大多数是二向应力状态或三向应力状态,如图 4-1 所示。

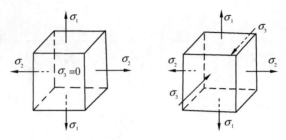

图 4-1 二向应力状态与三向应力状态

建立这种应力状态的强度条件,必须借助于强度理论,将二向应力状态和三向应力状态转换成相当于单向拉伸应力状态的相当应力。欲建立式(4-1)所表示的强度条件,必须解决两方面的问题:一是根据应力状态确定主应力;二是确定材料的许用应力。对于承受均匀内压的薄壁圆筒形容器,其主应力为

$$\sigma_1 = \sigma_\theta = \frac{pD}{2\delta}$$

$$\sigma_2 = \sigma_m = \frac{pD}{4\delta}$$

$$\sigma_3 = \sigma_r = 0$$

式中,σ_r 为径向应力。

第一强度理论及其相应的强度条件

$$\sigma_{\text{当}}^{\text{I}} = \sigma_1 = \frac{pD}{2\delta}$$

其强度条件为

$$\sigma_{\text{当}}^{\text{I}} = \frac{pD}{2\delta} \leqslant [\sigma]^{\text{t}} \tag{4-2}$$

第三强度理论及其相应的强度条件

$$\sigma_{\text{当}}^{\text{III}} = \sigma_1 - \sigma_3 = \frac{pD}{2\delta} - 0 = \frac{pD}{2\delta}$$

其强度条件为

$$\sigma_{\text{当}}^{\text{III}} = \frac{pD}{2\delta} \leqslant [\sigma]^{\text{t}} \tag{4-3}$$

由此可见,对于薄壁容器,由于 $\sigma_3 = 0$,故按第三强度理论计算的相当应力及强度条件与按第一强度理论的计算结果相同。

第四强度理论及其相应的强度条件

$$\sigma_{\text{当}}^{\text{IV}} = \sqrt{\frac{1}{2}\left[(\sigma_1-\sigma_2)^2 + (\sigma_2-\sigma_3)^2 + (\sigma_3-\sigma_1)^2\right]} = \sqrt{\sigma_1^2 + \sigma_2^2 - \sigma_1\sigma_2} = \frac{pD}{2.3\delta}$$

其强度条件为

$$\sigma_{\text{当}}^{\text{IV}} = \frac{pD}{2.3\delta} \leqslant [\sigma]^{\text{t}} \tag{4-4}$$

第一强度理论首先于 20 世纪 30 年代为 ASME 规范所采用,用于容器设计。实际上用该理论处理塑性、韧性较好的材料是存在工程不合理因素的,但由于容器壳体外径与内径比值 K 不大,误差也相对较小,而且公式又相对简单,所以目前 ASME VIII-Div1、JIS B8265—2017 以及我国压力容器设计标准 GB 150—2011 仍然采用此强度理论,但对锥壳过渡段、开孔补强以及平封头等复杂结构需要进行修正。

4.2　内压薄壁圆筒壳与球壳的强度设计

4.2.1　强度计算公式

对于薄壁圆筒,若采用第三强度理论,由式(4-3)可得

$$\delta = \frac{pD}{2[\sigma]^{\text{t}}}$$

将上式中的平均直径换算为圆筒内径,$D = D_i + \delta$,压力 p 换为计算压力 p_c,并考虑焊接接头系数 ϕ,即得到圆筒的计算壁厚公式:

$$\delta = \frac{p_c D_i}{2[\sigma]^{\text{t}}\phi - p_c} \tag{4-5}$$

再考虑腐蚀裕量 C_2,于是得到圆筒的设计壁厚为

$$\delta_d = \frac{p_c D_i}{2[\sigma]^{\text{t}}\phi - p_c} + C_2 \tag{4-5'}$$

式(4-5′)的计算结果加上钢板厚度的负偏差 C_1,再根据钢板标准规格向上圆整,确定选用钢板的厚度,此厚度称为名义厚度,以 δ_n 表示,即图纸上标注的厚度。

根据式(4-5)可以得到对已有设备进行强度校核和确定最大允许工作压力的计算公式分别为

$$\sigma^{\text{t}} = \frac{p_c(D_i + \delta_e)}{2\delta_e} \leqslant [\sigma]^{\text{t}}\phi \tag{4-6}$$

$$[p_w] = \frac{2[\sigma]^{\text{t}}\phi\delta_e}{D_i + \delta_e} \tag{4-7}$$

采用无缝钢管制作圆筒体时,其公称直径为钢管的外径。将 $D = D_o - \delta$ 代入 $\delta = \dfrac{p_c D}{2[\sigma]^{\text{t}}}$ 中,并考虑焊接接头系数 ϕ,可以得到以外径为基准的公式:

$$\delta = \frac{p_c D_o}{2[\sigma]^{\text{t}}\phi + p_c} \tag{4-8}$$

$$\delta_d = \frac{p_c D_o}{2[\sigma]^{\text{t}}\phi + p_c} + C_2 \tag{4-9}$$

$$\sigma^{t} = \frac{p_{c}(D_{o} - \delta_{e})}{2\delta_{e}} \leqslant [\sigma]^{t}\phi \tag{4-10}$$

$$[p_{w}] = \frac{2[\sigma]^{t}\phi\delta_{e}}{D_{o} - \delta_{e}} \tag{4-11}$$

上述各式中

p_{c}——计算压力,MPa;

D_{i}——圆筒或球壳的内直径,mm;

D_{o}——圆筒或球壳的外直径($D_{o} = D_{i} + 2\delta_{n}$),mm;

$[p_{w}]$——圆筒或球壳的最大允许工作压力,MPa;

δ——圆筒或球壳的计算厚度,mm;

δ_{d}——圆筒或球壳的设计厚度,mm,它是计算厚度与腐蚀裕量 C_{2} 之和;

δ_{n}——圆筒或球壳的名义厚度,mm,它是将设计厚度加上钢板厚度的负偏差 C_{1},并向
　　　上圆整至钢板标准规格的厚度,即图纸上标注的厚度;

δ_{e}——圆筒或球壳的有效厚度,mm,它是名义厚度 δ_{n} 与厚度附加量 C 之差;

$[\sigma]^{t}$——在设计温度下圆筒或球壳材料的许用应力,MPa;

σ^{t}——在设计温度下圆筒或球壳材料的计算应力,MPa;

ϕ——焊接接头系数;

C_{2}——腐蚀裕量,mm;

C_{1}——材料厚度的负偏差,mm;

C——厚度附加量,mm,$C = C_{1} + C_{2}$。

上述计算公式的适用范围为 $p_{c} \leqslant 0.4[\sigma]^{t}\phi$。

对于球形容器,其主应力为

$$\sigma_{1} = \sigma_{2} = \frac{pD}{4\delta}$$

利用上述推导方法,可以得到球形容器厚度设计的计算公式,即

$$\delta = \frac{p_{c}D_{i}}{4[\sigma]^{t}\phi - p_{c}} \tag{4-12}$$

$$\delta_{d} = \frac{p_{c}D_{i}}{4[\sigma]^{t}\phi - p_{c}} + C_{2} \tag{4-12$'$}$$

$$\sigma^{t} = \frac{p_{c}(D_{i} + \delta_{e})}{4\delta_{e}} \leqslant [\sigma]^{t}\phi \tag{4-13}$$

$$[p_{w}] = \frac{4[\sigma]^{t}\phi\delta_{e}}{D_{i} + \delta_{e}} \tag{4-14}$$

上述球形容器计算公式的适用范围为 $p_{c} \leqslant 0.6[\sigma]^{t}\phi$。

上述各强度理论条件下圆筒壳和球壳的计算公式综合列于表 4-1 中。

表 4-1　　　　　　　　　　　各强度理论条件下圆筒壳和球壳的计算公式

名称		第一强度理论	第三强度理论	第四强度理论
主应力		$\sigma_1 = \dfrac{pD}{2\delta},\qquad \sigma_2 = \dfrac{pD}{4\delta},\qquad \sigma_3 = 0$		（球壳：$\sigma_1 = \sigma_2 = \dfrac{pD}{4\delta}$）
相当应力强度条件		$\sigma_{当}^{\mathrm{I}} = \sigma_1$ $\sigma_1 \leqslant [\sigma]^{\mathrm{t}}$	$\sigma_{当}^{\mathrm{III}} = \sigma_1 - \sigma_3$ $\sigma_1 - \sigma_3 \leqslant [\sigma]^{\mathrm{t}}$	$\sigma_{当}^{\mathrm{IV}} = \dfrac{1}{\sqrt{2}}\sqrt{(\sigma_1-\sigma_2)^2+(\sigma_2-\sigma_3)^2+(\sigma_3-\sigma_1)^2}$ $= \sqrt{\sigma_1^2+\sigma_2^2-\sigma_1\sigma_2} \leqslant [\sigma]^{\mathrm{t}}$
圆筒壳	计算壁厚	$\delta = \dfrac{p_{\mathrm{c}} D_{\mathrm{i}}}{2[\sigma]^{\mathrm{t}}\phi - p_{\mathrm{c}}}$		$\delta = \dfrac{p_{\mathrm{c}} D_{\mathrm{i}}}{2.3[\sigma]^{\mathrm{t}}\phi - p_{\mathrm{c}}}$
	筒壁应力校核	$\sigma^{\mathrm{t}} = \dfrac{p_{\mathrm{c}}(D_{\mathrm{i}}+\delta_{\mathrm{e}})}{2\delta_{\mathrm{e}}} \leqslant [\sigma]^{\mathrm{t}}\phi$		$\sigma^{\mathrm{t}} = \dfrac{p_{\mathrm{c}}(D_{\mathrm{i}}+\delta_{\mathrm{e}})}{2.3\delta_{\mathrm{e}}} \leqslant [\sigma]^{\mathrm{t}}\phi$
	最大允许工作压力	$[p_{\mathrm{w}}] = \dfrac{2[\sigma]^{\mathrm{t}}\phi\delta_{\mathrm{e}}}{D_{\mathrm{i}}+\delta_{\mathrm{e}}}$		$[p_{\mathrm{w}}] = \dfrac{2.3[\sigma]^{\mathrm{t}}\phi\delta_{\mathrm{e}}}{D_{\mathrm{i}}+\delta_{\mathrm{e}}}$
球壳	计算厚度	$\delta = \dfrac{p_{\mathrm{c}} D_{\mathrm{i}}}{4[\sigma]^{\mathrm{t}}\phi - p_{\mathrm{c}}}$		
	壳壁应力校核	$\sigma^{\mathrm{t}} = \dfrac{p_{\mathrm{c}}(D_{\mathrm{i}}+\delta_{\mathrm{e}})}{4\delta_{\mathrm{e}}} \leqslant [\sigma]^{\mathrm{t}}\phi$		同前
	最大允许工作压力	$[p_{\mathrm{w}}] = \dfrac{4[\sigma]^{\mathrm{t}}\phi\delta_{\mathrm{e}}}{D_{\mathrm{i}}+\delta_{\mathrm{e}}}$		

4.2.2　设计参数的确定

1. 压力

本书所涉及的压力，除注明者外，均指表压力。

（1）工作压力 p_{w}

指在正常工作情况下，容器顶部可能达到的最高压力。

（2）设计压力 p

设计参数
的确定

指设定的容器顶部的最高压力，它与相应的设计温度一起作为容器的基本设计载荷条件，其值不低于工作压力。

（3）计算压力 p_{c}

指在相应设计温度下，用以确定壳体各部位厚度的压力，包括液柱静压力等附加载荷。

设计压力的具体取值方法可参见表 4-2。

表 4-2　　　　　　　　　　　设计压力的具体取值方法

类型			设计压力
内压容器	无安全泄放装置		1.0～1.10 倍工作压力
	装有安全阀		不低于（等于或稍大于）安全阀开启压力（安全阀开启压力取 1.05～1.10 倍工作压力）
	装有爆破片		取爆破片设计爆破压力加制造范围上限
真空容器	无夹套真空容器	有安全泄放装置	设计外压取 1.25 倍最大内外压力差或 0.1 MPa 二者中的小值
		无安全泄放装置	设计外压取 0.1 MPa
	夹套内为内压的带夹套真空容器	容器（真空）	设计外压按无夹套真空容器规定选取
		夹套（内压）	设计内压按内压容器规定选取
	夹套内为真空的带夹套内压容器	容器（内压）	设计内压按内压容器规定选取
		夹套（真空）	设计外压按无夹套真空容器规定选取
外压容器			设计外压取不小于在正常工作情况下可能产生的最大内外压力差

表 4-2 中关于装有爆破片内压容器设计压力的确定按以下步骤进行：

①根据所选爆破片的型式，按表 4-3 确定爆破片的最低标定爆破压力 p_{smin}（表中 p_w 为容器的工作压力）。

表 4-3　　　　　　　　　　　最低标定爆破压力 p_{smin}

爆破片型式	载荷性质	p_{smin}/MPa	爆破片型式	载荷性质	p_{smin}/MPa
普通正拱形	静载荷	$\geqslant 1.43 p_w$	正拱形	脉动载荷	$\geqslant 1.7 p_w$
开缝正拱形	静载荷	$\geqslant 1.25 p_w$	反拱形	静载荷、脉动载荷	$\geqslant 1.1 p_w$

②计算爆破片的设计爆破压力 p_b。p_b 等于 p_{smin} 加上所选爆破片制造范围的下限（取绝对值）。爆破片的制造范围见表 4-4。设计爆破压力在制造时允许变动的压力幅度，由供需双方协商确定。

表 4-4　　　　　　　　　　　爆破片的制造范围　　　　　　　　　　　（MPa）

爆破片型式	设计爆破压力	全范围		1/2 范围		1/4 范围		0 范围	
		上限（正）	下限（负）	上限（正）	下限（负）	上限（正）	下限（负）	上限	下限
正拱形	>0.30~0.40	0.045	0.025	0.025	0.015	0.010	0.010	0	0
	>0.40~0.70	0.065	0.035	0.030	0.020	0.020	0.010	0	0
	>0.70~1.00	0.085	0.045	0.040	0.020	0.020	0.010	0	0
	>1.00~1.40	0.110	0.065	0.060	0.040	0.040	0.020	0	0
	>1.40~2.50	0.160	0.085	0.080	0.040	0.040	0.020	0	0
	>2.50~3.50	0.210	0.105	0.100	0.050	0.040	0.025	0	0
	>3.50	6%	3%	3%	1.5%	1.5%	0.8%	0	0
反拱形	≥0.1	0	10%	0	5%	—	—	0	0

③确定容器的设计压力 p。p 等于 p_b 加上所选爆破片制造范围的上限。

此外，某些容器除有上述压力载荷外，有时还必须考虑重力、风力、地震力等载荷及温差的影响，这些载荷不能直接折算为计算压力而代入以上公式计算，必须用其他方法分别计算，这些特殊的载荷将在以后章节中涉及。

2. 设计温度

设计温度是指容器在正常工作情况下，在相应的设计压力下，设定的元件的金属温度（沿元件金属截面厚度的温度平均值）。设计温度与设计压力一起作为设计载荷条件。标志在产品铭牌上的设计温度应是壳体金属设计温度的最高值或最低值。

设计温度虽然不直接反映在上述计算公式中，但它是设计中选择材料和确定许用应力时不可缺少的一个基本参数。容器的壁温可由实测同类设备获得，或由传热过程计算确定，当无法计算或实测壁温时，可按下列原则确定：

（1）容器器壁与介质直接接触且有外保温（保冷）时，设计温度应按表 4-5 中的Ⅰ或Ⅱ确定。

（2）容器内介质用蒸气直接加热或被内置加热元件间接加热时，设计温度取最高工作温度。

表 4-5	设计温度选取	
介质工作温度 t/℃	设计温度/℃	
	I	II
$t < -20$	介质最低工作温度	介质工作温度减去(0~10)
$-20 \leqslant t \leqslant 15$	介质最低工作温度	介质工作温度减去(5~10)
$t > 15$	介质最高工作温度	介质工作温度加上(15~30)

注 当最高(低)工作温度不明确时,按表中的 II 确定。

设计温度必须在材料允许的使用温度范围内,即由 -196 ℃ 至钢材的蠕变温度。材料的具体适用温度范围是:

①压力容器用碳素钢:-20~475 ℃;

②低合金钢:-40~475 ℃;

③低温用钢:至 -70 ℃;

④碳钼钢及锰钼铌钢:至 475 ℃;

⑤铬钼低合金钢:至 575 ℃;

⑥铁素体高合金钢:至 500 ℃;

⑦非受压容器用碳素钢:沸腾钢 0~250 ℃,镇静钢 0~350 ℃;

⑧奥氏体高合金钢:-196~700 ℃[低于 -196 ℃ 使用时,需补做设计温度下焊接接头的夏比(V 形缺口)冲击试验]。

3. 许用应力和安全系数

许用应力的取值是强度计算的关键,是容器设计的一个主要参数。许用应力以材料的极限应力 σ^0 为基础,并选择合理的安全系数,即

$$[\sigma]^t = \frac{极限应力(\sigma^0)}{安全系数(n)}$$

(1)极限应力 σ^0 的取法

选用哪一个强度指标作为极限应力来确定许用应力,与部件的使用条件及失效准则有关,根据不同的情况,极限应力 σ^0 可以是 R_m、$R_{eL}(R_{p0.2})$、$R_{eL}^t(R_{p0.2}^t)$、R_D^t 和 R_n^t。

对于由塑性材料制造的承压件,应保证其在工作时不发生全面的塑性变形,即大面积屈服,以防止材料发生应变硬化,强度升高,塑性、韧性和耐腐蚀性降低。一般都以屈服强度 R_{eL}(或 $R_{p0.2}$)作为确定许用应力的基础。

对于脆性材料或没有明显屈服强度的塑性材料,常以抗拉强度 R_m 来确定许用应力,即以材料的断裂作为限制条件。

对于锅炉和压力容器的承压部件,其最大的不安全性是断裂,而且以 R_m 来确定许用应力有悠久的历史,已成习惯。因此,对于工作壁温为常温(<200 ℃)的承压部件,其许用应力应满足上述塑性变形和以断裂为限制这两个条件,即许用应力

$$[\sigma] = \min\left\{\frac{R_m}{n_b}, \frac{R_{eL}(R_{p0.2})}{n_s}\right\}$$

特别是对高强度钢制的承压部件,以 R_m 为基准确定许用应力就更为必要。

对于工作壁温高于常温而低于高温的中温容器承压部件,其许用应力

$$[\sigma]^t = \min\left\{\frac{R_m^t}{n_b}, \frac{R_{eL}^t(R_{p0.2}^t)}{n_s}\right\}$$

对于高温条件下(达到材料蠕变温度,即对碳钢和低合金钢大于 420 ℃,铬钼合金钢大于 450 ℃,奥氏体不锈钢大于 550 ℃)的承压部件,一方面要考虑蠕变极限(R_n^t),另一方面还要考虑材料的持久强度 R_D^t。因此,高温承压部件的许用应力

$$[\sigma]^t = \min\left\{\frac{R_{eL}^t(R_{p0.2}^t)}{n_s}, \frac{R_n^t}{n_n}, \frac{R_D^t}{n_D}\right\}$$

其中　$R_m, R_{eL}(R_{p0.2})$——常温下材料的抗拉强度和屈服强度,MPa;

$R_m^t, R_{eL}^t(R_{p0.2}^t)$——设计温度下材料的抗拉强度和屈服强度,MPa;

R_n^t, R_D^t——设计温度下材料的蠕变极限和持久强度,MPa;

n_b, n_s, n_n, n_D——抗拉强度、屈服强度、蠕变极限和持久强度的安全系数。

(2)安全系数的取法

安全系数的合理选择是设计中一个比较复杂和关键的问题,因为它与许多因素有关,其中包括:

①计算方法的准确性、可靠性和受力分析的精确程度;

②材料的质量、焊接检验等制造技术水平;

③容器的工作条件,如压力、温度和温压波动及容器在生产中的重要性和危险性等。

安全系数是一个不断发展变化的参数。按照科学技术发展的总趋势,安全系数将逐渐变小。目前我国推荐的钢材(螺柱材料除外)许用应力取值见表 4-6,钢制螺柱材料许用应力取值见表 4-7。

表 4-6　　　　　　　　　　　钢材(螺柱材料除外)许用应力取值

材料	许用应力/MPa (取下列各值中的最小值)	材料	许用应力/MPa (取下列各值中的最小值)
碳素钢、低合金钢	$\dfrac{R_m}{2.7}, \dfrac{R_{eL}}{1.5}, \dfrac{R_{eL}^t}{1.5}, \dfrac{R_D^t}{1.5}, \dfrac{R_n^t}{1.0}$	镍及镍合金	$\dfrac{R_m}{2.7}, \dfrac{R_{p0.2}}{1.5}, \dfrac{R_{p0.2}^t}{1.5}, \dfrac{R_D^t}{1.5}, \dfrac{R_n^t}{1.0}$
高合金钢	$\dfrac{R_m}{2.7}, \dfrac{R_{eL}(R_{p0.2})}{1.5}, \dfrac{R_{eL}^t(R_{p0.2}^t)}{1.5}, \dfrac{R_D^t}{1.5}, \dfrac{R_n^t}{1.0}$	铝及铝合金	$\dfrac{R_m}{3.0}, \dfrac{R_{p0.2}}{1.5}, \dfrac{R_{p0.2}^t}{1.5}$
钛及钛合金	$\dfrac{R_m}{2.7}, \dfrac{R_{p0.2}}{1.5}, \dfrac{R_{p0.2}^t}{1.5}, \dfrac{R_D^t}{1.5}, \dfrac{R_n^t}{1.0}$	铜及铜合金	$\dfrac{R_m}{3.0}, \dfrac{R_{p0.2}}{1.5}, \dfrac{R_{p0.2}^t}{1.5}$

注　①对奥氏体高合金钢制受压元件,当设计温度低于蠕变范围,且允许有微量的永久变形时,可适当提高许用应力至 $0.9R_{p0.2}^t$,但不能超过 $R_{p0.2}/1.5$。此规定不适用于法兰或其他有微量永久变形就产生泄漏或故障的场合。

②如果引用标准规定了 $R_{p1.0}$ 或 $R_{p1.0}^t$,则可以选用该值计算其许用应力。

③根据设计使用年限选用 1.0×10^5 h、1.5×10^5 h、2.0×10^5 h 等持久强度极限值。

表 4-7　　　　　　　　　　　　钢制螺柱材料许用应力取值

材料	螺柱直径/mm	热处理状态	许用应力/MPa（取下列各值中的最小值）	
碳素钢	≤M22	热轧、正火	$\dfrac{R_{eL}^t}{2.7}$	$\dfrac{R_D^t}{1.5}$
	M24～M48		$\dfrac{R_{eL}^t}{2.5}$	
低合金钢马氏体高合金钢	≤M22	调质	$\dfrac{R_{eL}^t(R_{p0.2}^t)}{3.5}$	$\dfrac{R_D^t}{1.5}$
	M24～M48		$\dfrac{R_{eL}^t(R_{p0.2}^t)}{3.0}$	
	≥M52		$\dfrac{R_{eL}^t(R_{p0.2}^t)}{2.7}$	
奥氏体高合金钢	≤M22	固溶	$\dfrac{R_{eL}^t(R_{p0.2}^t)}{1.6}$	$\dfrac{R_D^t}{1.5}$
	M24～M48		$\dfrac{R_{eL}^t(R_{p0.2}^t)}{1.5}$	

应该指出的是，关于材料的许用应力，有关技术部门已根据上述原则将其计算出来，设计者可以根据所选用材料的种类、牌号、尺寸规格及设计温度直接查取。附录 5 给出了螺栓、螺母材料组合及适用温度范围。附录 6 为钢板、钢管、锻件和螺栓的许用应力。

4. 焊接接头系数

焊接接头系数是指对接焊接接头强度与母材强度之比值，用以反映由于焊接材料、焊接缺陷和焊接残余应力等因素使焊接接头强度被削弱的程度，是焊接接头力学性能的综合反映。

我国的压力容器标准中的焊接接头系数仅根据压力容器的 A、B 类对接接头的焊接结构特点（单面焊、双面焊，有或无垫板）及无损检测的长度比例确定，与其他类别的焊接接头无关。具体按表 4-8 选取。

表 4-8　　　　　　　　　　　焊接接头系数

焊接接头结构	示意图	焊接接头系数 φ	
		100%无损检测	局部无损检测
双面焊对接接头和相当于双面焊的全焊透对接接头		1.0	0.85
单面焊对接接头（沿焊缝根部全长有紧贴基本金属的垫板）		0.90	0.80

压力容器的焊接必须由持有压力容器安全技术监察部门颁发的相应类别焊工合格证的焊工担任。压力容器无损检测亦必须由持有压力容器安全技术监察部门颁发的相应检测方法无损检测人员资格证书的人员担任。

5. 厚度附加量

压力容器在制造、使用过程中都会有厚度的减薄，为了保证容器在整个使用过程中保有必需的设计厚度,从而确保其设计寿命内的安全,在设计中应考虑厚度附加量。厚度附加量包括材料厚度负偏差 C_1、介质的腐蚀裕量 C_2 和加工裕量 C_3,即

$$C = C_1 + C_2 + C_3$$

(1)材料厚度负偏差 C_1

板材或管材的厚度负偏差按相应材料标准的规定选取,表 4-9 列出了部分板材标准厚度负偏差,表 4-10 为部分钢管厚度负偏差。

表 4-9 部分板材标准厚度负偏差

钢板标准	钢板厚度	负偏差 C_1	说明
GB 713—2014	全部厚度	−0.3	钢板厚度负偏差按 GB/T 709—2019 的 B 类偏差
GB 3531—2014	全部厚度	−0.3	钢板厚度负偏差按 GB/T 709—2019 的 B 类偏差
GB 24511—2017	全部厚度 2.5~14 1.5~8	−0.3 −0.22~−0.3 −0.08~−0.17	热轧厚板 热轧钢板及钢带 冷轧钢板及钢带

表 4-10 部分钢管厚度负偏差

钢管种类	钢管厚度/mm	负偏差/%
碳素钢、低合金钢	≤20	15
	>20	12.5
不锈钢	≤10	15
	>10~20	20

(2)介质的腐蚀裕量 C_2

为防止容器元件在运行过程中由于腐蚀、机械磨损、冲蚀而导致厚度减薄,设计时应根据具体运行情况,对与工作介质接触的筒体、封头、接管、人孔、手孔等部件考虑腐蚀裕量。表 4-11 为筒体、封头的腐蚀裕量,表 4-12 为容器内件的单面腐蚀裕量。

表 4-11 筒体、封头的腐蚀裕量

腐蚀程度	腐蚀速度/(mm·a^{-1})	腐蚀裕量/mm	腐蚀程度	腐蚀速度/(mm·a^{-1})	腐蚀裕量/mm
不腐蚀	<0.05	0	腐蚀	0.13~0.25	≥2
轻微腐蚀	0.05~0.13	≥1	严重腐蚀	>0.25	≥3

注 表中腐蚀速度为均匀、单面腐蚀。最大腐蚀裕量不大于 6 mm,否则应采取防腐蚀措施。

表 4-12 容器内件的单面腐蚀裕量

内件		腐蚀裕量
结构型式	受力状态	
不可拆卸或无法从人孔取出者	受力	取壳体腐蚀裕量
	不受力	取壳体腐蚀裕量的 1/2
可拆卸并可从人孔取出者	受力	取壳体腐蚀裕量的 1/4
	不受力	0

腐蚀裕量的选取原则如下:

①对有均匀腐蚀、磨损或冲蚀的元件,应根据预期的容器设计使用年限和介质对金属材

料的腐蚀速率确定腐蚀裕量；

②容器各元件受到的腐蚀程度不同时，可采取不同的腐蚀裕量；

③介质为压缩空气、水蒸气或水的碳素钢或低合金钢制容器，腐蚀裕量不小于 1 mm。

(3)加工裕量 C_3

加工裕量又称加工减薄量，1989 年以前设计依据《钢制石油化工压力容器设计规定》规定：在厚度附加量中计入加工裕量，并由设计者根据容器的不同冷热加工成型状况选取加工裕量；GB 150—1989《钢制压力容器》规定：设计者在图纸上注明的厚度不包括加工裕量，加工裕量由制造单位依据各自的加工工艺和加工能力自行确定，只要保证产品的实际厚度不小于名义厚度减去钢板的厚度负偏差即可；GB 150—1998《钢制压力容器》进一步规定：对冷卷圆筒，投料的钢板厚度不得小于名义厚度减去钢板的厚度负偏差；对凸形封头和热卷筒节成形后的厚度不小于该部件的名义厚度减去钢板的厚度负偏差；GB/T 150—2011《压力容器》依然把加工裕量的确定交给制造厂处理，即由制造厂根据图样中名义厚度和最小成形厚度以及制造工艺自行决定加工裕量，同时也考虑到如果设计者根据设计经验和制造的实际经验，已经在设计中考虑了加工减薄量的需要，则应在图样中予以说明。

4.2.3　容器的厚度和最小厚度

1.厚度

在上述强度设计的诸多公式中，为了便于设计以及满足设计和制造不同阶段厚度的变化，明确指出了计算厚度(δ)、设计厚度(δ_d)、名义厚度(δ_n)和有效厚度(δ_e)的含义。各种厚度之间的关系如图 4-2 所示。

容器的厚度
和最小厚度

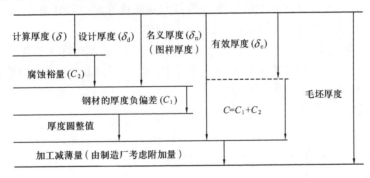

图 4-2　容器各种厚度之间的关系

2.最小厚度

在容器设计中，对于计算压力很低的容器，按强度计算公式计算出的厚度很小，不能满足制造、运输和安装时的刚度要求。因此，对容器规定一最小厚度。最小厚度是指壳体加工成形后不包括腐蚀裕量的最小厚度。GB/T 150.1—2011《压力容器　第 1 部分：通用要求》中对容器最小厚度(不包括腐蚀裕量)的规定是：对碳素钢、低合金钢制容器，不小于 3 mm；对高合金钢制容器，一般应不小于 2 mm。

另外，碳素钢和低合金钢制塔式容器的最小厚度为塔体内直径的 2/1 000，且不小于 3 mm，不锈钢制塔式容器的最小厚度不小于 2 mm；对于名义厚度取决于最小厚度且公称直径较大、厚度较薄的容器,为防止在制造、运输或安装时产生过大的变形,应根据具体情况采取临时加固措施,如在容器内部设置临时性支承元件等。

4.2.4 耐压试验

压力容器制成后(或重大修理、改造后投入生产前),应经耐压试验,且合格后才能投入使用。

1. 耐压试验的目的

耐压试验的目的是考察容器的整体强度、刚度和稳定性;检查焊接接头的质量;验证密封结构的密封性能;消除或减低焊接残余应力、局部不连续区的峰值应力;对微裂纹产生闭合效应,钝化微裂纹尖端。

2. 耐压试验的种类

耐压试验包括液压试验、气压试验和气液组合压力试验。

3. 试验压力的确定

(1)内压容器的试验压力

液压试验:

$$p_T = 1.25p \frac{[\sigma]}{[\sigma]^t} \tag{4-15}$$

气压试验或气液组合压力试验: $p_T = 1.1p \frac{[\sigma]}{[\sigma]^t}$ (4-16)

式中 p_T——试验压力,MPa;

p——设计压力,MPa;

$[\sigma]$——容器元件材料在试验温度下的最大总体薄膜应力,MPa;

$[\sigma]^t$——容器元件材料在设计温度下的许用应力,MPa。

容器铭牌上规定有最大允许工作压力时,公式中应以最大允许工作压力代替设计压力 p;如果容器各元件(圆筒、封头、接管、法兰及紧固件等)所用材料不同,应取各元件材料的 $[\sigma]/[\sigma]^t$ 中的最小者。

(2)外压容器的试验压力

液压试验: $p_T = 1.25p$ (4-17)

气压试验或气液组合压力试验: $p_T = 1.1p$ (4-18)

4. 压力试验的应力校核

如果采用大于式(4-15)、(4-16)、(4-17)或(4-18)所规定的试验压力,在耐压试验前,应校核各受压元件在试验条件下的应力水平。壳体最大总体薄膜应力 σ_T 为

$$\sigma_T = \frac{p_T(D_i + \delta_e)}{2\delta_e} \tag{4-19}$$

σ_T 应满足下列条件:

液压试验: $\sigma_T = \frac{p_T(D_i + \delta_e)}{2\delta_e} \leqslant 0.9\phi R_{eL}$ (4-20)

气压试验或气液组合压力试验: $\sigma_T = \frac{p_T(D_i + \delta_e)}{2\delta_e} \leqslant 0.8\phi R_{eL}$ (4-21)

式中　σ_T——圆筒壁在试验压力下的最大总体薄膜应力,MPa;

　　　D_i——圆筒内直径,mm;

　　　p_T——试验压力,MPa;

　　　δ_e——圆筒的有效壁厚,mm;

　　　R_{eL}——壳体材料在试验温度下的屈服强度(或 $R_{p0.2}$),MPa;

　　　ϕ——圆筒的焊接接头系数。

　5. 耐压试验的要求

　　制造完工的容器,应按图样规定进行耐压试验(液压试验、气压试验或气液组合压力试验)。压力试验必须装配两个量程相同的并经过校正的压力表。压力表的量程为试验压力的 2 倍左右为宜,不应低于 1.5 倍试验压力或高于 4 倍试验压力。应在压力试验前向容器的开孔补强圈中通入 0.4 ~0.5 MPa 的压缩空气检查焊接接头质量。

　　(1)液压试验

　　液压试验一般采用水,需要时也可采用不会导致发生危险的其他液体。试验时液体的温度应低于其闪点或沸点。奥氏体不锈钢制容器用水进行液压试验后,应将水渍清除干净。当无法清除干净时,应控制水中氯离子含量不超过 25 mg/L。

　　①试验温度。对碳钢、Q345R、Q370R 和 07MnMoVR 钢制容器进行液压试验时,液体温度不得低于 5 ℃;对其他低合金钢制容器进行液压试验时,液体温度不得低于 15 ℃。如果由于板厚等因素造成材料无塑性转变温度升高,则须相应提高试验液体温度。

　　②试验方法。试验时容器顶部应设排气口,充液时应将容器内的空气排净,试验过程中应保持容器观察表面干燥。试验时压力应缓慢上升至设计压力,若无泄漏,再缓慢上升,达到规定的试验压力后,保压时间一般不少于 30 min。然后将压力降至规定试验压力的 80%,并保持足够长的时间,以对所有焊接接头和连接部位进行检查。如有渗漏,修补后重新试验,直至合格。对于夹套容器,先进行内筒液压试验,合格后再焊夹套,然后进行夹套内的液压试验;液压试验完毕后,应将液体排净,并用压缩空气将内部吹干。

　　对于由两个或两个以上压力室组成的多腔压力容器,每个压力室的试验压力按其设计压力确定,各压力室分别进行耐压试验。试验前校核公用元件在试验压力下的稳定性,如不能满足稳定性要求,且保证原结构尺寸不变,则应先进行泄漏情况检查,确认相邻压力室之间不漏液后再进行耐压试验。在进行耐压试验时,相邻压力室应保持一定压力,以使整个压力试验过程(包括升压、保压和卸压)中任一时刻,各压力室压力差保持不变。

　　③合格要求。液压试验时压力容器符合无渗漏、无可见的变形、试验过程中无异常的响声条件时,判定为合格。

　　(2)气压试验

　　由于气压试验比液压试验危险性大,所以应有安全措施。该安全措施需经试验单位技术总负责人批准,并经本单位安全部门检查监督。试验所用气体应为干燥洁净的空气、氮气或其他稀有气体。

　　①试验温度。对碳素钢和低合金钢制容器,气压试验时介质温度不得低于 15 ℃;对其他钢制容器,气压试验温度按图样规定。

　　②试验方法。试验时压力应缓慢上升,至规定试验压力的 10%,保压 5~10 min,然后

对所有焊接接头和连接部位进行初次泄漏检查,如有泄漏,修补后重新试验。初次泄漏检查合格后,方可继续缓慢升压至规定试验压力的 50%,其后按规定试验压力的 10% 的级差逐级增至规定试验压力。保压 10 min 后,将压力降至设计压力,并保持足够长的时间后再次进行检查,如有泄漏,修补后再按上述规定重复试验。气压试验过程中严禁带压紧固螺栓。

③合格要求。气压试验时压力容器符合无可见的变形、试验过程中无异常的响声、经过肥皂液或者其他检漏液检查无漏条件时,判定为合格。

(3)气液组合压力试验

对于因基础承重等原因无法注满液体进行耐压试验的压力容器,可根据承重能力先注入部分试验液体,然后注入试验气体,进行气液组合压力试验。试验用的液体、气体与液压试验和气压试验的要求相同。气液组合压力试验的温度、升降压要求、安全防护要求以及合格标准与气压试验要求相同。

4.2.5 泄漏试验

介质的毒性程度为极度、高度危害或者设计上不允许有微量泄漏的压力容器,应在耐压试验合格后方可进行泄漏试验。对于设计图样要求做气压试验的压力容器,是否需要再做泄漏试验,应当在设计图样上规定。

泄漏试验根据试验介质的不同,分为气密性试验、氨检漏试验、卤素检漏试验和氦检漏试验等。

1. 气密性试验

气密性试验所用的气体应选干燥洁净的空气、氮气或者其他稀有气体,试验压力为压力容器的设计压力。气密性试验的试验压力、试验介质和试验要求应在图样上注明。

气密性试验时,一般应将安全附件装配齐全,保压足够时间无泄漏为合格。气密性试验的试验温度应当比容器器壁金属无延性转变温度高 30 ℃。

2. 氨检漏试验

氨检漏试验时,可采用氨-空气法、氨-氮气法、100% 氨气法等方法。氨的浓度、试验压力、保压时间以及试验操作程序,按照设计图样的要求执行。

3. 卤素检漏试验

卤素检漏试验时,容器内的真空度要求、采用卤素气体种类、试验压力、保压时间以及试验操作程序,按照设计图样的要求执行。

4. 氦检漏试验

氦检漏试验时,容器内的真空度要求、氦气的浓度、试验压力、保压时间以及试验操作程序,按照设计图样的要求执行。

当对容器作定期检查时,若容器内有残留易燃气体会导致爆炸,则不得使用空气作为试验介质。

4.2.6 例 题

【例 4-1】 某化工厂欲设计一台石油气分离用乙烯精馏塔。工艺参数为:塔体内径 $D_i=$

例题

600 mm,计算压力 p_c=2.2 MPa,工作温度为$-3\sim20$ ℃。试选择塔体材料并确定塔体厚度。

解 (1)选材

由于石油气对钢材的腐蚀不大,温度为$-3\sim20$ ℃,压力为中压,故选用 Q345R。

(2)确定参数

p_c=2.2 MPa,D_i=600 mm,$[\sigma]^t$=189 MPa(附表 6-1);

ϕ=0.8(采用带垫板的单面焊对接接头,局部无损检测)(表 4-8);取 C_2=1.0 mm。

(3)厚度计算

计算厚度
$$\delta=\frac{p_c D_i}{2[\sigma]^t\phi-p_c}=\frac{2.2\times600}{2\times189\times0.8-2.2}=4.4\text{ (mm)}$$

设计厚度
$$\delta_d=\delta+C_2=4.4+1.0=5.4\text{ (mm)}$$

根据 GB 713—2014 规定,钢板的厚度允许偏差符合 GB/T 709—2019 B 类偏差,C_1=0.3 mm。

名义厚度 $\delta_n=\delta_d+C_1+$圆整量$=5.4+0.3+$圆整量$=5.7+$圆整量

圆整后,取名义厚度为 δ_n=6 mm。该塔体可用 6 mm 厚的 Q345R 钢板制作。

(4)校核水压试验强度

根据式(4-20),
$$\sigma_T=\frac{p_T(D_i+\delta_e)}{2\delta_e}\leqslant0.9\phi R_{eL}$$

式中 p_T=1.25p=1.25$\times$2.2=2.75 (MPa) ($t<200$ ℃,$[\sigma]/[\sigma]^t\approx1$;$p=p_c$=2.2 MPa)

$$\delta_e=\delta_n-C=6-1.3=4.7\text{ (mm)}$$
$$R_{eL}=345\text{ (MPa)(附表 6-1)}$$

则
$$\sigma_T=\frac{2.75\times(600+4.7)}{2\times4.7}=176.9\text{ (MPa)}$$

而
$$0.9\phi R_{eL}=0.9\times0.8\times345=248.4\text{ (MPa)}$$

可见 $\sigma_T<0.9\phi R_{eL}$,所以水压试验强度足够。

【例 4-2】 有一锅炉汽包,其内径 D_i=1 300 mm,工作压力为 15.6 MPa,汽包上装有安全阀,设计温度为 350 ℃,材质为 18MnMoNbR,双面焊对接接头,100%无损检测,试设计该汽包厚度。

解 (1)确定参数

p_c=1.1$\times$15.6=17.16 MPa,D_i=1 300 mm,$[\sigma]^t$=211 MPa(附表 6-1),ϕ=1(表 4-8);取 C_2=1.0 mm。

(2)计算厚度
$$\delta=\frac{p_c D_i}{2[\sigma]^t\phi-p_c}=\frac{17.16\times1\,300}{2\times211\times1-17.16}=55.1\text{ (mm)}$$
$$\delta_d=\delta+C_2=55.1+1.0=56.1\text{ (mm)}$$

C_1=0.3 mm。

故 $$\delta_d + C_1 = 56.1 + 0.3 = 56.4 \text{ (mm)}$$

圆整后取名义厚度为 $\delta_n = 60$ mm。该塔体可用 60 mm 厚的 18MnMoNbR 钢板制作。

(3)校核水压试验强度

根据式(4-20),

$$\sigma_T = \frac{p_T(D_i + \delta_e)}{2\delta_e} \leqslant 0.9\phi R_{eL}$$

式中 $$p_T = 1.25p\frac{[\sigma]}{[\sigma]^t} = 1.25 \times 17.16 \times \frac{211}{211} = 21.45 \text{ (MPa)} \quad (p = p_c = 17.16 \text{ MPa})$$

$$\delta_e = \delta_n - C = 60 - 1.3 = 58.7 \text{ (mm)}$$

$$R_{eL} = 400 \text{ (MPa)}(附表 6-1)$$

则 $$\sigma_T = \frac{21.45 \times (1\,300 + 58.7)}{2 \times 58.7} = 248.2 \text{ (MPa)}$$

而 $$0.9\phi R_{eL} = 0.9 \times 1 \times 400 = 360 \text{ (MPa)}$$

可见,$\sigma_T < 0.9\phi R_{eL}$,所以水压试验强度足够。

【例 4-3】 有一库存很久的氧气瓶,其材质为 40Mn2A,外径 $D_o = 219$ mm,系无缝钢管收口而成,实测其最小壁厚 $\delta_n = 6.5$ mm。已知材料的 $R_m = 784.8$ MPa,$R_{eL} = 510.12$ MPa,$A = 18\%$,设计温度为常温。今欲在 15 MPa 的压力下充装,问强度是否够?如强度不够,该氧气瓶的最大允许工作压力是多少?

解 (1)确定参数

$$p_c = 15 \text{ MPa}, D_o = 219 \text{ mm}, \delta_n = 6.5 \text{ mm}$$

$$[\sigma]^t = \frac{R_m}{n_b} = \frac{784.8}{2.7} = 290.7 \text{ (MPa)}$$

$$[\sigma]^t = \frac{R_{eL}}{n_s} = \frac{510.12}{1.5} = 340.1 \text{ (MPa)}$$

取许用应力 $[\sigma]^t = 290.7$ MPa。

$\phi = 1$(无缝钢管),取腐蚀裕量 $C_2 = 1.0$ mm。

$C = C_1 + C_2 = 0 + 1.0 = 1.0$ (mm)(已知最小壁厚为 6.5 mm,故不再计入负偏差 C_1)

$$\delta_e = \delta_n - C = 6.5 - 1 = 5.5 \text{ (mm)}$$

(2)强度校核

根据式(4-10),

$$\sigma^t = \frac{p_c(D_o - \delta_e)}{2\delta_e} \leqslant [\sigma]^t\phi$$

$$\sigma^t = \frac{15 \times (219 - 5.5)}{2 \times 5.5} = 291.1 \text{ (MPa)}$$

可见,$\sigma^t = 291.1$ MPa $> [\sigma]^t\phi = 290.7$ MPa,所以该氧气瓶用于 15 MPa 的压力下强度不够,不安全,须改变用途降压使用。

(3)确定最大允许工作压力

根据式(4-11),

$$[p_w] = \frac{2[\sigma]^t \phi \delta_e}{D_o - \delta_e} = \frac{2 \times 290.7 \times 1 \times 5.5}{219 - 5.5} = 14.98 \text{ (MPa)}$$

该氧气瓶的最大允许工作压力为 14.98 MPa。

4.3 封头的设计

受内压或受外压容器封头,按其形状可分为凸形封头、锥形封头和平板封头、变径段、紧缩口等。其中凸形封头包括半球形封头、椭圆形封头、碟形封头和球冠形封头四种。

4.3.1 半球形封头

半球形封头(图 4-3)是由半个球壳构成的,它的厚度计算公式与球壳的相同,即式(4-12):

半球形封头

$$\delta = \frac{p_c D_i}{4[\sigma]^t \phi - p_c} \quad \text{(mm)}$$

所以,半球形封头厚度可较相同直径与压力的圆筒壳减薄一半。但在实际工作中,为了焊接方便以及降低边界处的边缘应力,半球形封头也常和筒体取相同的厚度。半球形封头多用于压力较高的容器上。

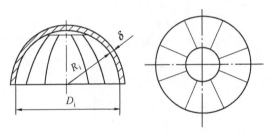

图 4-3 半球形封头

4.3.2 椭圆形封头

椭圆形封头(图 4-4)由长短半轴分别为 a 和 b 的半椭球和高度为 h_0 的短圆筒(通称为直边)两部分所构成。直边的作用是为了保证封头的制造质量和避免筒体与封头间的环向焊缝受边缘应力作用。

由 3.2 节中椭球壳的应力分析可知,当椭球壳的长短半轴之比 $a/b > 2$[即椭圆形封头的 $D_i/(2h_i) > 2$]时,椭球壳赤道上出现很大的环向压应力[图 3-23(c)],其绝对值远大于顶点的应力。为考虑这种应力变化对椭圆封头强度的影响,引入了形状系数 K。GB/T 150.3—2011 规定,在工程应用中,长短半轴之比不大于 2.6。

受内压(凹面受压)的椭圆形封头的计算厚度按式

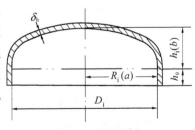

图 4-4 椭圆形封头

(4-22)或式(4-23)计算：

$$\delta_h = \frac{K p_c D_i}{2[\sigma]^t \phi - 0.5 p_c} \quad (\text{mm}) \tag{4-22}$$

$$\delta_h = \frac{K p_c D_o}{2[\sigma]^t \phi + (2K - 0.5) p_c} \quad (\text{mm}) \tag{4-23}$$

式中，$K = \frac{1}{6}\left[2 + \left(\frac{D_i}{2h_i}\right)^2\right]$，是一经验关系式，其值列于表 4-13 中，$K$ 为椭圆形封头的形状系数，又称为应力增强系数。

表 4-13 椭圆形封头的形状系数 K

$D_i/(2h_i)$	K	$D_i/(2h_i)$	K	$D_i/(2h_i)$	K	$D_i/(2h_i)$	K
2.6	1.46	2.1	1.07	1.6	0.76	1.1	0.53
2.5	1.37	**2.0**	**1.00**	1.5	0.71	1.0	0.50
2.4	1.29	1.9	0.93	1.4	0.66		
2.3	1.21	1.8	0.87	1.3	0.61		
2.2	1.14	1.7	0.81	1.2	0.57		

工程上将 $D_i/(2h_i) = 2$，即 $a/b = 2$ 的椭圆形封头称为标准椭圆形封头，此时形状系数 $K = 1$(表 4-13)，于是得到标准椭圆形封头的计算厚度公式：

$$\delta = \frac{p_c D_i}{2[\sigma]^t \phi - 0.5 p_c} \quad (\text{mm}) \tag{4-24}$$

GB/T 150.3—2011 还规定：$K \leqslant 1$ 的椭圆形封头的有效厚度应不小于封头内直径的 0.15%，$K > 1$ 的椭圆形封头的有效厚度应不小于封头内直径的 0.30%。如果在确定封头厚度时，已考虑了内压下的弹性失稳问题，则可不受此限制。

椭圆形封头的最大允许工作压力按式(4-25)计算：

$$[p_w] = \frac{2[\sigma]^t \phi \delta_{eh}}{K D_i + 0.5 \delta_{eh}} \quad (\text{MPa}) \tag{4-25}$$

式中 δ_{eh}——封头的有效厚度，mm。

标准椭圆形封头的直边高度见表 4-14。

表 4-14 标准椭圆形封头的直边高度(GB/T 25198—2010) (mm)

直边高度 h_o	倾斜度	
	向外	向内
25	≤1.5	≤1.0
40	≤2.5	≤1.5

4.3.3 碟形封头

碟形封头(图 4-5)由三部分构成：以 R_i 为内半径的球面、以 r 为转角内半径的过渡圆弧和高度为 h_o 的直边，其球面半径越大，过渡圆弧半径越小，封头的深度将越浅，这对于人工锻打成型有利。但是考虑到球面部分与过渡区连接处的局部高应力，规定碟形封头球面部

分的内半径 R_i 应不大于封头内直径,通常取 0.9 倍封头内
直径。封头转角内半径 r 在任何情况下均不得小于封头内
直径的 10%,且不得小于 3 倍封头名义厚度 δ_{nh}。

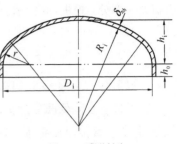

图 4-5 碟形封头

由 3.2 节的应力分析可知,碟形封头过渡圆弧与球面连
接处的经线曲率有突变,在内压作用下,这里将产生很大的
边缘应力。因此,碟形封头的厚度比相同条件下的椭圆形封
头的厚度要大些。考虑碟形封头的这一边缘应力的影响,在
设计中引入形状系数(应力增强系数)M,其计算厚度按式
(4-26)或式(4-27)计算:

$$\delta_h = \frac{Mp_cR_i}{2[\sigma]^t\phi - 0.5p_c} \quad (\text{mm}) \tag{4-26}$$

$$\delta_h = \frac{Mp_cR_o}{2[\sigma]^t\phi + (M-0.5)p_c} \quad (\text{mm}) \tag{4-27}$$

式中　R_i——碟形封头球面部分内半径,mm;

　　　M——碟形封头的形状系数,$M = \frac{1}{4}\left(3 + \sqrt{\frac{R_i}{r}}\right)$,其值列于表 4-15 中;

　　　r——碟形封头过渡段转角内半径,mm;

　　　R_o——碟形封头球面部分外半径,$R_o = R_i + \delta_{nh}$,mm;

　　　其他符号同前。

表 4-15　　　　　　　　　　　碟形封头的形状系数 M

R_i/r	M	R_i/r	M	R_i/r	M	R_i/r	M
1.00	1.00	2.50	1.15	4.50	1.28	7.50	1.44
1.25	1.03	2.75	1.17	5.00	1.31	8.00	1.46
1.50	1.06	3.00	1.18	5.50	1.34	8.50	1.48
1.75	1.08	3.25	1.20	6.00	1.36	9.00	1.50
2.00	1.10	3.50	1.22	6.50	1.39	9.50	1.52
2.25	1.13	4.00	1.25	7.00	1.41	10.0	1.54

当碟形封头的球面内半径 $R_i = 0.9D_i$,过渡圆弧内半径 $r = 0.17D_i$ 时,称为标准碟形封
头。此时 $M = 1.325$,于是标准碟形封头的计算厚度公式可以写成如下形式:

$$\delta_h = \frac{1.2p_cD_i}{2[\sigma]^t\phi - 0.5p_c} \quad (\text{mm}) \tag{4-28}$$

对于 $M \leqslant 1.34$ 的碟形封头,其有效厚度应不小于封头内直径的
0.15%;对于 $M > 1.34$ 的碟形封头,其有效厚度应不小于封头内直
径的 0.30%,但当确定封头厚度时,已考虑了内压下的弹性失稳问
题,可不受此限制。

碟形封头的最大允许工作压力按式(4-29)计算:

$$[p_w] = \frac{2[\sigma]^t\phi\delta_{eh}}{MR_i + 0.5\delta_{eh}} \quad (\text{MPa}) \tag{4-29}$$

封头与筒体可用法兰连接,也可用焊接连接。当采用焊接连接
时,必须采用对接焊接接头,如果封头与筒体厚度不同,须将较厚的一

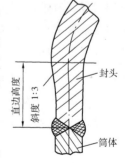

图 4-6　封头与筒体厚度不
同时的焊接结构

边切去一部分,如图 4-6 所示。

4.3.4 球冠形封头

球冠形封头又称无折边球形封头。

为了进一步降低凸形封头的高度,将碟形封头的直边及过渡圆弧部分去掉,只留下球面部分,并把它直接焊在筒体上,这就构成了球冠形封头。

球冠形封头多数情况下用作容器中两独立受压室的中间封头,也可用作端封头(图 4-7)。封头与筒体连接的 T 形接头必须采用全焊透结构,因此,应适当控制封头厚度,以保证全焊透结构的焊接质量。封头球面内半径 R_i 控制为圆筒体内直径 D_i 的 $0.7 \sim 1.0$ 倍。

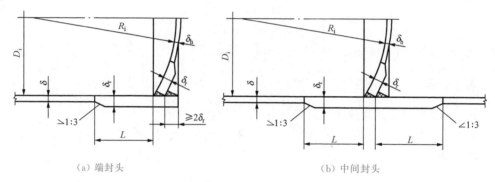

(a) 端封头   (b) 中间封头

图 4-7 球冠形端封头和中间封头

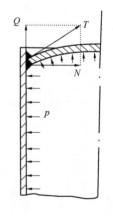

当承受内压时,在球冠形端封头内将产生拉应力,但此应力并不大,所以它不是确定封头厚度的着眼点。然而在封头与筒壁的连接处,却存在着较大的局部边缘应力,由图 4-8 可见,受内压作用的封头之所以未被筒体内的压力顶走,是由于筒壁拉住了它。于是,封头在沿其连接点处的切线方向有一圈拉力 T 作用在筒壁上。它的垂直分量 Q 使筒壁产生轴向拉应力,它的水平分量 N 则造成筒壁的纵向弯曲,使筒壁在与封头的连接处附近产生局部的轴向弯曲应力。此外,由于在内压作用下的径向变形量不同,也导致连接处附近的筒壁产生很大的边缘应力。因此,在确定球冠形封头的厚度时,重点应放在上述这些局部应力上。

图 4-8 球冠形端封头与筒体连接边缘的受力图

受内压(凹面受压)球冠形端封头的计算厚度 δ_h 按式(4-22)内压球壳计算,球冠形端封头加强段厚度按式(4-30)计算。

$$\delta_r = \frac{Qp_c D_i}{2[\sigma]^t \phi - p_c} \quad (\text{mm}) \tag{4-30}$$

式中 D_i——封头和筒体的内直径,mm;

      Q——系数,对球冠形封头由图 4-9 查取。

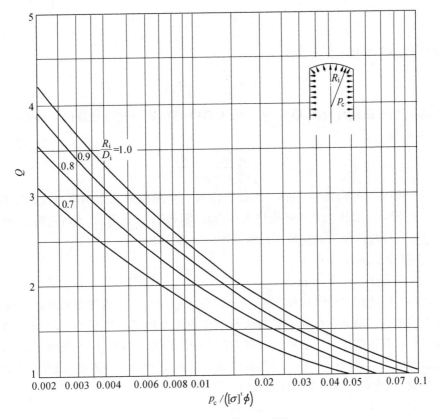

图 4-9　球冠形端封头 Q 值图

在任何情况下,与球冠形封头连接的圆筒厚度应不小于球冠形封头加强段厚度。否则,应在封头与圆筒间设置加强段过渡连接。圆筒加强段的厚度应与封头等厚;端封头一侧或中间封头两侧的加强段长度 L 均应不小于 $\sqrt{2D_i\delta_r}$,如图 4-7 所示。

对两侧受压的球冠形中间封头厚度的设计,应考虑封头两侧最苛刻的压力组合工况。如能保证在任何情况下封头两侧的压力同时作用,可以按封头两侧压力差进行计算。

4.3.5　锥形封头

锥形封头广泛应用于多种化工设备(如蒸发器、喷雾干燥器、结晶器及沉降器等)的底盖,它的优点是便于收集与卸除这些设备中的固体物料。此外,有一些塔设备上、下部分的直径不等,也常用锥壳将之连接起来,这时的锥壳称为变径段。

锥形封头

由 3.2 节中锥壳的应力分析可知,受均匀内压的锥形封头的最大应力在锥壳的大端,其值为

$$\sigma_{max}=\sigma_\theta=\frac{pD}{2\delta}\frac{1}{\cos\alpha}$$

其强度条件为

$$\sigma_{max} = \frac{pD}{2\delta} \frac{1}{\cos \alpha} \leqslant [\sigma]_c^t$$

由此可得锥形封头厚度计算公式为

$$\delta = \frac{pD}{2[\sigma]_c^t} \frac{1}{\cos \alpha}$$

将上式中的压力 p 换成计算压力 p_c,将锥壳大端中径 D 换成锥壳计算内直径 D_c,并考虑焊接接头系数 ϕ,则上式变为

$$\delta_c = \frac{p_c D_c}{2[\sigma]_c^t \phi - p_c} \frac{1}{\cos \alpha} \tag{4-31}$$

式中　　D_c——锥壳计算内直径,mm。当锥壳由同一半顶角的几个不同厚度的锥壳段组成时,D_c 分别为各个锥壳段大端内直径,如图 4-10 所示,无折边时 $D_c = D_i$。

　　　　$[\sigma]_c^t$——设计温度下锥壳所用材料的许用应力,MPa。

　　　　α——锥壳半顶角,(°)。

　　　　δ_c——锥壳计算厚度,mm。

　　按照式(4-31)计算的锥形封头厚度,由于没有考虑封头与筒体连接处的边缘应力,因而此厚度是不够的。与前面分析球冠形封头与筒体连接处的受力情况类似,锥形封头与筒体的连接处也存在着边缘应力。这一边缘应力产生的原因可看图 4-11 及图 4-8。正是由于存在上述边缘应力,在设计锥形封头时,就不能单纯以式(4-31)为依据,需要在考虑上述边缘应力的基础上,建立一些补充设计公式。

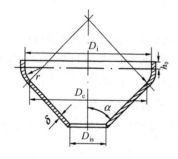

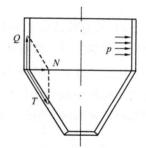

图 4-10　大端折边锥形封头　　　　　图 4-11　锥形封头与筒体连接边缘的受力图

　　尽管连接处附近的边缘应力数值很高,但却具有局部性和自限性,所以这里发生小量的塑性变形是允许的。从这样的观点出发进行设计,可使所需厚度大为降低。

　　为了降低连接处的边缘应力,可以采用以下两种方法:

　　(1)将连接处附近的封头及筒体厚度增大,这种方法叫作局部加强。图 4-12 是无局部加强的无折边锥形封头。图 4-13 是有局部加强的无折边锥形封头。它们都直接与筒体相连,中间没有过渡圆弧,因而叫作无折边锥形封头。

　　(2)在封头与筒体间增加一个过渡圆弧,则整个封头由锥体、过渡圆弧及高度为 h_0 的直边三部分所构成,如图 4-10 和图 4-14 所示,这种封头叫作带折边的锥形封头。

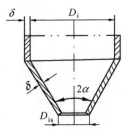

图 4-12　无局部加强的
无折边锥形封头

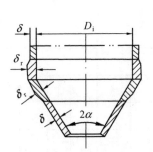

图 4-13　有局部加强的
无折边锥形封头

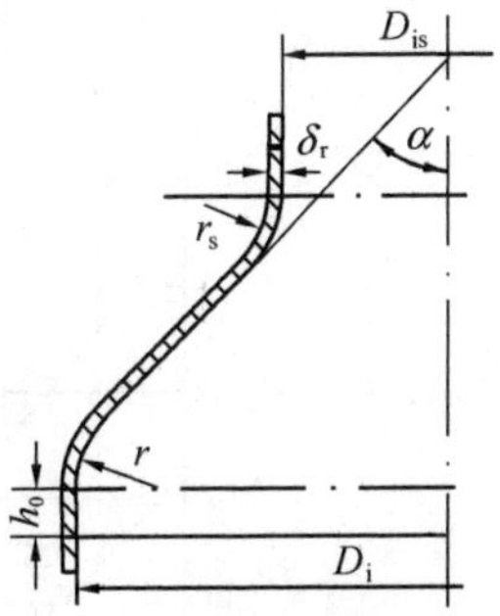

图 4-14　两端带折边的锥形封头

对于上述两种不同的结构型式,有两种不同的计算方法。

1. 受内压无折边锥壳

(1)锥壳大端

对于锥壳大端,当锥壳半顶角 $\alpha \leqslant 30°$ 时,可以采用无折边结构;当 $\alpha > 30°$ 时,应采用带过渡段的折边结构,如图 4-13 所示,否则应按应力分析的方法进行设计。

无折边锥壳大端与圆筒连接时,应按下述方法确定连接处锥壳大端的厚度。

以 $p_c / ([\sigma]_c^t \phi)$ 与半顶角 α 查图 4-15,当其交点位于曲线上方时,不必局部加强,厚度按式(4-31)计算。当其交点位于图 4-15 中曲线下方时,则需要局部加强,且锥壳和圆筒加强段厚度须相同,加强段计算厚度按式(4-32)计算:

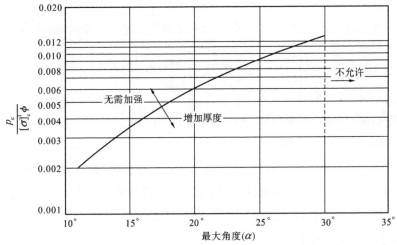

注　曲线系按最大等效应力(主要为轴向弯曲应力)绘制,控制值为 $3[\sigma]_c^t$。

图 4-15　确定锥壳大端与圆筒体连接处的加强图

$$\delta_r = \frac{Q_1 p_c D_{iL}}{2[\sigma]_c^t \phi - p_c} \tag{4-32}$$

式中,Q_1 为系数,其值由图 4-16 查得,中间值用内插法。

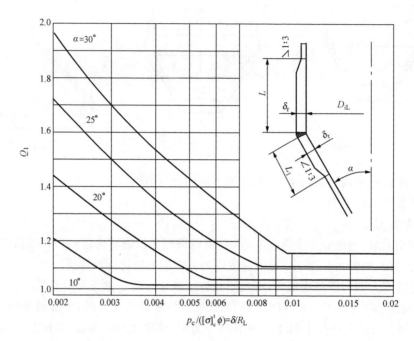

注 曲线系按最大应力强度（主要为轴向弯曲应力）绘制，控制值为 $3[\sigma]_c^t$。

图 4-16 锥壳大端与圆筒体连接处的 Q_1 值图

在任何情况下，加强段的厚度不得小于相连接的锥壳厚度。锥壳加强段的长度 L_1 应不小于 $\sqrt{\dfrac{2D_{iL}\delta_r}{\cos\alpha}}$；圆筒加强段的长度 L 应不小于 $\sqrt{2D_{iL}\delta_r}$，如图 4-16 所示。

（2）锥壳小端

对于锥壳小端，当锥壳半顶角 $\alpha \leqslant 45°$ 时，可以采用无折边结构；当 $\alpha > 45°$ 时，应采用带过渡段的折边结构，如图 4-14 所示。

无折边锥壳小端与圆筒连接时，应按下述方法确定连接处锥壳小端的厚度。

先由 $p_c/([\sigma]_c^t\phi)$ 与半顶角 α 查图 4-17，当其交点位于曲线上方时，不需局部加强，厚度按式（4-31）计算。当其交点位于曲线下方时，则需局部加强，且锥壳和圆筒加强段厚度须相同，加强段计算厚度按下式计算：

$$\delta_r = \frac{Q_2 p_c D_{is}}{2[\sigma]_c^t\phi - p_c} \tag{4-33}$$

式中 D_{is}——锥壳小端内直径，mm；

Q_2——系数。其值由图 4-18 查得，中间值用内插法。

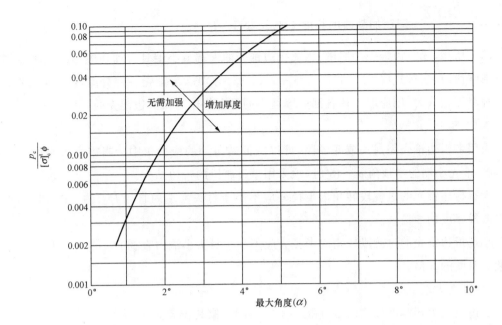

注　曲线系按连接处的等效局部薄膜应力(由平均环向拉应力和平均环向压应力计算所得)绘制,控制值为 $1.1[\sigma]_c^t$。

图 4-17　确定锥壳小端与圆筒体连接处的加强图

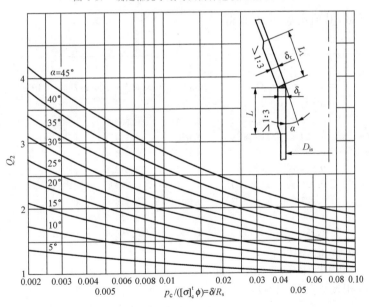

注　曲线系按连接处的等效局部薄膜应力(由平均环向拉应力和平均径向压应力计算所得)绘制,控制值为 $1.1[\sigma]^t$。

图 4-18　锥壳小端与圆筒体连接处的 Q_2 值图

在任何情况下,加强段的厚度不得小于与其相连接的锥壳厚度。锥壳加强段的长度 L_1

应不小于 $\sqrt{\dfrac{D_{is}\delta_r}{\cos\alpha}}$；圆筒加强段的长度 L 应不小于 $\sqrt{D_{is}\delta_r}$。

综上所述,无折边锥壳的厚度:当无折边锥壳的大端或小端具有加强段,或大、小端同时具有加强段时,应按式(4-31)、式(4-32)和式(4-33)分别确定锥壳各部分厚度。如果考虑只由一种厚度组成时,则应取上述各部分厚度中的最大值作为无折边锥壳的厚度。

2. 受内压折边锥壳

采用带折边锥壳做封头或变径段,可以降低转角处的应力集中。当锥壳大端的半顶角 $\alpha>30°$,锥壳小端的半顶角 $\alpha>45°$ 时,须采用带过渡段的折边结构。

大端折边锥壳的过渡段转角内半径 r 应不小于封头大端内直径 D_{iL} 的 10%,且不小于该过渡段厚度的 3 倍。

小端折边锥壳的过渡段转角内半径 r 应不小于封头小端内直径 D_{is} 的 5%,且不小于该过渡段厚度的 3 倍。

(1)锥壳大端

折边锥壳大端厚度按式(4-34)和式(4-35)计算,取其较大值。

①过渡段厚度

$$\delta_r=\frac{Kp_cD_{iL}}{2[\sigma]_c^t\phi-0.5p_c} \tag{4-34}$$

式中 K——系数,其值由表 4-16 查得。

表 4-16 系数 K 值

$\alpha/(°)$	K					
	$r/D_{iL}=0.10$	$r/D_{iL}=0.15$	$r/D_{iL}=0.20$	$r/D_{iL}=0.30$	$r/D_{iL}=0.40$	$r/D_{iL}=0.50$
10	0.664 4	0.611 1	0.578 9	0.540 3	0.516 8	0.500 0
20	0.695 6	0.635 7	0.598 6	0.552 2	0.522 3	0.500 0
30	0.754 4	(0.681 9)	0.635 7	0.574 9	0.532 9	0.500 0
35	0.798 0	0.716 1	0.662 9	0.591 4	0.540 7	0.500 0
40	0.854 7	0.760 4	0.698 1	0.612 7	0.550 6	0.500 0
45	0.925 3	(0.818 1)	0.744 0	0.640 2	0.563 5	0.500 0
50	1.027 0	0.894 4	0.804 5	0.676 5	0.580 4	0.500 0
55	1.160 8	0.998 0	0.885 9	0.724 9	0.602 8	0.500 0
60	1.350 0	1.143 3	1.000 0	0.792 3	0.633 7	0.500 0

注 ①中间值用内插法;
②括号内数值是标准带折边锥形封头的 K 值。

②与过渡段相接处的锥壳厚度

$$\delta_r=\frac{fp_cD_{iL}}{[\sigma]_c^t\phi-0.5p_c} \tag{4-35}$$

式中 f——系数,其值可由表 4-17 查得。

$$f=\frac{1-\dfrac{2r}{D_{iL}}(1-\cos\alpha)}{2\cos\alpha}$$

表 4-17　　　　　　　　　　　　系数 f 值

$\alpha/(°)$	f					
	$r/D_{iL}=0.10$	$r/D_{iL}=0.15$	$r/D_{iL}=0.20$	$r/D_{iL}=0.30$	$r/D_{iL}=0.40$	$r/D_{iL}=0.50$
10	0.506 2	0.505 5	0.504 7	0.503 2	0.501 7	0.500 0
20	0.525 7	0.522 5	0.519 3	0.512 8	0.506 4	0.500 0
30	0.561 9	(0.554 2)	0.546 5	0.531 0	0.515 5	0.500 0
35	0.588 3	0.577 3	0.566 3	0.544 5	0.522 1	0.500 0
40	0.622 2	0.606 9	0.591 6	0.561 1	0.530 5	0.500 0
45	0.665 7	(0.645 0)	0.624 3	0.582 8	0.541 4	0.500 0
50	0.722 3	0.694 5	0.666 8	0.611 0	0.555 6	0.500 0
55	0.797 3	0.760 2	0.723 0	0.648 6	0.574 3	0.500 0
60	0.900 0	0.850 0	0.800 0	0.700 0	0.600 0	0.500 0

注　①中间值用内插法；

②括号内数值是标准带折边锥形封头的 f 值。

将式(4-34)和式(4-35)与内压薄壁圆筒壁厚计算公式(4-5)比较,可以发现,过渡段的厚度较筒体薄,而锥壳厚度较筒体厚。而且锥顶角越大,锥壳的厚度越厚。所以锥顶角不应设计过大,只在常、低压情况下,生产工艺又要求有较大的锥顶角时,才取 $\alpha>45°$。

对于锥形封头来说,锥壳的小端与接口管相连接,这时锥壳小端直径与大端直径之比 D_{is}/D_{iL} 较小,一般情况下,锥壳小端可不加过渡段。

(2)锥壳小端

当锥壳半顶角 $\alpha\leqslant45°$ 时,若采用小端无折边,其小端厚度按式(4-33)计算,如需采用小端有折边,其小端过渡段厚度仍按式(4-33)计算,式中的 Q_2 值由图 4-18 查取。当锥壳半顶角 $\alpha>45°$ 时,小端过渡段厚度仍按式(4-33)计算,但式中 Q_2 值由图 4-19 查取。

与过渡段相连接的锥壳和圆筒的加强段厚度应与过渡段厚度相同。锥壳加强段的长度 L_1 应不小于 $\sqrt{\dfrac{D_{is}\delta_r}{\cos\alpha}}$;圆筒加强段的长度 L 应不小于 $\sqrt{D_{is}\delta_r}$,如图 4-19 所示。

在任何情况下,加强段厚度不得小于与其相连接的锥壳厚度。

综上所述,折边锥壳的厚度:当锥壳大端或大、小端同时具有过渡段时,应按式(4-31)、式(4-33)、式(4-34)和式(4-35)分别确定锥壳各部分厚度。如果考虑只由一种厚度组成时,则应取上述各部分厚度中的最大值作为折边锥壳的厚度。

当锥形封头的锥壳半顶角 $\alpha>60°$ 时,其厚度可按平盖计算,也可以用应力分析方法确定。

锥形封头与圆筒的连接应采用全熔透结构。

标准带折边锥形封头有半顶角为 30° 及 45° 两种。锥壳大端过渡区圆弧半径 $r=0.15D_{is}$。

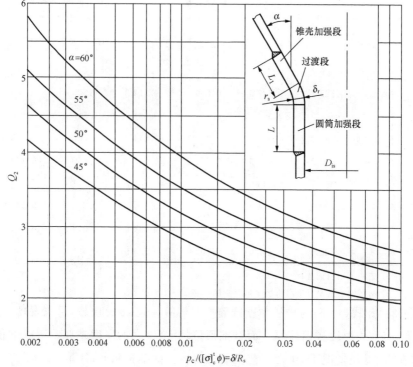

注　曲线系按连接处的等效局部薄膜应力(由平均环向拉应力和平均径向压应力计算所得)绘制,控制值为 $1.1[\sigma]_c^t$。

图 4-19　锥壳小端带过渡段连接的 Q_2 值图

4.3.6　平板封头

平板封头是化工设备常用的一种封头。平板封头的几何形状有圆形、椭圆形、长圆形、矩形和方形等,最常用的是圆形平板封头。根据薄板理论,受均布载荷的平板,壁内产生两向弯曲应力,一是径向弯曲应力 σ_r,一是切向弯曲应力 σ_t,其最大应力可能在板的中心,也可能在板的边缘,这要视压力作用面积的大小和边缘支承情况而定,由受均布载荷圆平板的应力分析可知。

对于周边固定(夹持)受均布载荷的圆平板,其最大应力是径向弯曲应力,产生在圆平板的边缘(图 4-20),其值由下式计算:

$$\sigma_{rmax} = \pm \frac{3}{4} p \left(\frac{R}{\delta}\right)^2 = \pm \frac{3}{16} p \left(\frac{D}{\delta}\right)^2 = \pm 0.188 p \left(\frac{D}{\delta}\right)^2 \tag{4-36}$$

对于周边简支受均布载荷的圆平板,其最大应力产生在圆平板的中心,且此处的径向弯曲应力与切向弯曲应力相等(图 4-21),其值由下式计算:

$$\sigma_{rmax} = \sigma_{tmax}$$

$$= \mp \frac{3(3+\mu)p}{8} \left(\frac{R}{\delta}\right)^2$$

$$\underline{\underline{(当取 \mu=0.3 时)}} \mp 1.24 p \left(\frac{R}{\delta}\right)^2$$

$$= \mp 0.31p \left(\frac{D}{\delta} \right)^2 \tag{4-37}$$

式中　R, D——分别为圆平板的半径和直径,mm;

　　　δ——圆平板的厚度,mm。

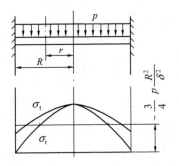
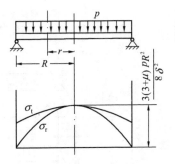

图 4-20　周边固定的圆平板　　　　图 4-21　周边简支的圆平板

由式(4-36)和式(4-37)可知,薄板的最大弯曲应力 σ_{max} 与 $(R/\delta)^2$ 成正比,而薄壳的最大拉(压)应力 σ_{max} 与 R/δ 成正比。因此,在相同 R/δ 和相同压力 p 的情况下,薄板所需的厚度要比薄壳大得多,即在相同操作压力下,平板封头要比凸形封头厚得多。但是,由于平板封头结构简单、制造方便,在压力不高、直径较小的容器中,采用平板封头比较经济简便。对于压力容器的人孔、手孔等在操作时需要用盲板封闭的地方,广泛采用平板盖。此外,在高压容器中,平板封头用得较为普遍。这是因为高压容器的封头很厚,直径又相对较小,凸形封头的制造较为困难。随着制造技术的发展,半球形封头在高压容器中已经开始应用;但到目前为止,平板封头仍然是高压容器应用得最多的一种形式。

根据强度条件 $\sigma_{max} \leqslant [\sigma]$,由式(4-36)和式(4-37)即可得到相应的圆平板封头厚度的计算公式:

$$\delta = D \sqrt{\frac{0.188p}{[\sigma]^t}} \quad [\text{周边固定(夹持)}]$$

$$\delta = D \sqrt{\frac{0.31p}{[\sigma]^t}} \quad (\text{周边简支})$$

以上两种情况的厚度计算公式形式相同,系数不同。由于实际上平板封头的边缘支承情况很难确定,它不属于纯刚性固定也不属于纯简支的情况,往往是介于这两种情况之间,即系数为 0.188~0.31,因此,对于平板封头的设计,在有关化工容器设计规定中,利用一个结构特征系数 K,将平板封头厚度的设计公式归纳为

$$\delta_p = D_c \sqrt{\frac{Kp_c}{[\sigma]^t \phi}} \tag{4-38}$$

式中　δ_p——平板封头的计算厚度,mm;

　　　D_c——计算直径(见表 4-18 中简图),mm;

　　　p_c——计算压力,MPa;

　　　ϕ——焊接接头系数;

　　　K——结构特征系数(见表 4-18);

$[\sigma]^t$——材料在设计温度下的许用应力,MPa。(计算预紧状态时,$[\sigma]^t$ 为常温的许用应力)

对于表 4-18 中所示的平板封头,其厚度按式(4-38)计算;对于表 4-18 中序号 9、10 所示平板封头,应取其操作状态及预紧状态的 K 值代入式(4-38)分别计算,取较大值。

表 4-18(a)　　　　　　　　　平板封头结构特征系数 K 选择表

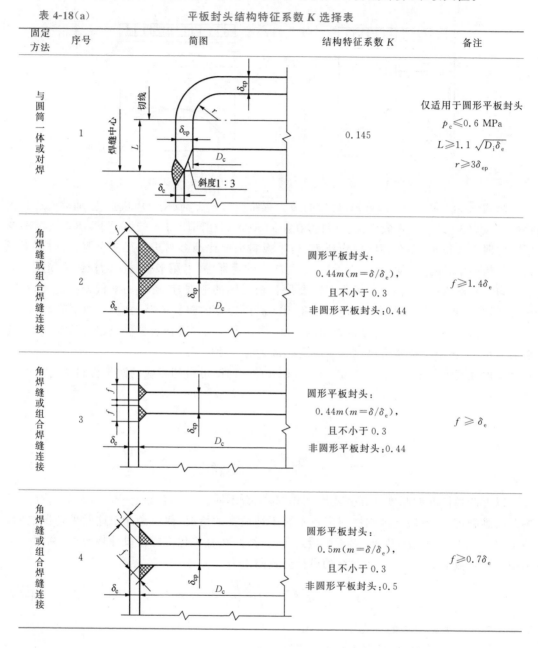

固定方法	序号	简图	结构特征系数 K	备注
与圆筒一体或对焊	1		0.145	仅适用于圆形平板封头 $p_c \leqslant 0.6$ MPa $L \geqslant 1.1\sqrt{D_i \delta_e}$ $r \geqslant 3\delta_{ep}$
角焊缝或组合焊缝连接	2		圆形平板封头: $0.44m(m=\delta/\delta_e)$,且不小于 0.3 非圆形平板封头:0.44	$f \geqslant 1.4\delta_e$
角焊缝或组合焊缝连接	3		圆形平板封头: $0.44m(m=\delta/\delta_e)$,且不小于 0.3 非圆形平板封头:0.44	$f \geqslant \delta_e$
角焊缝或组合焊缝连接	4		圆形平板封头: $0.5m(m=\delta/\delta_e)$,且不小于 0.3 非圆形平板封头:0.5	$f \geqslant 0.7\delta_e$

（续表）

固定方法	序号	简图	结构特征系数 K	备注
角焊缝或组合焊缝连接	5	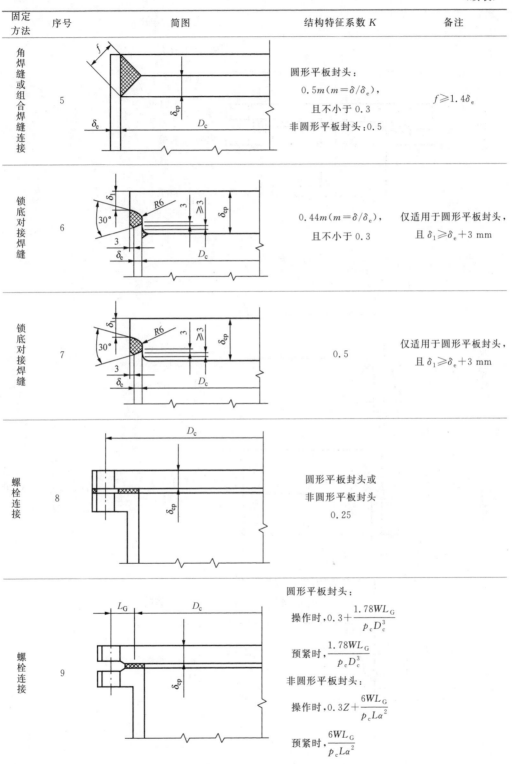	圆形平板封头： $0.5m\ (m=\delta/\delta_e)$， 且不小于 0.3 非圆形平板封头：0.5	$f\geqslant 1.4\delta_e$
锁底对接焊缝	6		$0.44m\ (m=\delta/\delta_e)$， 且不小于 0.3	仅适用于圆形平板封头， 且 $\delta_1\geqslant\delta_e+3$ mm
锁底对接焊缝	7		0.5	仅适用于圆形平板封头， 且 $\delta_1\geqslant\delta_e+3$ mm
螺栓连接	8		圆形平板封头或 非圆形平板封头 0.25	
螺栓连接	9		圆形平板封头： 操作时，$0.3+\dfrac{1.78WL_G}{p_cD_c^3}$ 预紧时，$\dfrac{1.78WL_G}{p_cD_c^3}$ 非圆形平板封头： 操作时，$0.3Z+\dfrac{6WL_G}{p_cLa^2}$ 预紧时，$\dfrac{6WL_G}{p_cLa^2}$	

（续表）

固定方法	序号	简图	结构特征系数 K	备注
螺栓连接	10	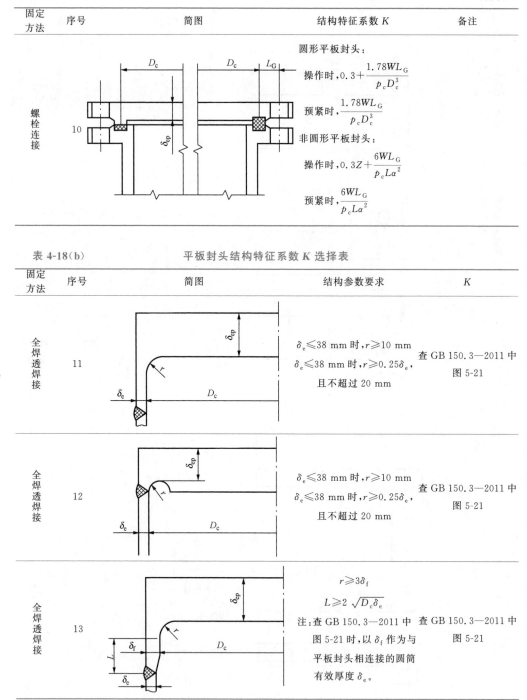	圆形平板封头： 操作时，$0.3+\dfrac{1.78WL_G}{p_cD_c^3}$ 预紧时，$\dfrac{1.78WL_G}{p_cD_c^3}$ 非圆形平板封头： 操作时，$0.3Z+\dfrac{6WL_G}{p_cLa^2}$ 预紧时，$\dfrac{6WL_G}{p_cLa^2}$	

表 4-18（b）　　　　　平板封头结构特征系数 K 选择表

固定方法	序号	简图	结构参数要求	K
全焊透焊接	11		$\delta_e \leqslant 38$ mm 时，$r \geqslant 10$ mm $\delta_e \leqslant 38$ mm 时，$r \geqslant 0.25\delta_e$，且不超过 20 mm	查 GB 150.3—2011 中图 5-21
全焊透焊接	12		$\delta_e \leqslant 38$ mm 时，$r \geqslant 10$ mm $\delta_e \leqslant 38$ mm 时，$r \geqslant 0.25\delta_e$，且不超过 20 mm	查 GB 150.3—2011 中图 5-21
全焊透焊接	13		$r \geqslant 3\delta_f$ $L \geqslant 2\sqrt{D_c\delta_e}$ 注：查 GB 150.3—2011 中图 5-21 时，以 δ_f 作为与平板封头相连接的圆筒有效厚度 δ_e。	查 GB 150.3—2011 中图 5-21

（续表）

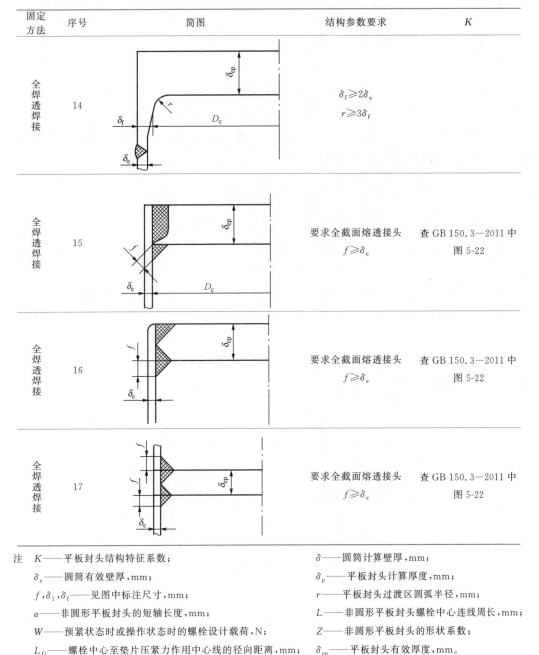

固定方法	序号	简图	结构参数要求	K
全焊透焊接	14		$\delta_f \geqslant 2\delta_e$ $r \geqslant 3\delta_f$	
全焊透焊接	15		要求全截面熔透接头 $f \geqslant \delta_e$	查 GB 150.3—2011 中图 5-22
全焊透焊接	16		要求全截面熔透接头 $f \geqslant \delta_e$	查 GB 150.3—2011 中图 5-22
全焊透焊接	17		要求全截面熔透接头 $f \geqslant \delta_e$	查 GB 150.3—2011 中图 5-22

注　K——平板封头结构特征系数；

　　δ_e——圆筒有效壁厚，mm；

　　f,δ_1,δ_f——见图中标注尺寸，mm；

　　a——非圆形平板封头的短轴长度，mm；

　　W——预紧状态时或操作状态时的螺栓设计载荷，N；

　　L_G——螺栓中心至垫片压紧力作用中心线的径向距离，mm；

　　δ——圆筒计算壁厚，mm；

　　δ_p——平板封头计算厚度，mm；

　　r——平板封头过渡区圆弧半径，mm；

　　L——非圆形平板封头螺栓中心连线周长，mm；

　　Z——非圆形平板封头的形状系数；

　　δ_{ep}——平板封头有效厚度，mm。

4.3.7　例　题

【例 4-4】　试确定例 4-1 所给的精馏塔封头型式与尺寸。该塔内径 $D_i = 600$ mm，名义厚度 $\delta_n = 6$ mm，材质为 Q345R，计算压力 $p_c = 2.2$ MPa，工作温度为 $-3 \sim -20$ ℃。

解 从工艺操作要求来看,封头形状无特殊要求,现按凸形封头和平板封头均作一计算,以便比较。

(1)若采用半球形封头,其厚度按式(4-12)计算。

$$\delta = \frac{p_c D_i}{4[\sigma]^t \phi - p_c}$$

其中 $p_c = 2.2$ MPa, $D_i = 600$ mm, $[\sigma]^t = 189$ MPa

取 $C_2 = 1.0$ mm, $\phi = 0.8$(表 4-8,该封头虽可整体冲压,但考虑封头与筒体连接经线曲率半径有突变的环焊缝处,故应计入这一环焊缝的焊接接头系数),于是

$$\delta = \frac{2.2 \times 600}{4 \times 189 \times 0.8 - 2.2} = 2.19 \text{(mm)}$$

$$\delta_d = \delta + C_2 = 2.19 + 1.0 = 3.19 \text{(mm)}$$

根据 $\delta_d = 3.19$ mm,由表 4-9 查得 $C_1 = 0.3$ mm,则

$$\delta_d + C_1 = 3.19 + 0.3 = 3.49 \text{(mm)}$$

圆整后采用 $\delta_n = 4$ mm 厚的钢板。故该半球形封头可用 4 mm 厚的 Q345R 钢板制作。

(2)若采用标准椭圆形封头,其厚度按式(4-24)计算。

$$\delta = \frac{p_c D_i}{2[\sigma]^t \phi - 0.5 p_c}$$

式中,$\phi = 1.0$(整板冲压);其他参数同前。

于是

$$\delta = \frac{2.2 \times 600}{2 \times 189 \times 1.0 - 0.5 \times 2.2} = 3.50 \text{(mm)}$$

$$\delta_d = \delta + C_2 = 3.50 + 1.0 = 4.50 \text{(mm)}$$

根据 $\delta_d = 4.50$ mm,由表 4-9 查得 $C_1 = 0.3$ mm,则

$$\delta_d + C_1 = 4.50 + 0.3 = 4.80 \text{(mm)}$$

圆整后采用 $\delta_n = 5$ mm 厚的钢板。故该椭圆形封头可用 5 mm 厚的 Q345R 钢板制作。

(3)若采用标准碟形封头,其厚度按式(4-28)计算。

$$\delta = \frac{1.2 p_c D_i}{2[\sigma]^t \phi - 0.5 p_c} = \frac{1.2 \times 2.2 \times 600}{2 \times 189 \times 1.0 - 0.5 \times 2.2} = 4.20 \text{(mm)}$$

$$\delta_d = \delta + C_2 = 4.20 + 1.0 = 5.20 \text{(mm)}$$

取 $C_1 = 0.3$ mm,则

$$\delta_d + C_1 = 5.20 + 0.3 = 5.50 \text{(mm)}$$

圆整后采用 $\delta_n = 6$ mm 厚的钢板。故该碟形封头可用 6 mm 厚的 Q345R 钢板制作。

(4)若采用平板封头,其厚度按式(4-38)计算。

$$\delta_p = D_c \sqrt{\frac{K p_c}{[\sigma]^t \phi}}$$

式中，$D_c = 600$ mm；K 取 0.468，ϕ 取 1.0。

于是

$$\delta_p = 600 \times \sqrt{\frac{0.468 \times 2.2}{189 \times 1.0}} = 44.28 \ (mm)$$

$$\delta_{dp} = \delta_p + C_2 = 44.28 + 1.0 = 45.28 \ (mm)$$

取 $C_1 = 0.3$ mm，最后采用 $\delta_{np} = 46$ mm 厚的钢板。

采用平板封头时，在连接处附近，筒壁上亦存在较大的边缘应力，而且平板封头受内压时处于受弯曲应力的不利状态，且采用平板封头厚度太大，故本例题中不宜采用平板封头。

根据上述计算，可将各种型式的封头计算结果列于表 4-19 中。

表 4-19　　　　　　　　例 4-4 各种型式封头计算结果比较

封头型式	厚度/mm	深度（包括直边）/mm	理论面积/m²	质量/kg	制造难易程度
半球形	4	300	0.565	17.8	较难
椭圆形	5	175	0.466	21	较易
碟形	6	161	0.410	19.3	较易
平板形	46	—	0.283	103.8	易

由表 4-19 可见，本精馏塔以采用椭圆形封头为宜。

4.3.8　封头的选择

各种型式封头的厚度计算公式、标准型式的参数、适用范围、表面积、容积等的比较列于表 4-20 中。封头型式的选用主要根据设计对象的要求。对于技术经济分析和各种封头的优缺点作以下几点说明。

(1) 几何方面

由表 4-20 可见，就单位容积的表面积来说，以半球形封头为最小。

椭圆形和碟形封头的容积和表面积基本相同，可以认为近似相等。

锥壳的容积和表面积取决于锥顶角（2α）的大小，显然 $2\alpha = 0°$ 时即为圆筒体。与具有同样直径和高度的圆筒体相比较，锥形封头的容积为圆筒体的 1/3，单位容积的表面积比圆筒体大 50% 以上。

(2) 力学方面

在直径、厚度和计算压力相同的条件下，半球形封头的应力最小，二向薄膜应力相等，而且沿经线的分布是均匀的。如果与壁厚相同的圆筒体连接，边缘附近的最大应力与薄膜应力并无明显不同。

椭圆形封头的应力情况就不如半球形封头均匀，但比碟形封头要好些。由应力分析可知，椭圆形封头沿经线各点的应力是变化的，顶点处应力最大，在赤道上可能出现环向压应力。标准椭圆形封头 $\left(\dfrac{D_i}{2h_i} = 2\right)$ 与壁厚相等的圆筒体相连接时，可以达到与圆筒体等强度。

碟形封头在力学上的最大缺点在于其具有较小的折边半径 r。这一折边的存在使得经线不连续，以致使该处产生较大的弯曲应力和环向应力。r/R 越小，则折边区的这些应力就越大，因而有可能发生环向裂纹，亦可能出现环向褶皱。根据对碟形封头的调查分析发现，不少这类封头在折边区内表面都能观察到环向裂纹，而且发生的事故中有 5% 是从折边区破裂的。因此，在设计计算中就不得不考虑应力增强系数，使整个封头增厚，而其结果将比筒体的厚度增大 40% 以上。故小折边的碟形封头实际上并不适用于压力容器。

在化工容器中采用锥形封头的目的，并非因为其在力学上有很大优点，而是锥壳有利于流体均匀分布和排料。锥形封头就力学特点来说，锥顶部分强度很高，故在锥顶尖开孔一般不需要补强。

(3)制造及材料消耗方面

各种封头一般是由冲压、旋压、滚卷和爆炸成型。半球形封头通常采用冲压、爆炸成型，大型半球形封头亦可先冲压成球瓣，然后组对拼焊而成。椭圆形封头通常用冲压和旋压方法制造。

碟形封头通常敲打、冲压或爆炸成型，大型的也有用专门的滚卷机滚制的。锥形封头多数都是滚制成型的，折边部分可以滚压或敲打成型。

从制造工艺分析，封头越深，直径和厚度越大，则封头制造越困难，尤其是当选用强度级别较高的钢材时更是如此。整体冲压半球形封头不如椭圆形封头好制造。椭圆形封头必须有几何形状正确的椭球面模具，人工敲打很难成形。碟形封头制造灵活性较大，既可以机械化冲压或爆炸成型，也可以土法制造。锥形封头的锥顶尖部分很难卷制。当锥顶角很小时，为了避免制造上的困难或减小锥体高度，有时可以采用组合式封头，如图 4-22 所示。

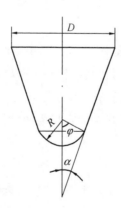

图 4-22 锥形组合式封头

各种封头的材料消耗可以参照表 4-19 与表 4-20 进行比较。

表 4-20（a）　　　　　　　　　　各种型式封头的比较

封头型式	半球形	椭圆形	碟形	球冠形
简图				
计算厚度公式	$\delta = \dfrac{p_c D_i}{4[\sigma]^t \phi - p_c}$	$\delta_h = \dfrac{K p_c D_i}{2[\sigma]^t \phi - 0.5 p_c}$ $K = \dfrac{1}{6}\left[2 + \left(\dfrac{D_i}{2h_i}\right)^2\right]$	$\delta_h = \dfrac{M p_c R_i}{2[\sigma]^t \phi - 0.5 p_c}$ $M = \dfrac{1}{4}\left(3 + \sqrt{\dfrac{R_i}{r}}\right)$	$\delta = \dfrac{Q p_c D_i}{2[\sigma]^t \phi - p_c}$
标准型式参数	$R_i = \dfrac{D_i}{2}$	$\dfrac{a}{b} = \dfrac{D_i}{2h_i} = 2$ （$K=1$）	$R_i = 0.9 D_i, r = 0.17 D_i$ $M = 1.325$ $\delta = \dfrac{1.2 p_c D_i}{2[\sigma]^t \phi - 0.5 p_c}$	$R_i = D_i$ $h_i = 0.15 D_i$ （Q—查图）
适用范围及有关要求	$p_c \leqslant 0.6[\sigma]^t \phi$ 即 $K = D_o/D_i = 1.5$	$K \leqslant 1$ 时,椭圆形封头的有效厚度 δ_e 不小于 $0.15\% D_i$；$K > 1$ 时,δ_e 不小于 $0.30\% D_i$。规定封头直径与深度之比 $\dfrac{D_i}{2h_i} \leqslant 2.6$	控制封头的球面曲率半径 $R_i \leqslant D_i$,r 不小于 $10\% D_i$,且不小于 $3\delta_n$；$M \leqslant 1.34$ 时,封头有效厚度 δ_e 不小于 $0.15\% D_i$；$M > 1.34$ 时,δ_e 不小于 $0.30\% D_i$	控制封头的球面内半径为圆筒内直径的 $0.7 \sim 1.0$ 倍
内表面积	$0.5\pi D_i^2$	$0.35\pi D_i^2$	$0.34\pi D_i^2$	$0.27\pi D_i^2$
容积	$\dfrac{2}{3}\pi R_i^3 = \dfrac{\pi}{12} D_i^3$	$\dfrac{2}{3} \cdot \dfrac{\pi}{4} D_i^2 h_i = \dfrac{\pi}{24} D_i^3$	$\dfrac{\pi}{26} D_i^3$	$\dfrac{\pi}{58} D_i^3$
相同材料、t、D_i、δ 时承载能力	最大	次之	再次之	更次之
相同材料、t、p、D_i 时的厚度	最小	次之	再次之	更次之
相同条件（与上同）时金属消耗量	最少	次之	再次之	少
制造难易程度	较难	较易	较易	易

表 4-20（b）　　　　　　　　　　　　各种型式封头的比较

无折边锥形		折边锥形（大端）		平盖
不需加强	需加强	过渡区	相接处锥体	
大端： $\delta_c = \dfrac{p_c D_c}{2[\sigma]^t\phi - p_c}\cdot\dfrac{1}{\cos\alpha}$ 小端： $\delta_c = \dfrac{p_c D_{is}}{2[\sigma]^t\phi - p_c}\cdot\dfrac{1}{\cos\alpha}$	大端： $\delta_r = \dfrac{Q p_c D_i}{2[\sigma]^t\phi - p_c}$ 小端： $\delta_r = \dfrac{Q p_c D_{is}}{2[\sigma]^t\phi - p_c}$	$\delta_r = \dfrac{K p_c D_{iL}}{2[\sigma]_c^t\phi - 0.5 p_c}$	$\delta_r = \dfrac{f p_c D_{iL}}{[\sigma]_c^t\phi - 0.5 p_c}$	$\delta = D_c\sqrt{\dfrac{K p_c}{[\sigma]^t\phi}}$
$\alpha = 30°$	$\alpha = 30°$ （Q—查图）	$r = 0.15 D_i$ $\alpha=30°$　$K=0.681\ 9$　／　$\alpha=45°$　$K=0.818\ 1$	$\alpha=30°$　$f=0.554\ 2$　／　$\alpha=45°$　$f=0.645\ 0$	K—由结构决定 （查表）
只适用于锥壳半顶角 $\alpha\leqslant30°$；当大端带折边时，其小端 $\alpha\leqslant45°$时，可采用无折边结构	大端： 只适用于 $\alpha\leqslant30°$ 小端： 只适用于 $\alpha\leqslant45°$	对大端 $\alpha>30°$应采用带折边结构； 对小端 $\alpha>45°$应采用带折边结构； 当锥壳半顶角 $\alpha>60°$时，其厚度可按平盖计算		压力容器人孔、手孔等需要用盲板封闭的地方；广泛应用于高压容器端盖
$\dfrac{\pi}{4}D_i^2\dfrac{1}{\cos\alpha}$		$\dfrac{\pi}{4}D_i^2\left[\dfrac{(0.7+0.3\cos\alpha)^2}{\sin\alpha}+0.64\right]$		$\dfrac{\pi}{4}D_i^2$
$\dfrac{\pi D_i^3}{24}\dfrac{1}{\tan\alpha}$		$\dfrac{\pi D_i^3}{24}\left[\dfrac{(0.7+0.3\cos\alpha)^2}{\tan\alpha}+0.72\right]$		
差	较未加强者好	较无折边者好		最差
与碟形封头接近，且δ随α增大而增大				最厚
				最多
易	较复杂	较复杂		最易

习　题

一、名词解释

1. 弹性失效设计准则　　2. 强度条件　　3. 工作压力　　4. 设计压力　　5. 设计温度
6. 计算压力　　　　　　7. 安全系数　　8. 厚度附加量　9. 腐蚀裕量　10. 许用应力
11. 焊接接头系数　　　12. 计算厚度　　13. 名义厚度　14. 有效厚度　15. 最小厚度

二、填空

A 组

1. 有一容器,其最高气体工作压力为 1.6 MPa,无液体静压作用,工作温度≤150 ℃,且装有安全阀,试确定该容器的设计压力 $p=$（　　）MPa,计算压力 $p_c=$（　　）MPa,水压试验压力 $p_T=$（　　）MPa。

2. 有一带夹套的反应釜,釜内为真空,夹套内的工作压力为 0.5 MPa,工作温度＜200 ℃,试确定:
(1) 釜体的计算压力(外压) $p_c=$（　　）MPa,釜体的水压试验压力 $p_T=$（　　）MPa。
(2) 夹套的计算压力(内压) $p_c=$（　　）MPa,夹套的水压试验压力 $p_T=$（　　）MPa。

3. 有一立式容器,下部盛装有 10 m 深,密度为 $\rho=1\,200$ kg/m^3 的液体介质,上部气体压力最高达 0.5 MPa,工作温度≤100 ℃,试确定该容器的设计压力 $p=$（　　）MPa,计算压力 $p_c=$（　　）MPa,水压试验压力 $p_T=$（　　）MPa。

4. 标准碟形封头的球面部分内径 $R_i=$（　　）D_i,过渡圆弧部分的内半径 $r=$（　　）D_i。

5. 承受均匀压力的圆平板,若周边固定,则最大应力是（　　）弯曲应力,且最大应力在圆平板的（　　）处;若周边简支,最大应力是（　　）和（　　）弯曲应力,且最大应力在圆平板的（　　）处。

6. 凹面受压的椭圆形封头,其有效厚度 δ_e 不论理论计算值怎样小,当 $K\leqslant1$ 时,δ_e 应不小于封头内直径的（　　）%;当 $K>1$ 时,δ_e 应不小于封头内直径的（　　）%。

7. 对于碳钢和低合金钢制的容器,考虑其刚性需要,其最小厚度 $\delta_{min}=$（　　）mm;对于高合金钢制容器,其最小厚度 $\delta_{min}=$（　　）mm。

8. 对碳钢、Q345R 和 Q370R 钢板制容器,液压试验时,液体温度不得低于（　　）℃,其他低合金钢制容器(不包括低温容器),液压试验时,液体温度不得低于（　　）℃。

B 组

1. 有一容器,其最高气体工作压力为 2 MPa,无液体静压,工作温度为 300 ℃,且装有爆破片(已知爆破片的设计爆破压力为 2.585 MPa,爆破片的制造范围上限为 0.16 MPa),试确定该容器的设计压力 $p=$（　　）MPa,计算压力 $p_c=$（　　）MPa,水压试验压力 $p_T=$（　　）MPa。

2. 有一盛装液化气体的容器,其最高使用温度为 50 ℃,已知该液化气在 50 ℃时的饱和蒸气压(绝压)为 2.07 MPa,试确定该容器的计算压力 $p_c=$（　　）MPa,水压试验压力 $p_T=$（　　）MPa。

3. 标准椭圆形封头的长短半轴之比 $a/b=$（　　）,此时的 $K=$（　　）。

4. 凹面受压的碟形封头,其有效厚度 δ_e 不论理论计算值怎样小,当 $M\leqslant1.34$ 时,δ_e 应不小于封头内直径的（　　）%;当 $M>1.34$ 时,δ_e 应不小于封头内直径的（　　）%。

5. 设计温度虽不直接反映在强度计算公式中,但它是设计中（　　）和确定（　　）时的一个不可缺少的参数。

6. 凹面受压的碟形封头,其球面部分的内半径应（　　）封头的内直径,其过渡区内半径应不小于封头内直径的（　　）%,且应不小于封头厚度的（　　）倍。

7. 椭圆形封头,长短半轴之比 a/b 依次为（　　）、（　　）、（　　）时,其赤道圆上的环向应力 $\sigma_\theta>0$,$\sigma_\theta=0$,$\sigma_\theta<0$。

8. 中、低压容器用钢材现行的安全系数,对于碳素钢和低合金钢,$n_b \geq$(   ),$n_s \geq$(   ),$n_D \geq$(   ),$n_n \geq$(   );对高合金钢,$n_b \geq$(   ),$n_s \geq$(   ),$n_D \geq$(   ),$n_n \geq$(   )。

三、判断题

1. 厚度为 60 mm 和 6 mm 的 Q345R 热轧钢板,其屈服强度不同,且 60 mm 厚钢板的 R_{eL} 大于 6 mm 厚钢板的 R_{eL}。   (   )

2. 依据弹性失效理论,容器上一处的最大应力达到材料在设计温度下的屈服强度 R'_{eL} 时,即宣告该容器已经"失效"。   (   )

3. 安全系数是一个不断发展变化的数据,按照科学技术发展的总趋势,安全系将逐渐变小。 (   )

4. 当焊接接头结构型式一定时,焊接接头系数随着检测比例的增加而减小。   (   )

5. 由于材料的强度指标 R_m 和 R_{eL} 是通过对试件做单向拉伸试验而测得的,对于二向应力状态或三向应力状态,在建立强度条件时,必须借助于强度理论将其转换成相当于单向拉伸应力状态的相当应力。
                                                                                  (   )

四、工程应用题

A 组

1. 有一 $DN2\ 000$ mm 的内压薄壁圆筒,壁厚 $\delta_n = 22$ mm,承受的最大气体工作压力 $p_w = 2$ MPa,容器上装有安全阀,焊接接头系数 $\phi = 0.85$,厚度附加量 $C = 2$ mm,试求筒体的最大工作应力。

2. 某球形内压薄壁容器,内径 $D_i = 10$ m,厚度 $\delta_n = 22$ mm,若令焊接接头系数 $\phi = 1.0$,厚度附加量 $C = 2$ mm,试计算该球形容器的最大允许工作压力。已知钢材的许用应力 $[\sigma]^t = 147$ MPa。

3. 某化工厂反应釜,内径为 1 600 mm,工作温度为 5~105 ℃,工作压力为 1.6 MPa,釜体材料选用 S31608,采用双面焊对接接头,局部无损检测,凸形封头上装有安全阀,试设计釜体厚度。

4. 有一圆筒形乙烯罐,内径 $D_i = 1$ 600 mm,厚度 $\delta_n = 16$ mm,计算压力 $p_c = 2.5$ MPa,工作温度为 -3.5 ℃,材质为 Q345R,采用双面焊对接接头,局部无损检测,厚度附加量 $C = 3$ mm,试校核贮罐强度。

5. 某化肥厂二段转化炉,炉内温度为 1 200 ℃,衬砌耐热、隔热材料后,承压钢制壳体的壁温为 100 ℃。已知炉体内径 $D_i = 3\ 800$ mm,计算压力 $p_c = 3.5$ MPa,材质为 Q345R,炉体采用双面焊对接接头,100 % 无损检测,厚度附加量取 $C = 3$ mm,试设计该转化炉体厚度。

6. 今欲设计一台高温变换炉,炉内最高温为 550 ℃,炉内加衬保温砖及耐火砖后,最高壁温为 450 ℃,工作压力为 1.8 MPa,炉体内径为 3 000 mm,采用双面焊对接接头,100 % 无损检测,试用 Q245R 和 15CrMoR 两种材料分别设计炉体厚度,并作分析比较。

7. 今欲设计一台内径为 1 200 mm 的圆筒形容器。工作温度为 10 ℃,最高工作压力为 1.6 MPa,筒体采用双面焊对接接头,局部无损检测,采用标准椭圆形封头,并用整板冲压成型,容器装有安全阀,材质 Q245R,$R_m = 400$ MPa,$R_{eL} = 235$ MPa,容器为单面腐蚀,腐蚀速度为 0.2 mm/a,设计使用年限为 15 a,试设计该容器筒体及封头厚度。

8. 某工厂脱水塔塔体内径 $D_i = 700$ mm,厚度 $\delta_n = 12$ mm,工作温度为 180 ℃,最高工作压力为 2 MPa,材质为 Q245R,200 ℃时其 $[\sigma]^t = 131$ MPa,塔体采用带垫板的单面焊对接接头,局部无损检测,厚度附加量 $C = 2$ mm,试校核塔体工作应力与水压试验强度。

9. 设计容器筒体和封头厚度。已知内径 $D_i = 1$ 400 mm,计算压力 $p_c = 1.8$ MPa,设计温度为 40 ℃;材质为 Q370R,介质无大腐蚀性;双面焊对接接头,100 % 无损检测;封头按半球形、标准椭圆形和标准碟形三种型式算出其所需厚度,最后根据各有关因素进行分析,确定一最佳方案。

10. 试设计一中间试验设备——轻油裂解气废热锅炉汽包筒体及标准椭圆形封头的厚度,并画出封头草图,注明尺寸。已知设计条件为:计算压力 $p_c = 12$ MPa,设计温度为 350 ℃,汽包内径 $D_i = 1$ 000 mm,材质为 15CrMoR,筒体采用双面焊对接接头,100% 无损检测。

B 组

1. 有一承受内压的圆筒形容器，$D_i = 2\,000$ mm，最高工作压力 $p_w = 2$ MPa，工作温度≤200 ℃，壁厚 δ_n = 16 mm，材质为 Q370R，焊接接头系数 $\phi = 0.85$，厚度附加量 $C = 1.8$ mm。试验算容器的强度够不够。

如果已知的 Q370R 钢板 200 ℃时的许用应力 $[\sigma]^t = 196$ MPa，试求该容器的最大允许工作压力。

2. 今有材质为 20(GB9948)的无缝钢管。尺寸规格为 $\phi57 \times 3.5$ 和 $\phi108 \times 4$，在不考虑腐蚀及负偏差的前提下，求在室温和 400 ℃时各能耐多大压力？

3. 今欲设计一台不锈钢(S30808)制内压圆筒形容器。最高工作压力 $p_w = 1.6$ MPa，容器装爆破片防爆(已知爆破片的爆破压力 $p_b = 2.36$ MPa，爆破片的制造范围上限为 0.16 MPa)，工作温度为 150 ℃，容器直径 $D_i = 1\,200$ mm，采用双面焊对接接头，作局部检测，试设计容器筒体壁厚。

4. 有一长期不用的反应釜，经实测内径为 1 200 mm，最小厚度为 10 mm，材质为 Q245R，纵向焊缝为双面焊对接接头，是否曾作检测不清楚，今欲利用该釜承受 0.6 MPa 的内压力，工作温度为 200 ℃，介质无腐蚀性，但需装设安全阀，试判断该釜能否在此条件下使用。

5. 今欲设计一台化肥厂用甲烷反应器，直径 $D_i = 3\,200$ mm，计算压力 $p_c = 2.6$ MPa，设计温度为 255 ℃，材质为 Q345R，采用双面焊对接接头，100%无损检测，腐蚀裕量取 $C_2 = 1.5$ mm，试设计该反应器厚度。

6. 有一台高压锅炉汽包，直径 $D_i = 2\,200$ mm，工作压力为 10.5 MPa，设计温度为 330 ℃，汽包上装有安全阀，全部焊缝采用双面焊对接接头，100%无损检测，腐蚀裕量取 $C_2 = 3$ mm，试分别采用 Q345R 和 18MnMoNbR 两种材料设计汽包厚度，并作分析比较。

7. 设计一台液氨贮罐的筒体与标准椭圆形封头的厚度。已知筒体内径 $D_i = 2\,400$ mm，封头用两块钢板拼焊后冲压成型。贮罐设计温度为 50 ℃，贮罐须装安全阀，设计压力规定为 2.16 MPa，材质为 Q345R，全部焊缝采用双面焊对接接头，100%无损检测，腐蚀裕量取 $C_2 = 2$ mm。

8. 某厂乙炔气瓶蒸压釜 $D_i = 1\,500$ mm，厚度 $\delta_n = 14$ mm，最高工作温度≤200 ℃，计算压力为 1.3 MPa，材质为 Q245R，釜体采用双面焊对接接头，100%无损检测，腐蚀裕量取 $C_2 = 4$ mm，试校核釜体工作应力与水压试验强度。

9. 某有机化工厂的转位釜，釜体内径 $D_i = 800$ mm，工作温度为 400 ℃，计算压力为 1.2 MPa，材质为 Q370R，介质无大腐蚀性，釜体焊接接头系数取 $\phi = 0.9$，试设计釜体厚度，并按标准椭圆形和标准碟形封头分别设计封头厚度。

10. 试设计一反应釜锥壳的厚度。该釜内径 $D_i = 800$ mm，锥底接一 DN150(外径为 $\phi159$ mm)的接管，锥底半顶角为 30°，釜的计算压力为 1.6 MPa，工作温度为 40 ℃，介质无大腐蚀性，材质为 Q345R，取焊接接头系数 $\phi = 0.85$。

第5章

外压圆筒与封头的设计

5.1 概 述

5.1.1 外压容器的失稳

在化工生产中,除了承受内压的容器外,还有很多承受外压的容器,例如,真空贮罐、减压蒸馏塔、蒸发器及蒸馏塔所用的真空冷凝器、真空结晶器。对于带有夹套加热或冷却的反应器,当夹套中介质的压力高于容器内介质的压力时,也构成一外压容器。因此,壳体外部压力大于壳体内部压力的容器均称为外压容器。

容器受到外压作用后,在筒壁内将产生经向压缩应力和环向压缩应力,其值与内压圆筒的一样,也是 $\sigma_m = pD/(4\delta)$,$\sigma_\theta = pD/(2\delta)$。如果这种压缩应力达到材料的屈服强度或抗压强度,将和内压圆筒一样,引起筒体强度破坏,然而这种现象极为少见。实践证明,经常是外压圆筒筒壁内的压缩应力的数值还远远低于材料的屈服强度时,筒壁就已经被突然压瘪或发生褶皱,即在一瞬间失去自身原来的形状。这种在外压作用下,突然发生的筒体失去原形,即突然失去原来的稳定性的现象称为弹性失稳。因此,保证壳体的稳定性是外压容器能够正常操作的必要条件。

外压圆筒在失稳以前,筒壁内只有压缩应力。在失稳时,伴随着突然的变形,在筒壁内产生以弯曲应力为主的复杂的附加应力,而且这种变形和附加应力一直迅速发展到筒体被压瘪或发生褶皱为止。所以,外压容器的失稳,实际上是容器从一种平衡状态跃变到另一种新的平衡状态。

5.1.2 容器失稳形式的分类

1. 侧向失稳

容器由于受均匀侧向外压引起的失稳叫作侧向失稳。侧向失稳时壳体断面由原来的圆形被压瘪而呈现波形,其波形数可以是 2、3、4、…,如图 5-1 所示。

概述

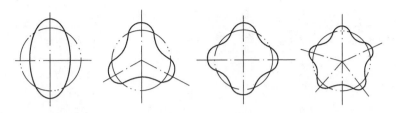

图 5-1　外压圆筒侧向失稳后的形状

2. 轴向失稳

如果一个薄壁圆筒承受轴向外压,当载荷达到某一数值时,圆筒也能失去稳定性。在失去稳定性时,它仍然具有圆形的环截面,却破坏了母线的直线性,母线产生了波形,即圆筒发生了褶皱,如图 5-2 所示。

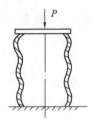

图 5-2　薄壁圆筒的轴向失稳

3. 局部失稳

失稳现象除上述的侧向失稳和轴向失稳两种整体失稳之外,还有局部失稳,如容器在支座或其他支承处以及在安装运输中由于过大的局部外压引起的局部失稳。

本章主要讨论受均匀侧向外压的圆筒、管子以及封头的设计。

5.2　临界压力

5.2.1　概　念

一个承受外压的容器,在外压达到某一临界值之前,筒壁上的任一微体均在压应力的作用下处于一种稳定的平衡状态。这时增加外压并不引起筒壁应力状态的改变。此时壳体亦能发生变形,不过压力卸除后壳体立即恢复其原来的形状。但是一旦当外压增大到某一临界值时,筒体的形状以及筒壁内的应力状态就发生突变,所发生的变形是永久变形,原来的平衡遭到破坏,即失去原来的稳定性。

导致筒体失稳的压力称为该筒体的临界压力,以 p_{cr} 表示。筒体在临界压力的作用下,筒壁内存在的压应力称为临界压应力,以 σ_{cr} 表示。

5.2.2　影响临界压力的因素

1. 筒体几何尺寸

用尺寸规格如表 5-1 给出的 4 个赛璐珞制的圆筒,筒内抽真空,将它们失稳时的真空度亦列于表 5-1。根据表中数据,可作如下分析对比:

表 5-1　　　　　　　　　　　　　　　外压圆筒稳定性实验结果

实验序号	筒径 D /mm	筒长 L /mm	筒体中间有无加强圈	壁厚 δ /mm	失稳时的真空度/kPa	失稳时的波形数/个
①	90	175	无	0.51	4.9	4
②	90	175	无	0.3	2.9	4
③	90	350	无	0.3	1.2~1.5	3
④	90	350	有(1个)	0.3	2.9	4

比较①和②可知,当 L/D 相同时,δ/D 大者临界压力高。

比较②和③可知,当 δ/D 相同时,L/D 小者临界压力高。

比较③和④可知,当 δ/D、L/D 相同时,有加强圈者临界压力高。

如何来理解这些实验结果呢?

(1)圆筒失稳时,圆形筒壁变成了波形,筒壁各点的曲率发生了突变。这说明筒壁金属的环向"纤维"受到了弯曲。筒壁的 δ/D 越大,筒壁抵抗弯曲的能力越强。所以,δ/D 大者临界压力高。

(2)封头的刚性较筒体的刚性高,圆筒承受外压时,封头对筒壁能够起一定的支承作用。这种支承作用的效果将随着圆筒几何长度的增加而减弱。因而,当圆筒的 δ/D 相同时,筒体短者临界压力高。

(3)当圆筒长度超过某一限度后,封头对筒壁中部的支承作用将全部消失,这种得不到封头支承作用的圆筒,临界压力相对就低。为了在不变动圆筒几何长度的条件下,提高临界压力,可在筒体外壁(或内壁)焊上一至数个加强圈,只要加强圈有足够大的刚性,就可以对筒壁起到支承作用,从而使原来得不到封头支承作用的筒壁得到加强圈的支承。所以,当筒体的 δ/D 和 L/D 值均相同时,有加强圈者临界压力高。

当筒体焊上加强圈以后,原来筒体的几何长度对于计算临界压力就没有直接意义了,这时需要的是所谓的计算长度。这一长度是指两相邻加强圈的间距,对与封头相连的那段筒体来说,计算长度应计入凸形封头 1/3 的凸面高度,如图 5-3 所示。

2.筒体材料性能

前已指出,圆筒失稳时,在绝大多数情况下,筒壁内的压应力并没有达到材料的屈服强度。这说明筒体几何形状的突变,并不是由于材料的强度不够而引起的。筒体的临界压力与材料的屈服强度没有直接关系。然而,材料的弹性模量 E 和泊松比 μ 越大,其抵抗变形的能力就越强,因而其临界压力也就越高。但是由于各种钢材的 E 和 μ 相差不大,所以,选用高强度钢代替一般碳钢制造外压容器,并不能提高筒体的临界压力。

3.筒体椭圆度和材料不均匀性

首先应该指出,稳定性的破坏并不是由于筒体存在椭圆度或材料不均匀而引起的。因为即使壳体的形状很精确,并且材料很均匀,当外压力达到一定数值时也会失稳,但筒体的椭圆度与材料的不均匀性能使其临界压力的数值降低,即能使失稳提前发生。

椭圆度定义为 $e=(D_{\max}-D_{\min})/DN$,此处 $D_{\max}$ 及 $D_{\min}$ 分别为筒体同一横截面上的最大及最小内直径,如图 5-4 所示,DN 为圆筒的公称直径。

除上述因素之外,载荷的不对称性、边界条件等因素亦对临界压力有一定的影响。

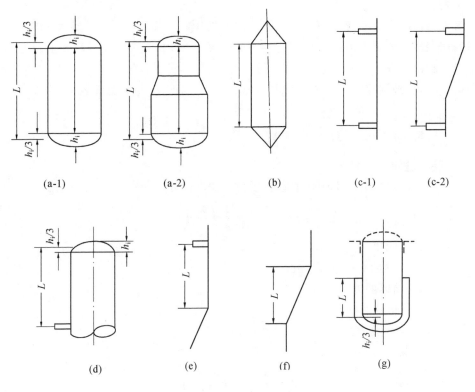

$(a-1)$ 　　　$(a-2)$ 　　　(b) 　　　$(c-1)$ 　　$(c-2)$

(d) 　　　　(e) 　　　　(f) 　　　　(g)

图 5-3　外压圆筒的计算长度

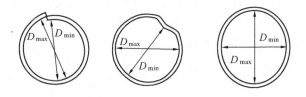

图 5-4　圆筒横截面形状的椭圆度

5.2.3　长圆筒、短圆筒和刚性圆筒

按照破坏情况,受外压的圆筒壳可分为长圆筒、短圆筒和刚性圆筒三种。作为区分长圆筒、短圆筒与刚性圆筒的长度均指与直径 D_o、壁厚 δ_e 等有关的相对长度,而非绝对长度。

长圆筒、短圆筒
和刚性圆筒

1. 长圆筒

这种圆筒的 L/D_o 值较大,两端的边界影响可以忽略,临界压力 p_{cr} 仅与 δ_e/D_o 有关,而与 L/D_o 无关(L 为圆筒的计算长度)。长圆筒失稳时的波形数 $n=2$。

2. 短圆筒

这种圆筒两端的边界影响显著,不容忽略,临界压力 p_{cr} 不仅与 δ_e/D_o 有关,而且与 L/D_o 也有关。短圆筒失稳时的波形数 n 为大于 2 的整数。

3. 刚性圆筒

这种圆筒的 L/D_o 较小，δ_e/D_o 较大，故刚性较好。其破坏原因是器壁内的应力超过了材料的屈服强度或抗压强度，但不会发生失稳。在计算时，只要满足强度要求即可。

对于长圆筒或短圆筒，除了需要进行强度计算外，尤其需要进行稳定性校核，因为在一般情况下，这两种圆筒的破坏主要是由于稳定性不够而引起的失稳破坏。

5.2.4 临界压力的理论计算公式

1. 钢制长圆筒

长圆筒的临界压力可由圆环的临界压力公式推得，即

$$p_{cr} = \frac{2E^t}{1-\mu^2}\left(\frac{\delta_e}{D_o}\right)^3$$

式中 p_{cr}——临界压力，MPa；

δ_e——筒体的有效壁厚，mm；

D_o——筒体的外直径，mm；

μ——材料的泊松比；

E^t——设计温度下材料的弹性模量，MPa。

对于钢制圆筒，$\mu=0.3$，则上式可以写成

$$p_{cr} = 2.2E^t\left(\frac{\delta_e}{D_o}\right)^3 \tag{5-1}$$

由式(5-1)可知，长圆筒的临界压力仅与圆筒的材料和圆筒的厚径比 δ_e/D_o 有关，而与圆筒的长径比 L/D_o 无关。

由这一临界压力引起的临界应力为

$$\sigma_{cr} \approx \frac{p_{cr}D_o}{2\delta_e} = 1.1E^t\left(\frac{\delta_e}{D_o}\right)^2$$

2. 钢制短圆筒

短圆筒的临界压力为

$$p'_{cr} = 2.59E^t\frac{(\delta_e/D_o)^{2.5}}{L/D_o} \tag{5-2}$$

式中，L 为筒体的计算长度，mm；其他符号同前。

由式(5-2)可知，短圆筒的临界压力除了与圆筒的材料和圆筒的厚径比 δ_e/D_o 有关外，还与圆筒的长径比 L/D_o 有关。

由这一临界压力引起的临界应力为

$$\sigma'_{cr} \approx \frac{p'_{cr}D_o}{2\delta_e} = 1.3E^t\frac{(\delta_e/D_o)^{1.5}}{L/D_o}$$

3. 刚性圆筒

对于刚性圆筒，由于其厚径比 δ_e/D_o 较大，而长径比 L/D_o 较小，一般不存在因失稳而破坏的问题，只需校核其强度是否足够即可。其强度校核公式与计算内压圆筒的公式相同，只是式中的许用应力采用材料的许用压应力，即

$$\sigma_{\text{压}}^{\text{t}} = \frac{p_{\text{c}}(D_{\text{i}} + \delta_{\text{e}})}{2\delta_{\text{e}}} \leqslant [\sigma]_{\text{压}}^{\text{t}} \phi \tag{5-3}$$

也可以写成

$$[p_{\text{w}}] = \frac{2\delta_{\text{e}} \phi [\sigma]_{\text{压}}^{\text{t}}}{D_{\text{i}} + \delta_{\text{e}}} \tag{5-4}$$

式中　$[\sigma]_{\text{压}}^{\text{t}}$——材料在设计温度下的许用压应力,MPa,可取$[\sigma]_{\text{压}}^{\text{t}} = R_{\text{eL}}^{\text{t}}/4$;

$[p_{\text{w}}]$——圆筒的最大允许工作压力,MPa;

D_{i}——圆筒的内径,mm;

ϕ——焊接接头系数,在计算压应力时可取$\phi = 1$;

δ_{e}——筒体的有效厚度,mm;

p_{c}——计算外压力,MPa。

5.2.5　临界长度

上面介绍了长圆筒、短圆筒与刚性圆筒的临界压力的计算方法,但长圆筒、短圆筒与刚性圆筒之间究竟如何划分呢? 我们用临界长度 L_{cr} 和 L_{cr}' 作为长圆筒、短圆筒和短圆筒、刚性圆筒的区分界限。

如当圆筒处于临界长度 L_{cr} 时,用长圆筒公式计算所得的临界压力 p_{cr} 和用短圆筒公式计算的临界压力 p_{cr}' 应相等,即式(5-1)与式(5-2)相等。由此可以得到长圆筒、短圆筒的临界长度 L_{cr},即

$$2.2E^{\text{t}}\left(\frac{\delta_{\text{e}}}{D_{\text{o}}}\right)^3 = 2.59E^{\text{t}}\left(\frac{D_{\text{o}}}{L_{\text{cr}}}\right)\left(\frac{\delta_{\text{e}}}{D_{\text{o}}}\right)^{2.5}$$

得

$$L_{\text{cr}} = 1.17D_{\text{o}}\sqrt{\frac{D_{\text{o}}}{\delta_{\text{e}}}} \tag{5-5}$$

同样,由式(5-2)与式(5-4)相等,可以得到短圆筒与刚性圆筒的临界长度 L_{cr}'。 若圆筒的计算长度 $L > L_{\text{cr}}$,属长圆筒;若 $L_{\text{cr}}' < L < L_{\text{cr}}$,属短圆筒;若 $L < L_{\text{cr}}'$,属刚性圆筒。

5.3　外压圆筒的工程设计

5.3.1　设计准则

式(5-1)和式(5-2)都是在假定圆筒没有初始椭圆度的条件下推导出来的,而实际上圆筒是存在椭圆度的。实践证明,许多长圆筒或管子的一般压力达到临界压力的 $1/2 \sim 1/3$ 时,它们就会被压瘪。此外,在操作时往往由于操作条件的破坏,壳体实际承担的压力会比计算压力大一些,因此,绝不允许在外压力等于或接近临界压力时进行操作,必须使许用外压力比临界压力小 m 倍,即

设计准则

$$[p] = \frac{p_{\text{cr}}}{m} \tag{5-6}$$

式中　$[p]$——许用外压力,MPa;

m——稳定安全系数，类似于强度计算中的安全系数 n。

稳定安全系数 m 的大小取决于圆筒形状的准确性、载荷的对称性、材料的均匀性、制造方法及设备在空间的位置等很多因素。对圆筒、锥壳，取 $m=3$；对球壳、椭圆形封头和碟形封头，取 $m=15$。

在设计时，必须使计算外压力 $p_c \leqslant [p] = \dfrac{p_{cr}}{m}$，并接近 $[p]$，则所确定的筒体壁厚才能满足外压稳定的合理要求。

5.3.2 外压圆筒壁厚设计的图算法

由于外压圆筒壁厚的理论计算方法很繁杂，GB/T 150.3—2011《压力容器　第 3 部分：设计》推荐采用图算法确定外压圆筒的壁厚，其优点是计算简便。

1. 图算法的由来

圆筒受外压时，其临界压力的计算公式为

$$p_{cr} = 2.2E^{t}(\delta_e/D_o)^3 \qquad (\text{长圆筒})$$

$$p'_{cr} = 2.59E^{t}\frac{(\delta_e/D_o)^{2.5}}{L/D_o} \qquad (\text{短圆筒})$$

在临界压力作用下，筒壁产生相应的应力 σ_{cr} 及应变 ε 分别为

$$\sigma_{cr} = \frac{p_{cr}D_o}{2\delta_e}$$

$$\varepsilon = \frac{\sigma_{cr}}{E^{t}} = \frac{p_{cr}(D_o/\delta_e)}{2E^{t}}$$

将式(5-1)及式(5-2)分别代入上式，得

$$\varepsilon = \frac{2.2E^{t}\left(\dfrac{\delta_e}{D_o}\right)^3\left(\dfrac{D_o}{\delta_e}\right)}{2E^{t}} = 1.1\left(\frac{\delta_e}{D_o}\right)^2 \qquad (5\text{-}7)$$

及

$$\varepsilon' = \frac{2.59E^{t}\left(\dfrac{\delta_e}{D_o}\right)^{2.5}\left(\dfrac{D_o}{\delta_e}\right)}{2E^{t}\dfrac{L}{D_o}} = 1.3\frac{(\delta_e/D_o)^{1.5}}{L/D_o} \qquad (5\text{-}8)$$

式(5-7)及式(5-8)表明，外压圆筒失稳时，筒壁的环向应变与筒体几何尺寸（δ_e, D_o, L）之间的关系可以用下面的通式表示：

$$\varepsilon = f\left(\frac{D_o}{\delta_e}, \frac{L}{D_o}\right)$$

对于一个壁厚和直径已经确定的筒体（即该筒体的 D_o/δ_e 一定），筒体失稳时的环向应变 ε 只是 L/D_o 的函数。不同 L/D_o 的圆筒体，失稳将产生不同的 ε。

以 ε 为横坐标，以 L/D_o 为纵坐标，将式(5-7)和式(5-8)所表示的关系用曲线表示出来，就得到一系列具有不同 D_o/δ_e 筒体的 ε-L/D_o 关系曲线图，如图 5-5 所示，图中以外压应变

系数 A 代替 ε。

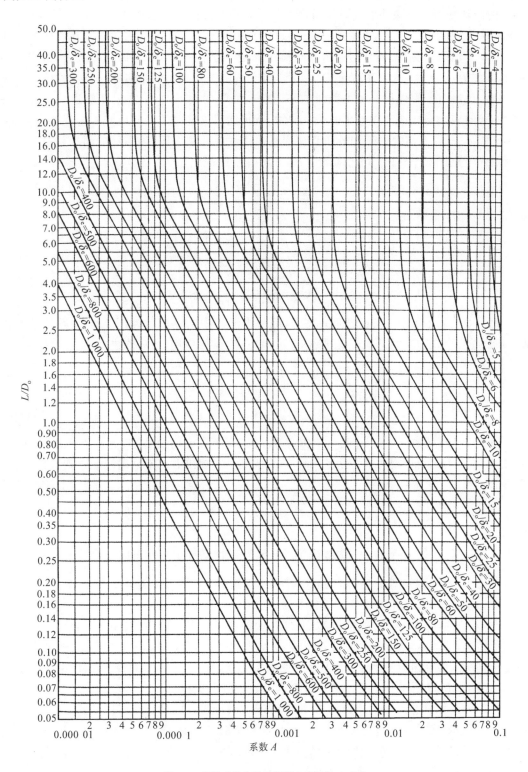

图 5-5　外压或轴向受压圆筒应变系数 A 曲线

图中的每一条曲线均由两部分线段组成：根据式(5-7)得到的垂直线段与大致符合式(5-8)的倾斜线段。每条曲线的转折点所表示的长度是该圆筒的临界长度。

利用这组曲线，可以快速地找出一个尺寸已知的外压圆筒，当它失稳时，其筒壁环向应变是多少。然而，我们希望利用这组曲线解决的问题是：一个尺寸已知的外压圆筒，当它失稳时，其临界压力是多少？为保证安全操作，其允许的工作外压又是多少？

现在已经有了筒体尺寸与失稳时的环向应变之间的关系曲线，如果能够进一步找出失稳时的环向应变与允许工作外压的关系曲线，就可能以失稳时的环向应变 ε 为媒介，将筒体的尺寸 (D_o,δ_e,L) 与允许工作外压直接通过曲线联系起来。所以，下面的问题就是找出环向应变 ε 与允许工作外压 $[p]$ 之间的关系，并将它绘成曲线。

因为
$$[p]=\frac{p_{cr}}{m}$$

所以
$$p_{cr}=m[p]$$

于是由
$$\varepsilon=\frac{\sigma_{cr}}{E^t}=\frac{p_{cr}D_o}{2\delta_e E^t}=\frac{m[p]D_o}{2\delta_e E^t}$$

可得
$$[p]=\left(\frac{2}{m}E^t\varepsilon\right)\frac{\delta_e}{D_o}$$

此式虽然表示了 $[p]$ 与 ε 之间的关系，但是由于式中有 δ_e/D_o，如果按此关系式绘制曲线，势必每一个 δ_e/D_o 均需有一条曲线，使曲线繁多，不便应用，所以作进一步处理：

令
$$\frac{2}{m}E^t\varepsilon=B \tag{5-9}$$

则
$$[p]=B\frac{\delta_e}{D_o} \tag{5-10}$$

由式(5-10)可知，对于一个已知有效厚度 δ_e 与外径 D_o 的筒体，其允许工作外压 $[p]$ 等于 B 乘以 δ_e/D_o，所以要想从 ε 找到 $[p]$，首先需要从 ε 找出 B。于是问题就转到了如何从 ε 找出 B。

由于
$$B=\frac{2}{m}E^t\varepsilon=\frac{2}{3}E^t\varepsilon$$

若以 ε 为横坐标，以 $B=[p]\frac{D_o}{\delta_e}$ 为纵坐标，将 B 与 ε（即图 5-6 中外压应变系数 A）关系用曲线表示出来，就得到如图 5-6 所示的曲线。利用这组曲线可以快速地由 ε 找到与之相对应的外压应力系数 B，并进而用式(5-10)求出 $[p]$。

图 5-6 所示的 $B=f(\varepsilon)$ 曲线分成直线与曲线两段。当 ε 较小时（相当于比例极限以前的变形情况），E 是常数，因此这段 $B=f(\varepsilon)$ 呈直线；当 ε 较大时（相当于超过比例极限以后的变形情况），E 有很大的降低，而且不再是常数，这段 $B=f(\varepsilon)$ 呈曲线。温度不同时，材料的 E 也不同，所以不同的温度有不同的 $B=f(\varepsilon)$ 曲线。

大部分钢材具有大体上相近的 E，因而 $B=f(\varepsilon)$ 曲线中的直线线段的斜率，对大部分钢材来说是相近的。然而，钢材种类不同时，它们的比例极限和屈服强度会有很大的差别。这种差别可在 $B=f(\varepsilon)$ 曲线的转折点位置以及转折点以后的曲线走向上反映出来。所以对于 $B=f(\varepsilon)$ 曲线来说，均有其适用的 σ_s 范围。

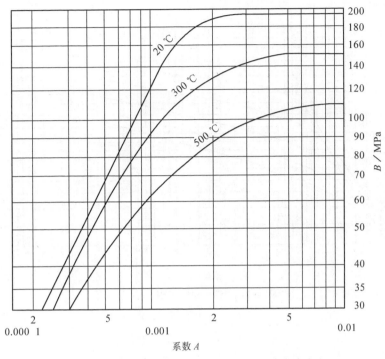

图 5-6　外压圆筒在不同温度下的许用压力和应变关系图

图 5-7~图 5-15 给出了常用材料的 $B=f(\varepsilon)$ 曲线,即 $B=f(A)$ 曲线。

2. 外压圆筒和管子厚度的图算法

外压圆筒和管子所需的厚度可利用图 5-5、图 5-7~图 5-15 进行计算,其步骤如下。

(1)对 $D_o/\delta_e \geqslant 20$ 的圆筒和管子

①假设 δ_n,令 $\delta_e = \delta_n - C$,定出比值 L/D_o 和 D_o/δ_e。

②在图 5-5 的左方找到 L/D_o,将此点沿水平方向右移与 D_o/δ_e 线相交(遇中间值用内插法)。若 $L/D_o > 50$,则用 $L/D_o = 50$ 查图,若 $L/D_o < 0.05$,则用 $L/D_o = 0.05$ 查图。

③过此交点沿垂直方向下移,在图 5-5 的下方得到外压应变系数 A(也可由附表 7-1 查取)。

④根据所用材料选用图 5-7~图 5-15,在图的下方找出由③所得的外压应变系数 A。

若 A 落在设计温度下材料线的右方,则将此点垂直上移,与设计温度下的材料线相交(遇中间温度值用内插法),再将此交点沿水平方向右移,在图的右方得到外压应力系数 B(也可以由附表 7-2~附表 7-10 查取),并按下式计算许用外压力 $[p]$:

$$[p] = \frac{B}{D_o/\delta_e} \tag{5-11}$$

若所得 A 落在设计温度下材料线的左方,则用下式计算许用外压力 $[p]$:

$$[p] = \frac{2AE^t}{3D_o/\delta_e} \tag{5-12}$$

⑤比较计算外压力 p_c 与 $[p]$,若 $p_c > [p]$,则需再假设厚度 δ_n,重复上述计算步骤,直

至 $[p]$ 大于且接近 p_c 为止。

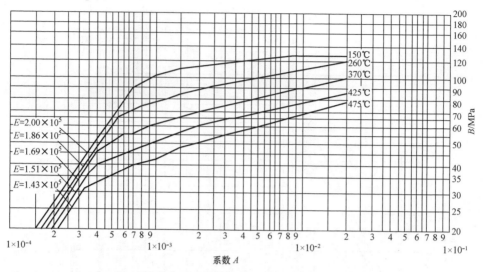

注　用于屈服强度 R_{eL} 小于 207 MPa 的碳素钢和 S11348 钢等。

图 5-7　外压应力系数 B 曲线

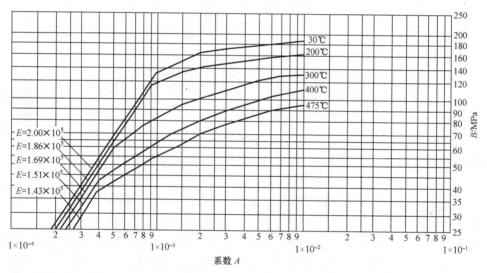

注　用于 Q345R 钢。

图 5-8　外压应力系数 B 曲线

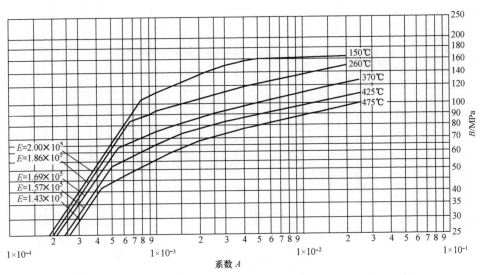

注　用于除 Q345R 材料外,材料屈服强度 R_{eL} 大于 207 MPa 的碳钢、低合金钢和 S11306 钢等。

图 5-9　外压应力系数 B 曲线

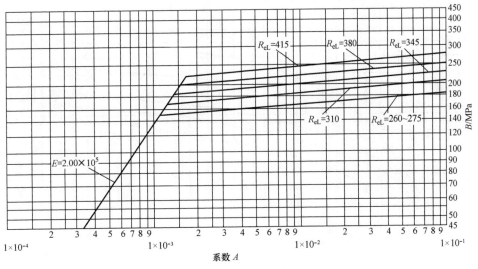

注　用于除 Q345R 材料外,材料屈服强度 R_{eL} 大于 260 MPa 的碳钢、低合金钢等。

图 5-10　外压应力系数 B 曲线

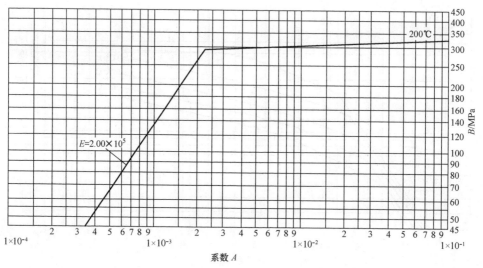

注　用于 07MnMoVR 钢等。

图 5-11　外压应力系数 B 曲线

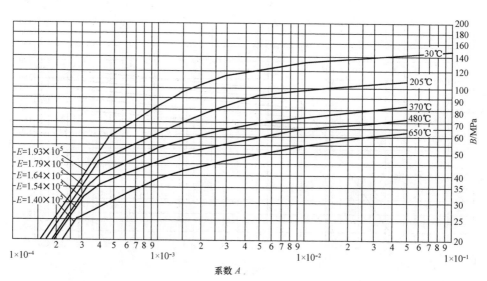

注　用于 S30408 钢等。

图 5-12　外压应力系数 B 曲线

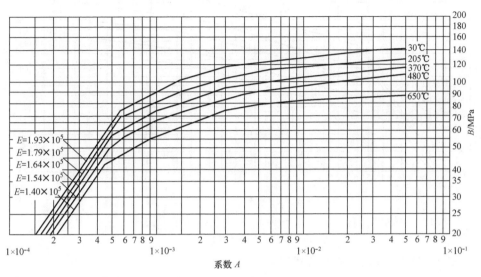

注　用于 S31608 钢等。

图 5-13　外压应力系数 B 曲线

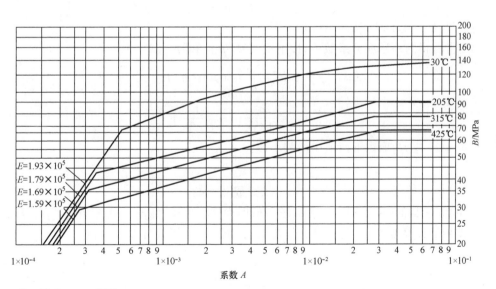

注　用于 S30403 钢等。

图 5-14　外压应力系数 B 曲线

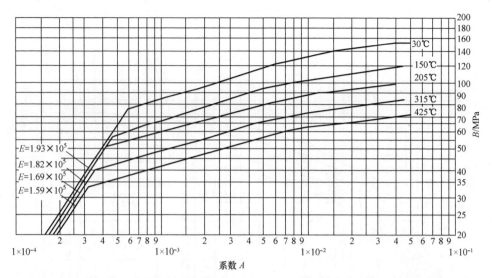

注　用于 S31603 钢等。

图 5-15　外压应力系数 B 曲线

（2）对 $D_o/\delta_e < 20$ 的圆筒和管子

①用与 $D_o/\delta_e \geqslant 20$ 时相同的步骤得到外压应力系数 B。但对于 $D_o/\delta_e < 4$ 的圆筒和管子，外压应变系数 A 用下式计算：

$$A = \frac{1.1}{(D_o/\delta_e)^2} \tag{5-13}$$

当系数 $A > 0.1$ 时，取 $A = 0.1$。

②用①所得的外压应力系数 B，按下式计算 $[p]_1$ 和 $[p]_2$：

$$[p]_1 = \left(\frac{2.25}{D_o/\delta_e} - 0.062\,5\right) B \tag{5-14}$$

$$[p]_2 = \frac{2\sigma_o}{D_o/\delta_e}\left(1 - \frac{1}{D_o/\delta_e}\right) \tag{5-15}$$

式中　σ_o——应力，取以下两值中的较小值：

$$\sigma_o = 2[\sigma]^t$$

$$\sigma_o = 0.9R_{eL}^t \text{ 或 } 0.9R_{p0.2}^t$$

③由②所得的 $[p]_1$ 和 $[p]_2$ 中的较小值即为许用外压力 $[p]$。比较 p_c 与 $[p]$，若 $p_c > [p]$，则需再假设厚度 δ_n，重复上述计算步骤，直至 $[p]$ 大于且接近 p_c 为止。

5.3.3　例　题

【例 5-1】　试确定一外压圆筒的壁厚。已知计算外压力 $p_c = 0.2$ MPa，内径 $D_i = 1\,800$ mm，圆筒计算长度 $L = 10\,350$ mm，如图 5-16(a) 所示，设计温度为 250 ℃，厚度附加量取 $C = 2$ mm，材质为 Q345R，其弹性模量 $E^t = 188 \times 10^3$ MPa。

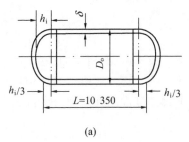

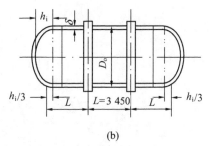

图 5-16　例 5-1 附图

解　(1)假设筒体名义壁厚 $\delta_n = 14$ mm,则
$$D_o = 1\,800 + 2 \times 14 = 1\,828 \text{ (mm)}$$

筒体有效壁厚　　　　$\delta_e = \delta_n - C = 14 - 2 = 12 \text{ (mm)}$

则　　　　$L/D_o = 10\,350/1\,828 = 5.7, \quad D_o/\delta_e = 1\,828/12 = 152, \quad D_o/\delta_e > 20$

(2)在图 5-5 的左方找出 $L/D_o = 5.7$ 的点,将其水平右移,与 $D_o/\delta_e = 152$ 的线交于一点,再将点垂直下移,在图的下方得到系数 $A = 0.000\,11$。

(3)在图 5-8 的下方找到系数 $A = 0.000\,11$ 所对应的点,此点落在材料温度线的左方,故利用式(5-12)确定 $[p]$:

$$[p] = \frac{2AE^t}{3D_o/\delta_e} = \frac{2 \times 0.000\,11 \times 188 \times 10^3}{3 \times 152} = 0.090\,7 \text{ (MPa)}$$

显然,$[p] < p_c$,故需重新假设壁厚 δ_n 或设置加强圈。

现按设两个加强圈进行计算(仍取 $\delta_n = 14$ mm)。

①设两个加强圈后计算长度 $L = 3\,450$ mm,如图 5-16(b)所示,则
$$L/D_o = 3\,450/1\,828 = 1.9, \quad D_o/\delta_e = 152$$

②由图 5-5 查得,$A = 0.000\,35$;

③在图 5-8 的下方找到系数 $A = 0.000\,35$(此点落在材料温度线的右方),将此点垂直上移,与 250 ℃的材料温度线交于一点,再将此点水平右移,在图的右方得到 $B = 45$;

④按式(5-11)计算许用外压力 $[p]$:

$$[p] = \frac{B}{D_o/\delta_e} = \frac{45}{152} = 0.296 \text{ (MPa)}$$

⑤比较 p_c 与 $[p]$,显然 $p_c < [p]$,且较接近,故取 $\delta_e = 12$ mm 合适。

则该外压圆筒采用 $\delta_n = 14$ mm 的 Q345R 钢板制造,设置两个加强圈,其结果是满意的。

5.4　外压球壳与凸形封头的设计

5.4.1　外压球壳和球形封头的设计

受外压的球壳和球形封头所需的厚度,按下列步骤计算:

(1)假设 δ_n,令 $\delta_e = \delta_n - C$,确定 R_o/δ_e。

(2)用下式计算系数 A:

$$A = \frac{0.125}{R_o / \delta_e} \tag{5-16}$$

（3）根据所用材料，选用图 5-7～图 5-15，在图的下方找出由（2）所得的系数 A。若 A 落在设计温度下材料线的右方，则将此点垂直上移，与材料线相交（遇中间温度值用内插法），再将此交点水平右移，在图的右方得到系数 B，并按下式计算许用外压力 $[p]$：

$$[p] = \frac{B}{R_o / \delta_e} \tag{5-17}$$

若所得系数 A 落在设计温度下材料线的左方，则用下式计算许用外压力 $[p]$：

$$[p] = \frac{2AE^t}{3R_e / \delta_e} \tag{5-18}$$

（4）比较 p_c 与 $[p]$，若 $p_c > [p]$，则需再假设 δ_n，重复上述计算步骤，直至 $[p]$ 大于且接近 p_c 为止。

5.4.2　凸面受压封头的设计

受外压（凸面受压）的球冠形封头、椭圆形封头、碟形封头所需的最小厚度，按受外压球壳和球形封头图算法进行设计，具体要求详见表 5-2。

表 5-2　凸面受压封头的厚度设计

封头型式	简图	计算方法	说明
球冠形封头	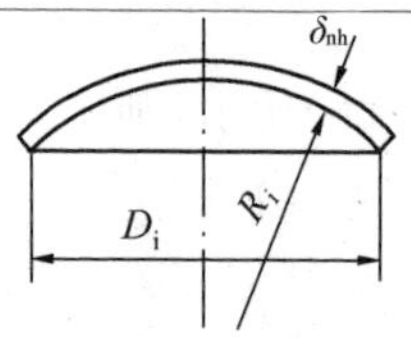	凸面受压的球冠形封头厚度，按外压球壳图算法和内压球冠形封头的式（4-30）分别计算，取其较大值	其计算压力均为计算外压力 R_i——球冠形封头球面部分内半径
椭圆形封头	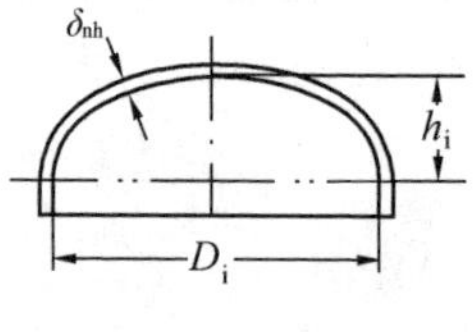	凸面受压的椭圆形封头厚度，按外压球壳图算法进行设计	$R_o = K_1 D_o$ D_o——椭圆形封头的外径 R_o——椭圆形封头的当量球壳外半径 K_1——系数，由表 5-3 查得
碟形封头	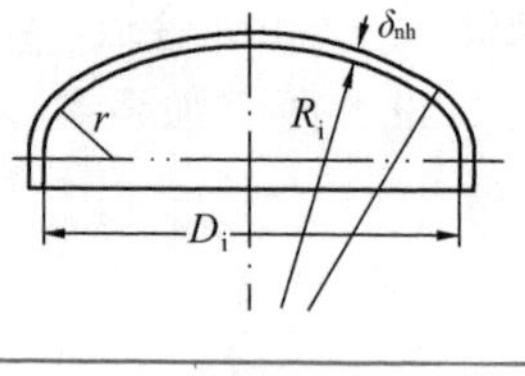	凸面受压的碟形封头厚度，按外压球壳图算法进行设计	R_o——碟形封头球面部分的外半径

表 5-3　系数 K_1

$D_o / (2h_o)$	K_1	$D_o / (2h_o)$	K_1	$D_o / (2h_o)$	K_1
2.6	1.18	2.0	0.90	1.4	0.65
2.4	1.08	1.8	0.81	1.2	0.57
2.2	0.99	1.6	0.73	1.0	0.50

注　①中间值用内插法求得；②$h_o = h_i + \delta_{nh}$；③$K_1 = 0.90$ 为标准椭圆形封头。

5.4.3　例　题

【例 5-2】　试设计一外压椭圆形封头的厚度。已知封头内径 $D_i = 1\,800$ mm，封头内壁曲面高 $h_i = 450$ mm，设计外压力 $p_c = 0.4$ MPa，设计温度为 400 ℃，材质为 Q345R，取厚度附加量 $C = 2$ mm。

解　(1)假设名义厚度 $\delta_n = 14$ mm，则

$$\delta_e = \delta_n - C = 12 \ (\text{mm})$$
$$D_o = D_i + 2\delta_n = 1\,828 \ (\text{mm})$$
$$h_o = h_i + \delta_n = 464 \ (\text{mm})$$
$$D_o/(2h_o) = 1\,828/(2 \times 464) = 1.97$$

由表 5-3 查得，$K_1 = 0.887$。

$$R_o = K_1 D_o = 0.887 \times 1\,828 = 1\,621 \ (\text{mm})$$
$$R_o/\delta_e = 1\,621/12 = 135$$

(2)根据式(5-16)计算系数 A：

$$A = \frac{0.125}{R_o/\delta_e} = \frac{0.125}{135} = 0.000\,93$$

(3)由图 5-8 查得 $B = 62$，利用式(5-17)计算许用外压力 $[p]$：

$$[p] = \frac{B}{R_o/\delta_e} = \frac{62}{135} = 0.46 \ (\text{MPa})$$

(4)比较 p_c 与 $[p]$，$[p] > p_c$，且较接近，故 $\delta_e = 12$ mm 合适，可以采用 $\delta_n = 14$ mm 厚的 Q345R 钢板制造该椭圆形封头。

【例 5-3】　对例 5-2 采用碟形封头，试确定其壁厚。已知碟形封头球面部分内半径 $R_i = 1\,800$ mm。

解　(1)假设碟形封头名义厚度 $\delta_{nh} = 16$ mm，则

$$\delta_e = \delta_{nh} - C = 14 \text{ mm}, R_o = R_i + \delta_{nh} = 1\,816 \text{ mm}, R_o/\delta_e = 1\,816/14 = 129.7$$

(2)计算系数 A：

$$A = \frac{0.125}{R_o/\delta_e} = \frac{0.125}{129.7} = 0.000\,96$$

(3)由图 5-8 查得 $B = 62$，则

$$[p] = \frac{B}{\delta_o/\delta_e} = \frac{62}{129.7} = 0.48 \ (\text{MPa})$$

(4)比较 p_c 与 $[p]$，$[p] > p_c$，且较接近，故 $\delta_e = 14$ mm 合适，可以采用 $\delta_{nh} = 16$ mm 厚的 Q345R 钢板制造该碟形封头。

5.5　外压圆筒加强圈的设计

5.5.1　加强圈的作用与结构

设计外压圆筒时，在试算过程中，如果许用外压力 $[p]$ 小于计算外压力 p_c（见例 5-1），

则必须增加圆筒的壁厚或缩短圆筒的计算长度。从式(5-2)可知,当圆筒的直径和厚度不变时,减小圆筒的计算长度可以提高其临界压力,从而提高许用操作外压力。外压圆筒的计算长度是指两个刚性构件(如法兰、端盖、管板及加强圈等)间的距离,如图 5-3 所示。从经济观点来看,用增加壁厚的方法来提高圆筒的许用操作外压力是不合适的。适宜的方法是在外压圆筒的外部或内部装几个加强圈,以缩短圆筒的计算长度,增加圆筒的刚性。当外压圆筒需要用不锈钢或其他贵重有色金属制造时,在圆筒外部设置一些碳钢制的加强圈可以减少贵重金属的消耗量,很有经济意义。采用加强圈结构在外压圆筒设计上得到了广泛应用。

加强圈应有足够的刚性,通常采用扁钢、角钢、工字钢或其他型钢,因为型钢截面惯性矩较大,刚性较好。常用的加强圈结构如图 5-17 所示。

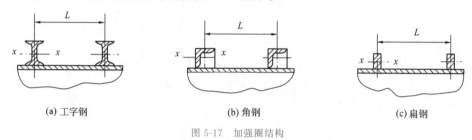

(a) 工字钢   (b) 角钢   (c) 扁钢

图 5-17　加强圈结构

5.5.2　加强圈的间距

由式(5-2)可知,钢制短圆筒的临界压力计算公式可以写作:

$$p'_{cr} = m[p] = 2.59E^t \frac{(\delta_e/D_o)^{2.5}}{L_s/D_o} \tag{5-19}$$

式中　L_s—— 加强圈的间距,mm。

由上式可以看出,当圆筒的 D_o、δ_e 一定时,外压圆筒的临界压力和允许最大工作外压都随着筒体加强圈间距 L_s 的缩短而增加。

通常计算外压力已由工艺条件确定。如果这时加强圈的间距已知,则可按照 5.3 节图算法确定筒体厚度。反之,如果筒体的 D_o、δ_e 已经确定,使该筒体安全承受所规定的计算外压力 p_c 所需加强圈的最大间距,可以从式(5-19)解出,其值为

$$L_s = 2.59E^t D_o \frac{(\delta_e/D_o)^{2.5}}{mp_c} = 0.86E^t \frac{D_o}{p_c} \left(\frac{\delta_e}{D_o}\right)^{2.5} \tag{5-20}$$

加强圈的实际间距如果小于或等于由式(5-20)算出的 L_s,则表示该圆筒能够安全承受计算外压力 p_c,而需加强圈的个数等于圆筒不设加强圈的计算长度 L 除以所需加强圈间距 L_s 再减去 1,即加强圈个数 $n = (L/L_s) - 1$。

5.5.3　加强圈的尺寸设计

加强圈的尺寸按下列步骤确定:

(1)根据圆筒的外压力计算,D_o、L_s 和 δ_e 均已知,选定加强圈材料与截面尺寸,并计算其横截面积 A_s 和加强圈与圆筒有效段组合截面的惯性矩 I_s(该有效段为在加强圈中心线两

侧各为 $0.55\sqrt{D_o\delta_e}$ 的壳体。若加强圈中心线两侧壳体的有效宽度与相邻加强圈的壳体有效段宽度相重叠,则该壳体的有效段宽度中相重叠部分每侧按一半计算)。

(2)计算 B 值:

$$B = \frac{p_c D_o}{\delta_e + A_s/L_s} \tag{5-21}$$

式中　p_c——计算外压力,MPa。

(3)利用图 5-7~图 5-15,在图的右方找到按上式计算所得的 B,将此点沿水平方向左移,与设计温度下的材料线相交,再从该点垂直下移,从图的下方得到系数 A;若图中无交点,则按下式计算系数 A:

$$A = \frac{3B}{2E^t} \tag{5-22}$$

(4)计算加强圈与圆筒组合截面所需的惯性矩 I:

$$I = \frac{D_o^2 L_s(\delta_e + A_s/L_s)}{10.9} A \quad (\text{mm}^4) \tag{5-23}$$

(5)比较 I 与 I_s,若 $I_s < I$,则必须另选一具有较大惯性矩的加强圈截面,重复上述步骤,直至计算所得的 I_s 大于且接近 I 为止。

5.5.4　加强圈与圆筒间的连接

加强圈可以设在容器的内部,也可以设在容器的外部,并应整圈围绕在圆筒的圆周上。容器内部的构件,如塔盘等,若设计成起加强作用时,也可以作加强圈用。

加强圈与圆筒之间可采用连续或间断的焊接。当加强圈设置在容器外部时,加强圈每侧间断焊接的总长,应不小于圆筒外圆周长的1/2;当加强圈设置在容器内部时,应不小于圆筒内圆周长的1/3。焊脚尺寸不得小于相焊件中较薄件的厚度。间断焊缝的布置如图 5-18 所示,间断焊缝可以互相错开或并排布置,最大间隙为 t,对外加强圈为 $8\delta_n$,对内加强圈为 $12\delta_n$。为了保证壳体的稳定性,加强圈不得任意削弱或割断。对于设在筒体外部的加强圈,这是比较容易做到的。但是对于设在筒体内部的加强圈,有时就不能满足这一要求,例如在水平容器中的加强圈,往往需要开设排液孔,如图 5-19 所示。加强圈允许割开或削弱而不需补强的最大弧长间断值可由图 5-20 查得。

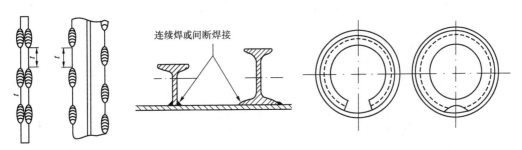

连续焊或间断焊接

图 5-18　加强圈与壳体连接　　　　　　　　　　图 5-19　经削弱的加强圈

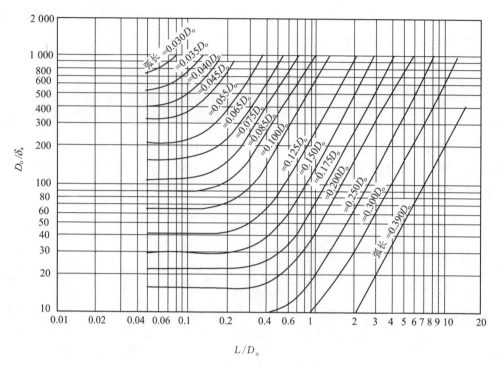

图 5-20　圆筒上加强圈允许的间断弧长值

5.5.5　例　题

【例 5-4】　试设计图 5-21(a)所示外压圆筒加强圈的尺寸。已知:圆筒外径 $D_o =$
1 828 mm,有效壁厚 $\delta_e = 12$ mm,计算长度 $L_s = 3\,425$ mm,设计温度 $t = 260$ ℃,加强圈材
质为 Q235A,圆筒材质为 Q345R,计算外压力 $p_c = 0.2$ MPa。

解　(1)选择加强圈的尺寸规格为 90 mm × 20 mm 的扁钢,加强圈两侧表面的腐蚀裕
量均为 1 mm,则加强圈的计算尺寸为 90 mm × 18 mm。

(2)计算加强圈横截面积 A_s 及组合截面的惯性矩:

加强圈的横截面积:

$$A_s = 90 \times 18 = 1\,620 \ (\text{mm}^2)$$

加强圈的惯性矩:

$$I_1 = \frac{18 \times 90^3}{12} = 1\,093\,500 \ (\text{mm}^4)$$

加强圈两侧筒体起加强作用部分的宽度:

$$b = 0.55\sqrt{D_o \delta_e} = 0.55 \times \sqrt{1\,828 \times 12} = 81.5 \ (\text{mm})$$

筒体起加强作用部分的截面积:

$$A_2 = 2 \times 12 \times 81.5 = 1\,956 \ (\text{mm}^2)$$

筒体起加强作用部分的惯性矩:

$$I_2 = \frac{2 \times 81.5 \times 12^3}{12} = 23\,472 \ (\text{mm}^4)$$

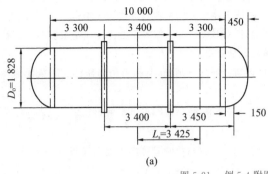
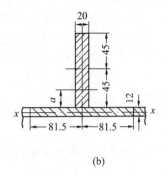

图 5-21　例 5-4 附图

形心离 x-x 轴的距离 a［图 5-21(b)］：

$$a = \frac{A_s(45+6)}{A_s+A_2} = \frac{1\,620 \times (45+6)}{1\,620+1\,956} = 23.1\,(\text{mm})$$

计算加强圈与壳体组合段的惯性矩 I_s：

$$I_s = I_1 + A_s(45+6-a)^2 + I_2 + A_2 a^2$$
$$= 1\,093\,500 + 1\,620 \times (45+6-23.1)^2 + 23\,472 + 1\,956 \times 23.1^2$$
$$= 3.42 \times 10^6\,(\text{mm}^4)$$

(3) 由式(5-21)计算 B：

$$B = \frac{p_c D_o}{\delta_e + A_s/L_s} = \frac{0.2 \times 1\,828}{12 + 1\,620/3\,425} = 29.3\,(\text{MPa})$$

(4) 查图 5-8，得系数 $A = 0.000\,23$。

(5) 由式(5-23)计算加强圈与壳体组合截面所需的惯性矩 I：

$$I = \frac{D_o^2 L_s (\delta_e + A_s/L_s)}{10.9} A$$
$$= \frac{1\,828^2 \times 3\,425 \times (12 + 1\,620/3\,425)}{10.9} \times 0.000\,23$$
$$= 3.01 \times 10^6\,(\text{mm}^4)$$

(6) 比较 I_s 与 I，则 $I_s(=3.42 \times 10^6\,\text{mm}^4) > I(=3.01 \times 10^6\,\text{mm}^4)$，故满足要求。最后确定加强圈采用 90 mm × 20 mm 的 Q235A 扁钢。

习　题

一、名词解释

1. 外压容器　　2. 弹性压缩失稳　　3. 临界压力　　4. 长圆筒

5. 短圆筒　　6. 刚性圆筒　　7. 临界长度　　8. 椭圆度

9. 计算长度　　10. 轴向失稳　　11. 稳定安全系数　　12. 侧向失稳

二、判断题

1. 假定外压长圆筒和短圆筒的材质绝对理想，制造精度绝对保证，则在任何大的外压下也不会发生弹性失稳。　　　　　　　（　）

2. 18MnMoNbR 钢板的屈服强度比 Q345R 钢板的屈服强度高约 116%，因此，用 18MnMoNbR 钢板制造的外压容器，要比用 Q345R 钢板制造的同一设计条件下的外压容器节省许多钢材。　　　　（　　）

3. 设计某一钢制外压短圆筒时，发现采用 Q245R 钢板算得的临界压力比设计要求低 10%，后改用屈服强度比 Q245R 高 35% 的 Q345R 钢板，即可满足设计要求。　　　　（　　）

4. 几何形状和尺寸完全相同的三个不同材料制造的外压圆筒，其临界失稳压力大小依次为：$p_{cr不锈钢}$ > $p_{cr铝}$ > $p_{cr铜}$。

5. 外压容器采用的加强圈越多，壳壁所需厚度就越薄，则容器的总重量就越轻。　　　　（　　）

三、填空题

1. 受外压的长圆筒，侧向失稳时波形数 n =（　　　　　）；短圆筒侧向失稳时波形数为 n >（　　　）的整数。

2. 直径与壁厚分别为 D、δ 的薄壁圆筒壳，承受均匀侧向外压 p 作用时，其环向应力 σ_θ =（　　　　），经向应力 σ_m =（　　　　），它们均是（　　　）应力，且与圆筒的长度 L（　　　　）关。

3. 外压容器的焊接接头系数均取为 ϕ =（　　　　　　）；设计外压圆筒现行的稳定安全系数为 m =（　　　　）。

4. 外压圆筒的加强圈，其作用是将（　　　　）圆筒转化成为（　　　　）圆筒，以提高临界失稳压力，减薄筒体壁厚。计算加强圈的惯性矩时应包括（　　　　　　　）和（　　　　　　　）两部分的惯性矩。

5. 外压圆筒设置加强圈后，对靠近加强圈的两侧部分长度的筒体也起到加强作用，该部分长度的范围为（　　　　）。

四、工程应用题

A 组

1. 图 5-22 中 A、B、C 点表示三个受外压的钢制圆筒，材质为碳素钢，R_{eL} = 216 MPa，E = 206 GPa。试回答：

（1）A、B、C 三个圆筒各属于哪一类圆筒？它们失稳时的波形数 n 等于（或大于）几？

（2）如果将圆筒改为铝合金制造（R_{eL} = 108 MPa，E = 68.7 GPa），它的许用外压力有何变化？变化的幅度大概是多少？（用比值 $[p]_{铝}$ / $[p]_{铜}$ 表示）

2. 有一台聚乙烯聚合釜，其外径 D_o = 1 580 mm，高 L = 7 060 mm（切线间长度），有效厚度 δ_e = 11 mm，材质为 S30408，试确定釜体的最大允许外压力。（设计温度为 200 ℃）

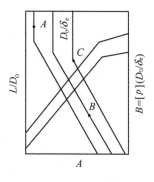

图 5-22　习题 A 组 1 附图

3. 今欲设计一台常压薄膜蒸发干燥器，内径为 500 mm，其外装夹套的内径为 600 mm，夹套内通 0.6 MPa 的蒸汽，蒸汽温度为 160 ℃，干燥器筒身由三节组成，每节长 1 000 mm，中间用法兰连接。材质选用 Q235B，夹套焊接条件自定，介质腐蚀性不大。试确定干燥器及其夹套的厚度。

4. 试设计一台氨合成塔内筒的厚度。已知内筒外径 D_o = 410 mm，筒长 L = 4 000 mm，材质为 S31608，内筒壁温最高可达 450 ℃，合成塔内系统的总压力降为 0.5 MPa。

5. 乙二醇生产中有一真空精馏塔，塔径为 ϕ1 000 mm，塔高为 9 m（切线间长度），真空度为 0.097 MPa，最高工作温度为 200 ℃，材质为 Q345R，试设计塔体厚度。

6. 有一台液氮罐，直径 D_i = 800 mm，切线间长度 L = 1 500 mm，有效厚度 δ_e = 2 mm，材质为 0Cr18Ni9Ti，由于其密封性能要求较高，故需进行真空试漏，试验条件为绝对压力 0.133 Pa，问不设置加强圈能否被抽瘪？如果需要加强圈，则需要几个？

B 组

1. 由同一种材料制造的四个短圆筒，其尺寸如图 5-23 所示，在相同操作温度下，承受均匀侧向外压，试以最简捷的方法按临界压力的大小予以排序。

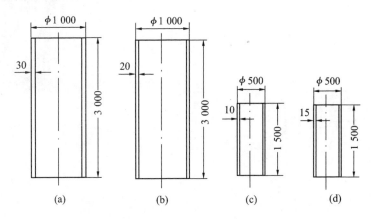

图 5-23　习题 B 组 1 附图

2. 今有一容器,直径 $D_i=600$ mm,有效厚度 $\delta_e=4$ mm,计算长度 $L=5\,000$ mm,材质为 Q245R,工作温度为 200 ℃,试问该容器能否承受 0.1 MPa 的外压力?

3. 设计一台缩聚釜,釜体内径 $D_i=1\,000$ mm,釜身切线间高度为 700 mm,用 S31608 钢板制造。釜体夹套内径为 1 200 mm,用 Q235B 钢板制造。该釜开始是常压操作,然后抽低真空,继之抽高真空,最后通 0.3 MPa 的氮气。釜内物料温度≤275 ℃,夹套内载热体最大压力为 0.2 MPa。整个釜体与夹套均采用带垫板的单面手工对焊接头,局部无损检测,介质无腐蚀性,试确定釜体和夹套厚度。

4. 设计一台尿素真空蒸发罐,已知直径 $D_i=4\,000$ mm,$L=4\,300$ mm(切线间长度),两端采用标准椭圆形封头,最高操作温度<200 ℃,材质为 S31603,试确定罐体和封头的厚度。

5. 有一真空容器,其两端封头均为半球形。已知容器内径 $D_i=1\,000$ mm,圆筒部分长度为 2 000 mm,壁温≤200 ℃,材质为 Q245R,试计算筒体和半球形封头的厚度。如若在该容器上安装一个加强圈,再设计筒体和封头厚度。

6. 有一减压分馏塔,处理介质为油、汽,最高操作温度为 420 ℃,塔体直径 $D_i=3\,400$ mm,厚度 $\delta_e=14$ mm,采用 Q235B 钢板制造,塔外装有 125 mm×125 mm×10 mm 等边角钢(Q235A)制作的加强圈,加强圈间距为 2 000 mm,试验算塔体周向稳定性是否足够。

第6章

容器零部件

6.1 法兰连接

常见的可拆卸结构有法兰连接、螺纹连接和承插式连接。采用可拆卸连接之后,保证连接口密封的可靠性,成为化工装置能否正常运行的必要条件之一。

6.1.1 法兰连接结构与密封原理

可拆卸连接结构通常是一个组合件,一般由连接件、被连接件、密封元件组成。法兰连接密封结构由法兰(被连接件)、垫片(密封元件)、螺栓及螺母(连接件)组成,如图 6-1 所示。

在生产实际中,压力容器常见的法兰密封失效很少是由于连接件或被连接件的强度破坏而引起的,很多情况下是因为密封不好而造成介质泄漏。故法兰连接的设计中主要解决的问题是防止介质泄漏。

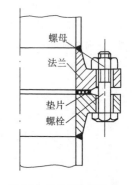

法兰连接结构
与密封原理

防止流体泄漏的基本原理是在连接口处增加流体流动的阻力。当压力介质通过密封口的阻力降大于密封口两侧介质的压力差时,介质就被密封住了。这种阻力的增加是依靠密封面上的密封比压来实现的。

一般说来,密封口泄漏有两个途径:一是垫片渗漏,二是压紧面泄漏。能否造成垫片渗漏由垫片的材质和型式决定。对于渗透性材料(如石棉等)制作的垫片,由于它本身存在着大量的毛细管,渗漏是难免的。当在垫片材料中添加某些填充剂(如橡胶等),或与不透性材料组合成型时,这种渗漏即可减小或避免。压紧面泄漏是密封失效的主要形式。它与压紧面的结构有关,但主要由密封组合件各部分的性能和它们之间的变形关系所决定。

图 6-1　法兰密封结构

将法兰与垫片接触面处的微观尺寸放大,可以看到二者的表面都是凹凸不平的,如图 6-2(a)所示。把法兰螺栓的螺母拧紧,螺栓力通过法兰压紧面作用在垫片上,当垫片单位面积上所受的压紧力达到某一值时,垫片本身被压实,压紧面上由机械加工形成的微隙被填满,如图 6-2(b)所示,这就为阻止介质泄漏形成了初始密封条件。形成初始密封条件时在垫片单位面积上受到的压紧力,称为预紧密封比压。当施加介质压力时,如图 6-2(c)所示,螺栓被拉伸,法兰压紧面沿着彼此分离的方向移动,垫片的压缩量减少,预紧密封比压下降。

如果垫片具有足够的回弹能力,能使压缩变形的回复补偿螺栓和压紧面的变形,而使预紧密封比压值至少降到不小于某一值(这个比压值称为工作密封比压),则法兰压紧面之间能够保持良好的密封状态。反之,如果垫片的回弹力不足,预紧密封比压下降到工作密封比压以下,甚至密封口重新出现缝隙,则此密封失效。因此,为了实现法兰连接口的密封,必须使密封组合件各部分的变形与操作条件下的密封条件相适应,即密封元件在操作压力作用下,仍然保持一定的残余压紧力。为此,螺栓和法兰都必须具有足够大的强度和刚度,使螺栓在容器内压形成的轴向力作用下不发生过大的变形。

如图 6-3 所示为法兰在预紧和工作时的受力情况。预紧时[图 6-3(a)],法兰在螺栓预紧力 T_1 和垫片反作用力 N_1 的作用下处于平衡状态。工作时[图 6-3(b)],法兰上所受的外力多了一个由容器内压形成的轴向力 Q ,这时的螺栓预紧力 T_2 正好用来平衡轴向力 Q 和垫片反作用力 N_2 。

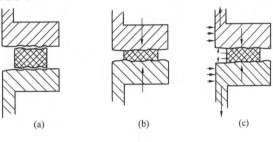

图 6-2　法兰密封的垫片变形(示意)

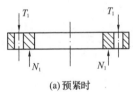

(a)预紧时

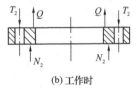

(b)工作时

图 6-3　法兰所受的外力

6.1.2　法兰的结构与分类

按法兰与垫片的接触面积可将法兰分为以下两类:

(1)窄面法兰

法兰与垫片的整个接触面积都位于螺栓孔包围的圆周范围内,如图 6-4(a)所示。

(2)宽面法兰

法兰与垫片的接触面积位于法兰螺栓中心圆的内外两侧,如图 6-4(b)所示。

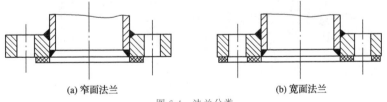

(a)窄面法兰　　　　　　　　　　　　(b)宽面法兰

图 6-4　法兰分类

按法兰与设备或管道的连接方式可将法兰分为三类:整体法兰、活套法兰、螺纹法兰。

1. 整体法兰

与设备或管道不可拆地固定在一起的法兰叫作整体法兰。常见的整体法兰型式有两种:

(1)平焊法兰

如图 6-5(a)、(b)所示。这种法兰制造容易,应用广泛,但刚性较差。法兰受力后,法兰盘的矩形断面发生微小转动,与法兰相连的筒壁随着发生弯曲变形。于是,在法兰附近筒壁的横截面上,将有附加的弯曲应力产生,如图 6-6 所示。所以平焊法兰适用于压力较低(PN ≤4 MPa)的场合。

(2)对焊法兰

对焊法兰又叫作高颈法兰或长颈法兰,如图 6-5(c)所示。颈的存在提高了法兰的刚性,同时,由于颈的根部比器壁厚,也降低了此处的弯曲应力。此外,法兰与筒体(或管壁)连接采用的是对接焊缝,这也比平焊法兰中的填角焊缝强度好。所以,对焊法兰适用于压力、温度较高和设备直径较大的场合。

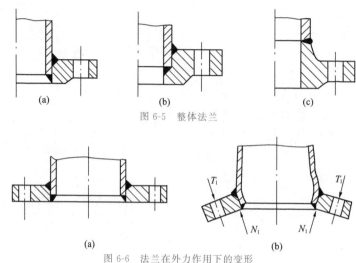

图 6-5 整体法兰

图 6-6 法兰在外力作用下的变形

2. 活套法兰

活套法兰的特点是法兰与设备或管道不直接连成一体,而是把法兰盘套在设备或管道的外面,如图 6-7 所示。这种法兰不需焊接,法兰盘可以采用与设备或管道不同的材料制造,因此,适用于铜制、铝制、陶瓷、石墨及其他非金属材料制作的设备或管道。这类法兰受力后不会对筒体或管道产生附加的弯曲应力,这也是它的一个优点。但一般只适用于压力较低的场合。

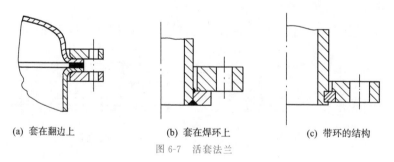

(a) 套在翻边上　　　　(b) 套在焊环上　　　　(c) 带环的结构

图 6-7 活套法兰

3. 螺纹法兰

螺纹法兰的特点是法兰与管壁通过螺纹进行连接,二者之间既有一定连接,又不完全形成一个整体,如图 6-8 所示。因此,法兰对管壁产生的附加应力较小。螺纹法兰多用于高压管道。

法兰的形状,除常见的形状以外,还有方形与椭圆形,如图 6-9 所示。方形法兰有利于把管子排列紧凑。椭圆形法兰通常用于阀门和小直径的高压管。

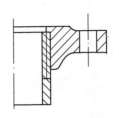

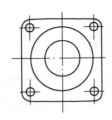

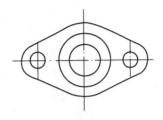

图 6-8　螺纹法兰　　　　　　　　图 6-9　方形与椭圆形法兰

6.1.3　影响法兰密封的因素

影响法兰密封的因素是多方面的,现就几个主要因素予以归纳讨论。

1. 螺栓预紧力

螺栓预紧力是影响密封的一个重要因素。预紧力必须使垫片压紧并实现初始密封条件。同时,预紧力也不能过大,否则将会使垫片被压坏或挤出。

提高螺栓预紧力,可以增加垫片的密封能力。这是因为提高预紧力不仅可使渗透性垫片材料的毛细管缩小,而且可以提高工作密封比压。

由于预紧力是通过法兰压紧面传递给垫片的,要达到良好的密封,必须使预紧力均匀地作用于垫片。因此,密封所需要的预紧力一定时,采取减小螺栓直径,增加螺栓个数的办法对密封是有利的。

影响法兰
密封的因素

2. 压紧面(密封面)

压紧面直接与垫片接触,它既传递螺栓力使垫片变形,同时也是垫片变形的表面约束。因而,为了达到预期的密封效果,压紧面的形状和表面粗糙度应与垫片相配合。一般与硬金属垫片相配合的压紧面,有较高的精度和粗糙度要求,而与软质垫片相配合的压紧面,可相对降低要求。但压紧面的表面决不允许有径向刀痕或划痕。

实践证明,压紧面的平直度和压紧面与法兰中心轴线垂直、同心,是保证垫片均匀压紧的前提;减小压紧面与垫片的接触面积,可以有效地降低预紧力,但若减得过小,则易压坏垫片。显然,如压紧面的型式、尺寸和表面质量与垫片配合不当,则将导致密封失效。

法兰压紧面的型式,主要应根据工艺条件(压力、温度、介质等)、密封口径以及准备采用的垫片等进行选择。压力容器和管道中常用的法兰压紧面型式如图 6-10 所示。现将各类型压紧面的特点及使用范围说明如下。

(1)平面型压紧面

这种压紧面的表面是一个光滑的平面,或在其上车有数条三角形断面的沟槽[图 6-10(a)、(b)]。这种压紧结构简单,加工方便,且便于进行防腐衬里。平面型压紧面法兰适用的压力范围是 $PN<2.5$ MPa,在 $PN\geqslant0.6$ MPa 的情况下,应用最为广泛。但是,这种压紧面垫片接触面积较大,预紧时,垫片容易往两边挤,不易压紧,密封性能较差。当介质有毒或易燃易爆时,不能采用平面型压紧面。

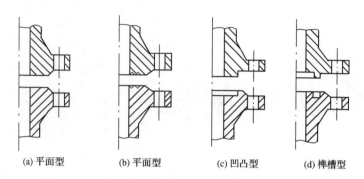

图 6-10 中、低压法兰密封压紧面型式

(2)凹凸型压紧面

这种压紧面由一个凸面和一个凹面相配合组成[图 6-10(c)],在凹面上放置垫片。其优点是便于对中,防止垫片被挤出,故可用于压力较高的场合。在现行标准中,可用于 $DN \leqslant$ 800 mm,$PN \leqslant 6.4$ MPa 的情况下,随着直径增大,公称压力降低。

(3)榫槽型压紧面

这种压紧面由一个榫和一个槽组成[图 6-10(d)],垫片置于槽中,不会被挤流动。垫片可以较窄,因而压紧垫片所需的螺栓力也就相应较小。即使用于压力较高之处,螺栓尺寸也不致过大。因而,它比以上两种压紧面更易获得良好的密封效果。这种压紧面的缺点是结构与制造比较复杂,更换挤在槽中的垫片比较困难,此外,榫面部分容易损坏,故设备上的法兰应采取榫面,在拆装或运输过程中应加以注意。这种密封面适用于易燃、易爆、有毒的介质以及有较高压力的场合。当压力不大时,即使直径较大,也能很好地密封。当 $DN =$ 800 mm 时,可以用到 $PN = 20$ MPa。

以上三种密封面所用的垫片,大都是各种非金属垫片或非金属与金属混合制的垫片。

(4)锥形压紧面

锥形压紧面是和球面金属垫片(亦称透镜垫片)配合而成的,锥角 20°(图 6-11)。通常用于高压管件密封,可用到 100 MPa,甚至更大。其缺点是尺寸精度和表面粗糙度要求高,直径大时加工困难。

(5)梯形槽压紧面

梯形槽压紧面是利用槽的内外锥面与垫片接触而形成密封的,槽底不起密封作用(图 6-12)。这种压紧面一般与槽的中心线成 23°,与椭圆形或八角形截面的金属垫圈配合。密封可靠,金属垫圈加工比透镜垫容易,它适用于高压容器和高压管道,使用压力一般为 7~70 MPa。

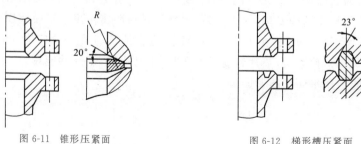

图 6-11 锥形压紧面   图 6-12 梯形槽压紧面

压紧面的选用原则,首先必须保证密封可靠,并力求加工容易,装配方便,成本低。具体选用可参考表 6-1。

表 6-1　　　　　　　　　　　　　　　　垫圈选用表

介质	法兰公称压力 PN /MPa	介质温度/℃	配用压紧面型式	选用垫圈	
				名称	材料
油品,油气,液化气,氢气,硫化催化剂,溶剂(丙烷、丙酮、苯、酚、糠醛、异丙醇)浓度≤25%的尿素	≤1.6	≤200	平面型	耐油橡胶石棉垫	耐油橡胶石棉板
		201～300		缠绕式垫圈	08(15)钢带-石棉带
	2.5	≤200	平面型	耐油橡胶石棉垫	耐油橡胶石棉板
	4.0	≤200	平面型 (凹凸型)	缠绕式垫圈 金属包石棉垫圈	08(15)钢带-石棉带 马口铁-石棉板
	2.5～4.0	201～450			
	2.5～4.0	451～600		缠绕式合金垫圈	0Cr13(1Cr13 或 2Cr13)钢带-石棉带
	6.4～16	≤450	梯形槽	八角形截面垫圈	0.8(10)
		451～600			1Cr18Ni9 (1Cr18Ni9Ti)
蒸气	1.0,1.6	≤250	平面型	石棉橡胶垫	中压石棉橡胶板
	2.5,4.0	251～450	平面型 (凹凸型)	缠绕式垫圈 金属包石棉垫圈	08(15)钢带-石棉带 马口铁-石棉板
	10	450	梯形槽	八角形截面垫圈	08(10)
水	6.4～16	≤100			
盐水	≤1.6	≤60	平面型	橡胶垫圈	橡胶板
		≤150			
气氨 液氨	2.5	≤150	凹凸型 (榫槽型)	石棉橡胶垫圈	中压石棉橡胶板
空气、稀有气体	≤1.6	≤200	平面型		
≤98%的硫酸 ≤35%的盐酸	≤1.6	≤90	平面型		
45%的硝酸	0.25,0.6	≤45	平面型	软塑料垫圈	软聚氯乙烯 聚乙烯 聚四氟乙烯
液碱	≤1.6	≤60	平面型	石棉橡胶垫圈 橡胶垫圈	中压石棉板 橡胶板

3. 垫片性能

垫片是构成密封的重要元件,适当的垫片变形和回弹能力是形成密封的必要条件。垫片的变形包括弹性变形和塑性变形,只有弹性变形才具有回弹能力。垫片的回弹能力是表示在施加介质压力时,垫片能否适应法兰面的分离,它可以用来衡量密封性能的好坏。回弹能力大者,有可能适应操作压力和温度的波动,密封性能好。

垫片的变形和回弹能力与垫片的材料和结构有关。适合制作垫片的材料,一般应耐介质腐蚀,不污染操作介质;具有良好的变形性能和回弹能力;要有一定的机械强度和适当的柔软性;在工作温度下不易变质硬化或软化。

最常用的垫片可分为非金属垫片、金属垫片以及非金属与金属混合制的垫片。

非金属垫片的材料有石棉板、橡胶板、石棉-橡胶板及合成树脂(塑料),这些材料的优点是柔软和耐腐蚀,但耐温度和压力的性能较金属垫片差,通常只普遍用于常、中温和中、低压设备和管道的法兰密封。此外,纸、麻、皮革等非金属也是常用的垫片材料,但是一般只用于低压下温度不高的水、空气或油的系统。以上垫片的结构如图 6-13(a)所示。

金属-非金属混合制垫片有金属包垫片及缠绕垫片等,前者是用石棉橡胶垫外包以金属薄片(镀锌薄铁片或不锈钢片等);后者是薄低碳钢带(或合金钢带)与石棉一起绕制而成。这种垫片有不带定位圈的和带定位圈的两种。以上两种垫片较单纯的非金属垫片的性能好,适应的温度与压力范围较高一些。这两种垫片的结构如图 6-13(b)、(c)、(d)所示。

金属垫片材料一般并不要求强度高,而是要求软韧。常用的是软铝、铜、铁(软钢)、蒙耐尔合金(含 Ni67%,Cu30%,Cr4%~5%)钢和 18-8 不锈钢等。金属垫片主要用于中、高温和中、高压的法兰连接密封。其结构如图 6-13(e)、(f)所示。

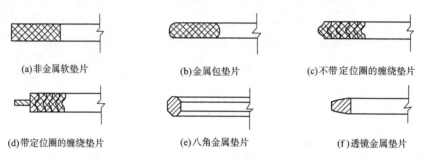

(a)非金属软垫片　　　　(b)金属包垫片　　　　(c)不带定位圈的缠绕垫片

(d)带定位圈的缠绕垫片　　　　(e)八角金属垫片　　　　(f)透镜金属垫片

图 6-13　垫片的结构图

法兰密封垫片的选择要有全面观点,要考虑操作介质的性质、操作压力和温度,以及需要密封的程度,也要考虑垫片的性能、压紧面的型式、螺栓力的大小以及装卸要求等。其中操作压力与温度是影响密封的主要因素,是选用垫片的主要依据。对于高温、高压的情况,一般多采用金属垫片;中温、中压可采用金属与非金属组合式或非金属垫片;中、低压情况多采用非金属垫片;高真空或深冷温度下以采用金属垫片为宜。

选用压力容器法兰用垫片时可参照 NB/T 47024—2012,NB/T 47025—2012 和 NB/T 47026—2012 进行选取。选用管法兰用垫片时可参照 HG/T 20592—2009 进行选取。同时应重视从实践中总结出的使用经验。

4. 法兰刚度

在实际生产中,由于法兰刚度不足而产生过大的翘曲变形(图 6-14),往往是导致密封失效的原因。刚性大的法兰变形小,并可使分散分布的螺栓力均匀地传递给垫片,故可以提高密封性能。

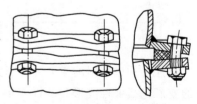

图 6-14　法兰的翘曲变形

法兰刚度与许多因素有关,其中增加法兰的厚度,减小螺栓力作用的力臂(即缩小螺栓中心圆直径)和增大法兰盘外径,都能提高法兰的抗弯刚度;对于带长颈的整体法兰,增大长颈部分的尺寸,能显著提高法兰抗弯变形的能力。

5.操作条件

操作条件即压力、温度和介质的物理、化学性质。单纯的压力或介质因素对泄漏的影响并不是主要的,只有和温度联合作用时,问题才显得严重。

温度对密封性能的影响是多方面的。高温介质黏度小,渗透性大,容易泄漏;介质在高温下对垫片和法兰的溶解与腐蚀作用将加剧,增加了产生泄漏的因素;在高温下,法兰、螺栓、垫片可能发生蠕变,致使压紧面松弛,密封比压下降;一些非金属垫片,在高温下还将加速老化或变质,甚至被烧毁。此外,在高温作用下,由于密封组合件各部分的温度不同,发生热膨胀不均匀,增加了泄漏的可能性;如果温度和压力联合作用,又有反复的激烈变化,则密封垫片会发生"疲劳",使密封完全失效。

由以上分析可知,各种外界条件的联合作用对法兰密封的影响是不能轻视的。由于操作条件是生产给定的,不能回避。为了补偿这种影响,只能从密封组合件的结构和选材上加以解决。

6.1.4　法兰标准及选用

法兰标准
及选用

石油、化工上用的法兰标准有两个:一个是压力容器法兰标准,另一个是管法兰标准。

1.压力容器法兰标准

压力容器法兰分平焊法兰与对焊法兰两类。

(1)平焊法兰

平焊法兰分为甲、乙两种型式。甲型平焊法兰(图 6-15)与乙型平焊法兰(图 6-16)的区别在于乙型平焊法兰有一个厚度不小于 16 mm 的圆筒形短节,因而,乙型平焊法兰的刚性比甲型平焊法兰的好。同时甲型的焊缝开 V 形坡口,乙型的焊缝开 U 形坡口,从这点来看,乙型也比甲型具有较高的强度和刚度。

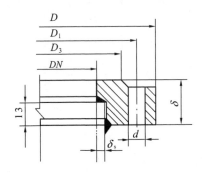
图 6-15　甲型平焊法兰(NB/T 47021—2012)

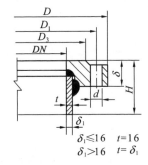
图 6-16　乙型平焊法兰(NB/T 47022—2012)

表 6-2 中给出了甲型、乙型平焊法兰及对焊法兰适用的公称压力和公称直径的对应关系和范围。甲型平焊法兰有 $PN(0.25,0.6,1.0,1.6)$MPa 四个压力等级,适用的直径范围为 $DN300\sim2\,000$ mm,适用的温度为 $-20\sim300$ ℃。乙型平焊法兰用于 $PN(0.25,0.6,1.0,1.6)$MPa 四个压力等级中较大直径范围,并与甲型平焊法兰相衔接,而且还可用于

$PN(2.5,4.0)$ MPa 两个压力等级中较小直径范围,适用的全部直径范围为 $DN300\sim$ 3 000 mm,适用的温度为 $-20\sim350$ ℃。

表 6-2　　　　　　　　　　压力容器法兰分类和规格范围

类型	平焊法兰			对焊法兰
	甲型	乙型		长颈
标准号	NB/T 47021—2012	NB/T 47022—2012		NB/T 47023—2012

简图			

公称压力 PN/MPa	0.25	0.6	1.0	1.6	0.25	0.6	1.0	1.6	2.5	4.0	0.6	1.0	1.6	2.5	4.0	6.4
300	按 PN1.0															
350																
400																
450	按 PN 1.0															
500																
550																
600																
650																
700																
800																
900																
1 000																
1 100																
1 200																
1 300																
1 400																
1 500																
1 600																
1 700																
1 800																
(1 900)																
2 000																
2 200					按 PN 0.6											
2 400																
2 600																
2 800																
3 000																

注　表中带括号的公称直径应尽量不采用。

（2）对焊法兰

对焊法兰由于具有厚度更大的颈(图 6-17),因此,进一步增大了法兰盘的刚度。故规定用于更高的压力(PN0.6$\sim$6.4 MPa)和直径(DN300$\sim$2 400 mm)范围。适用温度范围为 $-70\sim450$ ℃。由表 6-2 可看出,乙型平焊法兰中 DN2 000 mm 以下的规格均已包括在对焊法兰的规定范围之内。这两种法兰的连接尺寸和法兰厚度完全一样。所以 $DN2\,000\,mm$ 以下的乙型平焊法兰可以用轧制的对焊法兰代替，以降低法兰的生产成本。

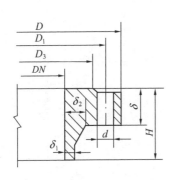 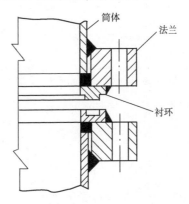

图 6-17　对焊法兰(NB/T 47023—2012)　　　图 6-18　带衬环的甲型平焊法兰

　　平焊法兰与对焊法兰都有带衬环的与不带衬环的两种。当设备由不锈钢制作时，采用碳钢法兰加不锈钢衬环，可以节省不锈钢。如图 6-18 所示为带衬环的甲型平焊法兰。

　　上述法兰的密封面都有平面型、凹凸型和榫槽型三种。配合这三种密封面规定了相应的垫片尺寸标准。表 6-3 是采用各种垫片(包括非金属软垫片、缠绕垫片及金属包垫片)时所规定的垫片宽度。

　　使用法兰标准确定法兰尺寸时，必须知道法兰公称直径与公称压力。压力容器法兰的公称直径与压力容器的公称直径取同一系列数值。例如，$DN1\,000\,mm$ 的压力容器，应当配用 $DN1\,000\,mm$ 的压力容器法兰。

　　法兰公称压力的确定与法兰的最大操作压力和操作温度以及法兰材料三个因素有关。因为在制定法兰尺寸系列，计算法兰厚度时，是以 Q345R 在 200 ℃时的力学性能为基准制定的，所以规定以此基准所确定的法兰尺寸，在 200 ℃时，它的最大允许操作压力就是具有该尺寸法兰的公称压力。譬如，$PN0.6\,MPa$ 的法兰，就是指具有这样一种具体尺寸的法兰，该法兰是用 Q345R 制作的，在 200 ℃时，它的最大允许操作压力是 0.6 MPa。如果把这个 $PN0.6\,MPa$ 的法兰用在高于 200 ℃的条件下，它的最大允许操作压力将低于其公称压力 0.6 MPa。反之，如果将它用在低于 200 ℃的条件下，仍按 200 ℃确定其最高工作压力。如果把法兰的材料改为 Q235B，由于 Q235B 的力学性能比 Q345R 差，这个 $PN0.6\,MPa$ 的法兰，即使是在 200 ℃时操作，它的最大允许操作压力也将低于它的公称压力。反之，如果把法兰的材料由 Q345R 改为 14Cr1MoR，由于 14Cr1MoR 的力学性能优于 Q345R，这个 PN 0.6 MPa 的法兰，在 200 ℃操作时，它的最大允许操作压力将高于它的公称压力。总之，只要法兰的公称直径、公称压力一定，法兰的尺寸也就定了。至于这个法兰允许的最大操作压力是多少，则取决于法兰的操作温度和制造材料。压力容器法兰标准中规定的法兰材料是低碳钢 Q235B、Q235C、Q245R 及低合金钢 Q345R 板材以及 20 和 16Mn 锻件等，表 6-4 是甲型平焊法兰和乙型平焊法兰在不同温度下的公称压力与最大允许工作压力之间的换算关系。利用此表，可以将设计条件中给出的温度与设计压力换算成查取法兰标准所需要的公称压力。例如，为一台操作温度为 300 ℃，设计压力为 0.6 MPa 的容器选配法兰。查表 6-4 可知，如果法兰材料用 Q345R，它的最高工作压力只有 0.5 MPa，故须按公称压力为 1.0 MPa 查取法兰尺寸。长颈对焊法兰在不同温度下的最大允许工作压力见附表 8-1。

表 6-3 法兰垫片宽度 （mm）

DN/mm	PN 0.25 MPa 平面型 软	缠	金	PN 0.25 MPa 凹凸型或榫槽型 软	缠	金	PN 0.6 MPa 平面型 软	缠	金	PN 0.6 MPa 凹凸型或榫槽型 软	缠	金	PN 1.0 MPa 平面型 软	缠	金	PN 1.0 MPa 凹凸型或榫槽型 软	缠	金	PN 1.6 MPa 平面型 软	缠	金	PN 1.6 MPa 凹凸型或榫槽型 软	缠	金	PN 2.5 MPa 平面型 软	缠	金	PN 2.5 MPa 凹凸型或榫槽型 软	缠	金	PN 4.0 MPa 平面型 软	缠	金	PN 4.0 MPa 凹凸型或榫槽型 软	缠	金	PN 6.4 MPa 平面型 软	缠	金	PN 6.4 MPa 凹凸型或榫槽型 软	缠	金
300	17.5 14	无	无	14	无	无	17.5 14	17.5	无	14	无	无	17.5 14	17.5	无	14	14	无	20 17.5 13.5	20 17.5	16	14	14	16	20 18 13.5	27.5 22 16		14	14	16	无	27.5 22 16	16	14			无	22 16	14
(350)																																						26 18	16
400																																							
(450)																																							
500																																							
(550)																																							
600	20 17.5						20 17.5	22					20 17.5	22					27.5 22	27.5 22					27.5 22															
(650)																																							
700																																							
800																																							
900							25																																	
1000				16						16					16	16						16						16											
(1100)																																							
1200																																							
(1300)																																							
1400																																							
(1500)	20 17.5		16										27.5 22																											
1600																																							
(1700)																																							
1800																																							
(1900)																																							
2000																																							
2200																																							
2400	25																																							
2600	25	22	16																																					
2800																																							
3000																																							

注 软——非金属软垫片
　　缠——缠绕垫片
　　金——金属包垫片

表 6-4　　　　甲型、乙型平焊法兰的最大允许工作压力（NB/T 47020—2012）

公称压力 PN/MPa	法兰材料		工作温度 /℃				备注
			>－20～200	250	300	350	
0.25	板材	Q235B	0.16	0.15	0.14	0.13	工作温度下限 20 ℃ 工作温度下限 0 ℃
		Q235C	0.18	0.17	0.15	0.14	
		Q245R	0.19	0.17	0.15	0.14	
		Q345R	0.25	0.24	0.21	0.20	
	锻件	20	0.19	0.17	0.15	0.14	
		16Mn	0.26	0.24	0.22	0.21	
		20MnMo	0.27	0.27	0.26	0.25	
0.60	板材	Q235B	0.40	0.36	0.33	0.30	工作温度下限 20 ℃ 工作温度下限 0 ℃
		Q235C	0.44	0.40	0.37	0.33	
		Q245R	0.45	0.40	0.36	0.34	
		Q345R	0.60	0.57	0.51	0.49	
	锻件	20	0.45	0.40	0.36	0.34	
		16Mn	0.61	0.59	0.53	0.50	
		20MnMo	0.65	0.64	0.63	0.60	
1.00	板材	Q235B	0.66	0.61	0.55	0.50	工作温度下限 20 ℃ 工作温度下限 0 ℃
		Q235C	0.73	0.67	0.61	0.55	
		Q245R	0.74	0.67	0.60	0.56	
		Q345R	1.00	0.95	0.86	0.82	
	锻件	20	0.74	0.67	0.60	0.56	
		16Mn	1.02	0.98	0.88	0.83	
		20MnMo	1.09	1.07	1.05	1.00	
1.60	板材	Q235B	1.06	0.97	0.89	0.80	工作温度下限 20 ℃ 工作温度下限 0 ℃
		Q235C	1.17	1.08	0.98	0.89	
		Q245R	1.10	1.08	0.96	0.90	
		Q345R	1.60	1.53	1.37	1.31	
	锻件	20	1.19	1.08	0.96	0.90	
		16Mn	1.64	1.56	1.41	1.33	
		20MnMo	1.74	1.72	1.68	1.60	
2.50	板材	Q235C	1.83	1.68	1.53	1.38	工作温度下限 0 ℃ DN<1 400 DN≥1 400
		Q245R	1.86	1.69	1.50	1.40	
		Q345R	2.50	2.39	2.14	2.05	
	锻件	20	1.86	1.69	1.50	1.40	
		16Mn	2.56	2.44	2.20	2.08	
		20MnMo	2.92	2.86	2.82	2.73	
		20MnMo	2.67	2.63	2.59	2.50	

（续表）

公称压力 PN/MPa	法兰材料		工作温度 /℃				备注
			＞－20～200	250	300	350	
4.00	板材	Q245R	2.97	2.70	2.39	2.24	
		Q345R	4.00	3.82	3.42	3.27	
	锻件	20	2.97	2.70	2.39	2.24	DN＜1 500 DN≥1 500
		16Mn	4.09	3.91	3.52	3.33	
		20MnMo	4.64	4.56	4.51	4.36	
		20MnMo	4.27	4.20	4.14	4.00	

法兰类型分为一般法兰和衬环法兰两类，一般法兰的代号为"法兰"，衬环法兰的代号为"法兰 C"。

法兰密封面型式代号见表 6-5。

表 6-5　　法兰密封面型式代号（NB/T 47020—2012）

密封面型式		代号
平面密封面	平面密封	RF
凹凸密封面	凹密封面	FM
	凸密封面	M
榫槽密封面	榫密封面	T
	槽密封面	G

法兰标准的标记方法是：

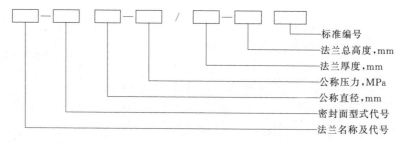

标记示例：

公称压力 1.6 MPa，公称直径 800 mm 的衬环榫槽密封面乙型平焊法兰中的榫面法兰。

　　　法兰 C－T　800－1.60/48－200　NB/T 47022—2012

法兰连接的螺栓与螺母的材料也有规定，详见表 6-6 和附表 8-2～8-4。

甲型平焊法兰和乙型平焊法兰的尺寸系列分别见附表 8-5 和附表 8-6。

【例 6-1】　为一台精馏塔配一对连接塔身与封头的法兰。塔的内径为 1 000 mm，操作温度为 280 ℃,设计压力为 0.2 MPa,材质为 Q235B,处理介质无腐蚀性及其他危害性。

　　解　根据该塔的工艺条件、温度、压力、介质及塔径,确定采用甲型平焊法兰。再根据操作温度、设计压力,从表 6-4 可知,所要选用的甲型平焊法兰,若采用 Q235B 板材,应按公称压力为 0.6 MPa 来查取它的尺寸。

　　由于操作压力不高,由表 6-1,可采用平面型密封面,垫片材料选用石棉橡胶板,从表 6-3 中查得垫片宽度为 20 mm。

　　甲型平焊法兰的各部尺寸可从附表 8-5 中查得,并绘注于图 6-19 中。

　　连接螺栓为 M20,共 36 个,材料由表 6-6 查得为 35。螺母材料为 20。

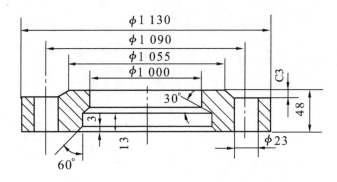

图 6-19　例 6-1 附图

表 6-6　　　　　　　　　法兰、垫片、螺柱、螺母材料匹配表(NB/T 47020—2012)

法兰类型	垫片		匹配	法兰		匹配	螺柱与螺母		
	种类	适用温度范围/℃		材料	适用温度范围/℃		螺柱材料	螺母材料	适用温度范围/℃
甲型法兰	非金属软垫片	橡胶	−20～200	可选配右列法兰材料	板材 GB/T 3274 Q235B,C	Q235B:20～300 Q235C:0～300	可选配右列螺母材料	GB/T 699 20	GB/T 699 15	−20～350
		石棉橡胶	−40～300					GB/T 699 35	20	0～350
		聚四氟乙烯	−50～100		板材 GB 713 Q245R Q345R	−20～450				
		柔性石墨	−240～650						GB/T 699 25	0～350

（续表）

法兰类型	垫片		匹配	法兰		匹配	螺柱与螺母		
	种类	适用温度范围/℃		材料	适用温度范围/℃		螺柱材料	螺母材料	适用温度范围/℃
乙型法兰与长颈法兰	非金属软垫片 橡胶	−20～200	可选配右列法兰材料	板材 GB/T 3274 Q235B,C	Q235B: 20～300 Q235C: 0～300	按附表8-2选定右列螺柱材料后选定螺母材料	35	20 25	0～350
	石棉橡胶	−40～300		板材 GB 713 Q245R Q345R	−20～450		GB/T 3077 40MnB 40Cr 40MnVB	45 40Mn	0～400
	聚四氟乙烯	−50～100							
	柔性石墨	−240～650		锻件 NB/T 47008 20 16Mn	−20～450				
	缠绕垫片 石棉或石墨填充带	−196～800		板材 GB 713 Q245R Q345R	−20～450	按附表8-3选定右列螺柱材料后选定螺母材料	40MnB 40Cr 40MnVB	45 40Mn	−10～400
				锻件 NB/T 47008 20 16Mn	−20～450		GB/T 3077 35CrMoA		
	聚四氟乙烯填充带	−196～260		15CrMo 14Cr1Mo	0～450			GB/T 3077 30CrMoA 35CrMoA	−70～500
				锻件 NB/T 47009 16MnD	−40～350	选配右列螺柱、螺母材料			
	非石墨纤维填充带	−50～300		09MnNiD	−70～350				
	金属包垫片 铜、铝包覆材料	300(铜) 200(铝)	可选配右列法兰材料	锻件 NB/T 47008 12Cr2Mo1	0～450	按附表8-4选定右列螺柱材料后选定螺母材料	40MnVB	45 40Mn	0～400
							35CrMoA	45,40Mn	−10～400
								30CrMoA 35CrMoA	−70～500
							GB/T 3077 25Cr2MoVA	30CrMoA 35CrMoA	−20～500
								25Cr2MoVA	−20～550
	低碳钢、不锈钢包覆材料	400(低碳钢) 500～600(不锈钢)		锻件 NB/T 47008 20MnMo	0～450	PN≥2.5	25Cr2MoVA	30CrMoA 35CrMoA	−20～500
								25Cr2MoVA	−20～550
						PN<2.5	35CrMoA	30CrMoA	−70～500

注 ① 乙型法兰材料按表列板材及锻件选用,但不宜采用Cr-Mo钢制作。相匹配的螺柱、螺母材料按表列规定。
② 长颈法兰材料按表列锻件选用,相匹配的螺柱、螺母材料按表列规定。

2. 管法兰标准

管法兰是压力容器和设备与管道连接的标准件、通用件。它涉及的领域很广,主要有压力容器、锅炉、管道、机械设备,如泵、阀门、压缩机、冷冻机、仪表等诸多行业。因此,管法兰标准的选用必须考虑各相关行业的协调,并同时与国际标准接轨。

管法兰标准涉及的内容相当广泛,除了管法兰本身以外,还与钢管系列(外径、厚度)、公称压力等级、垫片材料及尺寸、紧固件、螺纹等密切相关。

我国现行管法兰标准为 HG/T 20592～20635—2009《钢制管法兰、垫片、紧固件》、

GB/T 9124.1—2019《钢制管法兰　第 1 部分:PN 系列》等。每种管法兰标准中又按公称压力等级分为欧洲体系和美洲体系,见表 6-7。

表 6-7　　　　HG/T 20592～20635—2009 标准欧洲体系和美洲体系公称压力等级

欧洲体系		美洲体系	
标准	公称压力	标准	公称压力
HG/T 20592～20614—2009《钢制管法兰、垫片、紧固件》	$PN2.5,PN6,PN10,$ $PN16,PN25,PN40,$ $PN63,PN100,PN160$	HG/T 20615～20635—2009《钢制管法兰、垫片、紧固件》	$PN20,PN50,PN110,$ $PN150,PN260,PN420$
GB/T 9112～9124—2010《钢制管法兰》	$PN0.25$ MPa,$PN0.6$ MPa,$PN1.0$ MPa,$PN1.6$ MPa,$PN2.5$ MPa,$PN4.0$ MPa,$PN6.3$ MPa,$PN10.0$ MPa,$PN16.0$ MPa	GB/T 9112～9124—2010《钢制管法兰》	$PN2.0$ MPa,$PN5.0$ MPa,$PN11.0$ MPa,$PN15.0$ MPa,$PN26.0$ MPa,$PN42.0$ MPa

压力容器推荐采用 HG/T 20592～20614—2009(欧洲体系)和 HG/T 20615～20635—2009(美洲体系)。该标准于 1997 年发布,2009 年修订,是内容完整、体系清晰、适合国情,并与国际接轨的《钢制管法兰、垫片、紧固件》标准。这里仅对 HG/T 20592—2009《钢制管法兰》和 HG/T 20593—2009《板式平焊钢制管法兰》作简要的介绍。

(1)该标准适用的公称压力等级用 PN 表示,见表 6-8。

表 6-8　　　管法兰的公称压力 PN(HG/T 20592—2009)

$PN2.5$	$PN6$	$PN10$	$PN16$	$PN25$
$PN40$	$PN63$	$PN100$	$PN160$	

(2)管法兰和管子的公称直径(通径)及钢管外径系列见表 6-9,此表中钢管外径包括 A、B 两个系列:A 为国际通用系列(即英制管),B 为国内沿用系列(即公制管)。

表 6-9　　　　管法兰与钢管的公称尺寸及钢管外径(HG/T 20592—2009)　　　　(mm)

公称尺寸 DN	钢管外径		公称尺寸 DN	钢管外径		公称尺寸 DN	钢管外径	
	A	B		A	B		A	B
10	17.2	14	125	139.7	133	700	711	720
15	21.3	18	150	168.3	159	800	813	820
20	26.9	25	200	219.1	219	900	914	920
25	33.7	32	250	273	273	1 000	1 016	1 020
32	42.4	38	300	323.9	325	1 200	1 219	1 220
40	48.3	45	350	355.6	377	1 400	1 422	1 420
50	60.3	57	400	406.4	426	1 600	1 626	1 620
65	76.1	76	450	457	480	1 800	1 829	1 820
80	88.9	89	500	508	530	2 000	2 032	2 020
100	114.3	108	600	610	630			

（3）HG/T 20592—2009管法兰类型及类型代号分别见图 6-20 和表 6-10。

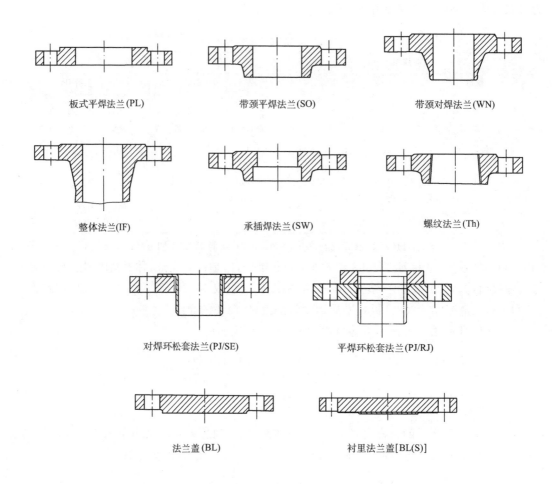

图 6-20　管法兰类型（HG/T 20592—2009）

表 6-10　　　　　　　　　**管法兰类型及类型代号（HG/T 20592—2009）**

法兰类型	法兰类型代号	标准号	法兰类型	法兰类型代号	标准号
板式平焊法兰	PL	HG/T 20593	螺纹法兰	Th	HG/T 20598
带颈平焊法兰	SO	HG/T 20594	对焊环松套法兰	PJ/SE	HG/T 20599
带颈对焊法兰	WN	HG/T 20595	平焊环松套法兰	PJ/RJ	HG/T 20600
整体法兰	IF	HG/T 20596	法兰盖	BL	HG/T 20601
承插焊法兰	SW	HG/T 20597	衬里法兰盖	BL(S)	HG/T 20602

　　（4）板式平焊法兰、带颈平焊法兰、带颈对焊法兰适用的公称直径（通径）和公称压力范围见表 6-11,其他类型法兰的适用范围见附表 9-1。

表 6-11　部分法兰类型与其适用的公称尺寸和公称压力范围（HG/T 20592—2009）

公称尺寸 DN	板式平焊法兰 (PL) A和B 公称压力 PN						带颈平焊法兰 (SO) A和B 公称压力 PN					带颈对焊法兰 (WN) A和B 公称压力 PN						
（适用钢管外径系列）	2.5	6	10	16	25	40	6	10	16	25	40	10	16	25	40	63	100	160
10	×	×	×	×	×	×	×	×	×	×	×	×	×	×	×	×	×	×
15	×	×	×	×	×	×	×	×	×	×	×	×	×	×	×	×	×	×
20	×	×	×	×	×	×	×	×	×	×	×	×	×	×	×	×	×	×
25	×	×	×	×	×	×	×	×	×	×	×	×	×	×	×	×	×	×
32	×	×	×	×	×	×	×	×	×	×	×	×	×	×	×	×	×	×
40	×	×	×	×	×	×	×	×	×	×	×	×	×	×	×	×	×	×
50	×	×	×	×	×	×	×	×	×	×	×	×	×	×	×	×	×	×
65	×	×	×	×	×	×	×	×	×	×	×	×	×	×	×	×	×	×
80	×	×	×	×	×	×	×	×	×	×	×	×	×	×	×	×	×	×
100	×	×	×	×	×	×	×	×	×	×	×	×	×	×	×	×	×	×
125	×	×	×	×	×	×	×	×	×	×	×	×	×	×	×	×	×	×
150	×	×	×	×	×	×	×	×	×	×	×	×	×	×	×	×	×	×
200	×	×	×	×	×	×	×	×	×	×	×	×	×	×	×	×	×	×
250	×	×	×	×	×	×	×	×	×	×	×	×	×	×	×	×	×	×
300	×	×	×	×	×	×	×	×	×	×	×	×	×	×	×	×	×	×
350	×	×	×	×	×	×	×	×	×	—	—	×	×	×	×	×	×	—
400	×	×	×	×	×	×	×	×	×	—	—	×	×	×	×	×	×	—
450	×	×	×	×	×	×	×	×	×	—	—	×	×	×	×	×	—	—
500	×	×	×	×	×	×	×	×	×	—	—	×	×	×	×	×	—	—
600	×	×	×	×	×	×	×	×	×	—	—	×	×	×	×	×	—	—
700	×	×	×	—	—	—	—	—	—	—	—	×	×	—	—	—	—	—
800	×	×	×	—	—	—	—	—	—	—	—	×	×	—	—	—	—	—
900	×	×	×	—	—	—	—	—	—	—	—	×	×	—	—	—	—	—
1 000	×	×	×	—	—	—	—	—	—	—	—	×	×	—	—	—	—	—
1 200	×	×	×	—	—	—	—	—	—	—	—	×	×	—	—	—	—	—
1 400	×	×	×	—	—	—	—	—	—	—	—	×	×	—	—	—	—	—
1 600	×	×	×	—	—	—	—	—	—	—	—	×	×	—	—	—	—	—
1 800	×	×	×	—	—	—	—	—	—	—	—	×	×	—	—	—	—	—
2 000	×	×	×	—	—	—	—	—	—	—	—	×	×	—	—	—	—	—

（5）密封面型式

管法兰密封面型式见图 6-21 和表 6-12。法兰类型、密封面型式及适用的公称压力等级见表 6-13。

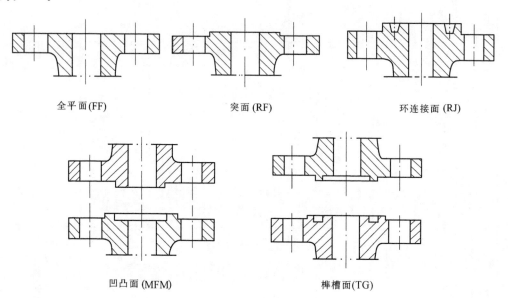

全平面(FF)　　　　　突面 (RF)　　　　　环连接面 (RJ)

凹凸面 (MFM)　　　　　榫槽面(TG)

图 6-21　管法兰密封面型式

表 6-12　　　　　　　　　　管法兰密封面型式及其适用范围

法兰类型	密封面型式	公称压力 PN								
		2.5	6	10	16	25	40	63	100	160
板式平焊法兰 (PL)	突面(RF)	DN10~2 000	DN10~600					—		
	全平面(FF)	DN10~2 000	DN10~600				—			
带颈平焊法兰 (SO)	突面(RF)	—	DN10~300	DN10~600				—		
	凹面(FM) 凸面(M)	—		DN10~600				—		
	榫面(T) 槽面(G)	—		DN10~600				—		
	全平面(FF)	—	DN10~300	DN10~600			—			
带颈对焊法兰 (WN)	突面(RF)	—		DN10~2 000		DN10~600		DN10~400	DN10~350	DN10~300
	凹面(FM) 凸面(M)	—		DN10~600				DN10~400	DN10~350	DN10~300
	榫面(T) 槽面(G)	—		DN10~600				DN10~400	DN10~350	DN10~300
	全平面(FF)	—		DN10~2 000			—			
	环连接面(RJ)	—						DN15~400		DN15~300

（续表）

法兰类型	密封面型式	公称压力 PN								
		2.5	6	10	16	25	40	63	100	160
整体法兰(IF)	突面(RF)	—	DN10~2000			DN10~1200	DN10~600	DN10~400		DN10~300
	凹面(FM)凸面(M)	—	DN10~600					DN10~400		DN10~300
	榫面(T)槽面(G)	—	DN10~600					DN10~400		DN10~300
	全平面(FF)	—	DN10~2000			—				
	环连接面(RJ)	—						DN15~400		DN15~300
承插焊法兰(SW)	突面(RF)	—			DN10~50			—		
	凹面(FM)凸面(M)	—			DN10~50					
	榫面(T)槽面(G)	—			DN10~50					
螺纹法兰(Th)	突面(RF)	—		DN10~150			—			
	全平面(FF)	—		DN10~150			—			
对焊环松套法兰(PJ/SE)	突面(RF)	—		DN10~600			—			
平焊环松套法兰(PJ/RJ)	突面(RF)	—		DN10~6000			—			
	凹面(FM)凸面(M)	—		DN10~600			—			
	榫面(T)槽面(G)	—		DN10~600			—			
法兰盖(BL)	突面(RF)	DN10~2000		DN10~1200		DN10~600		DN10~400		DN10~300
	凹面(FM)凸面(M)	—	DN10~600					DN10~400		DN10~300
	榫面(T)槽面(G)	—	DN10~600					DN10~400		DN10~300
	全平面(FF)	DN10~2000		DN10~1200						
	环连接面(RJ)	—						DN15~400		DN15~300
衬里法兰盖[BL(S)]	突面(RF)	—		DN40~600			—			
	凸面(M)	—		DN40~600			—			
	槽面(G)	—		DN40~600			—			

表 6-13　　　　法兰类型、密封面型式及适用的公称压力等级

法兰类型	密封面型式	公称压力 PN
板式平焊法兰(PL)	突面(RF)	2.5~4.0
	全平面(FF)	2.5~16
带颈平焊法兰(SO)	突面(RF)	6~40
	凹凸面(MFM)	10~40
	榫槽面(TG)	10~40
	全平面(FF)	6~16
带颈对焊法兰(WN)	突面(RF)	10~160
	凹凸面(MFM)	10~40
	榫槽面(TG)	10~160
	全平面(FF)	10~16
	环连接面(RJ)	63~160

(续表)

法兰类型	密封面型式	公称压力 PN
整体法兰(IF)	突面(RF)	6~160
	凹凸面(MFM)	6~160
	榫槽面(TG)	10~160
	全平面(FF)	6~16
	环连接面(RJ)	63~160
承插焊法兰(SW)	突面(RF)	10~100
	凹凸面(MFM)	10~100
	榫槽面(TG)	10~100
螺纹法兰(Th)	突面(RF)	6~40
	全平面(FF)	6~16
对焊环松套法兰(PJ/SE)	突面(RF)	6~40
平焊环松套法兰(PJ/RJ)	突面(RF)	6~16
	凹凸面(MFM)	10~16
	榫槽面(TG)	10~16
法兰盖(BL)	突面(RF)	2.5~160
	凹凸面(MFM)	10~40
	榫槽面(TG)	10~40
	全平面(FF)	2.5~16
	环连接面(RJ)	63~160
衬里法兰盖[BL(S)]	突面(RF)	6~40
	凸面(M)	10~40
	榫面(T)	10~40

管法兰连接尺寸见附表 9-2,法兰密封面尺寸见附表 9-3。

板式平焊钢制管法兰尺寸见附表 9-4~9-8,钢制管法兰用材料见附表 9-9,管法兰标记及标记示例见附录 9。

6.2 容器支座

容器和设备的支座,用来支承其重量,并使其固定在一定的位置上。在某些情况下,支座还要承受操作时的振动,有时还承受地震载荷。如果设备放置在室外,支座还要承受风载荷。

容器与设备支座的结构型式很多,根据容器与设备自身的型式,支座的型式基本上可以分成两大类,即卧式容器支座和立式容器支座。

容器支座

6.2.1 卧式容器支座

卧式容器的支座有三种:鞍座、圈座和支腿,如图 6-22 所示。

常见的卧式容器和大型卧式贮槽、换热器等多采用鞍座,这是应用最广泛的一种卧式容器支座。但对大直径薄壁容器和真空操作的容器,或支承数多于两个的容器,采用圈座比采用鞍座受力情况更好些。支腿一般只适用于小直径的容器。

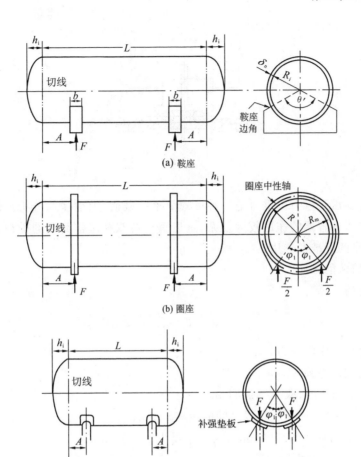

(a) 鞍座

(b) 圈座

(c) 支腿

图 6-22 卧式容器的支座

　　置于支座上的卧式容器,其情况和梁相似。在材料力学中我们曾学到:对于具有一定几何尺寸和承受一定载荷的梁来说,如果各支承点的水平高度相同,采用多支承比采用双支承好,因前者在梁内产生的应力小。但是具体情况必须具体分析。对于大型卧式容器,采用多支座时,如果各支座的水平高度有差异,或地基有不均匀的沉陷,或筒体不直、不圆等,则各支座的反力就要重新分配,这就可能使筒体的局部应力大为增加,因而体现不出多支座的优点,故对于卧式容器最好采用双支座。

　　设备受热会伸长,如果不允许设备有自由伸长的可能性,则在器壁中将产生热应力。如果设备在操作与安装时的温度相差很大,可能由于热应力而导致设备的破坏。因此对于在操作时需要加热的设备,总是将一个支座做成固定式的,另一个做成活动式的,使设备与支座间可以有相对的位移。

　　活动式支座有滑动式和滚动式两种。滑动式支座的支座与器身固定,支座能在基础面上自由滑动。这种支座结构简单,较易制造,但支座与基础面之间的摩擦力很大,有时螺栓因年久而锈住,支座也就无法活动。图 6-23 是滚动式支座,支座本身固定在设备上,支座与基础面间装有滚子。这种支座移动时摩擦力很小,但造价较高。

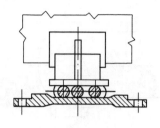

图 6-23 滚动式支座

1. 双鞍座

卧式支座主要承受重力。重力是一种形式简单的载荷,无须多加分析。但是支座反力和重力对于卧式薄壁容器的作用较为复杂,这里重点对双鞍座作简要的受载分析和强度校核,并介绍双鞍座的标准及选用。

(1)双鞍座筒体的轴向应力

①支座反力的计算

$$F = \frac{mg}{2} \quad 或 \quad F = \frac{q}{2}\left(L + \frac{4}{3}h_i\right) \tag{6-1}$$

式中 F ——每一支座的反力,N;

　　　m ——容器的总质量,kg;

　　　g ——重力加速度,取 $g = 9.81 \text{ m/s}^2$;

　　　L ——筒体长度(两封头切线之间的距离),mm;

　　　h_i ——封头内壁曲面高度,mm,对于平封头 $h_i = 0$ mm;

　　　q ——单位长度的重量载荷,N/mm;

$$q = \frac{2F}{L + \frac{4}{3}h_i}$$

　　　mg ——设备总重量(包括容器自重、充满所容介质的重量、所有附属装置及保温层等的重量),N。

②筒体轴向弯矩的计算

双支座支承的卧式容器,可视为双支点的外伸梁,在容器轴向存在两个最大弯矩,一个在鞍座处,一个在容器两支座间跨距的中点处,如图 6-24 所示。

跨距中点处截面上的弯矩按下式计算:

$$M_1 = \frac{FL}{4}\left[\frac{1 + 2(R_m^2 - h_i^2)/L^2}{1 + 4h_i/(3L)} - \frac{4A}{L}\right] \quad (\text{N} \cdot \text{mm}) \tag{6-2}$$

支座处截面上的弯矩按下式计算:

$$M_2 = -FA\left[1 - \frac{1 - A/L + (R_m^2 - h_i^2)/2AL}{1 + 4h_i/(3L)}\right] \quad (\text{N} \cdot \text{mm}) \tag{6-3}$$

式中 R_m ——筒体的平均半径,mm,$R_m = R_i + \delta_n/2$;

　　　A ——支座中心线至封头切线的距离,mm;

　　　其他符号同前。

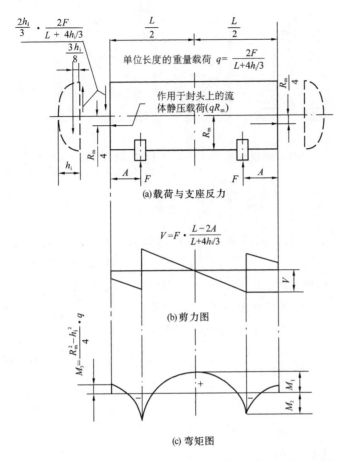

$\dfrac{2h_i}{3} \cdot \dfrac{2F}{L+4h_i/3}$

$\dfrac{3h_i}{8}$

单位长度的重量载荷 $q=\dfrac{2F}{L+4h_i/3}$

作用于封头上的流体静压载荷 (qR_m)

(a) 载荷与支座反力

$V=F\cdot\dfrac{L-2A}{L+4h_i/3}$

(b) 剪力图

$M_3=\dfrac{R_m^2-h_i^2}{4}\cdot q$

(c) 弯矩图

图 6-24　卧式容器载荷、支座反力、剪力及弯矩图

下列情况的 M_2 值为正值:

(1)平封头

$A/R_m < 0.707$

(2)过渡区半径为 15%封头直径的碟形封头

$A/R_m < 0.398$

(3)标准椭圆形封头

$A/R_m < 0.363$

半球形封头的 M_2 值为负值

③筒体轴向应力的计算

在跨距中点处横截面上,由介质压力及弯矩所引起的轴向应力之和如下:

a.在横截面的最高点:

$$\sigma_1=\dfrac{p_c R_m}{2\delta_e}-\dfrac{M_1}{\pi R_m^2\delta_e} \tag{6-4}$$

b.在横截面的最低点:

$$\sigma_2=\dfrac{p_c R_m}{2\delta_e}+\dfrac{M_1}{\pi R_m^2\delta_e} \tag{6-5}$$

式中　p_c——计算压力,MPa;

　　　δ_e——筒体有效壁厚,mm。

上述应力及其沿壁厚分布如图 6-25(b)所示。

在支座处横截面上,由压力及弯矩所引起的轴向应力之和取决于支承面上筒体的局部刚性。当在载荷作用下筒体不能保持圆形时(图 6-26),其横截面上部的一部分对承受轴向弯矩不起作用。

当支座靠近容器封头,即 $A \leqslant R_m/2$ 时,封头的刚性足够保持圆形横截面。这样的筒体称为用封头加强的筒体。

(a)　(b) 1-1截面上的轴向应力　(c) 2-2截面上的轴向应力（筒体有加强或 $A \leqslant R_m/2$）

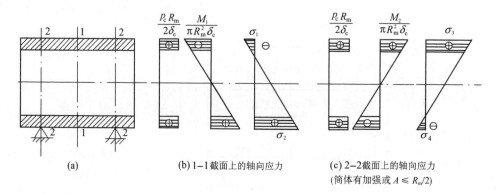

图 6-25　卧式容器的轴向应力示意图

由压力和弯矩所引起的轴向应力之和，应按下列方法计算两个位置上的应力。

a. 当筒体有加强圈或由封头加强时（即 $A \leqslant R_m/2$），轴向应力 σ_3 在横截面的最高点处，其应力计算与分布如图 6-25(c)所示。当筒体未被加强时，σ_3 位于靠近水平中心线处，如图 6-26 所示。

图 6-26　承受弯矩的无效和有效截面

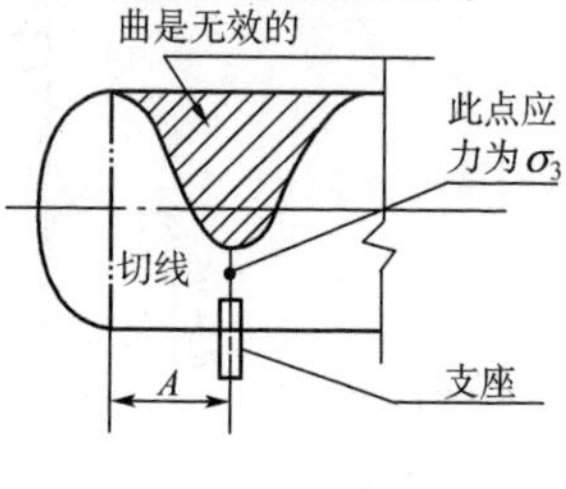

$$\sigma_3 = \frac{p_c R_m}{2\delta_e} - \frac{M_2}{K_1 \pi R_m^2 \delta_e} \tag{6-6}$$

b. 在筒体截面的最低点处：

$$\sigma_4 = \frac{p_c R_m}{2\delta_e} + \frac{M_2}{K_2 \pi R_m^2 \delta_e} \tag{6-7}$$

式中　K_1, K_2——系数，由表 6-14 查得。

表 6-14　系数 K_1、K_2

条件	鞍座包角 θ /(°)	K_1	K_2
由封头加强的筒体，即 $A \leqslant R_m/2$，或在鞍座平面上有加强圈的筒体	120	1.0	1.0
	150	1.0	1.0
未被封头加强的筒体，即 $A > R_m/2$，或在鞍座平面上无加强圈的筒体	120	0.107	0.192
	150	0.161	0.279

④筒体轴向应力的验算

以上算出的轴向拉应力不得超过材料在设计温度下的许用应力 $[\sigma]^t$，轴向压缩应力不得超过材料在设计温度下的许用应力$[\sigma]^t$ 和轴向许用压缩应力 $[\sigma]_{ac}$ 中的较小值。

$$[\sigma]_{ac} = B \tag{6-8}$$

式中，B 的求取方法如下：

a. 根据 R_m 和 δ_e 值按下式计算 A 值：

$$A = \frac{0.094}{R_m/\delta_e} \tag{6-9}$$

b. 由 a 所得的系数 A,根据所用材料,运用图 5-7～图 5-15 及 5.3 节的方法查到 B 值。

c. 当系数 A 落在设计温度下材料线的左方时,则按下式计算 B 值:

$$B = \frac{2}{3} A E^{t} \qquad (6-10)$$

式中 E^{t}——设计温度下材料的弹性模量,MPa。

双鞍座的筒体除了上述轴向应力之外,在鞍座处还存在着切向剪应力和周向应力,这里不予讲述。

(2)双鞍座的结构与标准

鞍座的结构如图 6-27 所示,它由横向直立筋板、轴向直立筋板和底板焊接而成。在与设备筒体连接处,有带加强垫板和不带加强垫板两种结构,图 6-27 为带加强垫板结构。必须设置加强垫板的条件详见附录 10 之 9。加强垫板的材料应与设备壳体材料相同,鞍座的材料(加强垫板除外)为 Q235AF。

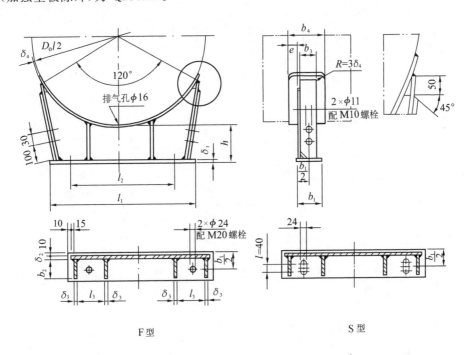

F 型   S 型

图 6-27 $DN1\,000～2\,000$ mm 轻型(A)带垫板、包角为 120°的鞍座结构

鞍座的底板尺寸应保证基础的水泥面不被压坏。根据底板上螺栓孔形状的不同,每种型式的鞍座又分为 F 型(固定支座)和 S 型(活动支座),F 型和 S 型底板的各部尺寸,除地脚螺栓孔外,其余均相同。在一台容器上,F、S 型总是配对使用。活动支座的螺栓孔采用长圆形,地脚螺栓采用两个螺母,第一个螺母拧紧后倒退一圈,然后用第二个螺母锁紧,使鞍座能在基础面上自由滑动。

鞍座标准分为轻型(A)和重型(B)两大类,重型又分为 BⅠ～BⅤ五种型号,详见表 6-15。

图 6-27 和表 6-16 给出了 $DN1\,000～2\,000$ mm 轻型(A)带垫板、包角为 120°的鞍座结

构和参数尺寸。其他型号鞍座结构与参数尺寸以及允许载荷、材料与制造、检验、验收和安装技术要求详见附录 10。

表 6-15　　　　　　　　　　　　各种型式的鞍座结构特征

型式			包角	垫板	筋板数	适用公称直径 DN/mm
轻型	焊制	A	120°	有	4	1 000～2 000
					6	2 100～4 000
重型	焊制	BⅠ	120°	有	1	159～426
						300～450
					2	500～900
					4	1 000～2 000
					6	2 100～4 000
		BⅡ	150°	有	4	1 000～2000
					6	2 100～4 000
		BⅢ	120°	无	1	159～426
						300～450
					2	500～900
	弯制	BⅣ	120°	有	1	159～426
						300～450
					2	500～900
		BⅤ	120°	无	1	159～426
						300～450
					2	500～900

表 6-16　　　　DN1 000～2 000 mm 轻型（A）带垫板、包角为 120°的鞍座参数尺寸　　　　　　（mm）

公称直径 DN	允许载荷 Q/kN	鞍座高度 h	底板 l_1	底板 b_1	底板 δ_1	腹板 δ_2	筋板 l_3	筋板 b_2	筋板 b_3	筋板 δ_3	垫板 弧长	垫板 b_4	垫板 δ_4	垫板 e	螺栓间距 l_2	鞍座质量/kg	增加 100 mm 高度需增加的质量/kg
1 000	140	200	760	170	10	6	170	140	180	6	1 180	320	6	55	600	47	7
1 100	145		820				185				1 290				660	51	7
1 200	145		880				200				1 410				720	56	7
1 300	155		940				215				1 520	350			780	74	9
1 400	160		1 000				230				1 640				840	80	9
1 500	270	250	1 060	200	12	8	240	170	230	8	1 760	390	8	70	900	109	12
1 600	275		1 120				255				1 870				960	116	12
1 700	275		1 200				275				1 990				1 010	122	12
1 800	295		1 280				295				2 100				1 120	162	16
1 900	295		1 360	220		10	315	190	260		2 220	430	10	80	1 200	171	16
2 000	300		1 420				330				2 330				1 260	160	17

一台卧式容器的鞍座,一般情况下不多于两个。因为各鞍座水平高度的微小差异会造成各支座的受力不均,引起容器筒壁内的不利应力。采用双鞍座时,圆柱形筒体的端部切线与鞍座中心线间的距离 A(图 6-22)可按下述原则确定:

当筒体的 L/D 较小,δ/D 较大,或在鞍座所在平面内有加强圈时,取 $A \leqslant 0.2L$;

当筒体的 L/D 较大,且在鞍座所在平面内无加强圈时,取 $A \leqslant D_0/4$,且 A 不宜大于 $0.2L$;

A 不得大于 $0.25L$。

鞍座标准的选用,首先根据鞍座实际承载的大小,确定选用轻型(A)或重型(BⅠ,BⅡ,BⅢ,BⅣ,BⅤ)鞍座,再根据容器圆筒强度确定选用 120°或 150°包角的鞍座,标准高度下鞍座的允许载荷和各部分结构尺寸可从表 6-16 和附表 10-1~附表 10-8 中得到。

鞍座标记方法见附录 10 之 12。

2. 圈座

圈座的适用范围是:因自身重量而可能造成严重挠曲的薄壁容器;多于两个支承的长容器。圈座的结构如图 6-22(b)所示。

3. 支腿

支腿的结构如图 6-22(c)所示,由于这种支座在与容器壁连接处会造成严重的局部应力,故只适用于小型容器。

6.2.2　立式容器支座

立式容器的支座主要有耳式支座、腿式支座、支承式支座和裙式支座四种。中、小型直立容器常采用前三种支座,高大的塔设备则广泛采用裙式支座。

耳式支座又称悬挂式支座,它由筋板和底板组成,广泛用在反应釜及立式换热器等直立设备上。它的优点是简单、轻便,但与支座连接处器壁会产生较大的局部应力。因此,当设备较大或器壁较薄时,应在支座与器壁间加一垫板。对于不锈钢制设备,用碳钢制作支座时,为防止器壁与支座在焊接过程中不锈钢中合

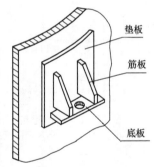

图 6-28　耳式支座

金元素的流失,也需在支座与器壁间加一个不锈钢垫板。如图 6-28 所示是带有垫板的耳式支座。耳式支座的型式特征见表 6-17。

表 6-17　　　　　　　耳式支座结构的型式特征

型式		支座号	垫板	盖板	适用公称直径 DN/mm
短臂	A	1~5	有	无	300~2 600
		6~8		有	1 500~4 000
长臂	B	1~5	有	无	300~2 600
		6~8		有	1 500~4 000
加长臂	C	1~3	有	有	300~1 400
		4~8			1 000~4 000

图 6-29 和表 6-18 给出了 A 型耳式支座的结构及系列参数尺寸，B 型和 C 型耳式支座的结构及系列参数尺寸见附录 11。

B 型耳式支座有较宽的安装尺寸，当设备外面有保温层，或者将设备直接放在楼板上时，宜采用 B 型耳式支座。

耳式支座标准选用的方法是：根据公称直径 DN 及估算的每个支座承受的重量 Q，预选一标准支座，然后按附录 11 的方法计算支座承受的实际载荷 Q，并使 $Q \leqslant [Q]$。$[Q]$ 为支座本体允许载荷，单位为 kN，其值可由表 6-18 或附表 11-1 查得。一般情况下，还应校核支座处圆筒所受的支座弯矩 M_L，并使 $M_L \leqslant [M_L]$。

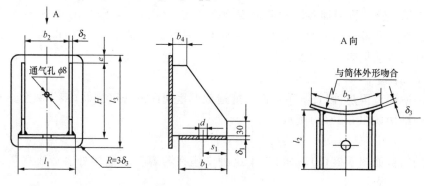

图 6-29　A 型耳式支座

表 6-18　　　　　　　　　　　A 型耳式支座系列参数尺寸　　　　　　　　　　　（mm）

支座号	支座本体允许载荷 Q/kN		适用容器公称直径 DN	高度 H	底板				筋板			垫板				地脚螺栓		A 型支座质量/kg
	Q235A S30403	Q345R 15CrMoR			l_1	b_1	δ_1	s_1	l_2	b_2	δ_2	l_3	b_3	δ_3	e	d	规格	
1	10	14	300~600	125	100	60	6	30	80	80	4	160	125	6	20	24	M20	1.7
2	20	26	500~1 000	160	125	80	8	40	100	100	5	200	160	6	24	24	M20	3.0
3	30	44	700~1 400	200	160	105	10	50	125	125	6	250	200	8	30	30	M24	6.0
4	60	90	1 000~2 000	250	200	140	14	70	160	160	8	315	250	8	40	30	M24	11.1
5	100	120	1 300~2 600	320	250	180	16	90	200	200	10	400	320	10	48	30	M24	21.6
6	150	190	1 500~3 000	400	315	230	20	115	250	250	12	500	400	12	60	36	M30	40.8
7	200	230	1 700~3 400	480	375	280	22	130	300	300	14	600	480	14	70	36	M30	67.3
8	250	320	2 000~4 000	600	480	360	26	145	380	380	16	720	600	16	72	36	M30	120.4

垫板材料一般应与容器材料相同，支座的筋板和底板材料代号为Ⅰ表示 Q235A、Ⅱ表示 Q345R、Ⅲ表示 S30403、Ⅳ表示 15CrMoR。

耳式支座的标记方法：

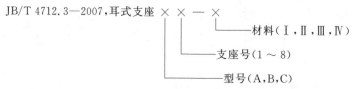

如 A 型，不带垫板，3 号耳式支座，支座材料为 Q235A，标记为

　　　　JB/T 4712.3—2007,耳式支座 AN3-Ⅰ
　　　　材料：Q235A

6.3　容器的开孔补强

在压力容器上,由于各种工艺要求或结构上的要求以及操作、维护检修等方面的要求,需要在容器壁和封头上开孔或安装接管。在开孔或安装接管处一般需采取相应的补强措施。

容器的
开孔补强

6.3.1　开孔应力集中现象及其原因

容器开孔之后,在孔边附近的局部地区,应力会达到很大的数值。这种局部的应力增长现象,叫作"应力集中"。在应力集中区域的最大应力值,称为"应力峰值",通常用 $\sigma_{\max}$ 表示。

如图 6-30 所示为一球壳(未经补强)开孔接管后的实测应力曲线。图中 K 为实际应力与球壳薄膜应力的比值,称为"应力集中系数"。

$$K = \frac{\sigma_{\text{实际}}}{pR/(2\delta)} \tag{6-11a}$$

式中　p ——内压,MPa;

　　　R ——球壳平均半径,mm;

　　　δ ——球壳厚度,mm;

　　　$\sigma_{\text{实际}}$ ——球壳或其接管中的实际应力,MPa。

工程上一般用应力集中系数来表示应力集中程度。

引起开孔附近应力集中现象的基本原因是结构的连续性被破坏。在开口接管处,壳体和接管的变形不一致。为了使二者在连接之后的变形协调一致,连接处便产生了附加内力,主要是附加弯矩。由此产生的附加弯曲应力,便形成了连接处局部地区的应力集中。

下面以带有接管的球壳为例,对连接处的变形和内力作简要分析。如图 6-31(a)所示为一带有接管的球壳。首先,分析球壳和接管在连接以前各自的受力和变形情况,如图 6-31(b)所示。

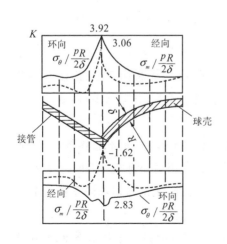

图 6-30　球壳接管后的实测应力曲线

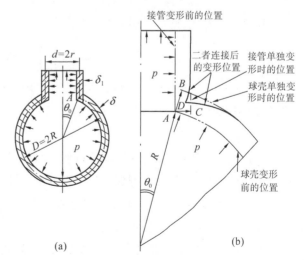

图 6-31　球壳与接管连接处的变形分析

球壳的平均半径为 R，承受内压后，变为 $R+\Delta R$。处于球壳中间面上的 A 点，承受内压后亦产生径向位移，由 A 点移至 B 点，其位移量为

$$\Delta_{AB}=\Delta R \tag{6-11b}$$

ΔR 为球壳承受内压后的半径增加量，它与球壳的环向应变存在下列关系：

$$\Delta R = R\varepsilon_\theta \tag{6-11c}$$

其中

$$\varepsilon_\theta = \frac{\sigma_\theta}{E}-\mu\frac{\sigma_m}{E} \tag{6-11d}$$

σ_θ、σ_m 分别为球壳的环向和经向薄膜应力，二者相等，即

$$\sigma_\theta=\sigma_m=\frac{pR}{2\delta} \tag{6-11e}$$

利用上述各式，便得到球壳在内压作用下 A 点的位移量：

$$\Delta_{AB}=\frac{pR^2}{2E\delta}(1-\mu) \tag{6-11}$$

对处于接管上的 A 点，在内压作用下，产生沿接管半径方向的位移，由 A 点移至 C 点，其位移量为

$$\Delta_{AC}=\Delta r \tag{6-12a}$$

Δr 为接管承受内压后的半径增加量，它与接管的环向应变亦存在下列关系：

$$\Delta r = r\varepsilon_\theta \tag{6-12b}$$

其中，r 为接管的中面半径，ε_θ 为接管的环向应变。

$$\varepsilon_\theta = \frac{\sigma_\theta}{E}-\mu\frac{\sigma_m}{E} \tag{6-12c}$$

其中，σ_θ、σ_m 为接管的薄膜应力，它们分别为

$$\sigma_\theta=\frac{pr}{\delta_1},\sigma_m=\frac{pr}{2\delta_1} \tag{6-12d}$$

利用上述各式，便可得到处于接管上的 A 点在承受内压后所产生的位移量：

$$\Delta_{AC}=\frac{pr^2}{2E\delta_1}(2-\mu) \tag{6-12}$$

比较式(6-11)和式(6-12)可以发现：对于同一个 A 点处，在球壳和接管上(连接处)，其位移的大小和方向是不一致的：Δ_{AB} 沿着球壳的半径方向，既非垂直，又非水平；而 Δ_{AC} 则为水平方向。

二者连成一体后，必须保证变形协调，因此，A 点既不能移至 B 点，也不能移至 C 点，而必须是两点之间的某一点，例如 D 点，如图 6-31(b)所示。这就相当于将球壳上的 B 点和接管上的 C 点都拉到 D 点，从而使二者连在一起。于是，在连接处，无论是球壳还是接管都产生了弯曲变形，也产生了局部弯曲应力。

上述连接点处的弯曲变形和边界效应一样，也具有局部性，即只在连接处附近区域发生，离开连接处稍远处，弯曲变形与弯曲应力很快衰减并趋于消失。

6.3.2 开孔补强设计原则、形式与结构

1. 补强设计方法

常用的适用于容器本体的开孔及其补强计算的补强方法有等面积法和分析法。

(1)等面积法

①等面积法的设计原则

等面积法是世界各国沿用较久的一种方法,其设计计算较为复杂,且偏于保守。但经验证明,其补强结果比较安全可靠,因此仍然得到广泛应用。

从补强角度讲,壳体由于开孔丧失的拉伸承载面积应在孔边有效补强范围内等面积地进行补强。当补强材料与壳体材料相同时,所需补强面积就与壳体开孔削弱的强度面积相等,俗称等面积法。无限大平板开小孔,是容器壳体进行等面积补强的力学基础。

等面积法是以补偿开孔局部截面的拉伸强度作为补强准则的,为此其补强只涉及静力强度问题。

等面积法对开孔边缘的二次应力的安定性问题是通过限制开孔形状和开孔范围(开孔率)间接加以考虑的,使孔边的局部应力得到一定的控制。长期的使用经验证明该方法在允许使用范围内,开孔边缘的安定性能够得到保障。

等面积法对开孔边缘的峰值应力问题未加考虑,为此该方法不适用于疲劳容器的开孔补强。

②等面积法的局限性

a. 等面积法粗略地认为在补强范围内补强金属的均匀分布降低了孔边缘的应力集中作用。

b. 等面积法忽视了开孔处应力集中与开孔系数的影响。例如,相同大小的圆孔,当壳体直径很大时,造成的强度削弱就小;反之,壳体直径很小时,开孔率很大,削弱也大。因此,等面积法有时富余,有时显得不足。

c. 等面积法认为壳体的高应力处一直在筒体中心线与开孔中心线构成的截面上,而事实上,在某些几何尺寸下,例如接管壁厚大于壳体壁厚,高应力点可能会偏移出该截面。

虽然压力容器壳体开孔以后受力状态并非完全等同于大平板开圆孔,但是,由于在较小开孔率等特定条件下,偏差不会很大,基于无限大平板开小圆孔理论的等面积法计算较为方便,因此等面积法在工程中得到广泛应用。为保证其准确性,GB/T 150—2011 规定了其适用范围、开孔形状及位置要求。

③等面积法的适用范围

等面积法适用于压力作用下壳体和平封头上的圆形、椭圆形或长圆形开孔。当在壳体上开椭圆形或长圆形孔时,孔的长径与短径之比应不大于 2.0。本方法的适用范围如下:

a. 当圆筒内径 $D_i \leqslant 1\,500$ mm 时,开孔最大直径 $d_{op} \leqslant D_i/2$,且 $d_{op} \leqslant 520$ mm;当圆筒内径 $D_i > 1\,500$ mm 时,开孔最大直径 $d_{op} \leqslant D_i/3$,且 $d_{op} \leqslant 1\,000$ mm;

b. 凸形封头或球壳开孔的最大允许直径 $d_{op} \leqslant D_i/2$;

c. 锥形封头开孔的最大直径 $d_{op} \leqslant D_i/3$，D_i 为开孔中心处的锥壳内直径。

（注：开孔最大直径 d_{op} 对椭圆形或长圆形开孔指长轴尺寸。）

（2）分析法

分析法是 GB/T 150—2011 新增加的补强设计方法，该方法的理论基础是清华大学研究组经过 20 多年研究而提出的适用于圆柱大开孔的薄壳理论解。图 6-32 为圆筒开孔补强分析法和等面积法的适用范围，与传统等面积法比较，分析法大大扩展了圆柱壳开孔补强的适用范围。

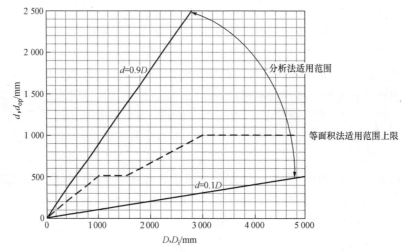

d_{op}——开孔直径；d——接管中面直径；D——圆筒中径；D_i——圆筒内径

图 6-32 圆筒开孔补强分析法与等面积法的适用范围

分析法的模型假定接管和壳体是连续的整体结构，因此在使用分析法时，应保证焊接接头的整体焊透性和质量。分析法的设计准则是基于塑性极限与安定分析得出的，通过保证一次加载时有足够的塑性承载能力和反复加载的安定要求来保证开孔安全。GB/T 150.3—2011 中分析法与等面积法一样，不能用于疲劳设计。

GB/T 150.3—2011 中的分析法给出了两种计算途径：

（1）等效应力校核直接算出开孔处等效薄膜应力强度 S_{II} 和等效总应力强度 S_{IV}，然后进行应力评定。如果有特殊要求的压力容器开孔补强，可以根据要求进行评定。

（2）补强结构尺寸设计，是在遵从 GB/T 150.3—2011 中式（6-41）、式（6-42）设计准则基础上，给出最小设计结构尺寸。

2. 不另行补强的最大开孔直径

壳体开孔满足下述全部要求时，可不另行补强：

a. 设计压力 $p \leqslant 2.5$ MPa；

b. 两相邻开孔中心的间距（对曲面间距以弧长计算）应不小于两孔直径之和；对于 3 个或 3 个以上相邻开孔，任意两孔中心的间距（对曲面间距以弧长计算）应不小于该两孔直径之和的 2.5 倍；

c. 接管外径小于或等于 89 mm；

　　d. 接管壁厚满足表 6-19 要求,表中接管壁厚的腐蚀裕量为 1 mm,需要加大腐蚀裕量时,应相应增加壁厚;

　　e. 开孔不得位于 A、B 类焊接接头上;

　　f. 钢材的标准抗拉强度下限值 $R_m \geqslant 540$ MPa 时,接管与壳体的连接宜采用全焊透的结构型式。

表 6-19　　　　　　　　　　接管外径及壁厚规格　　　　　　　　　　(mm)

接管外径	接管壁厚	接管外径	接管壁厚
25,32,38	≥3.5	57,65	≥5.0
45,48	≥4.0	76,89	≥6.0

3. 补强形式

(1) 内加强平齐接管

将补强金属加在接管或壳体的内侧,如图 6-33(a)所示。

(2) 外加强平齐接管

将补强金属加在接管或壳体的外侧,如图 6-33(b)所示。

(3) 对称加强凸出接管

采用凸出(插入)接管,接管的内伸与外伸部分实行对称加强,如图 6-33(c)所示。

(4) 密集补强

将补强金属集中地加在接管与壳体的连接处,如图 6-33(d)所示。

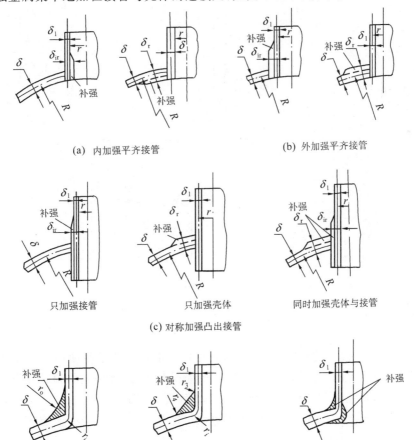

(a) 内加强平齐接管　　　　　　　　　(b) 外加强平齐接管

只加强接管　　　　只加强壳体　　　　同时加强壳体与接管

(c) 对称加强凸出接管

(d) 密集补强

图 6-33　补强的几种形式

理论和实验研究结果表明,从强度角度看,密集补强最好,对称加强凸出接管次之,内加强平齐接管第三,外加强平齐接管最差。从制造角度来看,密集补强须将接管根部和壳体连接处制成一整体结构,这就给制造加工带来困难,而且容器和开孔直径越大,加工越难;对称加强凸出接管的连接处的内侧焊接困难,且容器和开孔直径越小越困难;对于内加强平齐接管,除加工制造困难外,还会给工艺流程带来一些其他问题,一般不采用这种形式。

4. 补强结构

补强结构是指补强金属采用什么结构型式与被补强的壳体或接管连成一体。主要有以下几种。

（1）补强圈补强结构

以补强圈作为补强金属部分焊接在壳体与接管连接处,如图 6-34(a)所示。

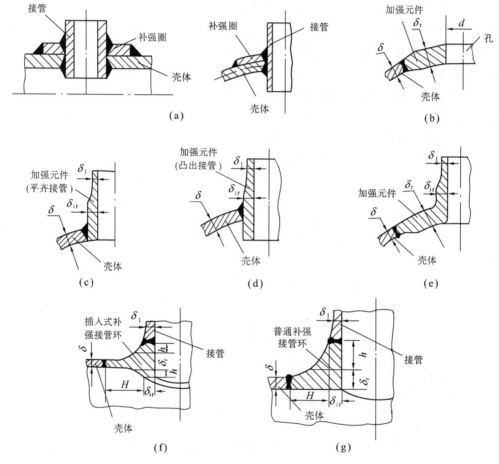

图 6-34 几种补强结构

补强圈的材料一般与器壁的材料相同,其厚度一般也与器壁厚度相同。补强圈与被补强的器壁之间要很好地贴合与焊接,使其与器壁能同时受力,否则起不到补强作用。为了检验焊缝的紧密性,补强圈上开有一个 M10 的小螺纹孔,如图 6-35 所示。从这里通入压缩空气,并在补强圈与器壁的连接焊缝外涂抹肥皂水。焊缝有缺陷,就会在该处吹起肥皂泡。

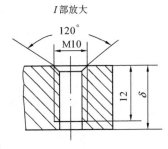

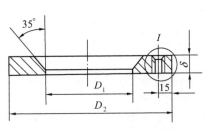

图 6-35 补强圈

在这种搭板焊接结构中,补强金属板与壳体或接管金属之间存在着一层静气隙,传热效果差,致使二者温差与热膨胀差较大,因而在补强的局部地区往往会产生较大的热应力。此外,这种结构由于补强圈和壳体或接管金属没有形成一个整体,因而抗疲劳能力差。由于上述缺点,补强圈补强结构只适用于一般中、低压容器。

采用补强圈补强结构时,应遵循下列规定:

①钢材的标准抗拉强度下限值 $R_m \leqslant 540$ MPa;

②补强圈厚度 $\leqslant 1.5\delta_n$(δ_n 为壳体开孔处的名义厚度,mm);

③壳体名义厚度 $\delta_n \leqslant 38$ mm。

如果实际情况超出上述范围,则应采用加强元件补强结构或整体补强结构。若条件许可,目前推荐以厚壁接管代替补强圈进行补强,其 δ_{nt}/δ_n 宜为 $0.5 \sim 2$。

补强圈补强已有标准可供选用。

(2)加强元件补强结构

这种补强结构是根据接管或壳体开孔附近需要加强部分的需要,制作成加强元件,然后再与接管和壳体焊在一起。如图 6-34(b)、(c)、(d)、(e)所示。

(3)整体补强结构

整体补强结构是增加壳体的厚度,或用全焊透的结构型式将厚壁接管或整体补强锻件与壳体相焊。如图 6-34(f)所示为用于凸出接管的"插入式补强接管环",如图 6-34(g)所示为用于平齐接管的"普通补强接管环"。

6.3.3 等面积补强设计方法

如前所述,等面积补强就是使补强的金属量等于或大于开孔所削弱的金属量。补强金属在通过开孔中心线的纵截面上的正投影面积,必须等于或大于壳体由于开孔而在这个纵截面上所削弱的正投影面积,即

$$A_1 + A_2 + A_3 \geqslant A \tag{6-13}$$

式中 A_1, A_2, A_3——起补强作用的金属在通过开孔中心线的纵截面上的正投影面积,mm^2;

A——壳体由于开孔在上述纵截面上削弱而需要补强的正投影面积,mm^2。

1. 容器壳体开孔补强的要求

内压圆筒和封头及外压容器开孔时,通过孔中心,且垂直于壳体表面的截面上所需的最

小补强面积按表 6-20 要求进行计算。

表 6-20　　　　　　　　　　容器开孔补强面积的要求

容器或封头种类	要求补强的面积/mm²	说明
内压圆筒或球壳	$A = d_{op}\delta + 2\delta\delta_{et}(1-f_r)$ (6-14)	δ ——圆筒或球壳开孔处的计算厚度,按式(4-5)、式(4-12)计算,mm; δ_{et} ——接管有效厚度,mm; d_{op} ——开孔直径,圆形孔取接管内直径加两倍厚度附加量,椭圆形或长圆形孔取所考虑平面上的尺寸(弦长,包括厚度附加量),mm; f_r ——强度削弱系数,等于设计温度下接管材料与壳体材料许用应力之比,当该比值大于 1.0 时,取 $f_r=1.0$。
内压椭圆形封头		开孔位于以椭圆封头中心为中心80%封头内直径的范围内: $$\delta = \frac{p_c K_1 D_i}{2[\sigma]^t\phi - 0.5p_c}$$ (6-15) K_1 ——椭圆形长短半轴之比决定的系数,由表4-13查得。
内压碟形封头		开孔位于碟形封头球面部分内: $$\delta = \frac{p_c R_i}{2[\sigma]^t\phi - 0.5p_c}$$ (6-16) R_i ——碟形封头球面部分内半径,mm; 开孔位于球面部分以外时,δ 按式(4-26)计算。
内压锥壳(或锥形封头)		δ ——以开孔中心处锥壳内直径取代式(4-31)中的 D_c 计算后所得的锥壳厚度; ϕ ——当开孔不通过焊缝时,取 $\phi=1.0$,否则,ϕ 按表4-8取值。
外压圆筒或球壳	$A = 0.5[d_{op}\delta + 2\delta\delta_{et}(1-f_r)]$ (6-17)	δ ——按外压计算时圆筒和球壳开孔处的计算厚度,mm。 注　对安放式接管取 $f_r=1.0$。

2. 开孔有效补强范围及补强面积的计算

筒体或封头进行开孔补强时,其补强区的有效范围按图 6-36 确定。

有效宽度:

$$\begin{cases} B = 2d_{op} \\ B = d_{op} + 2\delta_n + 2\delta_{nt} \end{cases} \quad 取二者中较大值 \quad (6-18)$$

有效高度:

①外侧高度

$$\begin{cases} h_1 = \sqrt{d_{op}\delta_{nt}} \\ h_1 = 接管实际外伸高度 \end{cases} \quad 取二者中较小值 \quad (6-19)$$

②内侧高度

$$\begin{cases} h_2 = \sqrt{d_{op}\delta_{nt}} \\ h_2 = 接管实际内伸高度 \end{cases} \quad 取二者中较小值 \quad (6-20)$$

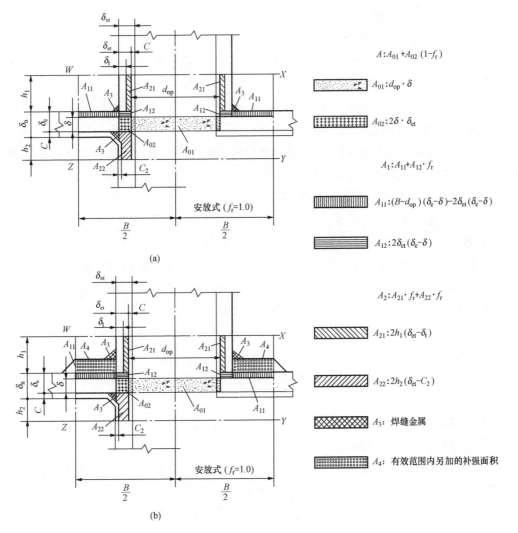

$A : A_{01} + A_{02}(1-f_r)$

$A_{01} : d_{op} \cdot \delta$

$A_{02} : 2\delta \cdot \delta_{et}$

$A_1 : A_{11} + A_{12} \cdot f_r$

$A_{11} : (B-d_{op})(\delta_e - \delta) - 2\delta_{et}(\delta_e - \delta)$

$A_{12} : 2\delta_{et}(\delta_e - \delta)$

$A_2 : A_{21} \cdot f_r + A_{22} \cdot f_r$

$A_{21} : 2h_1(\delta_{et} - \delta_t)$

$A_{22} : 2h_2(\delta_{et} - C_2)$

$A_3 :$ 焊缝金属

$A_4 :$ 有效范围内另加的补强面积

图 6-36　有效补强范围示意图

在有效补强区的矩形 $WXYZ$ 范围内，可作为有效补强的金属截面积按下式计算：

$$A_e = A_1 + A_2 + A_3 \tag{6-21}$$

式中　A_e ——补强面积，mm^2；

　　　A_1 —— 壳体有效厚度减去计算厚度之外的多余面积，mm^2；

$$A_1 = (B-d_{op})(\delta_e - \delta) - 2\delta_{et}(\delta_e - \delta)(1-f_r) \tag{6-22}$$

（对安放式接管取 $f_r = 1.0$）

　　　A_2 ——接管有效厚度减去计算厚度之外的多余面积，mm^2；

$$A_2 = 2h_1(\delta_{et} - \delta_t)f_r + 2h_2(\delta_{et} - C_2)f_r \tag{6-23}$$

　　　A_3 ——焊缝金属截面积，mm^2；

　　　δ_{et} ——接管的有效厚度，mm；

　　　δ_e ——壳体的有效厚度，mm；

δ_t ——接管的计算厚度，mm；

C_2 ——接管的腐蚀裕量，mm。

若 $A_e \geqslant A$，则开孔不需另加补强；若 $A_e < A$，则开孔需另加补强，其另加补强面积按下式计算：

$$A_4 = A - A_e \tag{6-24}$$

式中 A_4 ——有效补强范围内另加的补强面积，mm²。

补强材料一般需与壳体材料相同，若补强材料许用应力小于壳体材料许用应力，则补强面积应按壳体材料许用应力与补强材料许用应力之比而增加。若补强材料许用应力大于壳体材料许用应力，则所需补强面积不得减小。

3. 开孔补强设计步骤

(1)根据强度设计公式和工艺要求，计算壳体(或封头)与接管承受内压(或外压)时所需要的计算厚度 δ 和 δ_t，以及确定厚度附加量 C 和 C_2，同时确定开孔内直径 d；

(2)利用(1)中确定的 d、C、C_2 以及设计所确定的壳体(或封头)和接管的名义壁厚 δ_n 和 δ_{nt}，利用式(6-18)～式(6-20)计算补强有效宽度和高度 B、h_1 和 h_2；

(3)利用式(6-14)或式(6-17)计算 A，按式(6-22)和式(6-23)计算 A_1 和 A_2，并根据补强区内焊缝的尺寸确定 A_3；

(4)计算 $A_e = A_1 + A_2 + A_3$，比较 A_e 与 A，若 $A_e \geqslant A$，则不需另加补强，若 $A_e < A$，则需另加补强面积；

(5)按式(6-24)计算有效补强范围内另加补强面积 A_4。

4. 其他结构的补强设计

平盖开单个孔的补强设计可参考 GB/T 150.3—2011 标准 6.3.4 条。平盖和圆筒体上多个开孔补强设计参见 GB/T 150.3—2011 标准 6.4 条。

6.3.4 例 题

【例 6-2】 某水管式高压废热锅炉，壳体上高温气体出口采用外加强平齐接管型式的补强结构。如图 6-37 所示。已知壳体计算厚度 $\delta = 10$ mm，名义厚度 $\delta_n = 20$ mm，接管为 $\phi 478$ mm $\times$ 12 mm 的无缝钢管，补强部分厚度 $\delta_{nt} = 20$ mm，壳体与接管材质均为 18MnMoNbR，计算压力为 $p_c = 3.4$ MPa，设计温度为 400 ℃，材料在设计温度下的许用应力 $[\sigma]^t = 207$ MPa，焊接接头系数 $\phi = 1.0$，壳体与接管的厚度附加量取 $C = 4$ mm，腐蚀裕量 $C_2 = 4$ mm。试校核此开孔强度是否够用。

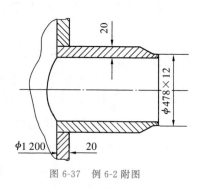

图 6-37 例 6-2 附图

解 (1)确定壳体和接管的计算厚度及开孔直径

由已知条件知，壳体计算厚度 $\delta = 10$ mm。接管计算厚度为

$$\delta_t = \frac{p_c D_o}{2[\sigma]^t \phi + p_c} = \frac{3.4 \times 478}{2 \times 207 \times 1.0 + 3.4} = 3.89 \, (\text{mm})$$

开孔直径为

$$d_{op} = d_i + 2C = (478 - 12 \times 2) + 2 \times 4 = 462 \, (\text{mm})$$

(2)确定壳体和接管实际厚度、开孔有效补强宽度 B 及外侧有效补强高度 h_1

已知壳体名义厚度 $\delta_n = 20 \, \text{mm}$，补强部分厚度 $\delta_{nt} = 20 \, \text{mm}$。接管有效补强宽度为

$$B = 2d_{op} = 2 \times 462 = 924 \, (\text{mm})$$

接管外侧有效补强高度为

$$h_1 = \sqrt{d_{op} \, \delta_{nt}} = \sqrt{462 \times 20} = 96 \, (\text{mm})$$

(3)计算需要补强的金属面积和可以作为补强的金属面积

需要补强的金属面积为

$$A = d_{op}\delta = 462 \times 10 = 4\,620 \, (\text{mm}^2)$$

可以作为补强的金属面积为

$$A_1 = (B - d_{op})(\delta_e - \delta) = (924 - 462) \times (16 - 10) = 2\,772 \, (\text{mm}^2)$$

$$A_2 = 2h_1(\delta_{et} - \delta_t)f_r = 2 \times 96 \times (16 - 3.89) \times 1.0 = 2\,325 \, (\text{mm}^2)$$

$$A_e = A_1 + A_2 = 2\,772 + 2\,325 = 5\,097 \, (\text{mm}^2)$$

(4)比较 A_e 与 A

$$A_e(=5\,097 \, \text{mm}^2) > A \,(=4\,620 \, \text{mm}^2)$$

同时计及接管与壳体焊缝面积 A_3 之后，该开孔接管补强的强度足够。

6.4 容器附件

6.4.1 接 管

设备上的接管，有的用于连接其他设备和介质的输送管道，有的用于安装测量、控制仪表等。

设备的焊接接管如图 6-38(a)所示，接管长度可参照表 6-21 确定。设备的锻造接管可与筒体一并锻出，如图 6-38(b)所示。螺纹接管主要用来连接温度计、压力表和液面计，根据需要可制成阴螺纹或阳螺纹，如图 6-38(c)所示。

表 6-21   接管长度 h

公称直径 DN/mm	接管长度/mm		适用公称压力/MPa
	不保温设备	保温设备	
≤15	80	130	≤4.0
20～50	100	150	≤1.6
70～350	150	200	≤1.6
70～500	150	200	≤1.0

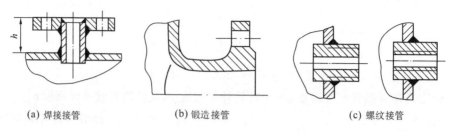

| (a) 焊接接管 | (b) 锻造接管 | (c) 螺纹接管 |

图 6-38　容器的接管

6.4.2　凸　缘

当接管长度必须很短时,可用凸缘(又叫突出接口)来代替,如图 6-39 所示。凸缘本身具有加强开孔的作用,不需再另外补强。缺点是如果螺栓在螺栓孔中折断,取出较困难。

由于凸缘与管道法兰配用,它的连接尺寸应根据所选用的管法兰来确定。

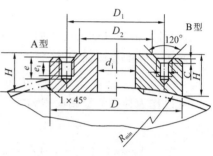

图 6-39　具有平面密封的凸缘

6.4.3　手孔与人孔

设置手孔和人孔是为了检查设备和便于安装与拆卸设备内部构件。

手孔的直径一般为 $150\sim250$ mm,标准手孔的公称直径有 $DN150$ 和 $DN250$ 两种。手孔的结构一般是在容器上接一短管,并在其上盖一盲板。如图 6-40 所示为常压手孔。

为方便检查设备使用过程中是否产生裂纹、变形、腐蚀等缺陷,宜开设检查孔。当设备内径 300 mm$<D_i\leqslant$500 mm 时,推荐开设 2 个 $\phi75$ 的检查孔;当设备内径 500 mm$<D_i\leqslant$1 000 mm 时,推荐开设 1 个 $\phi400$ 的

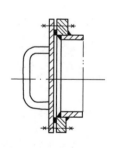

图 6-40　常压手孔

人孔或 2 个 $\phi100$ 的手孔;当设备内径 $D_i>$1 000 mm 时,推荐开设 1 个 $\phi400$ 的人孔或 2 个 $\phi150$ 的手孔。人孔和手孔的形状有圆形和椭圆形两种。椭圆形人孔和手孔的短轴应与受压容器的筒身轴线平行。圆形人孔的直径一般为 450 mm,容器压力不高或有特殊需要时,直径可以大一些,标准圆形人孔的公称直径有 $DN400$、$DN450$、$DN500$ 和 $DN600$ 共 4 种。椭圆形人孔的尺寸为 400 mm$\times$250 mm、380 mm$\times$280 mm。

容器在使用过程中,人孔需要经常打开时,可选用快开式结构人孔。如图 6-41 所示是一种回转盖快开式人孔的结构图。

根据设备的公称压力、工作温度、所用材料和结构型式的不同,均制订出手孔和人孔标准系列图,供设计者设计时依据设计条件直接选用。常用的人孔和手孔标准有碳素钢、低合金钢制人孔和手孔(HG/T 21514~21535—2014)和不锈钢制人孔、手孔等。

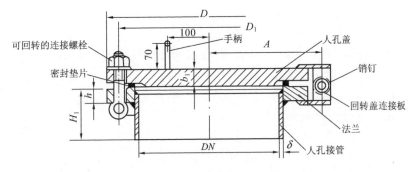

图 6-41　回转盖快开式人孔

6.4.4　视　镜

视镜可用来观察设备内部情况,也可用作物料液面指示镜。

如图 6-42 所示为用凸缘构成的视镜,其结构简单,不易结料,有比较广泛的观察范围。

当视镜需要斜装,或设备直径较小时,则需采用带颈视镜,如图 6-43 所示。

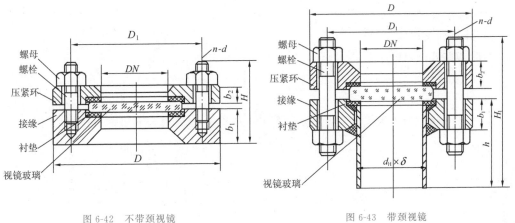

图 6-42　不带颈视镜　　　　　　　　图 6-43　带颈视镜

视镜玻璃因冲击、振动或温度剧变而发生事故时,可选用双层玻璃安全视镜或带罩视镜。

6.5　容器设计举例

试设计一液氨贮罐。工艺尺寸已确定:贮罐内径 $D_i = 2\,600$ mm,罐体(不包括封头)长度 $L = 4\,800$ mm。使用地点:天津。

6.5.1　罐体壁厚设计

根据第 1 章选材所做的分析,本贮罐选用 Q345R 制作罐体和封头。

壁厚 δ 根据式(4-5)计算:

$$\delta = \frac{p_c D_i}{2[\sigma]^t \phi - p_c}$$

本贮罐在夏季最高温度(按 50 ℃考虑)时氨的饱和蒸气压为 2.07 MPa(绝对压力),贮罐上需要安装安全阀,故取 $p_c = 2.16$ MPa,$D_i = 2\ 600$ mm,$[\sigma]^t = 185$ MPa,$R_{eL} = 325$ MPa (附表 6-1),$\phi = 1.0$(双面焊对接接头,100%无损检测,表 4-8)。

取 $C_2 = 2$ mm,于是

$$\delta = \frac{2.16 \times 2\ 600}{2 \times 185 \times 1.0 - 2.16} \approx 15.3\ (\text{mm})$$

$$\delta_d = \delta + C_2 = 15.3 + 2 = 17.3\ (\text{mm})$$

$C_1 = 0.3$ mm,则

$$\delta_d + C_1 = 17.3 + 0.3 = 17.6\ (\text{mm})$$

圆整后取 $\delta_n = 18$ mm

确定选用 $\delta_n = 18$ mm 厚的 Q345R 钢板制作罐体。

6.5.2 封头厚度设计

采用标准椭圆形封头,$K = 1$。

(1)计算封头厚度

厚度 δ 按式(4-24)计算:

$$\delta = \frac{p_c D_i}{2[\sigma]^t \phi - 0.5 p_c}$$

$\phi = 1.0$(钢板最大宽度为 3 m,该贮罐直径为 2.6 m,故封头需将钢板拼焊后冲压)。

于是 $$\delta = \frac{2.16 \times 2\ 600}{2 \times 185 \times 1.0 - 0.5 \times 2.16} \approx 15.2\ (\text{mm})$$

同前 $$C = C_1 + C_2 = 0.3 + 2 = 2.3\ (\text{mm})$$

故 $$\delta + C = 15.2 + 2.3 = 17.5\ (\text{mm})$$

圆整后取 $$\delta_n = 18\ \text{mm}$$

确定选用 $\delta_n = 18$ mm 厚的 Q345R 钢板制作封头。

(2)校核罐体与封头水压试验强度

根据式(4-20):

$$\sigma_T = \frac{p_T(D_i + \delta_e)}{2\delta_e} \leqslant 0.9 \phi R_{eL}$$

式中 $$p_T = 1.25p = 1.25 \times 2.16 = 2.7\ (\text{MPa})$$

$$\delta_e = \delta_n - C = 18 - 2.3 = 15.7\ (\text{mm})$$

$$R_{eL} = 325\ \text{MPa(附表 6-1)}$$

则 $$\sigma_T = \frac{2.7 \times (2\ 600 + 15.7)}{2 \times 15.7} = 224.9\ (\text{MPa})$$

而 $$0.9 \phi R_{eL} = 0.9 \times 1.0 \times 325 = 292.5\ (\text{MPa})$$

因为 $\sigma_T < 0.9 \phi R_{eL}$,所以水压试验强度足够。

6.5.3　鞍　座

首先粗略计算鞍座负荷。

贮罐总质量

$$m = m_1 + m_2 + m_3 + m_4$$

式中　m_1——罐体质量；

m_2——封头质量；

m_3——液氨质量（或水压试验满水质量）；

m_4——附件质量。

（1）罐体质量 m_1

$DN = 2\ 600$ mm，$\delta_n = 20$ mm 的筒节，质量为 $q_1 = 1\ 290$ kg/m，则

$$m_1 = q_1 L = 1\ 290 \times 4.8 = 6\ 192\ (\text{kg})$$

（2）封头质量 m_2

$DN = 2\ 600$ mm，$\delta_n = 20$ mm，直边高度 $h = 40$ mm 的标准椭圆形封头，其质量 $m_2' = 1\ 230$ kg，则

$$m_2 = 2m_2' = 2 \times 1\ 230 = 2\ 460\ (\text{kg})$$

（3）液氨质量 m_3

$$m_3 = \varphi V \rho$$

其中，装量系数 φ 取 0.95（《固定式压力容器安全技术监察规程》规定，介质为液化气体的固定式压力容器，装量系数不得大于 0.95）。

贮罐容积

$$V = V_{封} + V_{筒} = 2 \times 2.51 + 4.8 \times 5.309 = 5.02 + 25.5 = 30.52\ (\text{m}^3)$$

液氨在 $-20\ ℃$ 时的密度为 665 kg/m³，则

$$m_3 = 0.95 \times 30.52 \times 665 \approx 19\ 281\ (\text{kg})$$

水的密度为 $1\ 000$ kg/m³，则

$$m_3 = 30.52 \times 1\ 000 = 30\ 520\ (\text{kg})$$

所以 m_3 取水压试验满水质量。

（4）附件质量 m_4

人孔质量约 200 kg，其他接管等质量总和按 300 kg 计。于是，$m_4 = 500$ kg。

贮罐总质量

$$m = m_1 + m_2 + m_3 + m_4$$
$$= 6\ 192 + 2\ 460 + 30\ 520 + 500 = 39\ 672\ (\text{kg})$$

$$F = \frac{mg}{2} = \frac{39\ 672 \times 9.81}{2} \approx 194.6\ (\text{kN})$$

每个鞍座只承受 194.6 kN 负荷，根据附录 10，可以选用轻型带垫板，包角为 120° 的鞍座，即

$$\text{JB/T 4712.1—2007，鞍座 A2 600-F}$$
$$\text{JB/T 4712.1—2007，鞍座 A2 600-S}$$

6.5.4 人 孔

根据贮罐的设计温度、最高工作压力、材质、介质及使用要求等条件,选用公称压力为 2.5 MPa 的水平吊盖带颈对焊法兰人孔(HG/T 21524—2014),人孔公称直径选定为 450 mm。采用榫槽面密封面(TG 型)和石棉橡胶板垫片。人孔结构如图 6-44 所示,人孔各零件名称、材质及尺寸见表 6-22。

该水平吊盖带颈对焊法兰人孔的标记为

人孔 TGⅧ(A·G)　　450—2.5　　HG/T 21524—2014

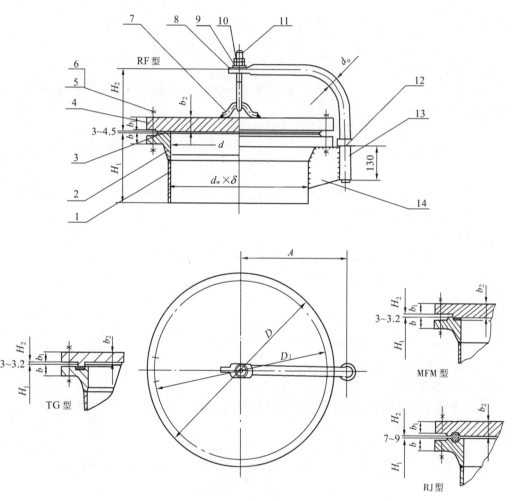

图 6-44　水平吊盖带颈对焊法兰人孔(HG/T 21524—2014)

表 6-22　　　　　　　　　　　　人孔 *PN*2.5 *DN*450 明细表

件号	标准号	名称	数量	材料	尺寸/mm
1		筒节	1	Q345R	$d_w \times \delta = 480 \times 12, H_1 = 320$
2	HG/T 20592—2009	法兰 WN450-25	1	16Mn(Ⅲ)	
3	HG/T 20592—2009	垫片	1	石棉橡胶板	$\delta = 3$（代号 A·G）
4	HG/T 20592—2009	法兰盖	1	Q345R	$b_1 = 39, b_2 = 44$
5	GB/T 5782—2016	螺柱	20	35	$M33 \times 2 \times 175$
6	GB/T 6170—2015	螺母	40	25	M33
7		吊环	1	Q235A	
8		转臂	1	Q235A	$d_0 = 36$
9		垫圈 20	1	100HV	
10	GB/T 6170—2015	螺母 M20	2	4 级	
11		吊钩	1	Q235A	
12		环	1	Q235A	
13		无缝钢管	1	20(GB 5310)	
14		支承板	1	Q345R	

6.5.5　人孔补强

　　人孔开孔补强采用补强圈结构，材质为 Q345R，根据 JB/T 4736—2002，确定补强圈内径 $D_1 = 484$ mm，外径 $D_2 = 760$ mm，补强圈厚度为 20 mm。（补强的强度验算，读者可参照 6.3.3 节的方法进行）

6.5.6　接　管

　　本贮罐设有以下接管。

1. 液氨进料管

　　采用 $\phi 57$ mm×3.5 mm 无缝钢管（强度验算略）。管的一端切成 45°，伸入贮罐内少许。配用突面板式平焊管法兰：

$$HG\ 20592\quad 法兰\quad PL50\text{-}2.5\quad RF\quad 16Mn(Ⅲ)$$

因为该接管为 $\phi 57$ mm×3.5 mm，厚度小于 5 mm，故该接管开孔需要补强计算。

2. 液氨出料管

　　采用可拆的压出管 $\phi 25$ mm×3 mm，将它套入罐体的固定接口管 $\phi 38$ mm×3.5 mm 内，并用一非标准法兰固定在接口管法兰上。

　　罐体的接口管法兰采用"HG/T 20592　法兰　PL32-25　RF　16Mn(Ⅲ)"，与该法兰相配并焊接在压出管的法兰上，其连接尺寸和厚度与法兰："HG/T 20592　法兰　PL32-25　RF16Mn(Ⅲ)"相同，但其内径为 25 mm。

　　液氨压出管的端部法兰（与氨输送管相连）采用"HG/T 20592　法兰　PL20-25　RF 16Mn(Ⅲ)"。液氨出料管也不必补强。

3. 排污管

贮罐右端最底部安设一个排污管,管子规格是 $\phi 57$ mm×3.5 mm,管端装有一与截止阀 J41W-16 相配的管法兰:"HG/T 20592　法兰　PL50-25　RF　16Mn(Ⅲ)"。

4. 液面计接管

本贮罐采用玻璃管防霜液面计"AⅠ2.5-1260-50　HG/T 21550—1993"两支。其标记符号意义如下:

第1项用 AⅠ表示防霜液面计类型;

第2项 2.5 表示液面计公称压力等级,MPa;

第3项 1 260 表示液面计的公称长度,mm;

第4项 50 表示防霜翅片高度,mm;

第5项 HG/T 21550—1993 表示该液面计的标准号。

5. 放空管接管

采用 $\phi 32$ mm×3.5 mm 无缝钢管,管法兰为"HG/T 20592　法兰　PL25-25　RF　16Mn(Ⅲ)"。

6.5.7　设备总装配图

贮罐的总装配图如图 6-45 所示,图纸中技术要求、技术特性、各零部件的名称、规格、尺

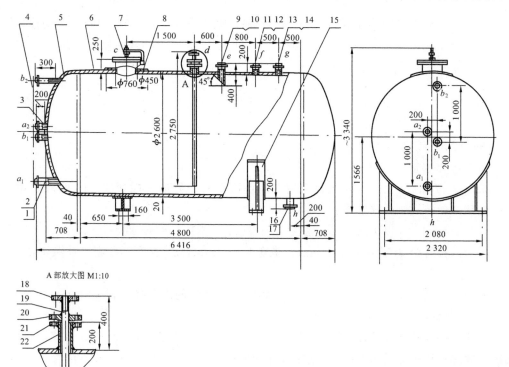

图 6-45　贮罐总装配图

寸、材料及接管表等分别列于表 6-23～表 6-26 中。

本贮罐应按 GB/T 150.1～150.4—2011《压力容器》进行制造、检验和验收。

表 6-23　　　　　　　　　　　　　　技术要求

1. 本设备按 GB/T 150.1～150.4—2011《压力容器》和 HG/T 20584—2020《钢制化工容器制造技术要求》进行制造、检验和验收,并接受国家质量技术监督局颁发的《固定式压力容器安全技术监察规程》的监督;
2. 焊接采用电弧焊,焊条牌号 Q345R 间为 J507,Q345R 与碳钢间为 J427;
3. 焊接接头型式及尺寸除图中注明外,按 HG/T 20583—2020 的规定,不带补强圈的接管与筒体的焊接接头为 G2,角焊缝的焊角尺寸按较薄板的厚度,法兰的焊接按相应法兰标准中的规定;
4. 设备筒体的 A、B 类焊接接头应进行无损检测,检测长度为 100%,射线检测不低于 NB/T 47013.3—2015 RT Ⅱ 为合格,且射线照相质量不低于 AB 级;
5. 设备制造完毕,以 2.7 MPa 表压进行水压试验;
6. 管口方位按图 6-45。

表 6-24　　　　　　　　　　　　　　技术特性

序号	名称	指标	序号	名称	指标
1	设计压力	2.16 MPa	3	物料名称	液氨
2	工作温度	≤50 ℃	4	容积	30.52 m^3

表 6-25　　　　　　　　　　　　　　总图明细表

22	GB/T 8163—2018	出料接管 ϕ38×3.5　l=160	20(GB/T 8163)	1		0.5	
21	HG/T 20592—2009	法兰 PL32-25 RF	16Mn(Ⅲ)	1		1.6	
20	HG/T 20592—2009	法兰 PL32-25 RF	16Mn(Ⅲ)	1		1.8	
19	GB/T 8163—2018	压料管 ϕ25×3　l=2 750	20(GB/T 8163)	1		4.5	
18	HG/T 20592—2009	法兰 PL20-25 RF	16Mn(Ⅲ)	1		0.87	
17	GB/T 8163—2018	排污接管 ϕ57×3.5　l=210	20(GB/T 8163)	1		1.0	
16	HG/T 20592—2009	法兰 PL50-25 RF	16Mn(Ⅲ)	1		2.61	
15	JB/T 4712.1—2007	鞍座 A2600-F/S	Q235A	2	420	840	
14	HG/T 20592—2009	法兰 PL25-25 RF	1C4	1		1.2	
13	GB/T 8163—2018	放空管接管 ϕ32×2.5　l=210	20(GB/T 8163)	1		0.58	
12	HG/T 20592—2009	法兰 PL25-25 RF	16Mn(Ⅲ)	1		1.2	
11	GB/T 8163—2018	安全阀接管 ϕ32×2.5　l=210	20(GB/T 8163)	1		0.58	
10	HG/T 20592—2009	法兰 PL50-25 RF	16Mn(Ⅲ)	1		2.61	
9	GB/T 8163—2018	进料接管 ϕ57×3.5　l=400	20(GB/T 8163)	1		1.85	
8	JB/T 4736—2002	补强圈 ϕ760/ϕ484　δ=20	Q345R	1		33.9	
7	HG/T 21524—2005	人孔 PN2.5 DN450	组合件	1		178	
6	GB/T 713—2014	罐体 DN2 600×20　L=4 800	Q345R	1		6 192	

（续表）

序号	图号或标准号	名称	材料	数量	单件	总计	备注
					质量/kg		
5	GB/T 25198—2010	封头 DN2 600×20 h=40	Q345R	2	1 100	2 460	
4	HG/T 21550—1993	防霜液面计 AI 2.5-1260-50	组合件	2	12.6	25.2	
3	GB/T 8163—2018	接管 φ57×3.5 l=210	20(GB/T 8163)	2	0.23	0.46	
2	HG/T 20592—2009	法兰 PL15-25 RF	16Mn(Ⅲ)	4	0.7	2.8	
1	GB/T 8163—2018	接管 φ57×3.5 l=400	20(GB/T 8163)	2	0.44	0.88	

（序号行已在表头）

（企业名称）		工程名称	
		设计项目	
		设计阶段	施工图

审核		**液氨贮罐装配图**		
校对				
设计		φ2 600×6 416 V=30.52 m³		
制图				
描图		年　月	比例 1∶30	第1张　共1张

表 6-26　　　管口表

序号	公称尺寸		接管法兰标准	密封面型式	用途
a_{1-2}	DN15	PN25	HG/T 20592—2009	平面	液面计接管口
b_{1-2}	DN15	PN25	HG/T 20592—2009	平面	液面计接管口
c	DN450	PN25	HG/T 20592—2009	榫槽	人孔
d	DN32	PN25	HG/T 20592—2009	平面	出料口
e	DN50	PN25	HG/T 20592—2009	平面	进料口
f	DN25	PN25	HG/T 20592—2009	平面	安全阀接管口
g	DN25	PN25	HG/T 20592—2009	平面	放空口
h	DN50	PN25	HG/T 20592—2009	平面	排污口

习　题

一、名词解释题

A 组

1. 宽面法兰　　2. 窄面法兰　　3. 整体法兰　　4. 松套法兰

5. 螺纹法兰　　6. 平焊法兰　　7. 对焊法兰　　8. 法兰密封原理

9. 预紧密封比压

B 组

1. 残余压紧力　　2. 甲型平焊法兰　　3. 乙型平焊法兰　　4. 长颈对焊法兰

5. 开孔应力集中　　6. 应力集中系数　　7. 等面积补强原则　　8. 工作密封比压

二、填空题

A 组

1.法兰连接结构,一般由(　　　)件、(　　　)件和(　　　)件三部分组成。

2.在法兰密封所需要的预紧力一定时,采取适当减小螺栓(　　　)和增加螺栓(　　　)的办法,对密封是有利的。

3.提高法兰刚度的主要途径是:①(　　　);②(　　　);③(　　　)。

4.制定法兰标准尺寸系列时,是以(　　　)材料,在(　　　)℃时的力学性能为基础的。

5.法兰公称压力的确定与法兰的最大(　　　)、(　　　)和(　　　)三个因素有关。

6.卧式容器双鞍座设计中,容器的计算长度等于(　　　)长度加上两端凸形封头曲面深度的(　　　)。

7.配有双鞍座的卧式容器,其筒体的危险截面可能出现在(　　　)处和(　　　)处。

8.卧式容器双鞍座设计中,筒体的最大轴向总应力的验算条件是:

轴向拉应力为(　　　　　　　　);轴向压应力为(　　　)和(　　　)。

B 组

1.采用双鞍座时,为了充分利用封头对简体临近部分的加强作用,应尽可能将支座设计得靠近封头,即 $A \leqslant ($　　　$)D_o$,且 A 不大于(　　　)L。

2.在鞍座标准中规定的鞍座包角有 $\theta = ($　　　$)$ 和 $\theta = ($　　　$)$ 两种。

3.采用补强板对开孔进行等面积补强时,其补强范围是:

有效补强宽度 $B = ($　　　$)$;

外侧有效补强高度 $h_1 = ($　　　$)$;

内侧有效补强高度 $h_2 = ($　　　$)$。

4.根据等面积补强原则,必须使开孔削弱的截面积 $A \leqslant A_e = ($　　　$)A_1 + ($　　　$)A_2 + ($　　　$)A_3$。

5.采用等面积补强时,当筒体内径 $D_i \leqslant 1\,500$ mm 时,须使开孔最大直径 $d \leqslant ($　　　$)D_i$,且不得超过(　　　)mm;当筒体直径 $D_i > 1\,500$ mm 时,须使开孔直径 $d \leqslant ($　　　$)D_i$,且不得超过(　　　)mm。

6.现行标准中规定的圆形人孔公称直径有 4 种:$DN($　　　$)$mm,$DN($　　　$)$mm,$DN($　　　$)$mm,$DN($　　　$)$mm。

7.现行标准中,椭圆形人孔的尺寸为长轴 × 短轴 = (　　　)mm × (　　　)mm 与(　　　)mm × (　　　)mm。

8.现行标准中规定的标准手孔的公称直径有 $DN($　　　$)$mm 和 $DN($　　　$)$mm 两种。

9.采用榫槽型的法兰密封,应使固定在设备上的法兰为(　　　)面,可拆下部分的法兰为(　　　)面,有利于保护法兰密封面不受损坏。

三、判断题

1.法兰密封中,法兰的刚度比强度更重要。　　　　　　　　　　　　　　　　　　　　(　　)

2.在法兰设计中,如欲减薄法兰厚度 t,则应加大法兰盘外径 D_o,加大法兰长径部分尺寸和加大力臂长度 l。　　　　　　　　　　　　　　　　　　　　　　　　　　　　　　　　　(　　)

3.金属垫片材料一般并不要求强度高,而是要求其软韧。金属垫片主要用于中、高温和中、高压的法兰连接密封。　　　　　　　　　　　　　　　　　　　　　　　　　　　　　　　　(　　)

4.法兰连接中,预紧密封比压大,则工作时可有较大的工作密封比压,有利于保证密封,所以预紧密封比压越大越好。　　　　　　　　　　　　　　　　　　　　　　　　　　　　　　(　　)

5.正压操作的盛装气体(在设计温度下不冷凝)的圆筒形贮罐,采用双鞍座支承时,可以不必验算其轴

向拉应力。 （　　）

四、工程应用题

A 组

1. 选择设备法兰密封面型式及垫片。

介质	公称压力/MPa	介质温度/℃	适宜密封面型式	垫片名称及材料
丙烷	1.0	150		
蒸气	1.6	200		
液氨	2.5	≤50		
氢气	4.0	200		

2. 试为一精馏塔配塔节与封头的连接法兰及出料口接管法兰。已知条件为：塔体内径 800 mm，接管公称直径 100 mm，操作温度 300 ℃，操作压力 0.25 MPa，材质 Q345R。绘出法兰结构图并注明尺寸。

3. 为一不锈钢(S30408)制的压力容器配制一对法兰，最大工作压力为 1.6 MPa，工作温度为 150 ℃，容器内径为 1 200 mm。确定法兰型式、结构尺寸、绘出零件图。

4. 某厂用以分离甲烷、乙烯、乙烷等的甲烷塔，塔顶温度为 －100 ℃，塔底温度为 15 ℃，最高工作压力为 3.53 MPa，塔体内径为 300 mm，塔高 20 m，由于温度不同，塔体用不锈钢(S30408)和 Q345R 分两段制成，中间用法兰连接，试确定法兰型式、材质及尺寸(连接处温度为－20 ℃)。

5. 试验算双鞍座支承的液氨贮罐各危险截面危险点上的轴向应力。已知：设计压力为 2.16 MPa，最高使用温度为 50 ℃，材质为 Q345R，贮罐内径 $D_i = 1 200$ mm，壁厚 $\delta_n = 10$ mm，圆筒长度 $L = 9 600$ mm，封头深度 $H = 300$ mm(直边高度为 40 mm)，支座中心线与封头切线距离 $A = 300$ mm，贮罐总质量为 12 t。

6. 有一卧式圆筒形容器，DN3 000 mm，最大质量为 100 t，材质为 Q345R。试选择双鞍座标准，并画图标明尺寸。

7. 有一立式圆筒形容器，$D_i = 1 400$ mm，其包括保温层的总质量为 5 000 kg，容器外需设 100 mm 厚的保温层，试选择悬挂式支座标准，并画图标明尺寸。

8. 有一容器，内径 $D_i = 3 500$ mm，工作压力 $p_w = 3$ MPa，工作温度为 140 ℃，厚度 $\delta_n = 40$ mm，在此容器上开一个 $\phi 450$ 的人孔，试选配人孔法兰，并进行开孔补强设计。容器材质为 Q345R。

9. 有一 $\phi 89 \times 6$ 的接管，焊接于内径为 1 400 mm，壁厚为 16 mm 的筒体上，接管材质为 10 号无缝钢管，筒体材料为 Q345R，容器的设计压力为 1.8 MPa，设计温度为 250 ℃，腐蚀裕量为 2 mm，开孔未与筒体焊缝相交，接管周围 200 mm 内无其他接管。试确定此开孔是否需要补强。如需要，其补强圈的厚度应为多少？画出补强结构图。

10. 公称直径 100 mm，公称压力 10.0 MPa，配用公制管的凹面带颈对焊钢制管法兰，材料为 16Mn(Ⅲ)，钢管厚度为 8 mm，试写出该管法兰标记。

B 组

1. 下列法兰连接应选用甲型、乙型和对焊法兰中的哪一种？

公称压力/MPa	公称直径/mm	设计温度 t/℃	型式	公称压力/MPa	公称直径/mm	设计温度 t/℃	型式
2.5	3 000	350		1.6	600	350	
0.6	600	300		6.4	800	450	
4.0	1 000	400		1.0	1 800	320	
1.6	500	350		0.25	2 000	200	

2. 试确定下列甲型平焊法兰的公称压力 PN。

法兰材料	工作温度/℃	工作压力/MPa	公称压力/MPa	法兰材料	工作温度/℃	工作压力/MPa	公称压力/MPa
Q235B	300	0.12		Q235B	180	1.0	
Q345R	240	1.3		Q345R	50	1.5	
14Cr1MoR	200	0.5		14Cr1MoR	300	1.2	

3. 为一压力容器选配器身与封头的连接法兰。已知容器内径为 1 600 mm，厚度为 12 mm，材质为 Q345R，最大操作压力为 1.5 MPa，操作温度≤200 ℃。绘出法兰结构图并注明尺寸。

4. 在直径为 1 200 mm 的液氨贮罐上开一个 ϕ400 mm 的圆形人孔，试设计该人孔法兰（包括法兰、垫片、螺栓），有关参数参照 6.5.4 节。

5. 试为一氨分馏塔塔体连接配制一对法兰，已知塔径 $D_i=1\,000$ mm，设计压力 $p=1.0$ MPa，工作温度为 92 ℃，介质为氨水溶液，材质为 Q345R。试确定法兰型式及尺寸，并绘出零件图。

6. 试验算双鞍座支承的液氨贮罐各危险截面危险点上的轴向应力。已知：设计压力为 2.16 MPa，最高使用温度为 50 ℃，材质为 Q245R，贮罐内径 $D_i=1\,200$ mm，壁厚 $\delta_n=12$ mm，圆筒长度 $L=12\,000$ mm，封头深度 $H=300$ mm，直边部分为 40 mm，支座中心线与封头切线距离 $A=400$ mm，贮罐最大质量为 15 t。

7. 有一公称直径为 1 600 mm 的卧式圆筒形容器，其最大总质量为 7.5 t，试为其选择双鞍座标准。

8. 有一卧式圆筒形容器，$DN3\,000$ mm，最大质量为 180 t，试选择双鞍座标准。

9. 有一小型立式圆筒形容器，$D_i=1\,000$ mm，总质量为 2 000 kg，该容器外壳无保温层，坐落在水泥柱基础上，试为其选择标准悬挂式支座，并画图标明尺寸。

10. 公称直径为 300 mm，公称压力为 10.0 MPa，槽面钢制管法兰，材料为 16Mn(Ⅲ)，钢管厚度为 10 mm，试写出该管法兰的标记。

第3篇

典型化工设备的机械设计

本篇在第1篇、第2篇的基础上,进一步讲述三种典型化工设备的机械设计的方法、步骤,直至完成设备的总装配图。本篇主要内容如下:

1. 以热交换器为例,在完成工艺设计的基础上,完成列管式热交换器的结构设计,壳体、封头的强度设计,管板、换热管、法兰、折流板、拉杆、定距管、管箱、接管、支座等标准的选用,同时能够对固定管板式热交换器进行温差应力的计算,最后通过一个设计例题进行机械设计的全面训练。

2. 以板式塔为例,在完成工艺设计的基础上,完成塔设备壳体、封头的强度设计,详细分析塔设备除操作压力以外的质量载荷、风载荷、地震载荷、偏心载荷等的计算方法,在考虑上述所有载荷的情况下,对塔体和裙座危险截面的强度和稳定性进行校核。讲述了板式塔、填料塔及裙式支座的结构。最后通过一个设计例题进行塔设备机械设计的全面训练。

3. 以搅拌器为主要线索,讲述搅拌器的型式及选型、搅拌器的功率、搅拌器结构设计、搅拌器的传动装置及搅拌轴,以及填料密封与机械密封。在第二篇容器设计知识的基础上,再掌握了这些知识,即具备了完成化工常用搅拌反应设备的机械设计的理论基础。

第7章

热交换器的机械设计

7.1 概　述

热交换器是一种广泛应用于各种行业的通用工艺设备。在化工行业中,热交换设备的投资通常约占总投资的 11% 以上。尤其是在石油化工领域,其投资约占全部工艺设备投资的 40%。可见热交换器设计的先进性、合理性、运行的可靠性和热量回收的经济性等将直接影响产品的质量、数量和成本。

概述

热交换器的类型是按照不同的分类方式进行划分。按作用原理和实现传热的方式分为直接接触式热交换器、蓄热式热交换器、间壁式热交换器;按使用目的分类为冷却器、加热器、再沸器、冷凝器、过热器、废热锅炉等;按传热面的形状分类为管壳式热交换器、板式热交换器、热管式热交换器等。在生产中,热交换器有时是一个单独的设备,有时则是某一工艺设备的组成部分。

一台好的热交换器应具有以下性能:传热效率高、流体阻力小、强度足够、结构合理、安全可靠、节省材料、成本低、容易制造、安装及检修方便。

任何一种热交换器总不可能十全十美。例如,板式热交换器传热效率高,金属消耗量低,但流体阻力大,强度和刚度差,制造、维修困难;而管壳式热交换器虽然在传热效率、紧凑性、金属消耗量等方面均不如板式热交换器,但其结构坚固,可靠程度高,适应性强,选用材料范围广,因而目前仍然是石油、化工生产中,尤其是高温、高压和大型热交换器采用的主要结构型式。

7.1.1　管壳式热交换器的结构及主要零部件

如图 7-1 所示为一双管程固定管板式热交换器的结构。由于应用条件的不同,还有其他各种不同结构的管壳式热交换器。

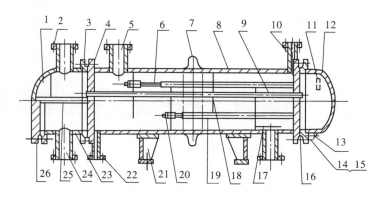

1—管箱(A,B,C,D 型);2—接管法兰;3—设备法兰;4—管板;5—壳程接管;6—拉杆;7—膨胀节;8—壳体;9—换热管;
10—排气管;11—吊耳;12—封头;13—顶丝;14—双头螺柱;15—螺母;16—垫片;17—防冲板;18—折流板或支承板;
19—定距管;20—拉杆螺母;21—支座;22—排液管;23—管箱壳体;24—管程接管;25—分程隔板;26—管箱盖

图 7-1 双管程固定管板式热交换器的结构图

7.1.2 管壳式热交换器的分类

按照壳体和管束的组装方式,管壳式热交换器分为固定管板式热交换器、浮头式热交换器、U 形管式热交换器、填料函式热交换器和釜式重沸器等。

1. 固定管板式热交换器

固定管板式热交换器是管壳式热交换器的基本形式之一,其典型结构如图 7-2 所示。它是由许多管子组成管束,管束两端通过焊接或胀接固定在两块管板上,管板通过焊接与筒体连接在一起。固定管板式热交换器特点如下:

(1)在同样壳体直径内,布管最多。整体结构紧凑,制造相对简单、成本低;

(2)两端管板固定,当管束与壳体的壁温或材料线膨胀系数相差较大时,可在壳程上设置柔性元件(如膨胀节、挠性管板等),以减小管壳两侧的温差应力;

(3)由于管束不能拉出,管间不能机械清洗。

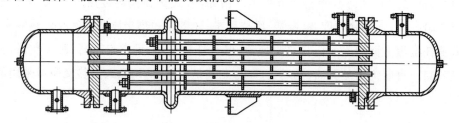

图 7-2 固定管板式热交换器

固定管板式热交换器适用于壳程介质清洁,不易结垢,管程需清洗或壳程虽有污垢,但能进行溶液清洗,以及管、壳程两侧温差不大或温差虽大但壳程压力不高的场合。

2. 浮头式热交换器

浮头式热交换器结构如图 7-3 所示。它的一块管板与壳体用螺栓固定,另一块管板与壳体可相对移动,称为浮头。浮头由浮头管板、钩圈和浮头端盖组成,是可拆连接。浮头式热交换器特点如下:

(1)管板一端固定,另一端可沿导向板自由移动,即管束和壳体的变形不受约束,不会产

生温差应力;

(2)卸下安装螺栓,可将管束从筒体内取出,有利于管束内外的清洗;

(3)结构复杂,金属消耗量大,制造成本较高(价格比固定管板式热交换器高约 20%);

(4)浮头端小盖在操作中无法检查,如发生内漏,无法发现,管束与壳体间较大的环隙易引起壳程流体短路,影响传热。

浮头式热交换器适用于管壳温差较大以及介质易结垢的场合。

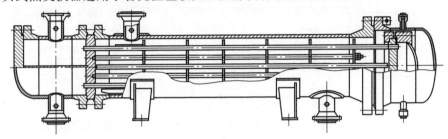

图 7-3 浮头式热交换器

3.填料函式热交换器

填料函式热交换器结构如图 7-4 所示。其结构与浮头式热交换器相似,浮头部分露在壳体外,在浮头与壳体滑动接触面处,采用填料函式密封结构。填料函式热交换器特点如下:

(1)管束可自由移动伸缩,不会产生管壳间温差应力;

(2)结构简单,制造方便,造价低;

(3)管束可从壳体内取出,管内、管间都可以清洗,维修方便;

(4)填料处易泄漏,且壳程的适用温度受填料函性能的限制。

填料函式热交换器适用于压力较低且不宜处理易挥发、易燃、易爆、有毒及贵重的介质的场合。生产中往往不是为了消除温差应力而是为了便于清洗壳程才选用此类型。

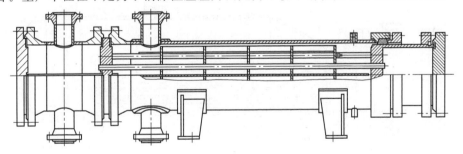

图 7-4 填料函式热交换器

4.U 形管式热交换器

U 形管式热交换器结构如图 7-5 所示。它只有一块管板,管束由多根 U 形管组成,管的两端固定在同一管板上。U 形管式热交换器特点如下:

(1)U 形管以管板为基点,可以自由伸缩,当壳体与 U 形换热管间有温差时,不会产生温差应力;

(2)只有一个管板,因此加工费低;

(3)由于受弯管曲率半径的限制,管板上布管少,结构不紧凑,管板利用率低;

(4)由于管束内层间距较大,壳程流体易形成短路,影响传热效果;

（5）内层管束损坏后无法更换，只能堵管。而一根 U 形管相当于两根管，堵管后管子报废率高；

（6）管束可取出，有利于管外部的清洗和检查，内管由于是 U 形，因此清洗困难。

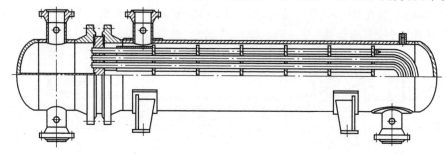

图 7-5　U 形管式热交换器

U 形管式热交换器适用于管、壳程温差较大或壳程介质易结垢，需要清洗，又不适宜采用浮头热交换器或固定管板式热交换器的场合，特别适用于管内走清洁而不易结垢的高温、高压腐蚀性大的物料。

5. 釜式重沸器

釜式重沸器结构如图 7-6 所示，其特点如下：

（1）管束可以为浮头式、U 形管式和固定管板式结构。所以它具有浮头式热交换器、U 形管式热交换器和固定管板式热交换器的特点。

（2）釜式重沸器在于壳体上部设置一个蒸发空间，蒸发空间的大小由产气（汽）量及所要求的蒸气（汽）品质决定；

（3）釜式重沸器清洗维修方便，可以处理不洁、易结垢的介质，并能承受高温高压。

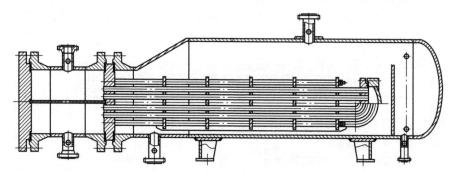

图 7-6　釜式重沸器

7.1.3　管壳式热交换器总体设计内容

管壳式热交换器的总体设计分为工艺设计和机械设计两部分，工艺设计是根据用户提供的冷、热两种换热流体的进出口温度、流量、压力等工艺条件，完成热交换器的传热计算、流体阻力计算、结构尺寸计算及选型等。机械设计是依据工艺设计的结果，按 GB/T 151—2014《热交换器》的规定确定热交换器各零部件的结构尺寸，并利用 AutoCAD 完成设计图样绘制。

1. 工艺设计的内容

(1)根据生产任务和有关要求确定设计方案；

(2)确定热交换器类型与主要结构；

(3)根据换热量要求,计算换热面积,确定换热管规格、数量、管程程数、壳程程数等；

(4)核算热交换器的传热能力及流体阻力；

(5)确定热交换器的工艺结构,形成工艺简图。

2. 机械设计的内容

(1)热交换器各组成部分材料的选择；

(2)壳体直径的确定和壳体厚度的计算；

(3)封头、管箱的选择及强度计算；

(4)管板结构尺寸的确定；

(5)管子的排列方式；

(6)折流板的布置与间距的确定；

(7)换热管强度计算、轴向应力计算；管子拉脱力的计算、温差应力的计算；

(8)编制热交换器的制造、检验与验收技术要求。

此外,还应考虑接管、接管法兰、支座结构等。

7.2　换热管的选用及其与管板的连接

7.2.1　换热管的选用

热交换器的换热管构成热交换器的传热面,换热管的尺寸和形状对传热有很大的影响。采用小直径的管子时,热交换器单位体积的换热面积大一些,设备较紧凑,单位传热面积的金属消耗量少,传热系数也稍高,但制造麻烦。小直径的换热管容易结垢,不易清洗。大直径的换热管用于黏性大或污浊的流体,小直径的换热管用于较清洁的流体。

换热管的选用及其与管板的连接

我国管壳式热交换器换热管常用的无缝钢管规格(外径×厚度)见表 7-1。标准换热管长度规定为 1 500 mm,2 000 mm,2 500 mm,3 000 mm,4 500 mm,5 000 mm,6 000 mm,7 500 mm,9 000 mm,12 000 mm。热交换器的换热管长度与公称直径之比一般为 4~25,常用的为 6~10。对于立式换热器,其比值多为 4~6。

表 7-1　　　　　　　　　　换热管规格　　　　　　　　　　(mm)

碳钢、低合金钢	不锈钢	碳钢、低合金钢	不锈钢
$\phi 19 \times 2$	$\phi 19 \times 2$	$\phi 32 \times 3$	$\phi 32 \times 2.5$
$\phi 25 \times 2.5$	$\phi 25 \times 2$	$\phi 38 \times 3$	$\phi 38 \times 2.5$

热交换器中的换热管一般用光管,因为它的结构简单,制造容易。但它强化传热的性能不足。特别是当流体表面传热系数很低时,如果采用光管做换热管,热交换器传热系数将会很低。为了强化传热,出现了多种结构型式的强化传热换热管,如扁平管、波纹管、椭圆管等

（如图 7-7 所示）、翅片管（如图 7-8、图 7-9 所示）、螺纹管（如图 7-10 所示）等。

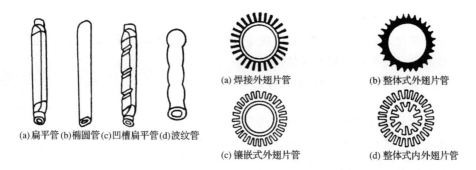

图 7-7 几种异形管	图 7-8 纵向翅片管
(a)扁平管(b)椭圆管(c)凹槽扁平管(d)波纹管	(a) 焊接外翅片管　(b) 整体式外翅片管 (c) 镶嵌式外翅片管　(d) 整体式内外翅片管

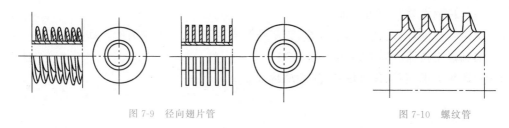

图 7-9 径向翅片管　　　　　　　　图 7-10 螺纹管

换热管的材料选择应根据压力、温度、介质的腐蚀性能确定。可选用碳钢、合金钢、铜、钛、塑料、石墨等。

7.2.2 换热管的材料标准

换热管属于主要受压元件，其采购除应符合 TSG 21—2016 的规定还应符合 NB/T 47019.1～47019.9—2021《锅炉、热交换器用管订货技术条件》的规定。常用的换热管牌号及要求按下列管材标准。

有色金属换热管：GB/T 1527—2017《铜及铜合金拉制管》、GB/T 2882—2013《镍及镍合金管》、GB/T 3625—2007《换热器及冷凝器用钛及钛合金管》、GB/T6893—2010《铝及铝合金拉(轧)制无缝管》、GB/T 8890—2015《热交换器用铜合金无缝管》、GB/T 26283—2010《锆及锆合金无缝管材》。

钢制换热管：GB/T 5310—2017《高压锅炉用无缝钢管》、GB 6479—2013《高化肥设备用无缝钢管》、GB 9948—2013《石油裂化用无缝钢管》、GB 13296—2013《锅炉、热交换器用不锈钢无缝钢管》、GB/T 21833.1—2020《奥氏体-铁素体型双相不锈钢无缝钢管 第 1 部分 热交换器用管》。

强化传热管：GB/T 24590—2021《高效换热器用特型管》、GB/T 28713.1—2012《管壳式热交换器用强化传热元件 第 1 部分：螺纹管》、GB/T 28713.2—2012《管壳式热交换器用强化传热元件 第 2 部分：不锈钢波纹管》、GB/T 28713.3—2012《管壳式热交换器用强化传热元件 第 3 部分：波节管》。

焊接换热管:GB/T 24593—2018《锅炉和热交换器用奥氏体不锈钢焊接钢管》和 GB/T 21832.1—2018《奥氏体-铁素体型双相不锈钢焊接钢管 第 1 部分:热交换器用管》,焊接钢管用于热交换器的适用条件为:钢管应逐根进行涡流检测,B 级合格;设计压力小于 10 MPa;不得用于毒性程度极度或高度危害的介质。

7.2.3　换热管与管板的连接

1.胀接

胀接是用胀管器挤压伸入管板孔中的管子端部,使管端发生塑性变形,管板孔同时发生弹性变形,当取出胀管器后,管板孔弹性收缩,管板与换热管间就产生一定的挤紧压力,紧密地贴在一起,达到密封紧固连接的目的。图 7-11 为胀管前和胀管后管径增大和受力的情况。

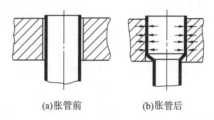

(a)胀管前　　　　(b)胀管后

图 7-11　胀管前和胀管后管径增大和受力情况示意图

随着温度的升高,接头间的残余应力会逐渐消失,使管端失去密封和紧固能力。因此,胀接结构一般用在换热管为碳素钢,管板为碳素钢或低合金钢,设计压力小于或等于 4.0 MPa,设计温度小于或等于 300 ℃,操作中无剧烈的振动、无过大的温度波动及无明显的应力腐蚀的场合。

采用胀接时,管板硬度应比管端硬度高,以保证胀接质量。这时可避免在胀接时管板发生塑性变形,影响胀接的紧密性。若达不到这个要求,可将管端进行退火处理,降低硬度后再进行胀接。对有冷作硬化倾向和有耐应力腐蚀要求的换热管,不应采用管端局部退火的方式来降低换热管的硬度,而宜采取柔性胀接方法。另外,管板与换热管材料的线膨胀系数及操作温度与室温的温差必须符合表 7-2 的规定。

表 7-2　　　　　　线膨胀系数和温差

$\Delta \alpha_l / \alpha_l$	$\Delta t / ℃$
$10\% \leqslant \Delta \alpha_l / \alpha_l < 30\%$	$\leqslant 155$
$30\% \leqslant \Delta \alpha_l / \alpha_l \leqslant 50\%$	$\leqslant 128$
$\Delta \alpha_l / \alpha_l > 50\%$	$\leqslant 72$

注　① $\alpha_l = 1/2(\alpha_{l1} + \alpha_{l2})$,$\alpha_{l1}$、$\alpha_{l2}$ 分别为管板与换热管材料的线膨胀系数,$1/℃$。

　　　$\Delta \alpha_l = |\alpha_{l1} - \alpha_{l2}|$,$1/℃$。

　　②Δt 等于操作温度减去室温(20 ℃)。

管板孔有孔壁开槽的与孔壁不开槽的(光孔)两种。孔壁开槽可以增加连接强度和紧密性,因为当胀管后管子发生塑性变形,管壁被嵌入小槽中。胀接形式及尺寸见图 7-12 和表 7-3。最小胀接长度 L_1 应取管板名义厚度减去 3 mm 的差值与 50 mm 的最小值。

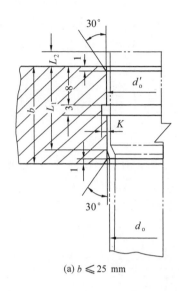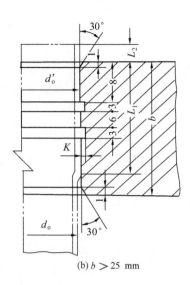

(a) b ≤ 25 mm   (b) b > 25 mm

图 7-12 胀管连接结构及尺寸

表 7-3 　　　　　　胀接形式及尺寸　　　　　　（mm）

换热管外径 d_0	伸出长度 L_2	槽深 K	换热管外径 d_0	伸出长度 L_2	槽深 K
≤14	3^{+1}	可不开槽	30～38	4^{+1}	0.6
16～25	3^{+1}	0.5	45～57	5^{+1}	0.8

2. 焊接

焊接比胀接有更大的优越性：在高温高压条件下，焊接能保持连接的紧密性；管板孔加工要求低，可节省孔的加工工时；焊接工艺比胀接工艺简单；在压力不太高时可使用较薄的管板。焊接的缺点是：在焊接接头处产生的热应力可能造成应力腐蚀和破裂；同时，换热管与管板之间存在间隙，如图 7-13 所示，这些间隙内的流体不流动，很容易造成"间隙腐蚀"。因此，不适用有较大振动、有缝隙腐蚀倾向的场合。

强度焊接的焊缝形式应根据管子的直径与厚度、管板的厚度和材料、操作条件等因素来确定，有如图 7-14 所示的几种型式。

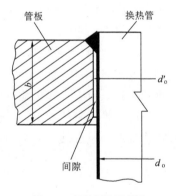

图 7-13 焊接间隙示意图

图 7-14(a)中，管板孔上不开坡口，连接强度差，适用于压力不高和管壁较薄处；图 7-14(b)中，由于在管板孔端开 60°坡口，焊接结构较好，使用最多；图 7-14(c)中，管子头部不突出管板，焊接质量不易保证，但对立式换热器，可避免停车后管板上积水；图 7-14(d)中，在孔的四周又开了沟槽，因而有效地减少了焊接应力，适用于薄管壁和管板在焊接后不允许发生较大变形的情况。

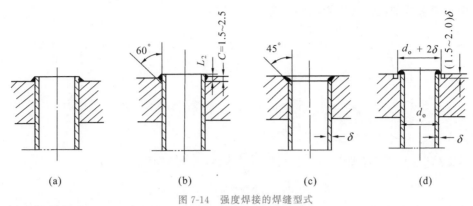

图 7-14 强度焊接的焊缝型式

3. 胀焊并用

虽然在高温、高压条件下采用焊接较胀接可靠,但管子与管板之间往往存在间隙腐蚀,而且焊接应力也引起应力腐蚀。尤其在高温高压下,连接接头在反复的热冲击、热变形、热腐蚀及介质压力的作用下,工作环境极其苛刻,容易发生破坏,无论采用胀接或焊接均难以满足要求。目前广泛采用的是胀焊并用的方法,这种连接方法能提高连接处的抗疲劳性能,消除应力腐蚀和间隙腐蚀,提高连接接头的使用寿命。

胀焊并用连接主要有强度焊加贴胀、强度胀加密封焊两种工艺。

强度焊既保证焊缝的严密性,又保证有足够的抗拉脱强度。贴胀仅为消除管子与管板孔之间的间隙,并不承担管子拉脱力;强度胀是满足一般胀接强度的胀接;密封焊不保证强度,是单纯防止泄漏而施行的焊接。

究竟在胀焊并用的连接中采用先胀接还是先焊接,没有统一的规定。主张先焊后胀者认为在高温高压换热器中,大多采用厚壁管。由于胀接时一般均使用润滑油,如果润滑油进入接头缝隙中就会在焊接时生成气体,使焊缝产生气孔,严重恶化焊缝质量。所以,只要胀管过程控制得当,先焊后胀就没有这一弊病。主张先胀后焊者则认为胀接使管壁紧贴于管板孔壁,可防止产生焊接裂纹,这对焊接性能差的材料尤为重要,但关键应采用不需润滑油的胀接方法。

7.3 管板结构

7.3.1 换热管的排列形式

换热管的排列应在整个换热器的截面上分布均匀,要考虑排列方式、流体的性质、结构设计以及制造等方面的因素。

1. 正三角形和转角正三角形排列

如图 7-15 所示,此种排列适用于壳程介质污垢少,且不需要进行机械清洗的场合。

2. 正方形和转角正方形排列

如图 7-16 所示,此种排列能够使管间小桥形成一条直线通道,可用机械方法进行清洗,一般可用于管束可抽出以清洗管间的场合。

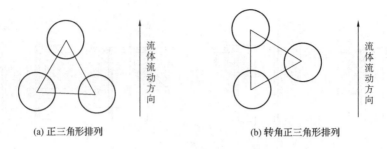

图 7-15　正三角形和转角正三角形排列

另外,还可根据结构要求,采用组合排列。例如,在多程换热器中,每一程中都采用正三角形排列,而在各程之间,为了便于安装隔板,则采用正方形排列,如图 7-17 所示。

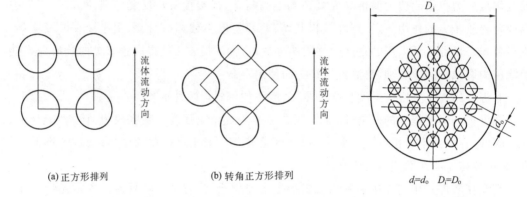

图 7-16　正方形排列及转角正方形排列　　　　　　图 7-17　组合排列

当管子总数超过 127 根(相当于层数>6)时,正三角形排列的最外层换热管和壳体之间的弓形部分,应配置附加换热管,从而增大传热面积,消除管外空间这部分不利于传热的地方。附加换热管的配置法可参照表 7-4。在制氧设备中,常采用同心圆排列法,结构比较紧凑。

表 7-4　　　　　　　　　　　　按正三角形排列时管子的根数

六角形的层数	对角线上的管数	不计弓形部分时管子的根数	弓形部分管数				换热器内管子的总根数
			在弓形的第一排	在弓形的第二排	在弓形的第三排	在弓形部分内总管数	
1	3	7	—	—	—	—	7
2	5	19	—	—	—	—	19
3	7	37	—	—	—	—	37
4	9	61	—	—	—	—	61
5	11	91	—	—	—	—	91
6	13	127	—	—	—	—	127
7	15	169	3	—	—	18	187
8	17	217	4	—	—	24	241
9	19	271	5	—	—	30	301
10	21	331	6	—	—	36	367

（续表）

六角形的层数	对角线上的管数	不计弓形部分时管子的根数	弓形部分管数				换热器内管子的总根数
			在弓形的第一排	在弓形的第二排	在弓形的第三排	在弓形部分内总管数	
11	23	397	7	—	—	42	439
12	25	469	8	—	—	48	517
13	27	547	9	2	—	66	613
14	29	631	10	5	—	90	721
15	31	721	11	6	—	102	823
16	33	817	12	7	—	114	931
17	35	919	13	8	—	126	1 045
18	37	1 027	14	9	—	138	1 165
19	39	1 141	15	12	—	162	1 303
20	41	1 261	16	13	4	198	1 459

7.3.2　管间距

管板上两换热管中心的距离称为管间距。确定管间距时,要考虑管板强度和清洗管子外表面时所需空隙,它与换热管在管板上的固定方法有关。当换热管采用焊接法固定时,相邻两根管的焊缝太近,就会相互受到热影响,使焊接质量不易保证;而采用胀接法固定时,过小的管间距会造成管板在胀接时由于挤压作用而发生变形,失去了管子与管板之间的连接力。因而,换热管中心距宜不小于 1.25 倍的换热管外径,常用换热管中心距管应符合表 7-5 的规定。

表 7-5　　　　　　　　　　　换热管中心距　　　　　　　　　　（mm）

换热管外径	换热管中心距	换热管外径	换热管中心距
14	19	38	48
19	25	45	57
25	32	57	72
32	40		

最外层换热管中心至壳体内表面的距离不应小于换热管外径的一半＋10 mm。

7.3.3　管板受力及其设计方法简介

列管式热交换器的管板,一般采用平管板,在圆平板上开孔装设管束,管板又与壳体相连。管板所受载荷除管程与壳程压力之外,还有管壁与壳壁的温差引起的变形不协调作用。固定式管板受力情况较复杂,影响管板应力大小的因素如下:

（1）管板自身的直径、厚度、材料强度、使用温度等对管板应力有显著的影响。

（2）管束对管板的支承作用。管板与许多换热管刚性地固定在一起,因此,管束起支承作用,阻碍管板的变形。在进行受力分析时,常把管板看作放在弹性基础上的平板,列管就起着弹性基础的作用。

（3）管孔对管板强度和刚度的影响。管孔的存在,削弱了管板的强度和刚度,同时,管孔边缘产生峰值应力。当管子与管板连接后,管板孔内的管子又能增加管板的强度和刚度,而且也抵消了一部分峰值应力。

(4)管板周边支承形式的影响。管板边界条件不同,管板应力状态也不同。管板外边缘有不同的固定形式,如夹持、简支、半夹持等,通常以介于简支与夹持之间为多。这些不同的固定形式对管板应力产生不同程度的影响。

(5)温度对管板的影响。由于管壁与壳壁温度的差异,各自的变形量不同,这不仅使管子和壳体的应力显著增加,而且使管板应力也显著增加。同时,由于管板的上下表面接触不同温度的介质使上下表面温度不同,亦会在管板内产生温差应力。

(6)其他因素的影响。当管板兼作法兰时,拧紧法兰螺栓,在管板上会产生附加弯矩。另外,折流板间距、最大压力作用位置等也都对管板应力有影响。

目前,一些管板厚度设计公式因对各影响因素考虑不同而有较大差异。根据不同的设计依据,管板厚度的设计方法可概括为如下几类:

(1)将管板当作受均布载荷的实心圆板,以按弹性理论得到的圆平板最大弯曲应力为主要依据,加入适当的修正系数来考虑管板开孔削弱和管束的实际支承作用。这种设计方法对管板做了很大简化,因而是一种半经验公式。但由于公式计算简便,同时又有长期使用经验,结果比较安全,因而不少国家的管板厚度设计公式仍以此作为基础。

(2)将管束当作弹性支承,而管板则作为放置于这一弹性基础上的圆平板,然后根据载荷大小、管束的刚度及周边支承情况来确定管板的弯曲应力。由于它比较全面地考虑了管束的支承和温差的影响,因而计算比较精确,但计算公式较多,计算过程也较繁杂。在计算机应用十分普及的今天,这是一种有效的设计方法。

(3)取管板上相邻四根管子之间的菱形面积,按弹性理论求此面积在均布压力作用下的最大弯曲应力。由于此法与管板实际受载情况相差甚大,所以仅用于粗略计算。

《热交换器》(GB/T 151—2014)中采用上述第(2)种方法进行设计计算。

7.3.4 管程的分程及管板与隔板的连接

当热交换器所需的换热面积较大,而管子做得太长时,就得增大壳体直径,排列较多的管子。此时为了增加管程流速,提高传热效果,须将管束分程,使流体依次流过各程管子。为了把热交换器做成多管程,可在流道室(管箱)中安装与管子中心线相平行的分程隔板。管程数一般有 1,2,4,6,8,10,12 等 7 种,分程方法可采用表 7-6 所示的不同组合形式,但必须满足:

表 7-6　　　　　　　　　　　　　　　　　　　管程布置表

程数	流动顺序	管箱隔板（介质进口侧）	后端隔板结构（介质返回侧）	程数	流动顺序	管箱隔板（介质进口侧）	后端隔板结构（介质返回侧）
1				8			
2							
4							
				10	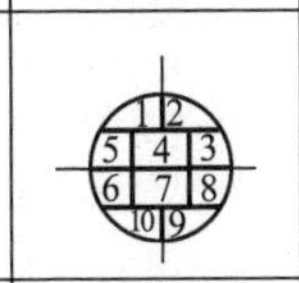	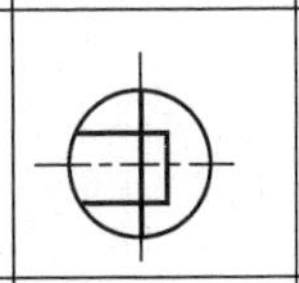	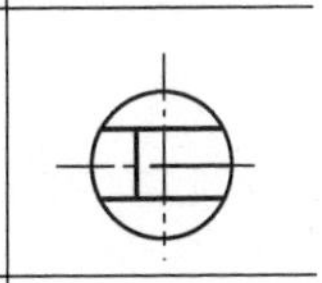
6				12	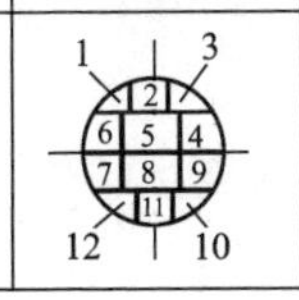	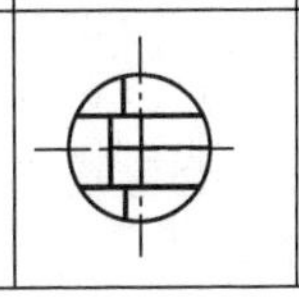	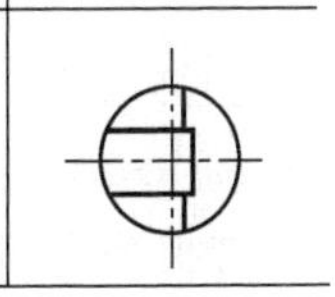

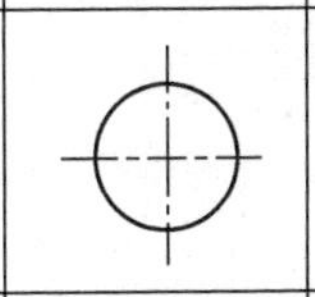

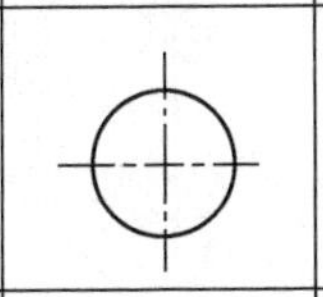

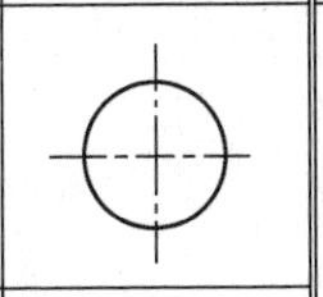

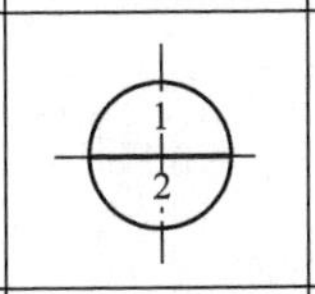

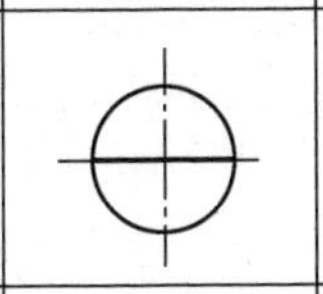

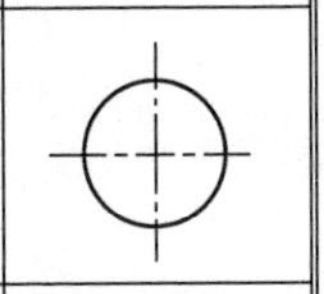

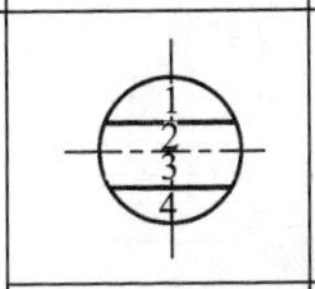

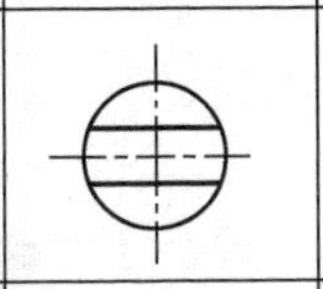

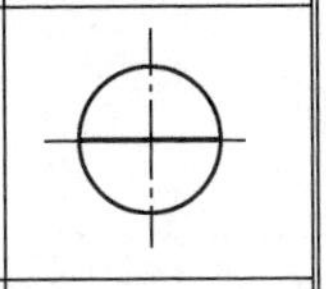

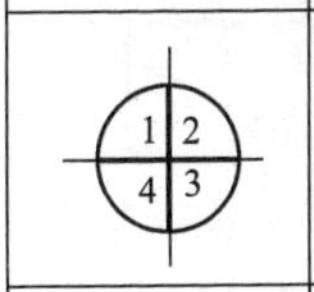

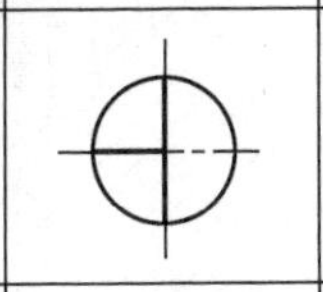

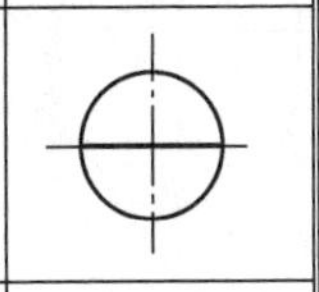

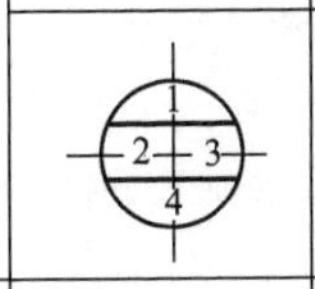

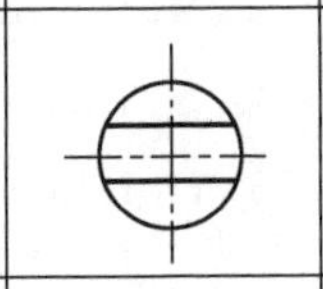

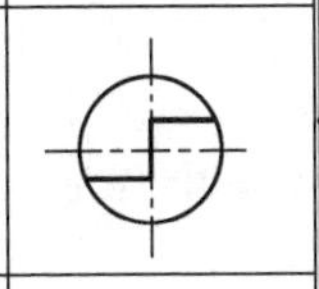

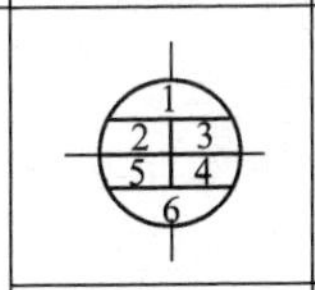

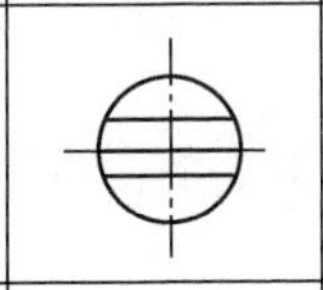

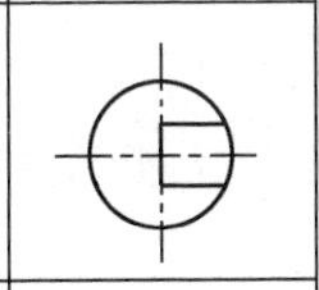

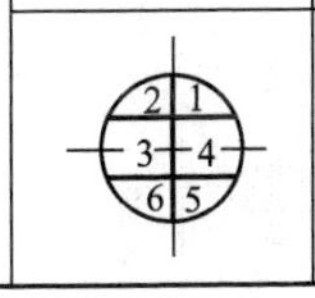

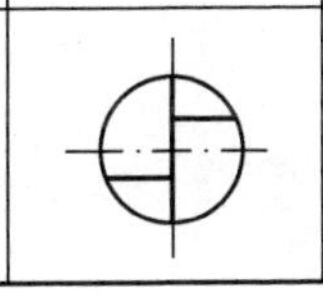

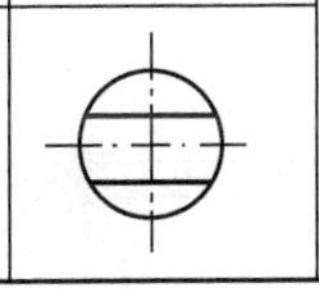

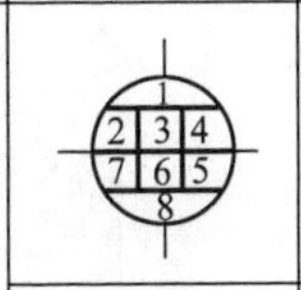

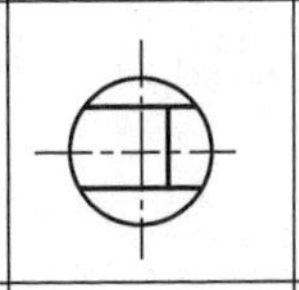

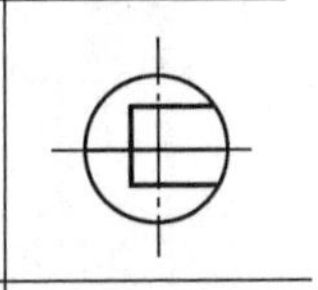

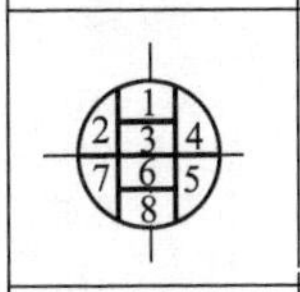

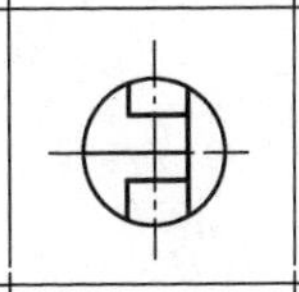

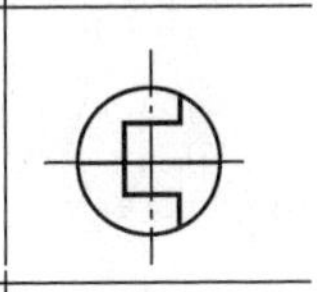

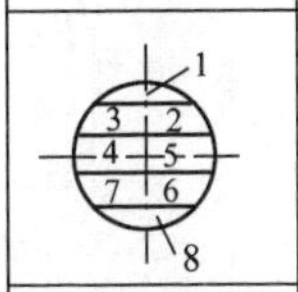

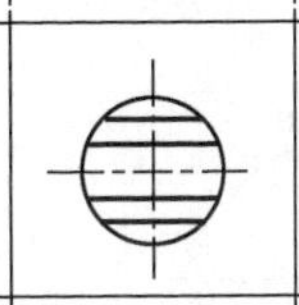

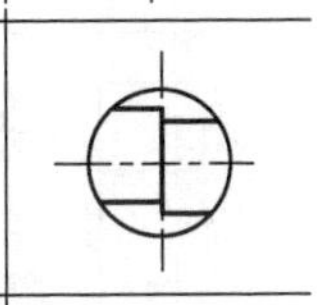

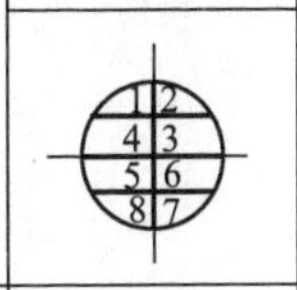

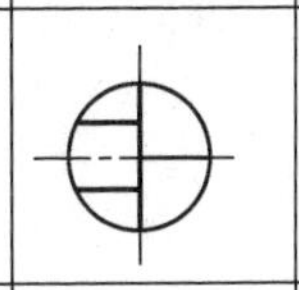

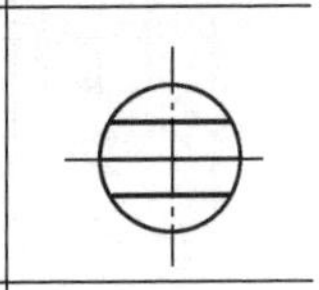

7.3.5　管板与壳体的连接结构

管壳式热交换器管板与壳体的连接结构与连接形式有关,分为可拆式和不可拆式两大类。固定管板式热交换器的管板与壳体间采用不可拆焊接,而浮头式、U 形管式和填料函式热交换器固定端管板与壳体间采用可拆连接。

1. 固定管板式热交换器管板与壳体的连接

兼作法兰时管板与壳体的连接结构如图 7-20 所示。

管板与壳体
的连接结构

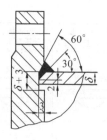

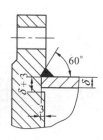

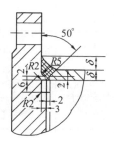

(a)$\delta \geqslant 10\text{mm}$,使用压强 $p \leqslant 1.0$ MPa不宜用于易燃、易爆、易挥发及有毒介质的场合

(b)$\delta < 10\text{ mm}$,使用压强 $p \leqslant 1.0$ MPa不宜用于易燃、易爆、易挥发及有毒介质的场合

(c)$1.0\text{MPa} < p \leqslant 4.0$ MPa 壳程介质有间隙腐蚀作用时采用

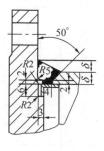

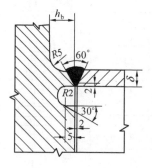

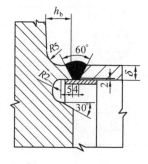

(d)$1.0\text{ MPa} < p \leqslant 4.0\text{ MPa}$ 壳程介质无间隙腐蚀作用时采用

(e)$4.0\text{ MPa} < p \leqslant 10\text{ MPa}$ 壳程介质有间隙腐蚀作用时采用

(f)$4.0\text{ MPa} < p \leqslant 10\text{ MPa}$ 壳程介质无间隙腐蚀作用时采用

$$h_\text{b} = \delta\left(1+\frac{\sqrt{3}}{3}\right) - \frac{2\sqrt{3}}{3}$$

图 7-20　兼作法兰时管板与壳体的连接结构

　　不兼作法兰时管板与壳体的连接结构如图 7-21 所示。由于法兰力矩不作用在管板上,改善了管板受力情况。

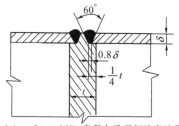

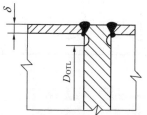

(a)$p \leqslant 4.0$ MPa 壳程介质无间隙腐蚀作用时采用

(b) 壳程介质有间隙腐蚀作用时采用,半径 R 的圆心在管板表面上(D_OTL 为最大布管直径)

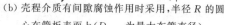

图 7-21　不兼作法兰时管板与壳体的连接结构

2. 浮头式、U 形管式及填料函式热交换器固定端管板与壳体的连接

　　由于浮头式、U 形管式及填料函式热交换器的管束要从壳体中抽出,以便进行清洗,故需将固定端管板做成可拆连接。图 7-22 为浮头式热交换器固定管板的连接情况,管板夹于壳体法兰和顶盖法兰之间,卸下顶盖就可把管板及管束从壳体中抽出来。

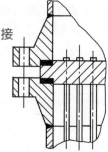

图 7-22　管板与壳体的可拆连接

7.4 折流板、支承板、旁路挡板及拦液板的作用与结构

7.4.1 折流板与支承板

在对流传热的热交换器中,为了提高壳程内流体的流速及加强湍流程度以提高传热效率,可在壳程内装设折流板。折流板还起支承换热管的作用。当工艺上无装折流板的要求,而管子比较细长时,应该考虑有一定数量的支承板,以便于安装和防止管子变形过大。

折流板和支承板可分为横向和纵向两种。前者使流体垂直流过管束,后者则使管间的流体平行流过管束。

折流板和支承板的常用型式有弓形、圆盘-圆环形和带扇形切口三种,分别如图 7-23、图 7-24 和图 7-25 所示。其中,弓形折流板用得较普遍,这种型式使流体只经折流板切去的圆缺部分而垂直流过管束,流动中死区较少。

横向折流板和支承板的厚度与壳体直径和折流板间距有关,且对热交换器的振动也有影响,一般情况下其最小厚度按表 7-7 选取。当壳程流体有脉动或折流板用作浮头式热交换器浮头端的支承板时,则厚度必须予以特别考虑。

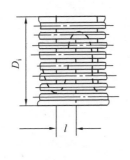
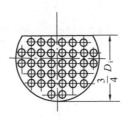
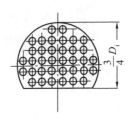

图 7-23 弓形折流板

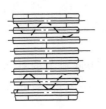
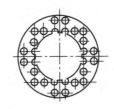

图 7-24 圆盘-圆环形折流板

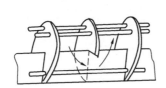
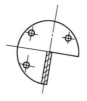

图 7-25 带扇形切口的折流板

表 7-7　　折流板和支承板的最小厚度　　(mm)

壳体直径	最小厚度					
最大无支承间距	≤300	>300 ≤600	>600 ≤900	>900 ≤1 200	>1 200 ≤1 500	>1 500
159～325	3	3	4	6	10	10
400～600	3	4	6	10	10	12
700～900	4	6	8	10	12	16
1 000～1 400		6	10	12	16	16
1 500～1 800		8	12	12	20	20
1 900～2 000		10	14	14	22	24

弓形折流板的间距一般不应小于壳体内径的 1/5，且不小于 50 mm。其最大间距不得超过表 7-8 的规定，且相邻两块折流板间距不得大于壳体内直径。

表 7-8　　折流板和支承板的最大间距　　(mm)

换热管外径	最大间距				
温度	400 ℃	450 ℃	320 ℃	450 ℃	540 ℃
换热管材料	碳素钢和高合金钢	低合金钢	镍铜合金	镍	镍铬铁合金
14		1 100			
19		1 500			
25		1 900			
32		2 200			
38		2 500			
45		2 540			
57		3 200			

折流板和支承板的外径与壳体之间的间隙越小，壳程流体由此泄漏的量就越少，这样可以减少流体短路，提高传热效率。但间隙过小会给制造、安装带来困难，故此间隙要求适宜，详见表 7-9。

表 7-9　　折流板和支承板的外径　　(mm)

壳体公称直径 DN	热交换器折流板和支承板名义外径	冷凝器折流板和支承板名义外径	折流板和支承板外径负偏差
159	D_i-2	D_i-3	−0.53
273	D_i-2	D_i-3	−0.90
325	D_i-2	D_i-3	−0.68
400	397	396	−0.76
500	496.5	495	−0.76

（续表）

壳体公称直径 DN	热交换器折流板和支承板名义外径	冷凝器折流板和支承板名义外径	折流板和支承板外径负偏差
600	596.5	595	−0.60
700	696	695	−1.00
800	796	795	−1.00
900	896	894	−1.10
1 000	995.5	993	−1.10
1 100	1 095.5	1 093	−1.20
1 200	1 195.5	1 193	−1.20

注　当 $DN \leqslant 325$，用钢管做壳体时，应根据钢管实测最小内径装设折流板或支承板。

　　折流板和支承板的固定是通过拉杆和定距管来实现的，折流板、拉杆和定距管的组装如图 7-26 所示。拉杆是一根两端皆有螺纹的长杆，一端拧入管板，折流板就串在拉杆上，各板之间则以套在拉杆上的定距管来保持板间距离。最后一块折流板可用螺母拧在拉杆上予以紧固。各种尺寸热交换器的拉杆直径和拉杆数量见表 7-10。

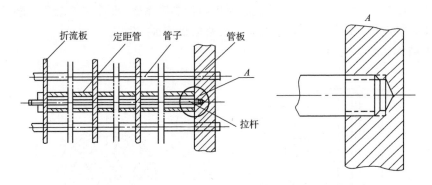

图 7-26　折流板、拉杆和定距管的组装

表 7-10　　　　　　　　　拉杆直径和数量

壳体直径/mm	拉杆直径/mm	拉杆数量/个	壳体直径/mm	拉杆直径/mm	拉杆数量/个
159～325	10	4	1 300～1 500	12	12
400～600	10	6	1 600～1 700	12	14
700～800	12	8	≥1 800	12	18
900～1 200	12	10			

　　纵向折流板使流体平行管束流动，在传热上不如使流体垂直流过管束好，但可提高流速，所以也可较好地提高传热效率。其主要缺点是纵向折流板与壳体壁间的密封不易保证，容易造成短路。

7.4.2　旁路挡板

　　当壳体与管束之间存在较大间隙时，如浮头式、U 形管式和填料函式热交换器，可在管束上增设旁路挡板,阻止流体短路,迫使壳程流体通过管束进行热交换,如图 7-27 所示。增设旁路挡板每侧一般为 2～4 块。挡板可用 6 mm 厚的钢板式扁钢制成,采用对称布置。挡板加工成规则的长条状,长度等于折流板或支承板的板间距,两端焊在折流板或支承板上。

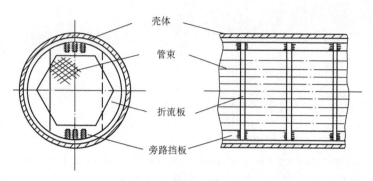

图 7-27　旁路挡板结构

7.4.3　拦液板

在立式冷凝器中,为减薄管壁上的液膜而提高传热膜系数,推荐在冷凝器中装设拦液板以截拦液膜。拦液板间距根据实际情况确定或暂取折流板间距。

拦液板结构如图 7-28 所示。

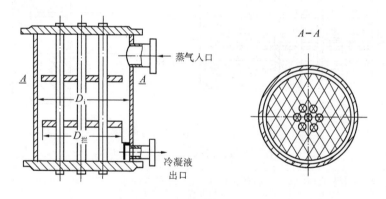

图 7-28　拦液板

7.5　温差应力

7.5.1　管壁与壳壁温差引起的温差应力

温差应力

固定管板式热交换器的壳体与管子,在安装温度下,它们的长度均为 L[图 7-29(a)];当操作时[图 7-29(b)],壳体和管子温度都升高,若管壁温度高于壳壁温度,则管子自由伸长量 δ_t 和壳体自由伸长量 δ_s 分别为

$$\delta_t = \alpha_t(t_t - t_0)L \tag{7-1}$$

$$\delta_s = \alpha_s(t_s - t_0)L \tag{7-2}$$

式中　α_t, α_s—— 分别为管子和壳体材料的温度膨胀系数，1/℃；

　　　t_0—— 安装时的温度，℃；

　　　t_t, t_s—— 分别为操作状态下管壁温度和壳壁温度，℃。

　　由于管子与壳体是刚性连接，所以管子和壳体的实际伸长量必须相等，如图 7-29(c) 所示，因此就出现壳体被拉伸，产生拉应力；管子被压缩，产生压应力。此拉、压应力就是温差应力，也称热应力。由于温差而使壳体被拉伸的总拉伸力应等于所有管子被压缩的总压缩力。总拉伸力（或总压缩力）称为温差轴向力，用 F 表示。F 为正值时，表示壳体被拉伸，管子被压缩；F 为负值时，表示壳体被压缩，管子被拉伸。

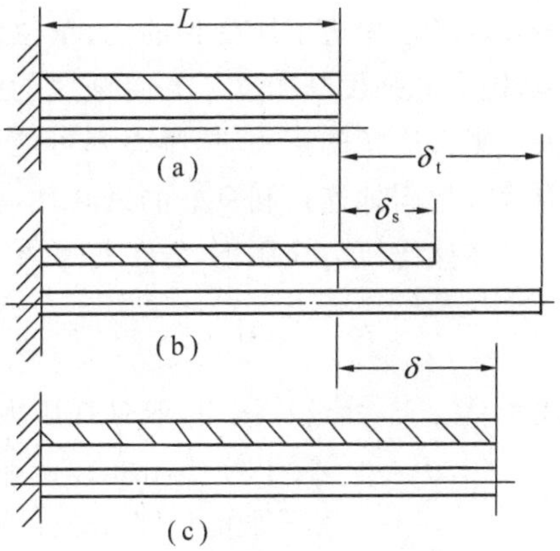

　　管子所受压缩力等于壳体所受的拉伸力。如二者的变形量不超过弹性范围，则由胡克定律可知：

管子被压缩的量为

$$\delta_t - \delta = \frac{FL}{E_t A_t} \tag{7-3}$$

壳体被拉伸的量为

$$\delta - \delta_s = \frac{FL}{E_s A_s} \tag{7-4}$$

合并以上两式，消去 δ 可得

$$\delta_t - \frac{FL}{E_t A_t} = \delta_s + \frac{FL}{E_s A_s} \tag{7-5}$$

将式(7-1)和式(7-2)代入式(7-5)并整理，得管子或壳体中的温差轴向力为

$$F = \frac{\alpha_t(t_t - t_0) - \alpha_s(t_s - t_0)}{\dfrac{1}{E_t A_t} + \dfrac{1}{E_s A_s}} \tag{7-6}$$

管子及壳体中的温差应力为

$$\sigma_t = \frac{F}{A_t} \tag{7-7}$$

$$\sigma_s = \frac{F}{A_s} \tag{7-8}$$

图 7-29　壳体及管子的膨胀与压缩

式中　E_t, E_s—— 分别为管子和壳体材料的弹性模量，MPa；

　　　A_t—— 换热管金属总截面面积，mm^2；

　　　A_s—— 壳壁金属横截面面积，mm^2。

　　温差应力有时是非常可观的。虽然由于管板的挠曲变形和管子的纵向弯曲会使实际应力比计算结果要小，但不可能小很多。

7.5.2 管子拉脱力的计算

热交换器在操作中,承受流体压力和管壳壁的温差应力的联合作用,这两个力在管子与管板的连接接头处产生一个拉脱力,使管子与管板有脱离的倾向。拉脱力的定义是管子每平方米胀接周边上所受到的力,单位为帕(Pa)。实验表明,对于管子与管板是焊接连接的接头,接头的强度高于管子本身金属的强度,拉脱力不足以引起接头的破坏;但对于管子与管板是胀接连接的接头,拉脱力则可能引起接头处密封性的破坏或使管子松脱。为保证管端与管板牢固地连接和良好的密封性,必须进行拉脱力的校核。

在操作压力作用下,管子每平方米胀接周边上所受到的力 q_p:

$$q_p = \frac{pf}{\pi d_o l} \tag{7-9}$$

式中　　p——设计压力,取管程压力 p_t 和壳程压力 p_s 二者中的较大值,MPa;

　　　　d_o——管子外径,mm;

　　　　l——管子胀接长度,mm;

　　　　f——每四根管子之间的面积,mm^2。

管子成正三角形排列时[图7-30(a)]

$$f = 0.866a^2 - \frac{\pi}{4}d_o^2$$

管子成正方形排列时[图7-30(b)]

$$f = a^2 - \frac{\pi}{4}d_o^2$$

式中　　a——管间距,mm。

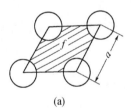 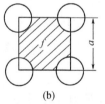

图7-30　管子之间面积

在温差应力作用下,管子每平方米胀接周边上所受到的力 q_t:

$$q_t = \frac{\sigma_t a_t}{\pi d_o l} = \frac{\sigma_t (d_o^2 - d_i^2)}{4 d_o l} \tag{7-10}$$

式中　　σ_t——管子中的温差应力,MPa;

　　　　a_t——每根管子管壁横截面积,mm^2;

　　　　d_o,d_i——分别为管子的外径、内径,mm。

由温差应力产生的管子周边力与由操作压力产生的管子周边力可能作用在同一方向,也可能作用在相反方向。若二者方向相同,管子的拉脱力为 $q_p + q_t$;反之,管子的拉脱力为 $|q_t - q_p|$,方向同 q_p 和 q_t 二者中较大者。

换热管的拉脱力必须小于许用拉脱力$[q]$，$[q]$值见表 7-11。

表 7-11　　　　　　　　　　　许用拉脱力　　　　　　　　　　（MPa）

换热管与管板连接结构型式			$[q]$
胀接	钢管	管端不卷边或管孔不开槽	2
		管端卷边或管孔开槽	4
	有色金属管	管孔开槽	3
焊接		钢管、有色金属管	$0.5[\sigma]_t^t$

注　$[\sigma]_t^t$ 为在设计温度时，换热管材料的许用应力，MPa。

【例 7-1】 有一台固定管板式热交换器，已知条件见表 7-12。求管子的拉脱力。

表 7-12

项目	管子	壳体
操作压力/MPa	1.6	0.6
操作壁温/℃	200	100
材质	10	Q245R
线膨胀系数/(1/℃)	$12.25×10^{-6}$	$11.53×10^{-6}$
弹性模量/MPa	$0.191×10^6$	$0.197×10^6$
许用应力/MPa	108	189
尺寸/mm	$\phi25×2.5×1\,500$	$\phi800×6$
管子根数	501	
排列方式	正三角形	
管间距/mm	$a=32$	
管子与管板的连接方式	开槽胀接	
胀接长度/mm	$l=29$	
许用拉脱力/MPa	4.0	

解　在操作压力下，管子每平方米胀接周边所受到的力 q_p：

$$q_p = \frac{pf}{\pi d_o l}$$

其中

$$f = 0.866a^2 - \frac{\pi}{4}d_o^2 = 0.866×32^2 - \frac{\pi}{4}×25^2 = 396(\text{mm}^2)$$

$$p = 1.6\ \text{MPa},\quad l = 29\ \text{mm}$$

$$q_p = \frac{1.6×396}{3.14×25×29} = 0.28\ (\text{MPa})$$

在温差应力作用下，管子每平方米胀接周边所受到的力 q_t：

$$q_t = \frac{\sigma_t(d_o^2 - d_i^2)}{4d_o l}$$

其中

$$\sigma_t = \frac{\alpha E(t_t - t_s)}{1 + \dfrac{A_t}{A_s}}$$

$$A_t = \frac{\pi}{4}(d_o^2 - d_i^2)n = \frac{\pi}{4}×(2.5^2 - 2.0^2)×10^{-4}×501 = 885×10^{-4}(\text{m}^2)$$

$$A_s = \pi D_{中}\delta_n = \pi×80.6×0.6×10^{-4} = 152×10^{-4}(\text{m}^2)$$

$$\sigma_t = \frac{12.25 \times 10^{-6} \times 0.191 \times 10^6 \times (200-100)}{1+\frac{885 \times 10^{-4}}{152 \times 10^{-4}}} = 34.30 \text{ (MPa)}$$

$$q_t = \frac{34.30 \times (2.5^2 - 2.0^2) \times 10^{-4}}{4 \times 2.5 \times 10^{-2} \times 2.9 \times 10^{-2}} = 2.66 \text{ (MPa)}$$

又 q_p 与 q_t 作用方向相同,则

$$q = q_p + q_t = 0.28 + 2.66 = 2.94 \text{ (MPa)}$$

$q < [q] = 4.0$,故管子拉脱力在许用范围内。

7.5.3 温差应力的补偿

从温差应力产生的原因可以知道,消除温差应力的主要方法是解决壳体与管束膨胀的不一致性;或是消除壳体与管子间的刚性约束,使壳体和管子都自由膨胀和收缩。为此,生产中可以采取如下措施进行温差应力补偿:

1. 减小壳体与管束间的温差

可考虑将表面传热系数 α 大的流体通入管间空间,因为传热管壁的温度接近 α 大的流体,这样可减小壳体与管束间的温差,以减小它的热膨胀差。另外,当壳壁温度低于管束温度时,可对壳壁采取保温,以提高壳壁的温度,减小壳壁与管束间的温差。

2. 装设挠性构件

用得最多的是在固定管板式热交换器的壳体上装设波形膨胀节,利用膨胀节的弹性变形来补偿壳体与管束膨胀的不一致性,因而能部分减小温差应力。

当装设挠性构件不能满足温差应力补偿的要求时,则应考虑采用能使壳体和管束自由热膨胀的结构。

3. 使壳体和管束自由热膨胀

这种结构如填料函式热交换器、浮头式热交换器、U 形管式热交换器以及套管式热交换器,它们的管束有一端能自由伸缩,这样壳体和管束的热胀冷缩便互不牵制,自由地进行,所以这种结构完全消除了温差应力。

(1)填料函式热交换器

填料函式(又称外浮头式)热交换器的外浮头部分与壳体间用填料密封。填料函可装设在浮头端部的接管处,如图 7-31 所示;或装设在管板处,如图 7-32 所示;或装设在管板外的导筒处,如图 7-33 所示。如图 7-31 所示的结构虽然密封周边较少,从防止泄漏来说是好的,但由于管束和壳体之间有较大的环隙空间,这就使管束间的流体易于从这个环隙空间流过,减少从管束内部流过,造成流体"短路",因而这种结构需要改进。如图 7-32 所示的结构把填料函装设在管板处,避免了上述缺点,显得比较紧凑,这种型式为滑动管板式,并被认为有一定的发展前途。这种结构的缺点是密封性较差,不宜用于较高的压力,同时管束的伸长量也受管板厚度的限制。如图 7-33 所示的结构中,在管板上焊了一个导筒用以形成填料函密封,但结构显得较复杂。

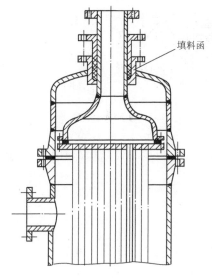

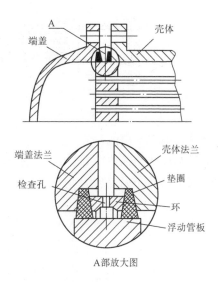

图 7-31 填料函式热交换器结构之一　　　　图 7-32 填料函式热交换器结构之二

(2)浮头式热交换器

浮头式(又称内浮头式)热交换器的浮头是这类热交换器的特有结构,构造较为复杂,一般有如图 7-34 和图 7-35 所示的两种结构。如图 7-34 所示的结构是依靠夹钳形半环和若干个压紧螺钉使浮头盖和活动管板密封结合起来,保证管内和管间流体互不渗漏。不过这种螺钉夹紧力往往不足,夹钳形半环也较为笨重。如图 7-35 所示的结构则使浮头盖法兰直接和勾圈法兰用螺钉拧紧,使浮头盖法兰和活动管板密封结合起来,现多采用这种结构。由于浮头式热交换器结构相当笨重,金属消耗量大,尚需研究改进。

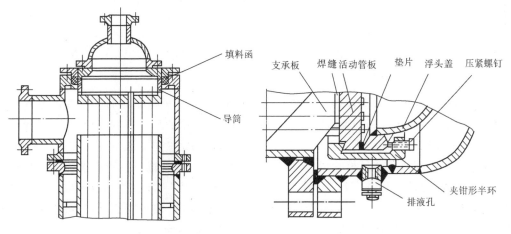

图 7-33 填料函式热交换器结构之三　　　　图 7-34 浮头式热交换器结构之一

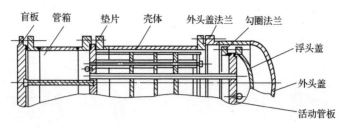

图 7-35　浮头式热交换器结构之二

4. 双套管温度补偿

在高温高压热交换器中,也可以采用插入式双套管温度补偿结构,如图 7-36 所示。这种结构也完全消除了温差应力。

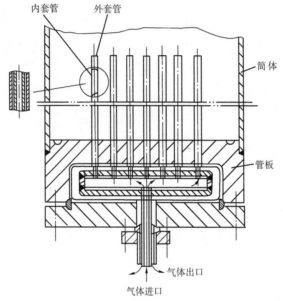

图 7-36　插入式双套管温度补偿结构

7.5.4　膨胀节的结构及设置

1. 膨胀节的结构

膨胀节是装在固定管板式热交换器上的挠性元件,对管子与壳体的膨胀变形差进行补偿,以此来消除或减小不利的温差应力。在热交换器中采用的膨胀节有三种型式:平板焊接膨胀节、波形膨胀节和夹壳式膨胀节(图 7-37)。最常用的是波形膨胀节[图 7-37(b)]。波形膨胀节可以由单层板或多层板构成,多层膨胀节具有较大的补偿量。当要求更大的热补偿量时,可以采用多波膨胀节。多波膨胀节可以为整体成型结构(波纹管),也可以由几个单波元件用环焊缝连接。平板焊接膨胀节[图 7-37(a)]结构简单,便于制造,但只适用于常压和低压的场合。夹壳式膨胀节[图 7-37(c)]可用于压力较高的场合。

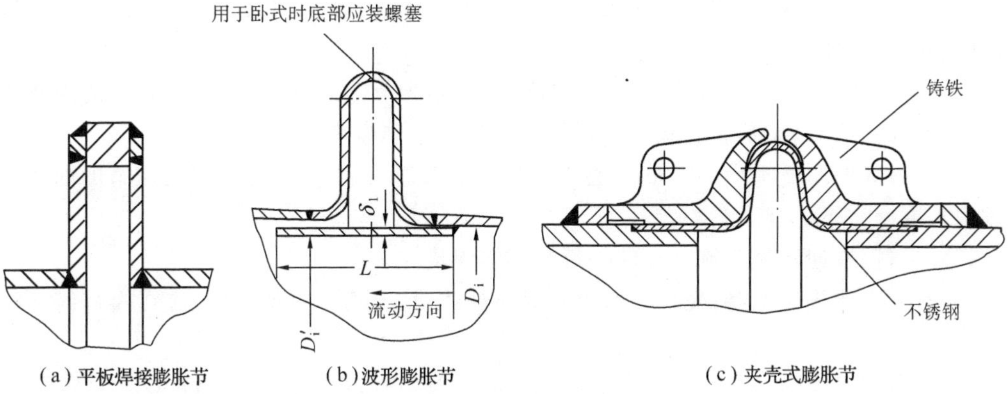

用于卧式时底部应装螺塞

铸铁

不锈钢

（a）平板焊接膨胀节　　　　（b）波形膨胀节　　　　　（c）夹壳式膨胀节

图 7-37　膨胀节型式

2. 设置膨胀节的条件

对于固定管板式热交换器，用下式计算壳体和管子中的应力：

$$\sigma_s = \frac{F_1 + F_2}{A_s}$$

$$\sigma_t = \frac{-F_1 + F_3}{A_t}$$

式中　　F_1——由壳体和管子间的温差所产生的轴向力，N；

$$F_1 = \frac{\alpha_t(t_t - t_0) - \alpha_s(t_s - t_0)}{\dfrac{1}{E_t A_t} + \dfrac{1}{E_s A_s}}$$

F_2——由壳程和管程压力作用于壳体上所产生的轴向力，N；

$$F_2 = \frac{Q A_s E_s}{A_s E_s + A_t E_t}$$

F_3——由壳程和管程压力作用于管子上所产生的轴向力，N；

$$F_3 = \frac{Q A_t E_t}{A_s E_s + A_t E_t}$$

其中

$$Q = \frac{\pi}{4}\left[(D_i^2 - n d_o^2)p_s + n(d_o - 2\delta_t)^2 p_t\right]$$

δ_t——管子壁厚，mm；

其余符号同前。

满足下述条件之一者，必须设置膨胀节：①$\sigma_s > 2\phi[\sigma]_s^t$；②$\sigma_t > 2[\sigma]_t^t$；③$\sigma_s < 0$ 且 $|\sigma_s| > B$（B 按 6.2 节的方法求取）；④ 管子拉脱力 $q > [q]$。

3. 膨胀节的选用及设置

波形膨胀节的材料和尺寸可按 GB 16749—2018《压力容器波形膨胀节》标准选用，冷作成型的铁素体钢膨胀节必须经过消除应力处理。奥氏体钢膨胀节冷作成型后通常不需要热处理，热作成型的奥氏体钢膨胀节应进行固溶处理。

波形膨胀节与热交换器壳体的连接，一般采用对接。膨胀节零件的环焊缝，以及膨胀节和壳体连接的环焊缝均应采用可以焊透的焊接型式，并按与壳体相同的要求进行无损检测。

对于卧式热交换器用的波形膨胀节,必须在其安装位置的最低点设置排液孔,以便排净壳体内的残留液体。

为了减少膨胀节的磨损、防止振动及降低流体阻力等,必要时可以在膨胀节的内侧增设一内衬筒,如图 7-37(b)所示。设计内衬筒时应注意下列事项:

(1)内衬筒的厚度不小于 2 mm,且不大于膨胀节厚度;其长度应超过膨胀节的曲线部分的轴向长度。

(2)内衬筒在迎着流体流动方向一端与壳体焊接。

(3)对于立式热交换器,壳程介质为蒸气或液体,且流动方向朝上时,应在内衬筒下端设置排液孔道。

(4)带有内衬筒的膨胀节与管束装配时可能会有妨碍,在热交换器结构设计时应考虑。

7.6 管箱与壳程接管

7.6.1 管箱

热交换器管内流体进出口的空间称为管箱(或称流道室)。管箱结构应便于装拆,因为清洗、检修管子时需要拆下管箱。如图 7-38 所示结构为平盖结构,在清洗、检修时比较方便。如图 7-39 所示结构为用于可拆卸管束与管板制成一体的管箱。如图 7-40 所示结构为封头管箱。如图 7-41 所示结构为与管板制成一体的固定管板管箱。

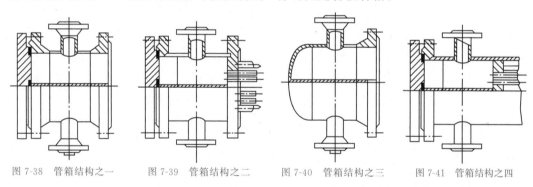

图 7-38 管箱结构之一　　图 7-39 管箱结构之二　　图 7-40 管箱结构之三　　图 7-41 管箱结构之四

7.6.2 壳程接管

壳程流体进出口的设计,直接影响换热器的传热效率和换热管的寿命。当加热蒸气或高速流体流入壳程时,对换热管会造成很大的冲刷,所以常将壳程接管在入口处加以扩大,即将接管做成喇叭形,这样起缓冲作用,如图 7-42 所示,或者在换热器进口处设置挡板,其结构如图 7-43～图 7-45 所示。如图 7-43(a)所示结构为筒形,常称为导流筒,它可使加热蒸气或流

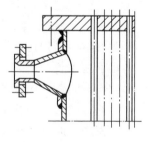

图 7-42 缓冲接管

体在靠近管板处才进入管束间,更充分地利用换热面积,目前常用这种结构来提高热交换器的换热能力。

通常采用的挡板有圆形挡板和方形挡板。如图 7-44 所示为圆形挡板,为了减少流体阻力,挡板与热交换器壳壁的距离 a 不应太小,至少应保证此处流道截面积不小于流体进口接管的截面积,且距离 a 不小于 30 mm。若 a 值太大也会妨碍换热管的排列,且减少传热面积。当需加入流体通道时,可在挡板上开些圆孔以增加流体通过的截面。图 7-45 是一种方形挡板,上面开了小孔以增加流体通过的截面。

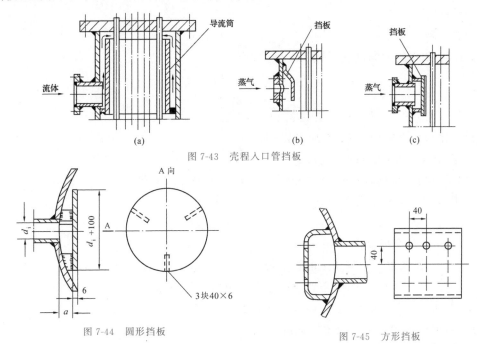

图 7-43　壳程入口管挡板

图 7-44　圆形挡板

图 7-45　方形挡板

对于蒸气在壳程冷凝的立式热交换器或立式冷凝器,应尽量减少冷凝液在管板上的积留,以保证传热面的充分利用,故冷凝液的排出管,一般安装如图 7-46 所示的结构。此外,应在壳程尽可能高的位置,一般在上管板上,安装不凝性气体排出管,作为开车时的排气及运行中间歇地排出不凝性气体。

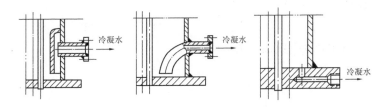

图 7-46　立式热交换器的冷凝液排出管

7.7　管壳式热交换器的机械设计举例

1. 已知条件
(1)介质压力

管程:半水煤气　工作压力　0.70 MPa　设计压力　1.0 MPa

壳程:变换气　工作压力　0.68 MPa　设计压力　1.0 MPa

(2) 壳、管壁温差 50 ℃，$t_t > t_s$。

壳程介质温度为 220 ~ 300 ℃，设计温度 300 ℃，管程介质温度为 180 ~ 250 ℃，设计温度 250 ℃。

(3) 由工艺计算求得换热面积为 130 m²。

2. 计算

(1) 管子数 n

选 $\phi 25 \times 2.5$ 的无缝钢管，材质 20 号钢，管长 3 m。

因为
$$F = \pi d_{均} L n$$

所以
$$n = \frac{F}{\pi d_{均} L} = \frac{130}{3.14 \times 0.022\,5 \times 3} = 613 \text{（根）}$$

其中，因安排拉杆需减少 6 根，实际管数 607 根。

(2) 管子排列方式、管间距的确定

采用正三角形排列，由表 7-4 查得层数为 13。查表 7-5，取管间距 $a = 32$ mm。

(3) 热交换器壳体直径的确定
$$D_i = a(b-1) + 2l$$

式中　D_i —— 热交换器内径，mm；

　　　b —— 正六角形对角线上的管子数，查表 7-4，取 $b = 27$；

　　　l —— 最外层管子的中心到壳壁边缘的距离，取 $l = 2d_o$。

故
$$D_i = 32 \times (27 - 1) + 2 \times 2 \times 25 = 932 \text{（mm）}$$

圆整后取壳体内径 $D_i = 1\,000$ mm。

(4) 热交换器壳体壁厚的计算

材料选用 Q245R 钢板，计算壁厚为
$$\delta = \frac{p_c D_i}{2[\sigma]^t \phi - p_c}$$

式中　p_c —— 计算压力，取 $p_c = 1.0$ MPa；

　　　$D_i = 1\,000$ mm；$\phi = 0.85$；

　　　$[\sigma]^t = 108$ MPa（设壳壁温度为 300 ℃）。

故
$$\delta = \frac{1.0 \times 1\,000}{2 \times 108 \times 0.85 - 1.0} = 5.48 \text{（mm）}$$

取 $C_2 = 1.2$ mm，则 $C_1 = 0.3$ mm。

圆整后取 $\delta_n = 8$ mm。

(5) 热交换器封头的选择

上、下封头均选用标准椭圆形封头，根据 GB/T 25198—2010《压力容器封头》，封头为 $DN1\,000 \times 8$，曲面高度 $h_1 = 250$ mm，直边高度 $h_2 = 40$ mm，如图 7-47 所示，材料选用 Q245R。

下封头与裙座焊接，直边高度取 40 mm。

(6) 容器法兰的选择

材料选用16MnⅢ。根据 NB/T 47023—2012标准,选用 $DN1\,000,PN1.6\,\text{MPa}$ 的榫槽密封面长颈对焊法兰。法兰尺寸如图 7-48 所示。

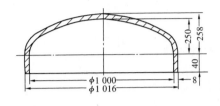

图 7-47　椭圆形封头

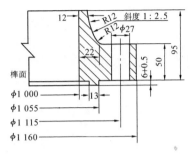

图 7-48　容器法兰

(7) 管板尺寸的确定

选用固定式热交换器管板,并兼作法兰,查相关标准得 $p_t = p_s = 1.6\,\text{MPa}$(取管板的公称压力为 1.6 MPa) 的碳钢管板尺寸,如图 7-49 所示。

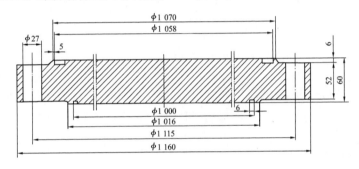

图 7-49　管板

(8)管子拉脱力的计算

计算数据按表 7-13 选取。

表 7-13

项目	管子	壳体
操作压力/MPa	0.7	0.68
材质	20 钢	Q245R
线膨胀系数/(1/℃)	12.9×10^{-6}	12.9×10^{-6}
弹性模量/MPa	0.183×10^{6}	0.183×10^{6}
许用应力/MPa	108	108
尺寸/mm	$\phi25\times2.5\times3\,000$	$\phi1\,000\times8$
管子根数	607	
管间距/mm	32	
管壳壁温差/℃	$\Delta t = 50$	
管子与管板的连接方式	开槽胀接	
胀接长度/mm	$l=50$	
许用拉脱力/MPa	4.0	

①在操作压力下,管子每平方米胀接周边上所受到的力

$$q_p = \frac{pf}{\pi d_o l}$$

其中
$$f = 0.866a^2 - \frac{\pi}{4}d_o^2 = 0.866 \times 32^2 - \frac{\pi}{4} \times 25^2 = 396 \text{ (mm}^2)$$

$$p = 0.7 \text{ MPa}, \quad l = 50 \text{ mm}$$

则
$$q_p = \frac{0.7 \times 396}{3.14 \times 25 \times 50} = 0.07 \text{ (MPa)}$$

② 温差应力导致管子每平方米胀接周边上所受到的力

$$q_t = \frac{\sigma_t(d_o^2 - d_i^2)}{4d_o l}$$

其中
$$\sigma_t = \frac{\alpha E(t_t - t_s)}{1 + \dfrac{A_t}{A_s}}$$

$$A_s = \pi D_{中} \delta_n = \pi \times 1\,008 \times 8 = 25\,321 \text{ (mm}^2)$$

$$A_t = \frac{\pi}{4}(d_o^2 - d_i^2)n = \frac{\pi}{4} \times (25^2 - 20^2) \times 607 = 107\,211 \text{ (mm}^2)$$

则
$$\sigma_t = \frac{12.9 \times 10^{-6} \times 0.183 \times 10^6 \times 50}{1 + \dfrac{107\,211}{25\,321}} = 22.6 \text{ (MPa)}$$

$$q_t = \frac{22.6 \times (25^2 - 20^2)}{4 \times 25 \times 50} = 1.02 \text{ (MPa)}$$

由已知条件可知,q_p 与 q_t 的作用方向相同,都使管子受压,则管子的拉脱力:

$$q = q_p + q_t = 1.09 \text{ MPa} < [q] = 4.0 \text{ MPa}$$

因此,拉脱力在许用范围内。

(9)计算是否安装膨胀节

管壳壁温差所产生的轴向力 F_1:

$$F_1 = \frac{\alpha E(t_t - t_s)}{A_s + A_t}A_s A_t = \frac{12.9 \times 10^{-6} \times 0.183 \times 10^6 \times 50}{25\,321 + 107\,211} \times 25\,321 \times 107\,211 = 2.42 \times 10^6 \text{(N)}$$

压力作用于壳体上的轴向力 F_2:

$$F_2 = \frac{QA_s}{A_s + A_t}$$

其中
$$Q = \frac{\pi}{4}[(D_i^2 - nd_o^2)p_s + n(d_o - 2\delta_t)^2 p_t]$$

$$= \frac{\pi}{4}[(1\,000^2 - 607 \times 25^2) \times 0.68 + 607 \times (25 - 2 \times 2.5)^2 \times 0.7]$$

$$= 0.465 \times 10^6 \text{(N)}$$

则
$$F_2 = \frac{0.465 \times 10^6 \times 25\,321}{25\,321 + 107\,211} = 0.089 \times 10^6 \text{(N)}$$

压力作用于管子上的轴向力 F_3:

$$F_3 = \frac{QA_t}{A_t + A_s} = \frac{0.465 \times 10^6 \times 107\,211}{107\,211 + 25\,321} = 0.376 \times 10^6 \text{(N)}$$

则
$$\sigma_s = \frac{F_1 + F_2}{A_s} = \frac{2.42 \times 10^6 + 0.089 \times 10^6}{25\,321} = 99.1 \text{ (MPa)}$$

$$\sigma_t = \frac{-F_1 + F_3}{A_t} = \frac{-2.42 \times 10^6 + 0.376 \times 10^6}{107\ 211} = -19.07\ (\text{MPa})$$

根据 GB/T 151—2014《热交换器》

$$\sigma_s = 99.1\ \text{MPa} < 2\phi[\sigma]_s^t = 180\ \text{MPa}$$

$$\sigma_t = -19.07\ \text{MPa} < 2[\sigma]_t^t = 216\ \text{MPa}$$

$$q < [q] = 4.0\ \text{MPa}$$

条件成立,故本热交换器不必安装膨胀节。

(10)折流板设计

折流板为弓形,　　　　$h = \frac{3}{4}D_i = \frac{3}{4} \times 1\ 000 = 750\ (\text{mm})$

折流板间距取 600 mm,由表 7-7 查得折流板最小厚度为 6 mm,由表 7-9 查得折流板外径为 995.5 mm,材料为 Q235A,如图 7-50 所示。

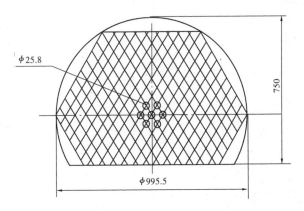

图 7-50　折流板

拉杆选用 $\phi 12$,共 6 根,材料为 20 钢。

(11)开孔补强

热交换器壳体和封头上的接管处开孔需要补强,常用的结构是在开孔外面焊上一块与容器壁材料和厚度都相同,即 8 mm 厚的 Q245R 钢板。其补强结构如图 7-51 所示。

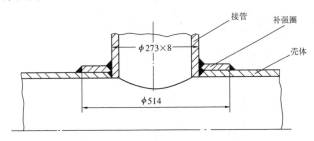

图 7-51　热交换器开孔补强结构

(12)支座

采用裙座,详细计算参见第 8 章"塔设备的机械设计"。这里选裙座厚度为 8 mm,基础环厚度为 14 mm。

设计结果为如图 7-52 所示的热交换器装配图。

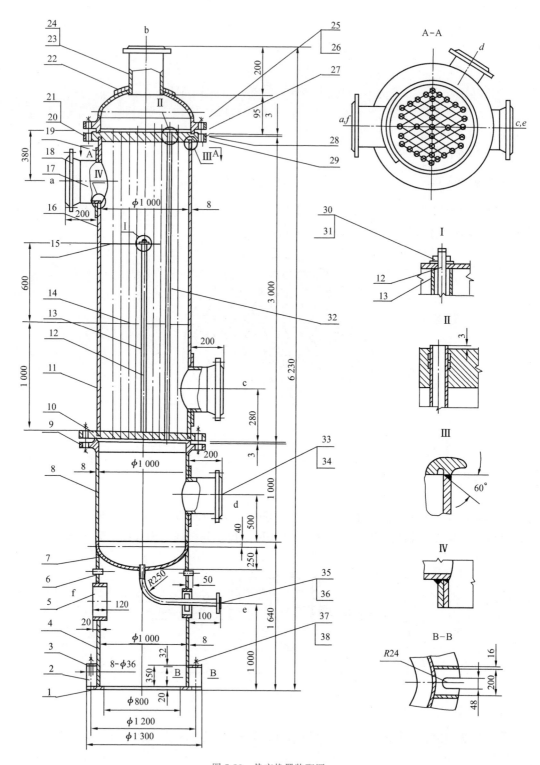

图 7-52 热交换器装配图

图纸上的技术要求

1. 本设备按 GB/T 151—2014《热交换器》进行制造、检验和验收,并接受 TSG 21—2016《固定式压力容器安全技术监察规程》的监督。

2. 焊接采用电弧焊,焊条牌号 Q345R 间为 J507,Q345R 与 Q245R 间为 J427。

3. 焊接接头形式及尺寸除图中注明外,按 HG/T 20583—2020 中的规定,不带补强圈的接管与筒体的焊接接头为 G2,带补强圈的接管与筒体的焊接接头为 G29,每条焊缝的焊角尺寸按较薄板的厚度,法兰的焊接按相应法兰标准中的规定。

4. 换热管与管板的连接采用开槽胀接。

5. 壳体焊缝应进行射线检测,检测长度不得少于各条焊缝长度的 20%,且不小于 250 mm,符合 NB/T 4713.2—2015《承压设备无损检测》RT-Ⅱ AB 级为合格。

6. 制造完毕后,进行水压试验。壳程试验压力 1.71 MPa(表压);管程试验压力 1.58 MPa(表压)。

7. 管口方位见图 7-52。

图纸上的技术特性表、接管表及标题栏明细表分别见表 7-14、表 7-15 和表 7-16。

表 7-14 技术特性表

名称	指标	
	管程	壳程
工作压力/MPa	0.7	0.68
工作温度/℃	180~250	300~220
介质名称	半水煤气	变换气
传热面积/m²	130	
设计压力	1.0 MPa	1.0 MPa
设计温度	250 ℃	300 ℃
介质特性	易燃易爆	易燃易爆

表 7-15 接管表

序号	接管法兰标准	密封面型式	用途
a	PN16 DN250 HG/T 20592—2009	平面	变换气进口
b	PN1.6 DN200 HG/T 20592—2009	平面	半水煤气进口
c	PN16 DN250 HG/T 20592—2009	平面	变换气出口
d	PN1.6 DN200 HG/T 20592—2009	平面	半水煤气进口

表 7-16 标题栏明细表

38	GB/T 41—2016	螺母 M30	Q235A	8	0.234	1.86	
37	GB/T 799—2020	地脚螺栓 M30×1 000	Q235A	8	5.52	44.2	
36	HG/T 20592—2009	法兰 PN1.6 DN50	16Mn(Ⅲ)	1		2.08	
35	GB/T 8163—2018	接管 φ57×3.5 l=858	20	1		4.00	
34	HG/T 20592—2009	法兰 WN200-16	16Mn(Ⅲ)	1		8.24	
33	GB/T 8163—2018	接管 φ219×6 l=210	20	1		6.62	
32	GB/T 8163—2018	换热管 φ25×2.5 l=3 000	20	607	4.17	2 531	

（续表）

31	GB/T 95—2002	垫圈 A12-100HV	Q235A	6	0.006	0.036	
30	GB/T 6170—2015	螺母 AM12 8级	Q235A	6	0.016	0.10	
29	30-017-06	上管板 $\delta=60$	16Mn(Ⅲ)	1			300
28	NB/T 47025—2012	缠绕垫片 $\phi1\,054/\phi1\,026$		2			
27	NB/T 47023—2012	法兰 T 1 000 -1.6/56 -120	16MnⅢ	1		112	
26	GB/T 6170—2015	螺母 AM24 8级	40Mn	128	0.112	9.86	
25	NB/T 47027—2012	双头螺柱 M24×130	40MnVB	64	0.39	34.4	
24	HG/T 20592—2009	法兰 WN200-10	16Mn(Ⅲ)	1		8.24	
23	GB/T 8163—2018	接管 $\phi219×6$ $l=210$	20	1		6.62	
22	JB/T 4736—2002	补强圈 DN200×8	Q245R	2		5.44	
21	GB/T 95—2002	垫圈 A12-100HV	Q235A	2	0.006	0.012	
20	JB/T 1760—1991	六角螺塞 A12×1.25	Q235A	2	0.03	0.06	
19	JB/T 4736—2002	补强圈 DN250×8	Q245R	2		7.58	
18	HG/T 20592—2009	法兰 WN250-16	16Mn(Ⅲ)	2	17.8	35.6	
17	GB/T 8163—2018	接管 $\phi273×8$ $l=140$	20	2	7.32	14.6	
16		上筒体 DN1 000×8 $l=654$	Q245R	1		120	
15	30-017-05	折流板 $\phi995.5$ $\delta=6$	Q235A	1		96.6	
14	30-017-04	折流板 $\phi995.5$ $\delta=6$	Q235A	1		96.6	
13	GB/T 8163—2018	定距管 $\phi25×25$	20			17.2	$l=2\,244,2$根 $l=1\,660,4$根 $l=584,2$根
12	30-017-3	拉杆 $\phi12$	Q235A	6	2.03	12.18	
11		下筒体 DN1 000×8 $l=2\,060$	Q245R	1		410	
10	30-017-02	下管板 $\delta=60$	16Mn(Ⅲ)	1		300	
9	NB/T 47023—2012	法兰 T 1 000-1.6/56-120	16Mn(Ⅲ)	1		112	
8		筒节 DN1 000×8	Q245R	1		174.5	
7	GB/T 25198—2010	封头 DN1 000×8	Q245R	2	74.1	148.2	
6	GB/T 8163—2018	排气孔 $\phi57×3.5$ $l=80$	20	2	0.369	0.74	
5		检查孔 $\phi426×8$ $l=120$	20	1		11.1	

（续表）

序号	图号或标准号	名称	材料	数量	单件	总计	备注
4		裙座 $DN1\,000\times8$ $l=1\,560$	Q235A	1		311	
3		盖板 $260\times160\times20$	Q235A	8	9.1	73	
2		筋板 $328\times157\times12$	Q235A	16	3.8	60.6	
1		基础环 $\delta=20$	Q235A	1		103	
序号	图号或标准号	名称	材料	数量	质量/kg		备注

	工程名称
（设计单位名称）	设计项目
	设计阶段 施工图

设计				
校核		**热交换器装配图**		
审核				
工艺		$\phi1\,000\times6\,230$	$F=130\ \mathrm{m^2}$	
审批		比例 1：30	第 1 张	共 7 张

习 题

一、思考题

1. 衡量热交换器好坏的标准大致有哪些？

2. 列管式热交换器主要有哪几种？各有何优缺点？

3. 列管式热交换器机械设计包括哪些内容？

4. 我国常用于列管式热交换器的无缝钢管规格有哪些？通常规定换热管的长度有哪些？

5. 换热管在管板上有哪几种固定方式？适用范围如何？

6. 换热管胀接于管板上时应注意什么？胀接长度如何确定？

7. 换热管与管板的焊接连接法有何优缺点？焊接接头的型式有哪些？

8. 换热管采用胀焊结合法固定于管板上有何优点？主要方法有哪些？

9. 换热管在管板上排列的标准型式有哪些？各适用于什么场合？

10. GB/T 151—2014《热交换器》中换热器管板设计方法的基本思想是什么？

11. 热交换器分程原因是什么？一般有几种分程方法？应满足什么条件？其相应两侧的管箱隔板型式如何？

12. 折流板的作用如何？有哪些常用型式？如何定位？

13. 固定管板式热交换器中温差应力是如何产生的？有哪些补偿温差应力的措施？

14. 何谓管子拉脱力？如何定义？产生原因是什么？

15. 壳程进口接管挡板的作用是什么？主要有哪些结构型式？

二、识图及画图练习

1. 标出如图 7-53 所示固定管板式热交换器各零部件名称。

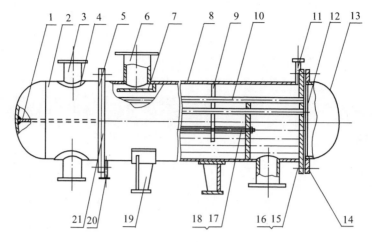

图 7-53

2. 画出四种管子与管板连接的焊接结构。

3. 画出兼作法兰和不兼作法兰的管板与壳体连接结构图。

4. 填画管程分布图(图 7-54):

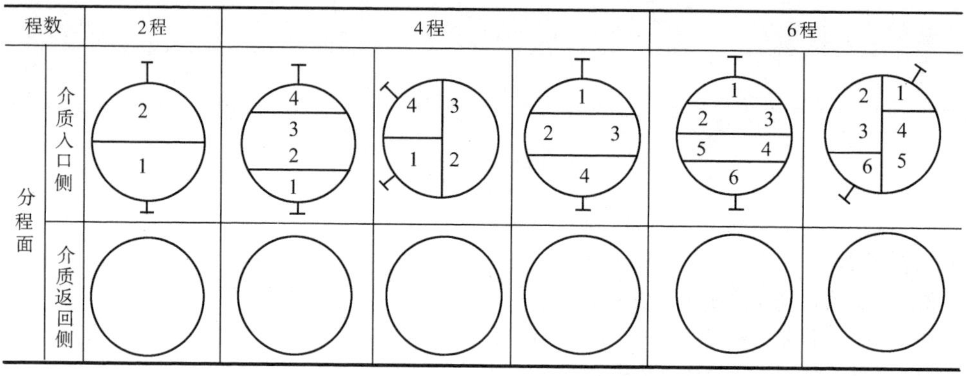

程数	2程	4程		6程	
分程面 介质入口侧					
分程面 介质返回侧					

图 7-54

三、试验算固定管板式热交换器的拉脱力

已知条件如下:

项目	管子	壳体
操作压力/MPa	1.0	0.6
操作温度/℃	200	100
材质	20	Q345R
线膨胀系数/[mm/(mm·℃)]	12.25×10^{-6}	11.53×10^{-6}
弹性模量/MPa	0.191×10^{6}	0.197×10^{6}
许用应力/MPa	131	189
尺寸/mm	$\phi 25 \times 2.5 \times 2\,000$	$\phi 1\,000 \times 8$
管子根数	562	
排列方式	正三角形	
管间距/mm	32	
管子与管板的连接方式	开槽胀接	
胀接长度/mm	30	
许用拉脱力/MPa	$[q] = 4$	

第8章

塔设备的机械设计

　　按塔内件结构,塔设备可分为板式塔和填料塔两大类。在板式塔中,塔内安装有一定数量的塔盘,气体自塔底向上以鼓泡喷射的形式穿过塔盘上的液层,使气-液两相密切接触,进行传质,两相的组分浓度沿塔高呈阶梯式变化。在填料塔中,塔内充填一定高度的填料,液体自塔顶沿填料表面向下流动,气体自塔底向上流动,气-液两相逆流传质,两相的组分浓度沿塔高呈连续式变化。不论板式塔还是填料塔,从设备设计的角度看,基本上由塔体、内构件、支座和附件构成。塔体包括筒体、封头和连接法兰等;内构件指塔板或填料及其支承装置;支座一般为裙式支座;附件包括人孔、进出料接管、各仪表接管、液体和气体的分配装置、塔外的扶梯、平台和保温层等。图 8-1 和图 8-2 分别为板式塔和填料塔的结构简图。

塔设备的
机械设计

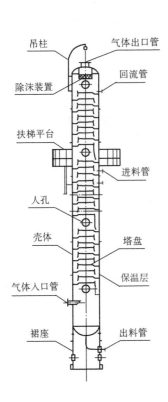

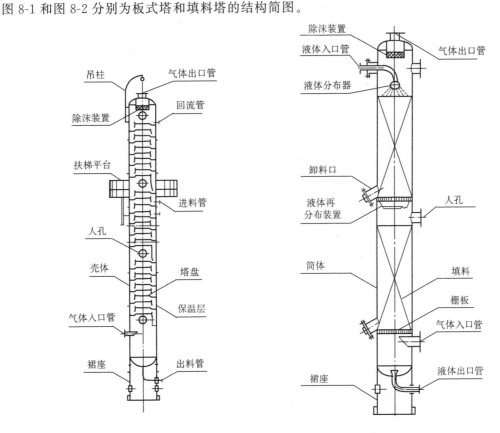

图 8-1　板式塔的结构简图　　　　　　　图 8-2　填料塔的结构简图

塔设备的机械设计要求做到：

(1)选材立足国内；

(2)结构安全可靠，满足工艺要求；

(3)制造、安装、使用、检修方便。

8.1　塔体与裙座的机械设计

本章塔设备机械设计限于高度 H 与塔体平均直径 D 之比不大于 5 的裙座自支承钢制塔式容器。塔设备有的放置在室内或框架内，但大多数放置在室外且无框架支承，称之为自支承式塔设备。

8.1.1　塔体厚度的计算

自支承式塔设备一般都很高，且承受多种载荷的作用。塔体除应满足强度条件外，还应满足稳定条件。

1. 塔体及封头厚度的计算

按第 4 章"内压薄壁圆筒与封头的强度设计"及第 5 章"外压圆筒与封头的设计"的有关规定，计算塔体及封头的有效厚度 δ_e 和 δ_{eh}。

2. 塔体承受的各种载荷的计算

自支承式塔设备的塔体除承受工作介质压力外，还承受质量载荷、地震载荷、风载荷及偏心载荷的作用，如图 8-3 所示。

(1)质量载荷的计算

塔设备的操作质量：

$$m_0 = m_{01} + m_{02} + m_{03} + m_{04} + m_{05} + m_a + m_e \quad (\text{kg}) \tag{8-1}$$

塔设备液压试验时的质量（这时设备质量最大），简称设备最大质量：

$$m_{\max} = m_{01} + m_{02} + m_{03} + m_{04} + m_w + m_a + m_e \quad (\text{kg}) \tag{8-2}$$

塔设备吊装时的质量（这时设备质量最小），简称设备最小质量：

$$m_{\min} = m_{01} + 0.2m_{02} + m_{03} + m_{04} + m_a + m_e \quad (\text{kg}) \tag{8-3}$$

式中　m_{01}——塔设备壳体(包括裙座)质量，按求出的厚度 δ_n，δ_{ns} 及 δ_{nH}(δ_n，δ_{ns}，δ_{nH} 分别为塔体、裙座和封头的名义厚度，mm)计算，kg；

　　m_{02}——塔设备内构件质量，kg；

　　m_{03}——塔设备保温层材料质量，kg；

　　m_{04}——平台、扶梯质量，kg；

　　m_{05}——操作时塔内物料质量，kg；

　　m_a——人孔、法兰、接管等附件质量，kg；

　　m_w——液压试验时，塔设备内充液质量，kg；

　　m_e——偏心质量，kg。

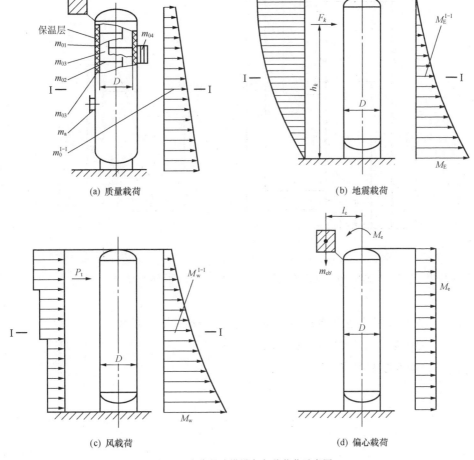

图 8-3　自支承式塔设备各种载荷示意图

在计算 m_{02}、m_{04} 及 m_{05} 时,若无实际资料,可参考表 8-1 塔设备有关部件的质量进行估算。式(8-3)中的 $0.2m_{02}$ 系考虑焊在壳体上的部分内构件质量,如塔盘支持圈、降液管等。当空塔起吊时,若未装保温层、平台、扶梯,则 m_{min} 应扣除 m_{03} 和 m_{04}。

表 8-1　　　　　　　　　　　塔设备有关部件的质量参考值

名称	单位质量	名称	单位质量	名称	单位质量
笼式扶梯	40 kg/m	圆泡罩塔盘	150 kg/m^2	筛板塔盘	65 kg/m^2
开式扶梯	15~24 kg/m	条形泡罩塔盘	150 kg/m^2	浮阀塔盘	75 kg/m^2
钢制平台	150 kg/m^2	舌形塔盘	75 kg/m^2	塔盘填充液	70 kg/m^2

(2)地震载荷的计算

当发生地震时,塔设备作为悬臂梁,在地震载荷作用下发生弯曲变形。所以,安装在 7 度及 7 度以上地震烈度地区的塔设备必须考虑其抗震能力,计算出它的地震载荷。

①水平地震力

直径、壁厚沿高度变化的单个圆筒形直立设备,可视为一个多质点体系,如图 8-4 所示。每一直径和壁厚相等的一段长度间的质量,可看作作用在该段高 1/2 处的集中载荷。水平地震力计算简图如图 8-5 所示。

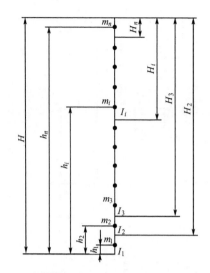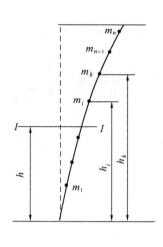

图 8-4　多质点体系示意图　　　图 8-5　水平地震力计算简图

任意高度 h_k 处的集中质量 m_k 所引起的基本振型水平地震力为

$$F_{1k} = \alpha_1 \eta_{1k} m_k g \quad (\text{N}) \tag{8-4}$$

式中　α_1——对应于塔设备基本振型自振周期 T_1 的地震影响系数；

　　　m_k——距地面 h_k 处的集中质量，kg；

　　　η_{1k}——基本振型参与系数。

$$\eta_{1k} = \frac{h_k^{1.5} \sum\limits_{i=1}^{n} m_i h_i^{1.5}}{\sum\limits_{i=1}^{n} m_i h_i^3} \tag{8-5}$$

其中，h_k 为任意计算截面 I—I 以上各段的集中质量 m_k 的作用点距地面的高度，mm；地震影响系数 α 按图 8-6 确定，图中曲线部分按下式计算：

$$\alpha = \left(\frac{T_g}{T_i}\right)^{\gamma} \eta_2 \alpha_{\max} \tag{8-6a}$$

$$\alpha = [\eta_2 0.2^{\gamma} - \eta_1 (T_i - 5T_g)] \alpha_{\max} \tag{8-6b}$$

式中　η_1——地震影响系数曲线图 8-6 中直线下降段斜率的调整系数；

$$\eta_1 = 0.02 + \frac{(0.05 - \zeta_i)}{8} \tag{8-7}$$

　　　η_2——地震影响曲线阻尼调整系数；

$$\eta_2 = 1 + \frac{0.05 - \zeta_i}{0.06 + 1.7\zeta_i} \tag{8-8}$$

　　　$\alpha_{\max}$——地震影响系数 α 的最大值，见表 8-2；

　　　T_g——各类场地土的特征周期，见表 8-3；

　　　T_i——塔设备第 i 振型的自振周期，s；

　　　γ——地震影响曲线图 8-6 中曲线下降段的衰减系数。

$$\gamma = 0.9 + \frac{0.05 - \zeta_i}{0.3 + 6\zeta_i} \tag{8-9}$$

其中，ζ_i 为第 i 振型阻尼比。阻尼比应根据实测值确定,无实测数据时,第一振型阻尼比可取 $\zeta_1 = 0.01 \sim 0.03$。高振型阻尼比,可参照第一振型阻尼比选取。

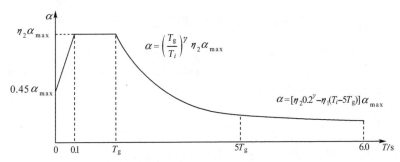

图 8-6　地震影响系数曲线

表 8-2　　　　　　　对应于设防烈度地震影响系数最大值 α_{max}

设防烈度	设计基本地震加速度	地震影响系数最大值 α_{max}
7	$0.1g$	0.08
	$0.15g$	0.12
8	$0.2g$	0.16
	$0.3g$	0.24
9	$0.4g$	0.32

表 8-3　　　　　　　各类场地土的特征周期 T_g

设计地震分组	场地土类别				
	I_0	I_1	II	III	IV
第一组	0.20	0.25	0.35	0.45	0.65
第二组	0.25	0.30	0.40	0.55	0.75
第三组	0.30	0.35	0.45	0.65	0.90

注　场地土分类及近震、远震,见 NB/T 47041—2014。

塔设备基本振型自振周期 T_1 按式(8-10)、式(8-11)计算。

等直径、等厚度塔设备的基本振型自振周期

$$T_1 = 90.33H\sqrt{\frac{m_0 H}{E\delta_e D_i^3}} \times 10^{-3} \qquad (\text{s}) \tag{8-10}$$

第二振型与第三振型自振周期分别近似取 $T_2 = \dfrac{T_1}{6}$，$T_3 = \dfrac{T_1}{18}$。

不等直径或不等厚度塔设备的基本振型自振周期

$$T_1 = 114.8\sqrt{\sum_{i=1}^{n} m_i \left(\frac{h_i}{H}\right)^3 \left(\sum_{i=1}^{n}\frac{H_i^3}{E_i I_i} - \sum_{i=2}^{n}\frac{H_i^3}{E_{i-1} I_{i-1}}\right)} \times 10^{-3} \quad (\text{s}) \tag{8-11}$$

式中　h_i——第 i 段集中质量距地面的高度,mm。

　　　H_i——塔顶至第 i 段底截面的高度,mm。

　　　H——塔设备总高度,mm。

　　　m_i——第 i 段的操作质量,kg。

D_i——塔体内直径，mm。

E_i，E_{i-1}——第 i 段、第 $i-1$ 段塔材料在设计温度下的弹性模量，MPa。

I_i——第 i 段的截面惯性矩，mm^4。圆筒段 $I_i = \dfrac{\pi}{8}(D_i + \delta_{ei})^3 \delta_{ei}$；圆锥段 $I_i = \dfrac{\pi D_{ie}^2 D_{if}^2 \delta_{ei}}{4(D_{ie} + D_{if})}$，其中，$D_{ie}$ 为锥壳大端内直径，mm；D_{if} 为锥壳小端内直径，mm。

可将直径、厚度或材料沿高度变化的塔设备看作一个多质点体系，如图 8-4 所示。其基本振型自振周期按式(8-11)计算。其中，直径和厚度不变的每段塔设备质量可看作作用在该段高度 1/2 处的集中质量。

②垂直地震力

对 H/D 大于 5 的塔式设备，应计入垂直地震力的影响，在设防烈度为 8 度或 9 度区的塔设备应考虑上、下两个方向垂直地震力作用，如图 8-7 所示。

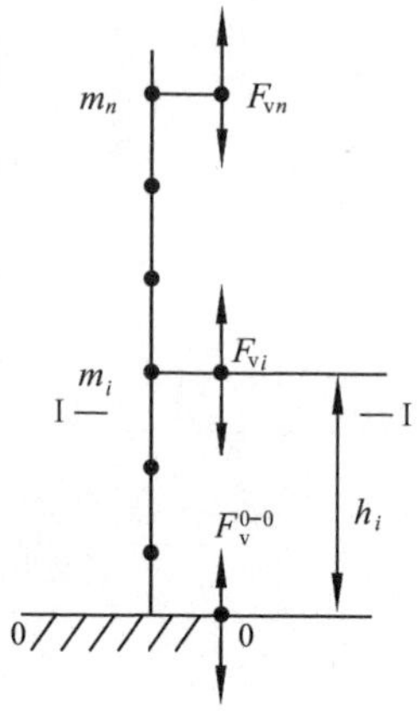

塔设备底截面处总的垂直地震力为

$$F_v^{0-0} = \alpha_{vmax} m_{eq} g \tag{8-12}$$

式中　α_{vmax}——垂直地震影响系数最大值，取 $\alpha_{vmax} = 0.65\alpha_{max}$；

m_{eq}——塔设备的当量质量，取 $m_{eq} = 0.75 m_0$，kg。

任意质量 i 处所分配的垂直地震力为

$$F_{vi} = \frac{m_i h_i}{\sum\limits_{k=1}^{n} m_k h_k} F_v^{0-0} \quad (i=1,2,\cdots,n) \tag{8-13a}$$

任意计算截面 I—I 处的垂直地震力为

$$F_v^{I-I} = \sum_{k=i}^{n} F_{vk} \quad (i=1,2,\cdots,n) \tag{8-13b}$$

图 8-7　垂直地震力
计算简图

③地震弯矩

塔设备任意计算截面 I—I 的基本振型地震弯矩(图 8-5)为

$$M_{E1}^{I-I} = \sum_{k=1}^{n} F_{1k}(h_k - h) \tag{8-14}$$

式中　h——计算截面距地面高度，mm。

等直径、等厚度塔设备的任意计算截面 I—I 的基本振型地震弯矩为

$$M_{E1}^{I-I} = \frac{8\alpha_1 m_0 g}{175 H^{2.5}}(10 H^{3.5} - 14 H^{2.5} h + 4 h^{3.5}) \quad (N \cdot mm) \tag{8-15}$$

底截面 0—0 的基本振型地震弯矩为

$$M_{E1}^{0-0} = \frac{16}{35}\alpha_1 m_0 g H \quad (N \cdot mm) \tag{8-16}$$

式中　g——重力加速度，$g = 9.81$ m/s^2。

当塔设备的 $H/D > 15$，且 $H > 20$ m 时，视设备为柔性结构，须考虑高振型的影响。由于第三阶振型以上各阶振型对塔设备的影响甚微，可不考虑。工程上计算组合弯矩时一般

只计算前三个振型的地震弯矩即可,所取的地震弯矩值可近似为上述计算值的 1.25 倍。

截面 I—I 处的组合地震弯矩为

$$M_{\mathrm{E}}^{\mathrm{I-I}}=\sqrt{(M_{\mathrm{E1}}^{\mathrm{I-I}})^2+(M_{\mathrm{E2}}^{\mathrm{I-I}})^2+(M_{\mathrm{E3}}^{\mathrm{I-I}})^2}\tag{8-17}$$

式中　$M_{\mathrm{E1}}^{\mathrm{I-I}}$——计算截面 I—I 处第一阶振型的地震弯矩,N·mm;

$M_{\mathrm{E2}}^{\mathrm{I-I}}$——计算截面 I—I 处第二阶振型的地震弯矩,N·mm;

$M_{\mathrm{E3}}^{\mathrm{I-I}}$——计算截面 I—I 处第三阶振型的地震弯矩,N·mm。

有关高振型对计算截面处地震弯矩的影响,可参见《塔式容器》NB/T 47041—2014 中附录 B。

(3)风载荷的计算

图 8-3(c)为自支承式塔设备受风压作用的示意图。塔体会因风压而发生弯曲变形。塔设备迎风面上的风压值随设备高度的增加而增加。为了计算简便,将风压值按设备高度分为几段,假设每段风压值各自均布于塔设备的迎风面上,如图 8-8 所示。

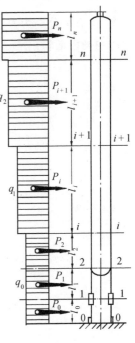

塔设备的计算截面应该选在其较薄弱的部位,如 0—0 截面、1—1 截面、2—2 截面等。其中 0—0 截面为塔设备的基底截面;1—1 截面为裙座上检查孔或较大管线引出孔处的截面;2—2 截面为塔体与裙座连接焊缝处的截面,如图 8-8 所示。两相邻计算截面间为一计算段,任一计算段的风载荷,就是集中作用在该段中点上的风压合力。

任一计算段风载荷的大小,与塔设备所在地区的基本风压值 q_0 有关,同时也与塔设备的高度、直径、形状以及自振周期有关。

两相邻计算截面间的水平风力为

$$P_i=K_1K_{2i}q_0f_il_iD_{ei}\times10^{-6}\quad(\mathrm{N})\tag{8-18}$$

图 8-8

式中　K_1——体型系数,取 $K_1=0.7$。

q_0——基本风压值,N/m²,各地区的基本风压值见 GB 50009—2019 中有关规定,但应不小于 300 N/m²。

我国典型地区的基本风压值见表 8-4。

f_i——风压高度变化系数,按表 8-5 查取。

l_i——同一直径的两相邻计算截面间距离,mm。

K_{2i}——塔设备各计算段的风振系数。当塔高 $H\leqslant20$ m 时,取 $K_{2i}=1.7$;当 $H>20$ m 时,按 $K_{2i}=1+\dfrac{\xi\nu_i\phi_{zi}}{f_i}$ 计算,其中,ξ 为脉动增大系数,按表 8-6 查取;ν_i 为第 i 段脉动影响系数,按表 8-7 查取;ϕ_{zi} 为第 i 段振型系数,按表 8-8 查取。

D_{ei}——塔设备各计算段的有效直径,mm。

当笼式扶梯与塔顶管线布置成 180°时,

$$D_{ei}=D_{oi}+2\delta_{si}+K_3+K_4+d_o+2\delta_{ps}\quad(\mathrm{mm})\tag{8-19}$$

当笼式扶梯与塔顶管线布置成 90°时,取下列二式中较大者:

$$D_{ei} = D_{oi} + 2\delta_{si} + K_3 + K_4 \tag{8-20}$$

$$D_{ei} = D_{oi} + 2\delta_{si} + K_4 + d_o + 2\delta_{ps} \tag{8-21}$$

式中　D_{oi}——塔设备各计算段的外径,mm;

　　　δ_{si}——塔设备第 i 段的保温层厚度,mm;

　　　K_3——笼式扶梯当量宽度,当无确切数据时,可取 $K_3 = 400$ mm;

　　　d_o——塔顶管线的外径,mm;

　　　δ_{ps}——管线保温层厚度,mm;

　　　K_4——操作平台当量宽度,$K_4 = 600$ mm 或按 $K_4 = \dfrac{2\Sigma A}{l_0}$,mm。

其中,l_0,ΣA 分别为操作平台所在计算段的长度(mm)和该段内平台构件的投影面积(不计空挡的投影面积)(mm²)。

表 8-4　　　　　　　　我国典型地区基本风压值　　　　　　　　(N/m²)

地区	q_0	地区	q_0	地区	q_0	地区	q_0	地区	q_0
北京	450	沈阳	550	宁波	500	西宁	350	桂林	300
天津	500	大连	650	合肥	350	乌鲁木齐	600	海口	750
上海	550	长春	650	南昌	450	郑州	450	成都	300
重庆	400	哈尔滨	550	福州	700	洛阳	400	贵阳	300
石家庄	350	济南	450	厦门	800	武汉	350	昆明	300
秦皇岛	450	青岛	600	西安	350	长沙	350	拉萨	300
太原	400	南京	400	兰州	300	广州	500	台北	700
呼和浩特	550	连云港	550	酒泉	550	深圳	750	香港	900
包头	550	杭州	450	银川	650	南宁	350	澳门	850

注　河道、峡谷、山坡、山岭、山沟汇交口,山沟的转弯处以及垭口应根据实测值选取。

表 8-5　　　　　　　　风压高度变化系数 f_i

距地面高度 H_{it}/m	f_i			
	A	B	C	D
5	1.17	1.00	0.74	0.62
10	1.38	1.00	0.74	0.62
15	1.52	1.14	0.74	0.62
20	1.63	1.25	0.84	0.62
30	1.80	1.42	1.00	0.62
40	1.92	1.56	1.13	0.73
50	2.03	1.67	1.25	0.84
60	2.12	1.77	1.35	0.93
70	2.20	1.86	1.45	1.02
80	2.27	1.95	1.54	1.11
90	2.34	2.02	1.62	1.19
100	2.40	2.09	1.70	1.27
150	2.64	2.38	2.03	1.61

注　①A~D 为地面粗糙度类别。A 类系指近海海面及海岛、海岸、湖岸及沙漠地区;B 类系指田野、乡村、丛林、丘陵以及房屋比较稀疏的乡镇和城市郊区;C 类系指有密集建筑群的城市市区;D 类系指有密集建筑群且房屋较高的城市市区。
　　②中间值可用线性内插法求取。

表 8-6 脉动增大系数 ξ

$q_1 T_1^2 / (\mathrm{N \cdot s^2/m^2})$	ξ	$q_1 T_1^2 / (\mathrm{N \cdot s^2/m^2})$	ξ	$q_1 T_1^2 / (\mathrm{N \cdot s^2/m^2})$	ξ
10	1.47	200	2.04	4 000	3.09
20	1.57	400	2.24	6 000	3.28
40	1.69	600	2.36	8 000	3.42
60	1.77	800	2.46	10 000	3.54
80	1.83	1 000	2.53	20 000	3.91
100	1.88	2 000	2.80	30 000	4.14

注 ①计算 $q_1 T_1^2$ 时,对 B 类可直接代入基本风压,即 $q_1 = q_0$;对 A、C、D 类分别以 $q_1 = 1.38 q_0$,$0.62\, q_0$,$0.32 q_0$ 代入。

②中间值可用线性内插法求取。

表 8-7 脉动影响系数 ν_i

距地面高度 H_{it}/m	ν_i			
	A	B	C	D
10	0.78	0.72	0.64	0.53
20	0.83	0.79	0.73	0.65
30	0.86	0.83	0.78	0.72
40	0.87	0.85	0.82	0.77
50	0.88	0.87	0.85	0.81
60	0.89	0.88	0.87	0.84
70	0.89	0.89	0.90	0.89
80	0.89	0.89	0.90	0.89
100	0.89	0.90	0.91	0.92
150	0.87	0.89	0.93	0.97

注 ①A~D 为地面粗糙度类别。

②中间值可用线性内插法求取。

表 8-8 振型系数 ϕ_{zi}

相对高度 h_{it}/H	ϕ_{zi}		相对高度 h_{it}/H	ϕ_{zi}	
	第一振型	第二振型		第一振型	第二振型
0.10	0.02	−0.09	0.60	0.46	−0.59
0.20	0.06	−0.30	0.70	0.59	−0.32
0.30	0.14	−0.53	0.80	0.79	0.07
0.40	0.23	−0.68	0.90	0.86	0.52
0.50	0.34	−0.71	1.00	1.00	1.00

注 中间值可用线性内插法求取。

塔设备作为悬臂梁,在风载荷作用下发生弯曲变形。任意计算截面 I—I 处的风弯矩(图 8-8)为

$$M_{\mathrm{w}}^{\mathrm{I-I}} = P_i \frac{l_i}{2} + P_{i+1}\left(l_i + \frac{l_{i+1}}{2}\right) + P_{i+2}\left(l_i + l_{i+1} + \frac{l_{i+2}}{2}\right) + \cdots \quad (\mathrm{N \cdot mm}) \quad (8\text{-}22)$$

(4)偏心载荷的计算

有些塔设备在顶部悬挂有分离器、换热器、冷凝器等附属设备,这些附属设备对塔体产生偏心载荷。偏心载荷所引起的弯矩[图 8-3(d)]为

$$M_{\mathrm{e}} = m_{\mathrm{e}} g e \qquad (8\text{-}23)$$

式中 m_{e}——偏心质量,kg;

e——偏心质量的重心至塔设备中心线的距离,mm。

3. 塔体稳定校核

首先假设一个筒体有效厚度 δ_{ei},或参照内、外压筒体计算取一有效厚度,按下述要求计算,并使之满足稳定条件。

塔体稳定校核

计算压力在塔体中引起的轴向应力

$$\sigma_1 = \frac{p_c D_i}{4\delta_{ei}} \quad (\text{MPa}) \tag{8-24}$$

轴向应力 σ_1 在危险截面 2—2 上的分布情况如图 8-9 所示。

操作或非操作时重力及垂直地震力在塔体中引起的轴向应力

$$\sigma_2^{\text{I—I}} = \frac{m_0^{\text{I—I}} g \pm F_v^{\text{I—I}}}{\pi D_i \delta_{ei}} \quad (\text{MPa}) \tag{8-25}$$

式中 $m_0^{\text{I—I}}$——任意计算截面 I—I 以上塔设备的操作质量,kg。

$F_v^{\text{I—I}}$ 项仅在最大弯矩为地震弯矩参与组合时计入。

轴向应力 σ_2 在危险截面 2—2 上的分布情况如图 8-10 所示。

弯矩在塔体中引起的轴向应力

$$\sigma_3^{\text{I—I}} = \frac{4M_{\max}^{\text{I—I}}}{\pi D_i^2 \delta_{ei}} \quad (\text{MPa}) \tag{8-26}$$

式中 $M_{\max}^{\text{I—I}}$——计算截面处的最大弯矩,取风弯矩或地震弯矩加 25% 风弯矩二者中的较大值与偏心弯矩之和。

轴向应力 σ_3 在危险截面 2—2 上的分布情况如图 8-11 所示。

应根据塔设备在操作时或非操作时各种危险情况对 σ_1、σ_2、σ_3 进行组合,求出最大组合轴向压应力 $\sigma_{\max}^{\text{I—I}}$,并使之等于或小于轴向许用压应力 $[\sigma]_{cr}$。

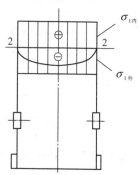
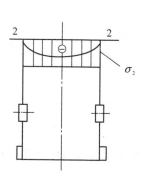
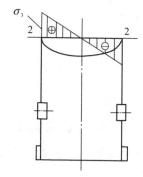

图 8-9 轴向应力 σ_1 分布图　　图 8-10 轴向应力 σ_2 分布图　　图 8-11 轴向应力 σ_3 分布图

轴向许用压应力按下式求取:

$$[\sigma]_{cr} = \min\{KB, K[\sigma]^t\} \quad (\text{MPa}) \tag{8-27}$$

式中 B——按 6.2 节"筒体轴向应力的验算"方法求取,MPa;

$[\sigma]^t$——材料在设计温度下的许用应力,MPa;

K——载荷组合系数,取 $K=1.2$。

例如,内压操作的塔设备,最大组合轴向压应力出现在非操作的情况下,即 $\sigma_{\max} = \sigma_2^{\text{I—I}} +$

σ_3^{I-I}。σ_{max} 在危险截面 2—2 上的分布情况（利用应力叠加法求出）如图 8-12（a）所示。外压操作的塔设备，最大组合轴向压应力出现在正常操作情况下，即 $\sigma_{max}=\sigma_1+\sigma_2^{I-I}+\sigma_3^{I-I}$。$\sigma_{max}$ 在危险截面 2—2 上的分布情况如图 8-12（b）所示。

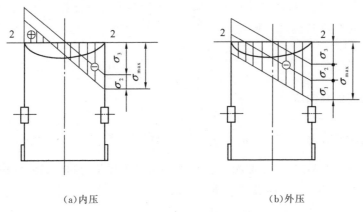

(a)内压　　　　　　　(b)外压

图 8-12　最大组合轴向压应力

4. 塔体拉应力校核

首先假设一个有效厚度或参照稳定验算结果取一有效厚度 δ_{ei} 进行计算。

应对操作或非操作时各种情况的 σ_1、σ_2、σ_3 进行组合，求出最大组合轴向拉应力 σ_{max}^{I-I}，并使之等于或小于许用应力与焊接接头系数和载荷组合系数的乘积 $K\phi[\sigma]^t$。如厚度不能满足上述条件，须重新假设厚度，重复上述计算，直至满足为止。

例如，内压操作的塔设备，最大组合轴向拉应力出现在正常操作的情况下，即 $\sigma_{max}=\sigma_1-\sigma_2^{I-I}+\sigma_3^{I-I}$。$\sigma_{max}$ 在危险截面 2—2 上的分布情况如图 8-13（a）所示。外压操作的塔设备，最大组合轴向拉应力出现在非操作的情况下，即 $\sigma_{max}=\sigma_3^{I-I}-\sigma_2^{I-I}$。$\sigma_{max}$ 在危险截面 2—2 上的分布情况如图 8-13（b）所示。

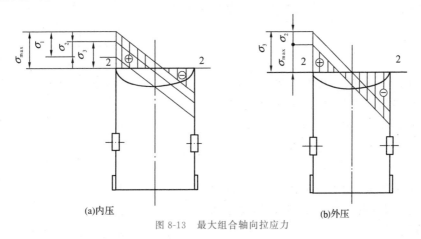

(a)内压　　　　　　　(b)外压

图 8-13　最大组合轴向拉应力

根据按设计压力计算的塔体厚度 δ_e，按稳定条件验算确定的厚度 δ_{ei}，以及按抗拉强度验算条件确定的厚度 δ_{ei}，取其中较大值，再加上厚度附加量，并考虑制造、运输、安装时刚度的要求，最终确定塔体厚度。

5. 水压试验时应力校核

同其他压力容器一样,塔设备在安装后也要进行水压试验检查。水压试验压力按第 4 章的有关规定确定。

对选定的各危险截面,按式(8-28)~式(8-31)进行各项应力计算:

试验压力引起的环向应力

$$\sigma = \frac{(p_{\mathrm{T}} + 液柱静压力)(D_{\mathrm{i}} + \delta_{ei})}{2\delta_{ei}} \quad (\mathrm{MPa}) \tag{8-28}$$

试验压力引起的轴向应力

$$\sigma_1 = \frac{p_{\mathrm{T}} D_{\mathrm{i}}}{4\delta_{ei}} \quad (\mathrm{MPa}) \tag{8-29}$$

重力引起的轴向应力

$$\sigma_2 = \frac{m_{\mathrm{T}}^{\mathrm{I-I}} g}{\pi D_{\mathrm{i}} \delta_{ei}} \quad (\mathrm{MPa}) \tag{8-30}$$

式中 $m_{\mathrm{T}}^{\mathrm{I-I}}$——液压试验时,计算截面 I—I 以上塔设备的质量(只计入塔壳、内构件、偏心质量、保温层、扶梯及平台质量),kg。

弯矩引起的轴向应力

$$\sigma_3 = \frac{0.3 M_{\mathrm{w}}^{\mathrm{I-I}} + M_{\mathrm{e}}}{\frac{\pi}{4} D_{\mathrm{i}}^2 \delta_{ei}} \quad (\mathrm{MPa}) \tag{8-31}$$

液压试验时圆筒材料的许用轴向压应力按下式确定:

$$[\sigma]_{\mathrm{cr}} = \min\{0.9 R_{\mathrm{eL}}(或 R_{\mathrm{p0.2}}), B\} \quad (\mathrm{MPa}) \tag{8-32}$$

式中 B——按 6.2 节"筒体轴向应力的验算"求取;

R_{eL}(或 $R_{\mathrm{p0.2}}$)——材料在试验温度下的屈服强度,MPa。

计算所得的各项应力应满足式(8-33)~式(8-35)的要求。

轴向拉应力:

液压试验 $\qquad \sigma_1 - \sigma_2 + \sigma_3 \leqslant 0.9\phi R_{\mathrm{eL}}(R_{\mathrm{p0.2}}) \quad (\mathrm{MPa}) \tag{8-33}$

气压试验 $\qquad \sigma_1 - \sigma_2 + \sigma_3 \leqslant 0.8\phi R_{\mathrm{eL}}(R_{\mathrm{p0.2}}) \tag{8-34}$

轴向压应力 $\qquad \sigma_2 + \sigma_3 \leqslant [\sigma]_{\mathrm{cr}} \quad (\mathrm{MPa}) \tag{8-35}$

8.1.2 裙座设计

塔设备的支座,根据工艺要求和载荷特点,常采用圆筒形和圆锥形裙式支座(简称裙座)。如图 8-14 所示为圆筒形裙座结构简图。

圆筒形裙座由如下几部分构成:

(1)座体

它的上端与塔体底封头焊接在一起,下端焊在基础环上。座体承受塔体的全部载荷,并把载荷传到基础环上去。

(2)基础环

基础环是块环形垫板,它把由座体传下来的载荷,再均匀地传到基础上去。

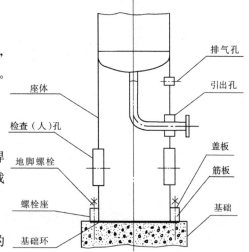

图 8-14 圆筒形裙座结构简图

（3）螺栓座

由盖板和筋板组成，供安装地脚螺栓用，以便地脚螺栓把塔设备固定在基础上。

（4）管孔

在裙座上有检修用的检查孔、引出孔、排气孔等。

现依次介绍座体、基础环、螺栓座的设计，地脚螺栓的计算以及裙座与塔体的连接。

1. 座体设计

首先参照塔体厚度试取一座体有效厚度 δ_{es}，然后验算危险截面的应力。危险截面位置一般取裙座基底截面（0—0 截面）、裙座壳检查孔或较大管线引出孔截面（1—1 截面）。

如裙座基底截面为危险截面，应满足下列条件：

操作时，
$$\frac{M_{\max}^{0-0}}{Z_{sb}}+\frac{m_0 g \pm F_v^{0-0}}{A_{sb}} \leqslant \min\{KB, K[\sigma]_s^t\} \tag{8-36}$$

水压试验时，
$$\frac{0.3M_w^{0-0}+M_e}{Z_{sb}}+\frac{m_{\max}g}{A_{sb}} \leqslant \min\{0.9R_{eL}(R_{p0.2})B\} \tag{8-37}$$

式中 $M_{\max}^{0-0}$——基底截面的最大弯矩，N·mm；

　　M_w^{0-0}——基底截面的风弯矩，N·mm；

　　m_0——塔设备的操作质量，kg；

　　$m_{\max}$——塔设备的最大质量，kg；

　　Z_{sb}——裙座圆筒底部的抗弯截面系数，mm³，$Z_{sb}=\dfrac{\pi}{4}D_{is}^2\delta_{es}$；

　　A_{sb}——裙座圆筒底部的截面积，mm²，$A_{sb}=\pi D_{is}\delta_{es}$；

　　D_{is}——裙座圆筒底部的内直径，mm；

　　B——按 6.2 节"筒体轴向应力的验算"求取，求取 B 值时，R_i 为座体的内半径 R_{is}；

　　$[\sigma]_s^t$——设计温度下座体材料的许用应力，MPa；

　　δ_{es}——座体有效厚度，mm；

　　K——载荷组合系数，取 $K=1.2$。

F_v^{0-0} 项仅在最大弯矩为地震弯矩参与组合时计入。

此时，基底截面 0—0 上的应力分布情况如图 8-15 及图 8-16 所示。

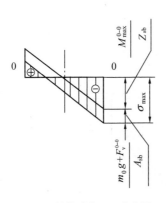

图 8-15　操作时的 $\sigma_{\max}$ 分布图

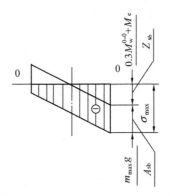

图 8-16　水压试验时的 $\sigma_{\max}$ 分布图

如裙座壳检查孔或较大管线引出孔截面为危险截面,应满足下列条件:

操作时,

$$\frac{M_{max}^{1-1}}{Z_{sm}}+\frac{m_0^{1-1}g\pm F_v^{1-1}}{A_{sm}}\leqslant \min\{KB,K[\sigma]_s^t\} \tag{8-38}$$

水压试验时,

$$\frac{0.3M_w^{1-1}+M_e}{Z_{sm}}+\frac{m_{max}^{1-1}g}{A_{sm}}\leqslant \min\{KB,0.9R_{eL}(R_{p0.2})\} \tag{8-39}$$

式中　M_{max}^{1-1}——裙座壳检查孔或较大管线引出孔处的最大弯矩,N·mm;

M_w^{1-1}——裙座壳检查孔或较大管线引出孔处的风弯矩,N·mm;

m_0^{1-1}——裙座壳检查孔或较大管线引出孔处以上塔设备的操作质量,kg;

m_{max}^{1-1}——裙座壳检查孔或较大管线引出孔处以上塔设备液压试验时的质量,kg;

Z_{sm}——裙座壳检查孔或较大管线引出孔处裙座壳的抗弯截面系数,mm³;

$$Z_{sm}=\frac{\pi}{4}D_{im}^2\delta_{es}-\sum\left(b_mD_{im}\frac{\delta_{es}}{2}-Z_m\right)$$

$$Z_m=2\delta_{es}l_m\sqrt{\left(\frac{D_{im}}{2}\right)^2-\left(\frac{b_m}{2}\right)^2}$$

A_{sm}——裙座壳检查孔或较大管线引出孔处裙座壳的截面积,mm²;

$$A_{sm}=\pi D_{im}\delta_{es}-\sum\left[(b_m+2\delta_m)\delta_{es}-A_m\right]$$

$$A_m=2l_m\delta_m$$

B——按 6.2 节"筒体轴向应力的验算"求取,求取 B 值时,R_i 应为 R_{im};

b_m——裙座壳检查孔或较大管线引出孔接管处水平方向的最大宽度,mm;

δ_{es}——座体有效厚度,mm;

l_m——裙座壳检查孔或较大管线引出孔处加强管的长度,mm;

D_{im},R_{im}——裙座壳检查孔或较大管线引出孔处座体截面的内直径和内半径,mm;

δ_m——裙座壳检查孔或较大管线引出孔处加强管的厚度,mm。

F_v^{1-1} 项仅在最大弯矩为地震弯矩参与组合时计入。Z_{sm} 和 A_{sm} 可由附表 12-1 直接查得。

以上符号参见图 8-17。此时,裙座壳检查孔或较大管线引出孔截面 1—1 上的应力分布情况如图 8-18 及图 8-19 所示。

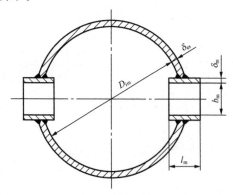

图 8-17　裙座壳检查孔或较大管线引出孔处截面图

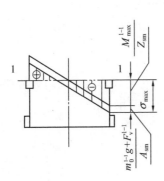
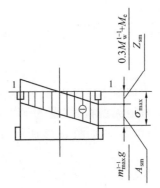

图 8-18 操作时的 σ_{max} 分布图　　　　图 8-19 水压试验时的 σ_{max} 分布图

2.基础环设计

（1）基础环尺寸的确定

基础环内、外径（图 8-20 和图 8-21）一般可参考下式选取：

$$\begin{cases} D_{ob}=D_{is}+(160\sim400) \\ D_{ib}=D_{is}-(160\sim400) \end{cases} \tag{8-40}$$

式中　D_{is}——座体基底截面的内径，mm；

　　　　D_{ob}——基础环的外径，mm；

　　　　D_{ib}——基础环的内径，mm。

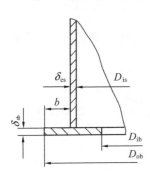
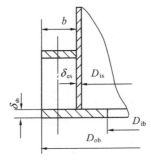

图 8-20　无筋板基础环　　　　　　图 8-21　有筋板基础环

（2）基础环厚度的计算

操作时或水压试验时，设备重力和弯矩在混凝土基础上（基础环底面上）所产生的最大组合轴向压应力为

$$\sigma_{bmax}=\max\left\{\frac{M_{max}^{0-0}}{Z_b}+\frac{m_0g\pm F_v^{0-0}}{A_b},\frac{0.3M_w^{0-0}+M_e}{Z_b}+\frac{m_{max}g}{A_b}\right\} \quad (MPa) \tag{8-41}$$

式中　Z_b——基础环的抗弯截面系数，mm^3，$Z_b=\dfrac{\pi(D_{ob}^4-D_{ib}^4)}{32D_{ob}}$；

　　　　A_b——基础环的面积，mm^2，$A_b=\dfrac{\pi}{4}(D_{ob}^2-D_{ib}^2)$。

F_v^{0-0} 项仅在最大弯矩为地震弯矩参与组合时计入。

基础环的厚度须满足 $\sigma_{bmax}\leqslant R_a$，$R_a$ 为混凝土基础的许用应力，见表 8-9。

表 8-9		混凝土基础的许用应力 R_a			
混凝土标号	R_a/MPa	混凝土标号	R_a/MPa	混凝土标号	R_a/MPa
75	3.5	150	7.5	250	13.0
100	5.0	200	10.0		

基础环上的最大压应力 σ_{bmax} 可以认为是作用在基础环底上的均匀载荷。

①基础环上无筋板时(图 8-20),基础环作为悬壁梁,在均匀载荷 σ_{bmax} 的作用下,如图 8-22 所示,其最大弯曲应力为

$$\sigma'_{max}=\frac{M'_{max}}{Z'_b}=\frac{\dfrac{\sigma_{bmax}b^2}{2}}{\dfrac{1\cdot\delta_b^2}{6}}\leqslant[\sigma]_b$$

由此,得基础环的厚度

$$\delta_b=1.73b\sqrt{\frac{\sigma_{bmax}}{[\sigma]_b}}\qquad(8\text{-}42)$$

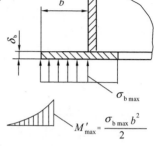

$$M'_{max}=\frac{\sigma_{bmax}b^2}{2}$$

图 8-22 无筋板基础环

式中 $[\sigma]_b$——基础环材料的许用应力,MPa。

②基础环上有筋板时(图 8-21),基础环的厚度

$$\delta_b=\sqrt{\frac{6M_s}{[\sigma]_b}}\qquad(8\text{-}43)$$

式中 M_s——计算力矩,取矩形板 x、y 轴的弯矩 M_x、M_y 中的绝对值较大者,M_x、M_y 按表 8-10 计算,N·mm。

求出基础环厚度后,应加上厚度附加量 2 mm,并圆整到钢板规格厚度。无论无筋板或有筋板的基础环厚度均不得小于 16 mm。

表 8-10			矩形板力矩计算表			
b/l	$M_x\binom{x=b}{y=0}$	$M_y\binom{x=0}{y=0}$		b/l	$M_x\binom{x=b}{y=0}$	$M_y\binom{x=0}{y=0}$
0	$-0.500\,0\sigma_{bmax}b^2$	0		1.6	$-0.048\,5\sigma_{bmax}b^2$	$0.126\,0\sigma_{bmax}l^2$
0.1	$-0.500\,0\sigma_{bmax}b^2$	$0.000\,002\sigma_{bmax}l^2$		1.7	$-0.043\,0\sigma_{bmax}b^2$	$0.127\,0\sigma_{bmax}l^2$
0.2	$-0.490\,0\sigma_{bmax}b^2$	$0.000\,6\sigma_{bmax}l^2$		1.8	$-0.038\,4\sigma_{bmax}b^2$	$0.129\,0\sigma_{bmax}l^2$
0.3	$-0.440\,0\sigma_{bmax}b^2$	$0.005\,1\sigma_{bmax}l^2$		1.9	$-0.034\,5\sigma_{bmax}b^2$	$0.130\,0\sigma_{bmax}l^2$
0.4	$-0.385\,0\sigma_{bmax}b^2$	$0.015\,1\sigma_{bmax}l^2$		2.0	$-0.031\,2\sigma_{bmax}b^2$	$0.130\,0\sigma_{bmax}l^2$
0.5	$-0.319\,0\sigma_{bmax}b^2$	$0.029\,3\sigma_{bmax}l^2$		2.1	$-0.028\,3\sigma_{bmax}b^2$	$0.131\,0\sigma_{bmax}l^2$
0.6	$-0.260\,0\sigma_{bmax}b^2$	$0.045\,3\sigma_{bmax}l^2$		2.2	$-0.025\,8\sigma_{bmax}b^2$	$0.132\,0\sigma_{bmax}l^2$
0.7	$-0.212\,0\sigma_{bmax}b^2$	$0.061\,0\sigma_{bmax}l^2$		2.3	$-0.023\,6\sigma_{bmax}b^2$	$0.132\,0\sigma_{bmax}l^2$
0.8	$-0.173\,0\sigma_{bmax}b^2$	$0.075\,1\sigma_{bmax}l^2$		2.4	$-0.021\,7\sigma_{bmax}b^2$	$0.132\,0\sigma_{bmax}l^2$
0.9	$-0.142\,0\sigma_{bmax}b^2$	$0.087\,2\sigma_{bmax}l^2$		2.5	$-0.020\,0\sigma_{bmax}b^2$	$0.133\,0\sigma_{bmax}l^2$
1.0	$-0.118\,0\sigma_{bmax}b^2$	$0.097\,2\sigma_{bmax}l^2$		2.6	$-0.018\,5\sigma_{bmax}b^2$	$0.133\,0\sigma_{bmax}l^2$
1.1	$-0.099\,5\sigma_{bmax}b^2$	$0.105\,0\sigma_{bmax}l^2$		2.7	$-0.017\,1\sigma_{bmax}b^2$	$0.133\,0\sigma_{bmax}l^2$
1.2	$-0.084\,6\sigma_{bmax}b^2$	$0.112\,0\sigma_{bmax}l^2$		2.8	$-0.015\,9\sigma_{bmax}b^2$	$0.133\,0\sigma_{bmax}l^2$
1.3	$-0.072\,6\sigma_{bmax}b^2$	$0.116\,0\sigma_{bmax}l^2$		2.9	$-0.014\,9\sigma_{bmax}b^2$	$0.133\,0\sigma_{bmax}l^2$
1.4	$-0.062\,9\sigma_{bmax}b^2$	$0.120\,0\sigma_{bmax}l^2$		3.0	$-0.013\,9\sigma_{bmax}b^2$	$0.133\,0\sigma_{bmax}l^2$
1.5	$-0.055\,0\sigma_{bmax}b^2$	$0.123\,0\sigma_{bmax}l^2$				

注 l——两相邻筋板最大外侧间距(图 8-21),mm;

b——基础环在整体外面的径向宽度,$b=(D_{ob}-D_{is}-2\delta_{es})/2$,mm。

3. 螺栓座设计

螺栓座结构和尺寸分别见图 8-23 和表 8-11。

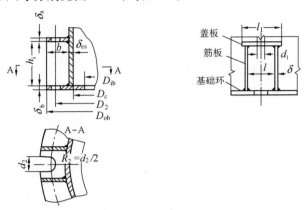

图 8-23　螺栓座结构

（注：当外螺栓座之间距离很小，以致盖板接近连续的环时，可将盖板制成整体）

表 8-11				螺栓座尺寸				（mm）
螺栓	d_1	d_2	δ_a	δ_{es}	h_i	l	l_1	b
M24	30	36	24					
M27	34	40	26	12	300	120	$l+50$	
M30	36	42	28					
M36	42	48	32	16	350	160	$l+60$	$(D_{ob}-D_c-2\delta_{es})/2$
M42	48	54	36	18				
M48	56	60	40	20	400	200	$l+70$	
M56	62	68	46	22				

4. 地脚螺栓的计算

为了使塔设备在刮风或地震时不致翻倒，必须安装足够数量和一定直径的地脚螺栓，把设备固定在基础上。

地脚螺栓承受的最大拉应力为

$$\sigma_B = \max\left\{\frac{M_w^{0-0}+M_e}{Z_b}-\frac{m_{min}g}{A_b}, \frac{M_E^{0-0}+0.25M_w^{0-0}+M_e}{Z_b}-\frac{m_0g-F_v^{0-0}}{A_b}\right\} \quad (\text{MPa})$$

$$(8\text{-}44)$$

式中　M_E^{0-0}——设备底部截面地震弯矩，N·mm。

F_v^{0-0} 项仅在最大弯矩为地震弯矩参与组合时计入。

如果 $\sigma_B \leqslant 0$，则设备自身足够稳定，但是为了固定塔设备的位置，应该设置一定数量的地脚螺栓。

如果 $\sigma_B > 0$，则设备必须安装地脚螺栓，并进行计算。计算时可先按 4 的倍数假定地脚螺栓的数量为 n，此时地脚螺栓的螺纹小径

$$d_1 = \sqrt{\frac{4\sigma_B A_b}{\pi n [\sigma]_{bt}}} + C_2 \quad (\text{mm}) \tag{8-45}$$

式中　$[\sigma]_{bt}$——地脚螺栓材料的许用应力，MPa；

　　　n——地脚螺栓个数；

　　　C_2——腐蚀裕量，一般取 3 mm。

圆整后地脚螺栓的公称直径不得小于 M24。

螺纹小径与公称直径见表 8-12。

表 8-12　　　　　　螺纹小径与公称直径对照表

螺栓公称直径	螺纹小径 d_1/mm	螺栓公称直径	螺纹小径 d_1/mm
M24	20.752	M42	37.129
M27	23.752	M48	42.588
M30	26.211	M56	50.046
M36	31.670		

5. 裙座与塔体的连接

（1）裙座与塔体连接焊缝结构

裙座与塔体连接焊缝的结构型式有两种：一是对接焊缝，如图 8-24（a）、（b）所示；二是搭接焊缝，如图 8-24（c）、（d）所示。

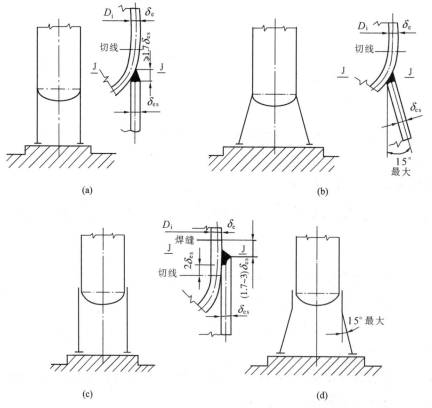

图 8-24　裙座与塔体连接焊缝结构

对接焊缝结构,要求裙座外直径与塔体下封头的外直径相等,裙座壳与塔体下封头的连接焊缝须采用全焊透的连续焊。对接焊缝可以承受较大的轴向载荷,适用于大塔。但由于焊缝在塔体底封头的椭球面上,所以封头受力情况较差。

搭接焊缝结构,要求裙座内径稍大于塔体外径,以便裙座搭焊在底封头的直边段。搭接焊缝承载后承受剪力,因而受力情况不佳,但对封头来说受力情况较好。

(2)裙座与塔体对接焊缝的验算

J—J 截面处对接焊缝的最大拉应力 σ_w 按式(8-46)验算:

$$\sigma_w = \frac{M_{max}^{J-J}}{\frac{\pi}{4}D_{it}^2\delta_{es}} - \frac{m_0^{J-J}g - F_v^{J-J}}{\pi D_{it}\delta_{es}} \leqslant 0.6K[\sigma]_w^t \quad (MPa) \qquad (8-46)$$

式中 D_{it}——裙座顶部截面的内径,mm。

F_v^{J-J} 项仅在最大弯矩为地震弯矩参与组合时计入。

(3)裙座与塔体搭接焊缝的验算

J—J 截面处搭接焊缝的剪应力 τ_w 按式(8-47)或式(8-48)验算:

$$\tau_w = \frac{m_0^{J-J}g + F_v^{J-J}}{A_w} + \frac{M_{max}^{J-J}}{Z_w} \leqslant 0.8K[\sigma]_w^t \qquad (8-47)$$

$$\tau_w = \frac{m_{max}^{J-J}g}{A_w} + \frac{0.3M_w^{J-J} + M_e}{Z_w} \leqslant 0.72KR_{eL} \qquad (8-48)$$

式中 m_0^{J-J}——裙座与筒体搭接焊缝所承受的塔器操作质量,kg;

m_{max}^{J-J}——水压试验时塔器的总质量(不计裙座质量),kg;

A_w——搭接焊缝抗剪截面面积,$A_w = 0.7\pi D_{ot}\delta_{es}$,mm²;

Z_w——搭接焊缝抗剪截面系数($0.55D_{ot}^2\delta_{es}$),mm³;

D_{ot}——裙座顶部截面的外直径,mm;

$[\sigma]_w^t$——设计温度下焊接接头的许用应力,取两侧母材许用应力的较小值,MPa;

M_{max}^{J-J}——裙座与筒体搭接焊缝处的最大弯矩,N·mm;

M_w^{J-J}——裙座与筒体搭接焊缝处的风弯矩,N·mm。

F_v^{J-J} 项仅在最大弯矩为地震弯矩参与组合时计入。

裙座标准系列尺寸见附录 12。

8.2 塔体与裙座的机械设计举例

8.2.1 设计条件

塔体与裙座的机械设计条件如下:

(1)塔体内径 $D_i = 2\,000$ mm,塔高近似取 $H = 40\,000$ mm。

（2）计算压力 $p_c = 1.1$ MPa，设计温度 $t = 200$ ℃。

（3）设置地区：基本风压值 $q_0 = 600$ N/m^2，地震设防烈度为 8 度。场地土类：Ⅰ类。设计地震分组：第二组。设计基本地震加速度：$0.3g$。

（4）塔内装有 $N = 70$ 层浮阀塔盘，每块塔盘上存留介质层高度为 $h_w = 100$ mm，介质密度为 $\rho_1 = 800$ kg/m^3。

（5）沿塔高每 5 m 左右开设一个人孔，人孔数为 8 个（图8-25），相应在人孔处安装半圆形平台 8 个，平台宽度为 $B = 900$ mm，高度为 1 000 mm。

（6）塔外保温层厚度为 $\delta_s = 100$ mm，保温材料密度为 $\rho_2 = 300$ kg/m^3。

（7）塔体与裙座间悬挂一台再沸器，其操作质量为 $m_e = 4\,000$ kg，偏心距 $e = 2\,000$ mm。

（8）塔体与封头材料选用 Q345R，其 $[\sigma]^t = 183$ MPa，$[\sigma] = 189$ MPa，$R_{eL} = 345$ MPa，$E = 1.91 \times 10^5$ MPa。

（9）裙座材料选用 Q235B。

（10）塔体与裙座对接焊接，塔体焊接接头系数 $\phi = 0.85$。

（11）塔体与封头厚度附加量 $C = 2$ mm，裙座厚度附加量 $C = 2$ mm。

（12）浮阀塔其他有关工艺尺寸如图 8-25 所示。

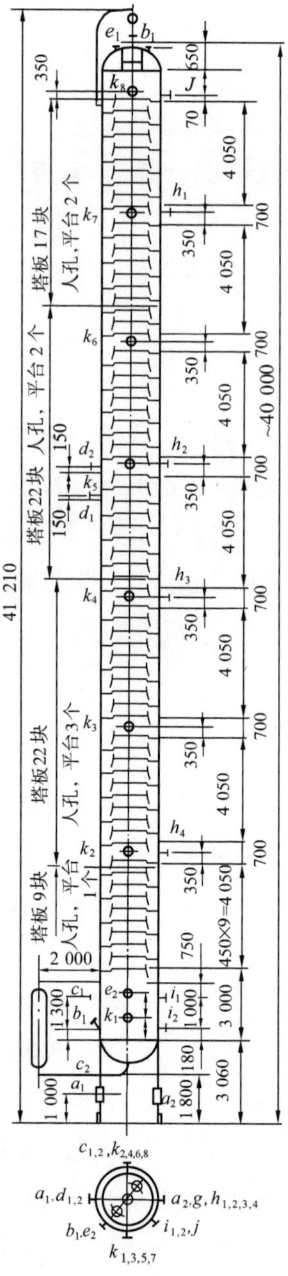

8.2.2　按计算压力计算塔体和封头厚度

表 8-13（a）　　　　塔体和封头厚度计算

1. 塔体厚度计算
$$\delta = \frac{p_c D_i}{2[\sigma]^t \phi - p_c} = \frac{1.1 \times 2\,000}{2 \times 183 \times 0.85 - 1.1} = 7.10 \text{ (mm)}$$
考虑厚度附加量 $C = 2$ mm，经圆整，取 $\delta_n = 12$ mm。
2. 封头厚度计算
采用标准椭圆形封头：
$$\delta = \frac{p_c D_i}{2[\sigma]^t \phi - 0.5 p_c} = \frac{1.1 \times 2\,000}{2 \times 183 \times 0.85 - 0.5 \times 1.1} = 7.08 \text{ (mm)}$$
考虑厚度附加量 $C = 2$ mm 经圆整，取 $\delta_n = 12$ mm。

图 8-25　浮阀塔工艺尺寸简图

8.2.3　塔设备质量载荷计算

表 8-13（b）　　　　　　　　　　　　塔设备质量载荷计算

1. 圆筒、封头、裙座质量 m_{01}

圆筒质量：$\qquad m_1 = 596 \times 36.79 = 21\,926.84$ （kg）

封头质量：$\qquad m_2 = 438 \times 2 = 876$ （kg）

裙座质量：$\qquad m_3 = 596 \times 3.06 = 1\,823.76$ （kg）

$$m_{01} = m_1 + m_2 + m_3 = 21\,926.84 + 876 + 1\,823.76 = 24\,627 \text{ （kg）}$$

说明：(1) 塔体圆筒总高度为 $H_0 = 36.79$ m；

(2) 查得 $DN\ 2\,000$ mm，厚度 12 mm 的圆筒质量为 596 kg/m；

(3) 查得 $DN\ 2\,000$ mm，厚度 12 mm 的椭圆形封头质量为 438 kg/m（封头曲面深度 500 mm，直边高度 40 mm）；

(4) 裙座高度 3 060 mm（厚度按 12 mm 计）。

2. 塔内构件质量 m_{02}

$$m_{02} = \frac{\pi}{4} D_i^2 \times 75 \times 70 = 0.785 \times 2^2 \times 75 \times 70 = 16\,485 \text{ （kg）}$$

（由表 8-1 查得浮阀塔盘质量为 75 kg/m²）

3. 保温层质量 m_{03}

$$m_{03} = \frac{\pi}{4} \left[(D_i + 2\delta_n + 2\delta_s)^2 - (D_i + 2\delta_n)^2 \right] H_0 \rho_2 + 2m'_{03}$$

$$= 0.785 \times \left[(2 + 2 \times 0.012 + 2 \times 0.1)^2 - (2 + 2 \times 0.012)^2 \right] \times 36.79 \times 300 + 2 \times (1.54 - 1.18) \times 300$$

$$= 7\,577 \text{ （kg）}$$

其中，m'_{03} 为封头保温层质量，kg。

4. 平台、扶梯质量 m_{04}

$$m_{04} = \frac{\pi}{4} \left[(D_i + 2\delta_n + 2\delta_s + 2B)^2 - (D_i + 2\delta_n + 2\delta_s)^2 \right] \frac{1}{2} n q_p + q_F \times H_F$$

$$= 0.785 \times \left[(2 + 2 \times 0.012 + 2 \times 0.1 + 2 \times 0.9)^2 - (2 + 2 \times 0.012 + 2 \times 0.1)^2 \right] \times 0.5 \times 8 \times 150 + 40 \times 39$$

$$= 6\,857 \text{ kg}$$

说明：(1) 由表 8-1 查得，平台质量：$q_p = 150$ kg/m²；笼式扶梯质量：$q_F = 40$ kg/m。

(2) 由图和设计条件确定，笼式扶梯总高：$H_F = 39$ m；平台数量：$n = 8$；平台宽度 $B = 900$ mm。

5. 操作时物料质量 m_{05}

$$m_{05} = \frac{\pi}{4} D_i^2 h_w N \rho_1 + \frac{\pi}{4} D_i^2 h_0 \rho_1 + V_f \rho_1$$

$$= 0.785 \times 2^2 \times 0.1 \times 70 \times 800 + 0.785 \times 2^2 \times 1.8 \times 800 + 1.18 \times 800$$

$$= 17\,584 + 4\,521.6 + 944 = 23\,050 \text{ （kg）}$$

说明：物料密度 $\rho_1 = 800$ kg/m³；封头容积 $V_f = 1.18$ m³；塔釜圆筒部分深度 $h_0 = 1.8$ m；塔板层数 $N = 70$；塔板上液层高度 $h_w = 0.1$ m。

6. 附件质量 m_a

按经验取附件质量为

$$m_a = 0.25 m_{01} = 6\,157 \text{ kg}$$

7. 充水质量 m_w

$$m_w = \frac{\pi}{4} D_i^2 H_0 \rho_w + 2V_f \rho_w = 0.785 \times 2^2 \times 36.79 \times 1\,000 + 2 \times 1.18 \times 1\,000 = 117\,880 \text{ （kg）}$$

其中，$\rho_w = 1\,000$ kg/m³。

（续表）

8.各种质量载荷汇总

如图 8-26 所示,将全塔分成 6 段,计算下列各质量载荷(计算中略有近似)

塔段	0～1	1～2	2～3	3～4	4～5	5～顶	合计
塔段长度/mm	1 000	2 000	7 000	10 000	10 000	10 000	40 000
人孔与平台数	0	0	1	3	2	2	8
塔板数	0	0	9	22	22	17	70
m_{01}^i/kg	596	1 630	4 172	5 960	5 960	6 309	24 627
m_{02}^i/kg	—	—	2 120	5 181	5 181	4 003	16 485
m_{03}^i/kg	—	108	1 393	1 990	1 990	2 096	7 577
m_{04}^i/kg	40	80	947	2 401	1 734	1 655	6 857
m_{05}^i/kg	—	944	6 784	5 526	5 526	4 270	23 050
m_{a}^i/kg	154	231	1 092	1 710	1 485	1 485	6 157
m_{w}^i/kg	—	1 180	21 861	31 230	31 230	32 379	117 880
m_{e}^i/kg	—	1 400	2 600	—	—	—	4 000
m_{0}^i/kg	790	4 393	19 108	22 768	21 876	19 818	88 753
各塔段最小质量/kg	790	3 449	10 628	13 097	12 205	12 346	52 515
全塔操作质量/kg	$m_0=m_{01}+m_{02}+m_{03}+m_{04}+m_{05}+m_a+m_e=88\ 753$						
全塔最小质量/kg	$m_{min}=m_{01}+0.2m_{02}+m_{03}+m_{04}+m_a+m_e=52\ 515$						
水压试验时最大质量/kg	$m_{max}=m_{01}+m_{02}+m_{03}+m_{04}+m_a+m_w+m_e=183\ 583$						

8.2.4　风载荷与风弯矩计算

表 8-13(c)　　　　　　　　风载荷计算示例

风载荷计算示例	附图

以 2—3 段为例计算风载荷 P_3(图 8-26):

$$P_3 = K_1 K_{23} q_0 f_3 l_3 D_{e3} \times 10^{-6} \quad (N)$$

式中:

K_1——体型系数,对圆筒形容器,$K_1 = 0.7$

q_0——10 m 高处基本风压值,$q_0 = 400 \ N/m^2$

f_3——风压高度变化系数,由表 8-5 查得 $f_3 = 1.00$(B 类地区)

l_3——计算段长度,$l_3 = 7\ 000 \ mm$

ν_3——脉动影响系数,由表 8-7 查得 $\nu_3 = 0.72$(B 类地区)

T_1——塔的基本自振周期,对等直径、等厚度圆截面塔:

$$T_1 = 90.33 H \sqrt{\frac{m_0 H}{E \delta_e D_i^3}} \times 10^{-3}$$

$$= 90.33 \times 40\ 000 \sqrt{\frac{88\ 753 \times 40\ 000}{1.9 \times 10^5 \times 10 \times 2\ 000^3}} \times 10^{-3}$$

$$= 1.75 \ (s)$$

ξ——脉动增大系数,根据自振周期 T_1,由表 8-6 查得 $\xi = 2.59$

ϕ_{z3}——振型系数,由表 8-8 查得 $\phi_{z3} = 0.11$

K_{23}——风振系数

$$K_{23} = 1 + \frac{\xi \nu_3 \phi_{z3}}{f_3}$$

$$= 1 + \frac{2.59 \times 0.72 \times 0.11}{1.00}$$

$$= 1.205$$

D_{e3}——塔有效直径。设笼式扶梯与塔顶管线成 90°,取以下 a、b 式中较大者

　　a. $D_{e3} = D_{oi} + 2\delta_{s3} + K_3 + K_4$

　　b. $D_{e3} = D_{oi} + 2\delta_{s3} + K_4 + d_o + 2\delta_{ps}$

$K_3 = 400 \ mm$,d_o 取 $400 \ mm$,$\delta_{s3} = \delta_{ps} = 100 \ mm$

$$K_4 = \frac{2\Sigma A}{l_3} = \frac{2 \times 1 \times 900 \times 1\ 000}{7\ 000} = 257 \ (mm)$$

　　a. $D_{e3} = 2\ 024 + 2 \times 100 + 400 + 257 = 2\ 881 \ (mm)$

　　b. $D_{e3} = 2\ 024 + 2 \times 100 + 257 + 400 + 200 = 3\ 081 \ (mm)$

取 $D_{e3} = 3\ 081 \ mm$

$$P_3 = K_1 K_{23} q_0 f_3 l_3 D_{e3} \times 10^{-6}$$

$$= 0.7 \times 1.205 \times 400 \times 1.00 \times 7\ 000 \times 3\ 081 \times 10^{-6}$$

$$= 7\ 277 \ (N)$$

以上述方法计算出各段风载荷,列于表 8-13(d)中。

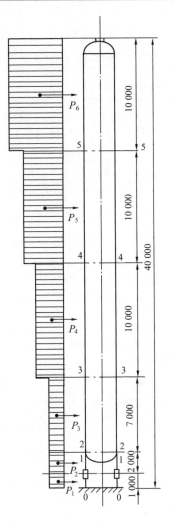

图 8-26

表 8-13（d） 各段塔风载荷计算结果

计算段	$\dfrac{l_i}{\text{mm}}$	$\dfrac{q_0}{\text{N/m}^2}$	K_1	ν_i	ϕ_{zi}	ξ	K_{2i}	f_i	$\dfrac{H_{it}}{\text{m}}$	平台数	$\dfrac{K_4}{\text{mm}}$	$\dfrac{D_{ei}}{\text{mm}}$	$\dfrac{P_i}{\text{N}}$
1	1 000	400	0.7	0.72	0.007 5	2.59	1.022	0.64	1	0	0	2 624	481
2	2 000	400	0.7	0.72	0.037 5	2.59	1.097	0.72	3	0	0	2 624	1161
3	7 000	400	0.7	0.72	0.110	2.59	1.205	1.00	10	1	257	3 081	7 277
4	10 000	400	0.7	0.79	0.350	2.59	1.573	1.25	20	3	540	3 364	18 521
5	10 000	400	0.7	0.82	0.665	2.59	1.995	1.42	30	2	360	3 184	25 256
6	10 000	400	0.7	0.85	1.000	2.59	2.411	1.56	40	2	360	3 184	33 532

表 8-13（e） 风弯矩计算

截面 0—0

$$M_w^{0-0} = P_1 \frac{l_1}{2} + P_2\left(l_1 + \frac{l_2}{2}\right) + \cdots + P_6\left(l_1 + l_2 + l_3 + l_4 + l_5 + \frac{l_6}{2}\right)$$

$$= 481 \times \frac{1\,000}{2} + 1\,161 \times \left(1\,000 + \frac{2\,000}{2}\right) + 7\,277 \times \left(1\,000 + 2\,000 + \frac{7\,000}{2}\right) +$$

$$18\,521 \times \left(1\,000 + 2\,000 + 7\,000 + \frac{10\,000}{2}\right) +$$

$$25\,256 \times \left(1\,000 + 2\,000 + 7\,000 + 10\,000 + \frac{10\,000}{2}\right) +$$

$$33\,532 \times \left(1\,000 + 2\,000 + 7\,000 + 10\,000 + 10\,000 + \frac{10\,000}{2}\right)$$

$$= 240\,500 + 2\,322\,000 + 47\,300\,500 + 277\,815\,000 + 631\,400\,000 + 1\,173\,620\,000$$

$$= 2\,132\,698\,000$$

$$= 2.132\,7 \times 10^9 (\text{N} \cdot \text{mm})$$

截面 1—1

$$M_w^{1-1} = P_2 \frac{l_2}{2} + P_3\left(l_2 + \frac{l_3}{2}\right) + \cdots + P_6\left(l_2 + l_3 + l_4 + l_5 + \frac{l_6}{2}\right)$$

$$= 1\,161 \times \frac{2\,000}{2} + 7\,277 \times \left(2\,000 + \frac{7\,000}{2}\right) + 18\,521 \times \left(2\,000 + 7\,000 + \frac{10\,000}{2}\right) +$$

$$25\,256 \times \left(2\,000 + 7\,000 + 10\,000 + \frac{10\,000}{2}\right) +$$

$$33\,532 \times \left(2\,000 + 7\,000 + 10\,000 + 10\,000 + \frac{10\,000}{2}\right)$$

$$= 1\,161\,000 + 40\,023\,500 + 259\,294\,000 + 606\,144\,000 + 1\,140\,088\,000$$

$$= 2\,046\,710\,500$$

$$= 2.046\,7 \times 10^9 (\text{N} \cdot \text{mm})$$

截面 2—2

$$M_w^{2-2} = P_3 \frac{l_3}{2} + P_4\left(l_3 + \frac{l_4}{2}\right) + \cdots + P_6\left(l_3 + l_4 + l_5 + \frac{l_6}{2}\right)$$

$$= 7\,277 \times \frac{7\,000}{2} + 18\,521 \times \left(7\,000 + \frac{10\,000}{2}\right) +$$

$$25\,256 \times \left(7\,000 + 10\,000 + \frac{10\,000}{2}\right) +$$

$$33\,532 \times \left(7\,000 + 10\,000 + 10\,000 + \frac{10\,000}{2}\right)$$

$$= 25\,469\,500 + 222\,252\,000 + 555\,632\,000 + 1\,073\,024\,000$$

$$= 1\,876\,377\,500$$

$$= 1.876\,4 \times 10^9 (\text{N} \cdot \text{mm})$$

8.2.5 地震弯矩计算

地震弯矩计算时，为了便于分析、计算，可将图 8-26 简化成图 8-27。

表 8-13（f）　　　　　　　　　　　地震弯矩计算示例

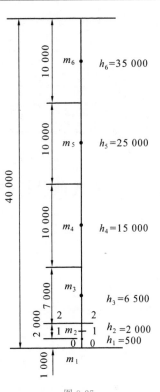

图 8-27

取第一振型阻尼比为　$\zeta_1 = 0.02$

则衰减指数　$\gamma = 0.9 + \dfrac{0.05 - 0.02}{0.5 + 5 \times 0.02} = 0.95$

$T_1 = 1.75 \text{ s}$

塔的总高度　$H = 40\,000 \text{ mm}$

全塔操作质量　$m_0 = 88\,753 \text{ kg}$

重力加速度　$g = 9.81 \text{ m/s}^2$

地震影响系数　$\alpha_1 = [\eta_2 0.2^\gamma - \eta_1 (T_1 - 5T_g)]\alpha_{\max}$

由表 8-2 查得 $\alpha_{\max} = 0.24$（设防烈度 8 级）

由表 8-3 查得 $T_g = 0.30$

$\eta_1 = 0.02 + (0.05 - \zeta_1)/8 = 0.02 + (0.05 - 0.02)/8 = 0.024$

$\eta_2 = 1 + \dfrac{0.05 - \zeta_1}{0.06 + 1.7\zeta_1} = 1 + \dfrac{0.05 - 0.02}{0.06 + 1.7 \times 0.02} = 1.319$

$\alpha_1 = [1.319 \times 0.2^{0.95} - 0.024 \times (1.75 - 5 \times 0.30)] \times 0.24 = 0.065$

计算截面距地面高度 h：

0—0 截面：$h = 0$

1—1 截面：$h = 1\,000 \text{ mm}$

2—2 截面：$h = 3\,000 \text{ mm}$

等直径、等厚度的塔，$H/D_i = 40\,000/2\,000 = 20 > 15$，按下列方法计算地震弯矩。

表 8-13（g）　　　　　　　　　　　地震弯矩计算

截面 0—0

$$M_E^{0-0'} = \frac{16}{35}\alpha_1 m_0 g H$$

$$= \frac{16}{35} \times 0.065 \times 88\,753 \times 9.81 \times 40\,000$$

$$= 10.35 \times 10^8 (\text{N} \cdot \text{mm})$$

$$M_E^{0-0} = 1.25 M_E^{0-0'} = 1.25 \times 10.35 \times 10^8 = 12.94 \times 10^8 (\text{N} \cdot \text{mm})（供参考）$$

截面 1—1

$$M_E^{1-1'} = \frac{8\alpha_1 m_0 g}{175 H^{2.5}}(10H^{3.5} - 14H^{2.5}h + 4h^{3.5})$$

$$= \frac{8 \times 0.065 \times 88\,753 \times 9.81}{175 \times 40\,000^{2.5}}(10 \times 40\,000^{3.5} - 14 \times 40\,000^{2.5} \times 1\,000 + 4 \times 1\,000^{3.5})$$

$$= 9.99 \times 10^8 (\text{N} \cdot \text{mm})$$

$$M_E^{1-1} = 1.25 M_E^{1-1'} = 1.25 \times 9.99 \times 10^8 = 12.49 \times 10^8 (\text{N} \cdot \text{mm})（供参考）$$

（续表）

截面 2—2

$$M_{\mathrm{E}}^{2-2'}=\frac{8\alpha_1 m_0 g}{175H^{2.5}}(10H^{3.5}-14H^{2.5}h+4h^{3.5})$$

$$=\frac{8\times0.065\times88\,753\times9.81}{175\times40\,000^{2.5}}(10\times40\,000^{3.5}-14\times40\,000^{2.5}\times3\,000+4\times3\,000^{3.5})$$

$$=9.26\times10^8(\mathrm{N\cdot mm})$$

$$M_{\mathrm{E}}^{2-2}=1.25M_{\mathrm{E}}^{2-2'}=1.25\times9.26\times10^8=11.58\times10^8(\mathrm{N\cdot mm})（供参考）$$

8.2.6 偏心弯矩计算

表 8-13（h） 偏心弯矩计算

$$M_{\mathrm{e}}=m_{\mathrm{e}}ge=4\,000\times9.81\times2\,000=0.784\,8\times10^8(\mathrm{N\cdot mm})。$$

8.2.7 各种载荷引起的轴向应力

表 8-13（i） 各种载荷引起的轴向应力

1.计算压力引起的轴向拉应力 σ_1

$$\sigma_1=\frac{p_{\mathrm{c}}D_{\mathrm{i}}}{4\delta_{\mathrm{e}}}=\frac{1.1\times2\,000}{4\times10}=55（\mathrm{MPa}）$$

其中，$\delta_{\mathrm{e}}=\delta_{\mathrm{n}}-C=12-2=10$（mm）。

2.操作质量引起的轴向压应力 σ_2

截面 0—0

$$\sigma_2^{0-0}=\frac{m_0^{0-0}g}{A_{\mathrm{sb}}}=\frac{m_0^{0-0}g}{\pi D_{\mathrm{is}}\delta_{\mathrm{es}}}=\frac{88\,753\times9.81}{3.14\times2\,000\times10}=13.86（\mathrm{MPa}）$$

令裙座厚度 $\delta_{\mathrm{s}}=12$ mm；有效厚度 $\delta_{\mathrm{es}}=12-2=10$（mm）；$A_{\mathrm{sb}}=\pi D_{\mathrm{is}}\delta_{\mathrm{es}}$。

截面 1—1

$$\sigma_2^{1-1}=\frac{m_0^{1-1}g}{A_{\mathrm{sm}}}=\frac{87\,963\times9.81}{58\,630}=14.72（\mathrm{MPa}）$$

其中，$m_0^{1-1}=88\,753-790=87\,963$（kg）；$A_{\mathrm{sm}}$ 为人孔截面的截面积,查相关标准得 $A_{\mathrm{sm}}=58\,630$ mm^2。

截面 2—2

$$\sigma_2^{2-2}=\frac{m_0^{2-2}g}{A}=\frac{m_0^{2-2}g}{\pi D_{\mathrm{i}}\delta_{\mathrm{e}}}=\frac{83\,570\times9.81}{3.14\times2\,000\times10}=13.05（\mathrm{MPa}）$$

其中，$m_0^{2-2}=88\,753-790-4\,393=83\,570$（kg）；$A=\pi D_{\mathrm{i}}\delta_{\mathrm{e}}$。

3.最大弯矩引起的轴向应力 σ_3

截面 0—0

$$\sigma_3^{0-0}=\frac{M_{\max}^{0-0}}{Z_{\mathrm{sb}}}=\frac{M_{\max}^{0-0}}{\frac{\pi}{4}D_{\mathrm{is}}^2\delta_{\mathrm{es}}}=\frac{22.111\,8\times10^8}{0.785\times2\,000^2\times10}=70.42（\mathrm{MPa}）$$

其中，$M_{\max}^{0-0}=M_{\mathrm{w}}^{0-0}+M_{\mathrm{e}}=21.327\times10^8+0.784\,8\times10^8=22.111\,8\times10^8(\mathrm{N\cdot mm})$

$$M_{\max}^{0-0}=M_{\mathrm{E}}^{0-0}+0.25M_{\mathrm{w}}^{0-0}+M_{\mathrm{e}}=12.94\times10^8+0.25\times21.327\times10^8+0.784\,8\times10^8$$

$$=19.06\times10^8(\mathrm{N\cdot mm})$$

$$Z_{\mathrm{sb}}=\frac{\pi}{4}D_{\mathrm{is}}^2\delta_{\mathrm{es}}$$

截面 1—1

$$\sigma_3^{1-1} = \frac{M_{max}^{1-1}}{Z_{sm}} = \frac{21.251\,8\times10^8}{27\,677\,000} = 76.79\,(MPa)$$

其中，$M_{max}^{1-1} = M_w^{1-1} + M_e = 20.467\times10^8 + 0.784\,8\times10^8 = 21.251\,8\times10^8(N\cdot mm)$

$\quad\quad M_{max}^{1-1} = M_E^{1-1} + 0.25M_w^{1-1} + M_e = 12.49\times10^8 + 0.25\times20.467\times10^8 + 0.784\,8\times10^8$

$\quad\quad\quad\quad = 18.39\times10^8(N\cdot mm)$

Z_{sm} 为人孔截面的抗弯截面系数，查相关标准得 $Z_{sm} = 27\,677\,000\;mm^3$。

截面 2—2

$$\sigma_3^{2-2} = \frac{M_{max}^{2-2}}{Z} = \frac{M_{max}^{2-2}}{\frac{\pi}{4}D_i^2\delta_e} = \frac{19.548\,8\times10^8}{0.785\times2\,000^2\times10} = 62.26\,(MPa)$$

其中，$M_{max}^{2-2} = M_w^{2-2} + M_e = 18.764\times10^8 + 0.784\,8\times10^8 = 19.548\,8\times10^8(N\cdot mm)$

$\quad\quad M_{max}^{2-2} = M_E^{2-2} + 0.25M_w^{2-2} + M_e = 11.58\times10^8 + 0.25\times18.764\times10^8 + 0.784\,8\times10^8$

$\quad\quad\quad\quad = 17.06\times10^8(N\cdot mm)$

$$Z = \frac{\pi}{4}D_i^2\delta_e$$

8.2.8　塔体和裙座危险截面的强度与稳定校核

表 8-13(j)　　　　　　　　塔体和裙座危险截面的强度与稳定校核

1. 塔体的最大组合轴向拉应力校核

截面 2—2

塔体的最大组合轴向拉应力发生在正常操作时的 2—2 截面上。其中，$[\sigma]^t = 183\,MPa$；$\phi = 0.85$；$K = 1.2$；

$K[\sigma]^t\phi = 1.2\times183\times0.85 = 186.7\,(MPa)$。

$$\sigma_{max}^{2-2} = \sigma_1 - \sigma_2^{2-2} + \sigma_3^{2-2} = 55 - 13.05 + 62.26 = 104.21\,(MPa)$$

$$\sigma_{max}^{2-2} = 104.21\,MPa < K[\sigma]^t\phi = 186.7\,MPa$$

满足要求。

2. 塔体与裙座的稳定校核

截面 2—2

塔体 2—2 截面上的最大组合轴向压应力

$$\sigma_{max}^{2-2} = \sigma_2^{2-2} + \sigma_3^{2-2} = 13.05 + 62.26 = 75.31\,(MPa)$$

$$\sigma_{max}^{2-2} = 75.31\,MPa < [\sigma]_{cr} = \min\{KB, K[\sigma]^t\} = \min\{138, 219.6\} = 138(MPa)$$

满足要求。

其中，

$$A = \frac{0.094}{R_i/\delta_e} = \frac{0.094}{1\,000/10} = 0.000\,94$$

查图 5-8 得(Q345R, 200 ℃)$B = 115\,MPa$，$[\sigma]^t = 183\,MPa$，$K = 1.2$。

（续表）

截面 1—1

塔体 1—1 截面上的最大组合轴向压应力

$$\sigma_{max}^{1-1} = \sigma_2^{1-1} + \sigma_3^{1-1} = 14.72 + 76.79 = 91.51 \text{ (MPa)}$$

$$\sigma_{max}^{1-1} = 91.51 \text{ MPa} < [\sigma]_{cr} = \min\{KB, K[\sigma]^t\} = \min\{129, 135.6\} = 129 \text{ (MPa)}$$

满足要求。

其中,

$$A = \frac{0.094}{R_{is}/\delta_{es}} = \frac{0.094}{1\,000/10} = 0.000\,94$$

查图 5-7 得（Q235A, 200 ℃）$B = 107.5$ MPa, $[\sigma]^t = 113$ MPa, $K = 1.2$。

截面 0—0

塔体 0—0 截面上的最大组合轴向压应力

$$\sigma_{max}^{0-0} = \sigma_2^{0-0} + \sigma_3^{0-0} = 13.86 + 70.42 = 84.28 \text{ (MPa)}$$

$$\sigma_{max}^{0-0} = 84.28 \text{ MPa} < [\sigma]_{cr} = \min\{KB, K[\sigma]^t\} = \min\{129, 135.6\} = 129 \text{ (MPa)}$$

满足要求。

其中, $B = 107.5$ MPa; $[\sigma]^t = 113$ MPa; $K = 1.2$。

表 8-13（k）　　　　　　　　各危险截面强度与稳定校核汇总

项目		计算危险截面		
		0—0	1—1	2—2
塔体与裙座有效厚度 δ_e, δ_{es}/mm		10	10	10
截面以上的操作质量 m_0^{i-i}/kg		88 753	87 963	83 570
计算截面面积 A^{i-i}/mm²		$A_{sb} = 62\,800$	$A_{sm} = 58\,630$	$A = 62\,800$
计算截面的抗弯截面系数 Z^{i-i}/mm³		$Z_{sb} = 314 \times 10^5$	$Z_{sm} = 276.77 \times 10^5$	$Z = 314 \times 10^5$
最大弯矩 M_{max}^{i-i}/(N·mm)		$22.111\,8 \times 10^8$	$21.251\,8 \times 10^8$	$19.548\,8 \times 10^8$
最大允许轴向拉力, $K[\sigma]^t\phi$/MPa		173.4	—	—
最大允许轴向压应力/MPa	KB	129	129	138
	$K[\sigma]^t$	135.6	135.6	204
计算压力引起的轴向拉应力 σ_1/MPa		0	0	55
操作质量引起的轴向压应力 σ_2^{i-i}/MPa		13.86	14.72	13.05
最大弯矩引起的轴向应力 σ_3^{i-i}/MPa		70.42	76.79	62.26
最大组合轴向拉应力 σ_{max}^{i-i}/MPa		—	—	104.21
最大组合轴向压应力 σ_{max}^{i-i}/MPa		84.28	91.51	75.31
强度与稳定校核	强度	—	—	$\sigma_{max}^{2-2} < K[\sigma]^t\phi$ 满足要求
	稳定性	$\sigma_{max}^{0-0} < [\sigma]_{cr} = \min\{KB, K[\sigma]^t\}$ 满足要求	$\sigma_{max}^{1-1} < [\sigma]_{cr} = \min\{KB, K[\sigma]^t\}$ 满足要求	$\sigma_{max}^{2-2} < [\sigma]_{cr} = \min\{KB, K[\sigma]^t\}$ 满足要求

8.2.9 塔体水压试验和吊装时的应力校核

表 8-13（l）　　　　　　　　　　水压试验时各种载荷引起的应力

1. 试验压力和液柱静压力引起的环向应力

$$\sigma_T = \frac{(p_T + 液柱静压力)(D_i + \delta_{ei})}{2\delta_{ei}} = \frac{(1.375 + 0.4) \times (2\,000 + 10)}{2 \times 10} = 178.39\,(MPa)$$

$$p_T = 1.25p\frac{[\sigma]}{[\sigma]^t} = 1.25 \times 1.1 \times \frac{189}{183} = 1.42\,(MPa)$$

$$液柱静压力 = \gamma H \approx 1\,000 \times 40 = 0.4\,(MPa)$$

2. 试验压力引起的轴向拉应力

$$\sigma_1 = \frac{p_T D_i}{4\delta_e} = \frac{1.42 \times 2\,000}{4 \times 10} = 71\,(MPa)$$

3. 最大质量引起的轴向压应力

$$\sigma_2^{2-2} = \frac{m_{max}^{2-2}g}{\pi D_i \delta_e} = \frac{183\,583 \times 9.81}{3.14 \times 2\,000 \times 10} = 28.68\,(MPa)$$

4. 弯矩引起的轴向应力

$$\sigma_3^{2-2} = \frac{0.3M_w^{2-2} + M_e}{\frac{\pi}{4}D_i^2\delta_e} = \frac{0.3 \times 18.764 \times 10^8 + 0.784\,8 \times 10^8}{0.785 \times 2\,000^2 \times 10} = 20.43\,(MPa)$$

表 8-13（m）　　　　　　　　　　水压试验时应力校核

1. 筒体环向应力校核

$$0.9R_{eL}\phi = 0.9 \times 345 \times 0.85 = 263.9\,(MPa)$$

$$\sigma_T = 178.39\,MPa < 0.9R_{eL}\phi = 263.9\,MPa$$

满足要求。

2. 最大组合轴向拉应力校核

$$\sigma_{max}^{2-2} = \sigma_1^{2-2} - \sigma_2^{2-2} + \sigma_3^{2-2} = 71 - 28.68 + 20.43 = 62.75\,(MPa)$$

$$0.9\phi R_{eL} = 0.9 \times 0.85 \times 345 = 263.9\,(MPa)$$

$$\sigma_{max}^{2-2} = 62.75\,MPa < 0.9\phi R_{eL} = 263.9\,MPa$$

满足要求。

3. 最大组合轴向压应力校核

$$\sigma_{max}^{2-2} = \sigma_2^{2-2} + \sigma_3^{2-2} = 28.68 + 20.43 = 49.11\,(MPa)$$

$$\sigma_{max}^{2-2} = 49.11\,MPa < [\sigma]_{cr} = \min\{KB, 0.9R_{eL}\} = \min\{138, 310.55\} = 138(MPa)$$

满足要求。

8.2.10　基础环设计

表 8-13(n)　　　　　　　　　　　基础环设计

1. 基础环尺寸

取

$$D_{ob}=D_{is}+300=2\ 000+300=2\ 300\ (mm)$$

$$D_{ib}=D_{is}-300=2\ 000-300=1\ 700\ (mm)$$

如图 8-28 所示。

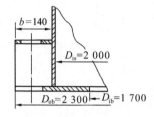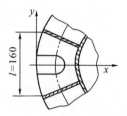

图 8-28

2. 基础环的应力校核

$$\sigma_{bmax}=\max\left\{\frac{M_{max}^{0-0}}{Z_b}+\frac{m_0g}{A_b},\ \frac{0.3M_w^{0-0}+M_e}{Z_b}+\frac{m_{max}g}{A_b}\right\}$$

其中，$A_b=\dfrac{\pi}{4}(D_{ob}^2-D_{ib}^2)=0.785\times(2\ 300^2-1\ 700^2)=1\ 884\ 000\ (mm^2)$

$$Z_b=\frac{\pi(D_{ob}^4-D_{ib}^4)}{32D_{ob}}=\frac{3.14\times(2\ 300^4-1\ 700^4)}{32\times2\ 300}=8.375\ 6\times10^8\ (mm^3)$$

$(1)\sigma_{bmax}=\dfrac{M_{max}^{0-0}}{Z_b}+\dfrac{m_0g}{A_b}=\dfrac{22.111\ 8\times10^8}{8.375\ 6\times10^8}+\dfrac{88\ 753\times9.81}{1\ 884\ 000}=3.102\ (MPa)$

$(2)\sigma_{bmax}=\dfrac{0.3M_w^{0-0}+M_e}{Z_b}+\dfrac{m_{max}g}{A_b}=\dfrac{0.3\times21.327\times10^8+0.784\ 8\times10^8}{8.375\ 6\times10^8}+\dfrac{183\ 583\times9.81}{1\ 884\ 000}=1.81\ (MPa)$

取以上二者中的较大值 $\sigma_{bmax}=3.102$ MPa。选用 75 号混凝土，由表 8-9 查得其许用应力 $R_a=3.5$ MPa。$\sigma_{bmax}=3.102$ MPa$<R_a=3.5$ MPa，满足要求。

3. 基础环的厚度

基础环材质选用 Q245R(GB 713—2014)

$$[\sigma]_b=140\ MPa;C=3\ mm$$

$$b=\frac{1}{2}[D_{ob}-(D_{is}+2\delta_{es})]=\frac{1}{2}\times[2\ 300-(2\ 000+2\times10)]=140(mm)$$

假设螺栓直径为 M42，由表 8-11 查得 $l=160$ mm，当 $b/l=140/160=0.88$ 时，由表 8-10 查得：

$$M_x=-0.148\ 2\ \sigma_{bmax}b^2=-0.148\ 2\times3.102\times140^2=-9\ 010.4(N\cdot mm)$$

$$M_y=0.084\ 8\ \sigma_{bmax}l^2=0.084\ 8\times3.102\times160^2=6\ 734.1\ (N\cdot mm)$$

取其中较大值，故 $M_s=9\ 010.4(N\cdot mm)$。

按有筋板时计算基础环厚度：

$$\delta_b=\sqrt{\frac{6M_s}{[\sigma]_b}}+C=\sqrt{\frac{6\times9\ 010.4}{140}}+3=22.65\ (mm)$$

圆整后取 $\delta_b=23$ mm。

8.2.11　地脚螺栓计算

表 8-13(o)　　　　　　　　　　　　　　地脚螺栓计算

1. 地脚螺栓承受的最大拉应力

$$\sigma_B = \max\left\{ \frac{M_w^{0-0} + M_e}{Z_b} - \frac{m_{\min}g}{A_b}, \frac{M_E^{0-0} + 0.25M_w^{0-0} + M_e}{Z_b} - \frac{m_0 g}{A_b} \right\}$$

其中, $m_{\min} = 52\ 515\ \text{kg}$

$\quad\quad M_E^{0-0} = 12.94 \times 10^8\ \text{N} \cdot \text{mm}$

$\quad\quad M_w^{0-0} = 21.327 \times 10^8\ \text{N} \cdot \text{mm}$

$\quad\quad m_0 = 88\ 753\ \text{kg}$

$\quad\quad Z_b = 8.375\ 6 \times 10^8\ \text{mm}^3$

$\quad\quad A_b = 1\ 884\ 000\ \text{mm}^2$

$(1)\sigma_B = \dfrac{M_w^{0-0} + M_e}{Z_b} - \dfrac{m_{\min}g}{A_b}$

$\quad\quad = \dfrac{21.327 \times 10^8 + 0.784\ 8 \times 10^8}{8.375\ 6 \times 10^8} - \dfrac{52\ 515 \times 9.81}{1\ 884\ 000} = 2.37\ (\text{MPa})$

$(2)\sigma_B = \dfrac{M_E^{0-0} + 0.25M_w^{0-0} + M_e}{Z_b} - \dfrac{m_0 g}{A_b}$

$\quad\quad = \dfrac{12.94 \times 10^8 + 0.25 \times 21.327 \times 10^8 + 0.784\ 8 \times 10^8}{8.375\ 6 \times 10^8} - \dfrac{88\ 753 \times 9.81}{1\ 884\ 000}$

$\quad\quad = 1.81\ (\text{MPa})$

取以上两数中的较大值, $\sigma_B = 2.37$ MPa。

2. 地脚螺栓的螺纹小径

$\sigma_B > 0$,选取地脚螺栓个数 $n = 36$;地脚螺栓材质选 30CrMoA(GB/T 3077); $[\sigma]_{bt} = 150$ MPa; $C_2 = 3$ mm。

$$d_1 = \sqrt{\frac{4\sigma_B A_b}{\pi n [\sigma]_{bt}}} + C_2 = \sqrt{\frac{4 \times 2.37 \times 1\ 884\ 000}{3.14 \times 36 \times 150}} + 3 = 32.46\ (\text{mm})$$

由表 8-12 查得 M42 螺栓的螺纹小径 $d_1 = 37.129$ mm,故选用 36 个 M42 的地脚螺栓,满足要求。

8.3　板式塔结构

8.3.1　总体结构

板式塔的总体结构如图 8-29 所示,包括如下几部分:

1. 塔体与裙座

其结构已在上节作过详细介绍。

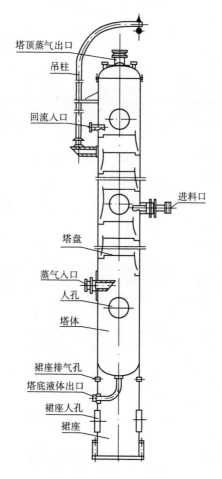

塔顶蒸气出口

吊柱

回流入口

进料口

塔盘

蒸气入口

人孔

塔体

裙座排气孔

塔底液体出口

裙座人孔

裙座

图 8-29　板式塔的总体结构

2. 塔盘

包括塔盘板、降液管及溢流堰、紧固件和支承件等。塔盘是塔设备完成化工过程和操作的主要部分。

3. 除沫装置

用于分离气体夹带的液滴,多位于塔顶出口处。

4. 设备管道

包括用于安装、检修塔盘的人孔,用于气体和物料进出的接管,以及安装化工仪表的短管等。

5. 塔附件

包括支承保温材料的保温圈、吊装塔盘用的吊柱以及扶梯平台等。

一般说来,各层塔盘的结构是相同的,只有最高一层、最低一层和进料层的结构及塔盘间距有所不同。最高一层塔盘到塔顶距离常高于塔盘间距,有时甚至高过 1 倍,以便能更好地除沫。在某些情况下,在这一段还装有除沫器。最低一层塔盘到塔底的距离也比塔盘间距大,因为塔底空间起着贮槽的作用,保证液体能有足够贮存,使塔底液体不致流空。进料塔盘与上一层塔盘的间距也比一般高。对于快速汽化的料液,在进料塔盘上须装上挡板、衬板或除沫器,在这种情况下,进料塔盘间距还得加高一些。此外,开有人孔的塔板间距较大,一般为 700 mm。

8.3.2 塔盘结构

塔盘在结构方面要有一定的刚度,以维持水平;塔盘与塔壁之间应有一定的密封性,以避免气、液短路;塔盘应便于制造、安装、维修,并且成本要低。

塔盘结构有整块式和分块式两种。塔径在 800～900 mm 以下时,建议采用整块式塔盘。塔径在 800～900 mm 以上时,人可以在塔内进行装拆,一般采用分块式塔盘。

1. 整块式塔盘

此种塔的塔体由若干塔节组成,塔节与塔节之间用法兰连接。每个塔节中安装若干块层层叠置起来的塔盘。塔盘与塔盘之间用管子支承,并保持所需要的间距。如图 8-30 所示为定距管式支承塔盘结构。

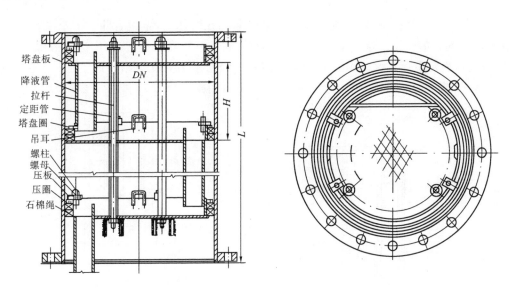

图 8-30 定距管式支承塔盘结构

在这类结构中,由于塔盘和塔壁有间隙,因此对每一层塔盘须填料密封。密封填料一般采用 10～12 mm 的石棉绳,放置 2～3 层。降液管的结构有弓形和圆形两类。如图 8-31 所示为圆形降液管,降液管只起降液功能,在塔盘上还得设独立的溢流堰。如图 8-32 所示为带有溢流堰的圆形降液管,圆形降液管伸出塔盘表面并兼作溢流堰的功能。由于圆形降液管的横截面积较小,因此除了液体负荷较小时采用外,一般常用弓形降液管,如图 8-33 所示。在整块式塔盘中,弓形降液管是用焊接方式固定在塔盘上的。降液管出口处的液封由下层塔盘的受液盘来保证。但在最下层塔盘的降液管的末端应另设液封槽,如图 8-34 所示,此种结构适用于弓形降液管。

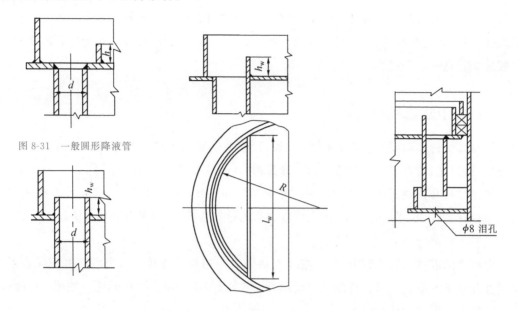

图 8-31　一般圆形降液管

图 8-32　带有溢流堰的圆形降液管　　　　图 8-33　弓形降液管　　　　图 8-34　弓形降液管的液封槽

　　在定距管支承结构中,定距管和拉杆把塔盘紧固在塔体上,定距管除了支承塔盘外,还起保持塔盘间距的作用。这种支承结构比较简单,在塔节长度不大时,被广泛地采用。如图 8-35(a)所示为定距管支承结构的上部,如图 8-35(b)所示为该支承结构的下部。定距管数一般为 3～4 根。定距管的布置必须注意不与降液管相碰。

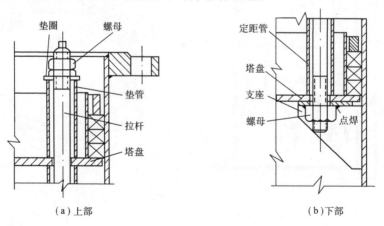

（a）上部　　　　　　　　　　　　　　　（b）下部

图 8-35　定距管支承结构

2. 分块式塔盘

　　在直径较大的板式塔中,如果仍然用整块式塔盘,则由于刚度的要求,势必要增加塔盘板的厚度,而且在制造、安装与检修等方面都很不方便。因此,当塔径在 800～900 mm 以上时,都采用分块式塔盘。此时塔身为一焊制整体圆筒,不分塔节。而塔盘系分成数块,通过人孔送进塔内,装到焊在塔内壁的塔盘固定件(一般为支持圈)上,如图 8-36 所示为分块式塔盘示意图。塔盘分块,应该使结构简单,装拆方便,有足够刚度,便于制造、安装和检修。一般采用自身梁式塔盘板[图 8-37(a)],有时也采用槽式塔盘板[图 8-37(b)]。这两种结构的特点是:

(1)结构简单,装拆方便。将塔盘板冲压折边,使其具有足够刚度,不但可简化塔盘结构,而且可少耗钢材。

(2)制造方便,模具简单,能以通用模具压成不同长度的塔盘板。

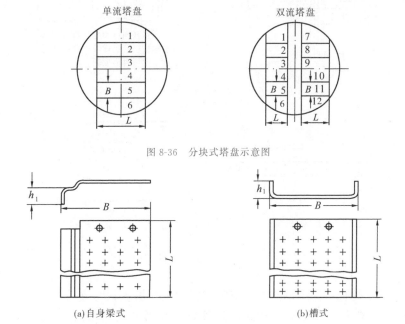

图 8-36　分块式塔盘示意图

图 8-37　分块的塔盘板

分块塔盘板的长度 L 随塔径大小而异,最长可达 2 200 mm。宽度 B 由塔体人孔尺寸、塔盘板的结构强度及升气孔的排列情况等因素决定。例如,自身梁式塔盘板一般有 340 mm 和 415 mm 两种。对于筋板高度 h_1,自身梁式塔盘板为 60～80 mm,槽式塔盘板约为 30 mm。对于塔盘板厚,碳钢为 3～4 mm,不锈钢为 2～3 mm。

分块式塔盘之间的连接,根据人孔位置及检修要求,分为上可拆连接和上、下均可拆连接两种。常用的紧固构件是螺栓和椭圆垫板。上可拆连接结构如图 8-38 所示,上、下均可拆连接结构如图 8-39 所示。

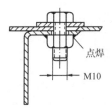

图 8-38　自身梁式塔盘板的上可拆连接结构

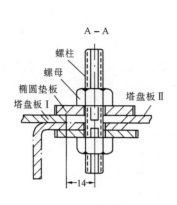

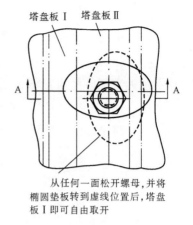

从任何一面松开螺母,并将
椭圆垫板转到虚线位置后,塔盘
板Ⅰ即可自由取开

(a) 双面可拆连接

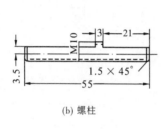

(b) 螺柱

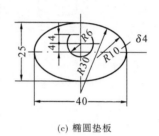

(c) 椭圆垫板

图 8-39　自身梁式塔盘板的上、下均可拆连接结构

　　塔盘板安放于焊在塔壁上的支持圈(或支持板)上。塔盘板与支持圈(或支持板)的连接一般用卡子,其典型结构如图 8-40 所示。这种塔盘紧固方式虽然被普遍采用,但所用紧固构件加工量大,装拆麻烦,而且螺栓需用抗锈蚀材料。另一种紧固方式是用楔形紧固件,其特点是结构简单,装拆方便,不用特殊材料,成本低等,典型结构如图 8-41 所示,图中是龙门板不用焊接的结构,这种结构是上可拆的。另一种结构是将龙门板直接焊在塔盘板上。

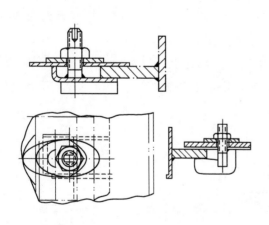

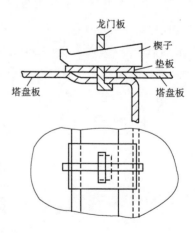

图 8-40　塔盘板与支持圈的连接(上可拆)

图 8-41　用楔形紧固件的塔盘板连接

8.3.3　塔盘的支承

对于直径不大的塔（例如塔径在 2 000 mm 以下），塔盘的支承一般用焊在塔壁上的支持圈。支持圈一般用扁钢弯制成或将钢板切为圆弧焊成，有时也有用角钢的。若塔盘板的跨度较小，本身刚度足够，则不需要用支承梁，如图 8-42 所示即为内径为 1 600 mm 单流塔盘采用支持圈支承塔盘的结构。

对于直径较大的塔（例如塔径在 2 000～3 000 mm 以上），如果只用支持圈来支承塔盘，则由于塔盘板的跨度过大以致刚度不够，会使塔盘的挠度超过规定的范围。因此，就必须缩短分块塔盘的跨度，这就需要用支承梁结构，即将长度较小的分块塔盘的一端支承在支持圈（或支持板）上，而另一端支承在支承梁上，如图 8-43 及图 8-44 所示。如图 8-43 所示是具有主梁的塔盘支承结构，主梁支在焊于塔壁的主梁支座上。如图 8-44 所示为具有主梁的塔盘支承结构的另一种型式，也是双溢流塔盘，内径为 3 200 mm。这里的主梁就是塔盘的中间受液槽，这可以是钢板冲压件，在制造条件受限制时也可以做成焊接件。支承梁（即受液槽）支承在支座上。每一分块塔盘板在其边缘处用卡子紧固件或楔形板紧固件固定在受液槽翻边和支持圈（或支持板）上。

以上两种结构在生产上都有应用，后者结构较轻巧，前者刚度较大。可根据生产要求选用。支承梁的结构型式很多，上面所述结构仅为典型举例。

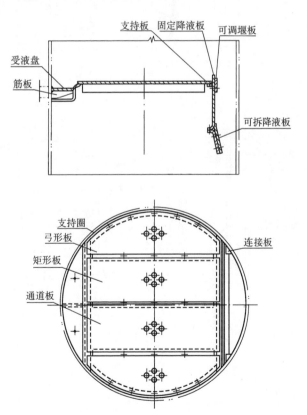

图 8-42　φ1 600 单流塔盘采用支持圈支承塔盘的结构

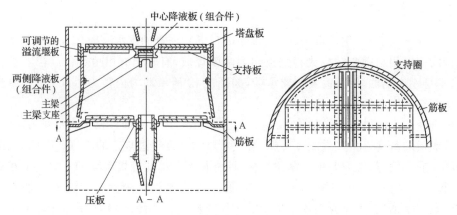

图 8-43　双溢流分块式塔盘支承结构(举例之一)

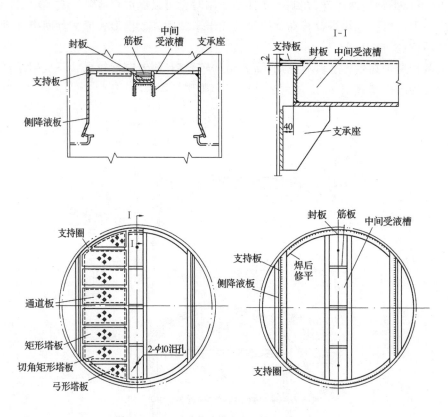

图 8-44　双溢流分块式塔盘支承结构(举例之二)

8.4　填料塔结构

填料塔在传质形式上与板式塔不同,它是一种连续式气液传质设备。这种塔由塔体、喷淋装置、填料、再分布器、栅板以及气、液的进出口等部件组成,典型结构如图 8-45 所示。

8.4.1　喷淋装置

　　液体喷淋装置设计得不合理,将导致液体分布不良,减少填料的润湿面积,增加沟流和壁流现象,直接影响填料塔的处理能力和分离效率。液体喷淋装置的结构设计要求是:能使整个塔截面的填料表面很好润湿,结构简单,制造、维修方便。

　　喷淋装置的类型很多,常用的有喷洒型、溢流型、冲击型等。

1.喷洒型

　　对于小直径的填料塔(例如塔径在 300 mm 以下),可以采用管式喷洒器,通过在填料上面的进液管(可以是直管、弯管或缺口管)喷洒,如图 8-46 所示。管式喷洒器的优点是结构简单;缺点是喷淋面积小,而且不均匀。

　　对直径稍大的填料塔(例如塔径为 300~1 200 mm),可以采用环管多孔喷洒器,如图 8-47 所示。环状管的下面开有小孔,小孔直径为 4~8 mm,共有 3~5 排,小孔面积总和约与环管横截面积相等,环管中心圆直径 D_i 一般为塔径的 60%~80%。环管多孔喷洒器的优点是结构简单,制造和安装方便;缺点是喷洒面积小,不够均匀,而且液体要求清洁,否则小孔易堵塞。

　　莲蓬头喷洒器是另一种应用较为普遍的喷洒器,其结构简单,喷洒较均匀,如图 8-48 所示。莲蓬头可以做成半球形、碟形或杯形。它悬于填料上方中央处,液体经小孔分股喷出。小孔的输液能力可按下式计算:

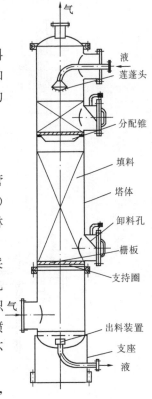

图 8-45　填料塔的结构图

$$Q=\varphi f w \quad (\mathrm{m}^3/\mathrm{s})$$

式中　φ——流速系数,0.82~0.85;

　　　f——小孔总面积,m^2;

　　　w——小孔中液体流速,m/s。

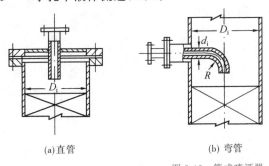

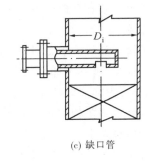

(a)直管　　　　　　　　(b) 弯管　　　　　　　　(c) 缺口管

图 8-46　管式喷洒器

　　莲蓬头直径一般为塔径的 20%~30%,小孔直径为 3 ~15 mm。莲蓬头安装位置离填料表面的距离一般为 $(0.5~1)D$,其中 D 为塔径。

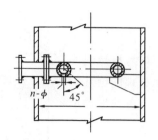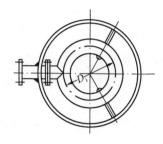

图 8-47　环管多孔喷洒器

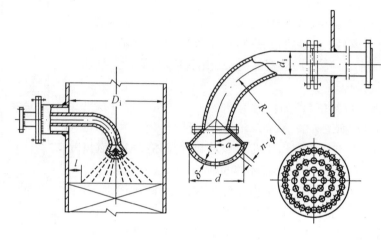

图 8-48　莲蓬头喷洒器

2. 溢流型

盘式分布器是常用的一种溢流式喷淋装置,液体经过进液管加到喷淋盘内,然后从喷淋盘内的降液管溢流,淋洒到填料上。中央进料的盘式分布器如图 8-49 所示。喷淋盘一般紧固在焊于塔壁的支持圈上,与塔盘板的紧固类似。分布板上钻有直径约为 3 mm 的小泪孔,以便停车时将液体排净。

如果喷淋盘与塔壁之间的空隙不够大,而气体又需要通过分布板时,可在分布板上装大小不等的短管,大管为升气管,小管为降液管,如图 8-50 所示。

盘式分布器结构简单,流体阻力小,液体分布比较均匀。但当塔径大于 3 m 时,板上的液面高度差较大,不宜使用此种型式而应选用槽型分布器,如图 8-51 所示。

图 8-49　中央进料的盘式分布器

3. 冲击型

反射板式喷淋器是利用液流冲击反射板(可以是平板、凸板或锥形板)的反射飞散作用而分布液体,如图 8-52 所示。反射板中央钻有小孔以喷淋填料的中央部分。

　　综上所述,各类喷淋装置都有其特点。在选用喷淋器时,必须根据具体情况,如塔径大小、对喷淋均匀性的要求等来确定型式。

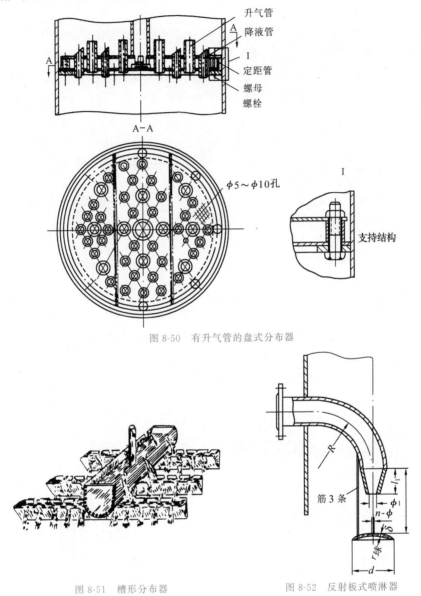

图 8-50　有升气管的盘式分布器

图 8-51　槽形分布器　　　　　图 8-52　反射板式喷淋器

8.4.2　液体再分布器

　　当液体流经填料层时,液体有流向器壁造成"壁流"的倾向,使液体分布不均匀,降低了填料塔的效率,严重时可使塔中心的填料不能润湿而成"干锥"。因此在结构上宜采取措施,使液体流经一段距离后再分布,以便在整个高度内的填料都得到均匀喷淋。在设计液体再分布装置时,需考虑:

(1)再分布器的自由截面积不能过小(约等于填料的自由截面积),否则将会过大地增加阻力;

(2)结构既要简单,又要牢固,能承受气、液流体的冲击;

(3)便于装拆。

在液体再分布器中,分配锥是最简单的,如图 8-53 所示,沿壁流下的液体用分配锥再引至中央。这种结构适用于小直径的塔(例如塔径在 1 m 以下)。截锥小头直径一般为$(0.7\sim0.8)D_i$,其中 D_i 为塔内径。这种结构的缺点是使设备在分配锥处的截面缩小,制造上较复杂。再分布器的间距为 H,一般 $H\leqslant6D_i$,对于直径较大的塔(例如塔径大于 1 m),可取$H\leqslant(2\sim3)D_i$。

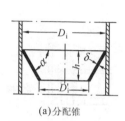

(a)分配锥

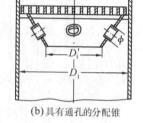

(b)具有通孔的分配锥

图 8-53　分配锥

8.4.3　支承结构

填料的支承结构不但要有足够的强度和刚度,而且要有足够的自由截面,使在支承处不致首先发生液泛。

在填料塔中,最常用的填料支承是栅板,如图 8-54 所示。在设计栅板的支承结构时,需要注意以下方面:

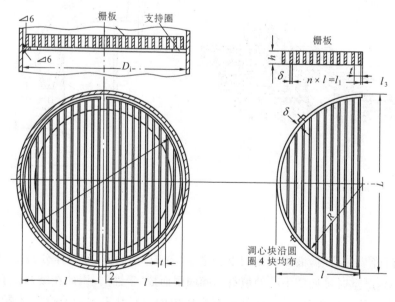

图 8-54　栅板结构

（1）栅板必须有足够的强度和耐腐蚀性；

（2）栅板必须有足够的自由截面，一般应和填料的自由截面大致相等；

（3）栅板扁钢条之间的距离为填料外径的 60%～80%；

（4）栅板可以制成整块的或分块的。对于小直径的塔（例如塔径在 500 mm 以下），可采用结构简单的整块式；对于大直径的塔，可将栅板分成多块（图 8-54 中是分成 2 块）。在设计分块栅板时，要注意使每块栅板能够从人孔处放进与取出。

对于孔隙率很高的填料（例如钢制鲍尔环），栅板支承常带来很大困难。因为填料的空隙率有时大于栅板的自由截面，则可采用开孔波形板的支承结构，如图 8-55 所示。

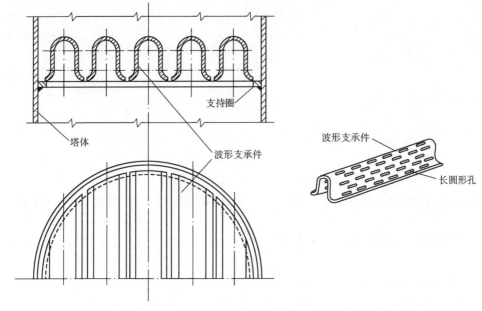

图 8-55　开孔波形板的支承结构

习　题

一、名词解释

1. 自支承式塔设备　　2. 质量载荷　　3. 风载荷　　4. 基本风压

5. 风弯矩　　6. 自振周期　　7. 地震载荷　　8. 水平地震力、垂直地震力

9. 地震弯矩　　10. 偏心载荷

二、填空题

A 组

1. 设计自支承式塔设备时，除了考虑操作压力以外，还必须考虑（　　　　　）、（　　　　　）、（　　　　　）、（　　　　　）等载荷。

2. 内压操作的塔设备，最大组合轴向压应力出现在（　　　　）时的（　　　　）风面，其最大组合轴向压应力 $\sigma_{max}^{\mathrm{I-I}}$＝（　　　　）。

3. 外压操作的塔设备，最大组合轴向拉应力出现在（　　　　）时的（　　　　）风面，其最大组合轴向

拉应力 $\sigma_{\max}^{\text{I}-\text{I}}=($　　　$)$。

4. 当地震烈度$\geqslant($　　　$)$度时，设计塔设备必须考虑地震载荷。

5. 内压操作的塔设备，最大组合轴向压应力的稳定条件是：$\sigma_{\max}^{\text{I}-\text{I}}=($　　　$)\leqslant\min\{($　　　$),($　　　$)\}$。

6. 外压操作的塔设备，最大组合轴向拉应力的强度条件是：$\sigma_{\max}=($　　　　　$)\leqslant($　　　　$)$。

7. 裙座基底截面水压试验时最大组合轴向压应力应满足的强度与稳定条件是：$\sigma_{\max}=($　　　　$)\leqslant$ $\min\{($　　　$),($　　　$)\}$。

8. 裙座壳检查孔或较大管线引出孔处，水压试验时，最大组合轴向压应力应满足的强度与稳定条件是： $\sigma_{\max}=($　　　$)\leqslant\min\{($　　　$),($　　　$)\}$。

9. 裙座与塔体的连接焊缝，如采用对接焊缝，则（　　　　　）验算焊缝强度；如采用搭接焊缝，则焊缝截面处同时承受（　　　　）和（　　　　　）作用，所以操作或水压试验时，焊缝处产生复合剪切应力，其验算的

强度条件为：$\tau\begin{cases}(　　　)\leqslant(　　　)\\(　　　)\leqslant(　　　)\end{cases}$。

B 组

1. 塔设备质量载荷包括：

(1)（　　　　　　　）m_{01} 　　　(2)（　　　　　　　）m_{02}

(3)（　　　　　　　）m_{03} 　　　(4)（　　　　　　　）m_{04}

(5)（　　　　　　　）m_{05} 　　　(6)（　　　　　　　）m_a

(7)（　　　　　　　）m_w

2. 内压操作的塔设备，最大组合轴向拉应力出现在（　　　　）时的（　　　　）风面，其最大组合轴向拉应力 $\sigma_{\max}^{\text{I}-\text{I}}=($　　　$)$。

3. 外压操作的塔设备，最大组合轴向压应力出现在（　　　　）时的（　　　　）风面，其最大组合轴向压应力 $\sigma_{\max}^{\text{I}-\text{I}}=($　　　$)$。

4. 塔体各种载荷引起的轴向应力包括：

(1)计算压力引起的轴向应力(内压或外压)：$\sigma_1=($　　　　　$)$MPa；

(2)操作质量引起的轴向应力：$\sigma_2^{\text{I}-\text{I}}=($　　　　　$)$MPa；

(3)最大弯矩引起的轴向应力：$\sigma_2^{\text{I}-\text{I}}=($　　　　　$)$MPa。

其中最大弯矩 $M_{\max}^{\text{I}-\text{I}}$ 取计算截面上的（　　　　）或（　　　　）+（　　　　）%（　　　　）中的较大值。

5. 内压操作的塔设备，最大组合轴向压应力的强度条件是：$\sigma_{\max}=($　　　　$)\leqslant($　　　　$)$。

6. 外压操作的塔设备，最大组合轴向压应力的强度与稳定条件是：$\sigma_{\max}=($　　　　　$)\leqslant$ $\min\{($　　　$),($　　　$)\}$。

7. 塔设备水压试验时，应满足：

轴向压应力强度条件：$\sigma=($　　　　$)\leqslant($　　　　　$)$；

轴向拉应力强度与稳定条件：$\sigma'_{\text{T}}=($　　　　　$)\leqslant\min\{($　　　　$),($　　　$)\}$。

8. 裙座基底截面处，操作时最大组合轴向压应力应满足的强度与稳定条件是：$\sigma_{\max}=($　　　　$)\leqslant$ $\min\{($　　　$),($　　　$)\}$。

9. 裙座壳检查孔或较大管线引出孔处，操作时最大组合轴向压应力满足的强度与稳定条件是：$\sigma_{\max}=$ （　　　$)\leqslant\min\{($　　　$),($　　　$)\}$。

10. 当塔设备作用在基础面上的最小应力 $\sigma_{\min}<0$(即压应力)时，设备稳定，地脚螺栓只起（　　　　　）

的作用,当 $\sigma_{\min} > 0$(即拉应力)时,设备可能翻倒,此时地脚螺栓必须有( )和一定的( )。地脚螺栓的数目必须是( )的倍数。

三、画出下列情况下危险截面组合应力分布图

1. 内压操作塔设备的最大组合轴向压应力 $\sigma_{\max} = \sigma_2^{2-2} + \sigma_3^{2-2}$。(图 8-56)

2. 内压操作塔设备的最大组合轴向拉应力 $\sigma_{\max} = \sigma_1 - \sigma_2^{2-2} + \sigma_3^{2-2}$。(图 8-57)

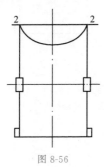 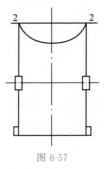

图 8-56   图 8-57

3. 外压操作塔设备的最大组合轴向压应力 $\sigma_{\max} = \sigma_1 + \sigma_2^{2-2} + \sigma_3^{2-2}$。(图 8-58)

4. 外压操作塔设备的最大组合轴向拉应力 $\sigma_{\max} = \sigma_3^{2-2} - \sigma_2^{2-2}$。(图 8-59)

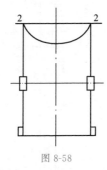 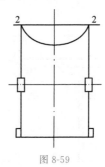

图 8-58   图 8-59

5. 裙座基底截面,操作时最大组合轴向压应力 $\sigma_{\max} = \sigma_2^{0-0} + \sigma_3^{0-0}$。(图 8-60)

6. 裙座基底截面,水压试验时最大组合轴向压应力 $\sigma_{\max} = \sigma_2^{0-0} + \sigma_3^{0-0}$。(图 8-61)

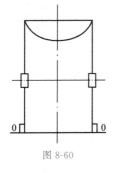 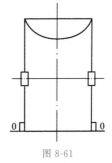

图 8-60   图 8-61

7. 裙座人孔或较大管线引出孔处,操作时最大组合轴向压应力 $\sigma_{\max} = \sigma_2^{1-1} + \sigma_3^{1-1}$。(图 8-62)

8. 裙座人孔或较大管线引出孔处,水压试验时最大组合轴向压应力 $\sigma_{\max} = \sigma_2^{1-1} + \sigma_3^{1-1}$。(图 8-63)

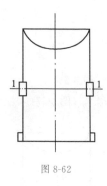

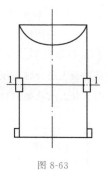

图 8-62　　　　　　　　　图 8-63

四、填图

1. 试将塔板的局部结构图中各编号标注出零件名称及其作用。（图 8-64）

2. 试将塔设备图中所标编号的名称按顺序写出来。（图 8-65）

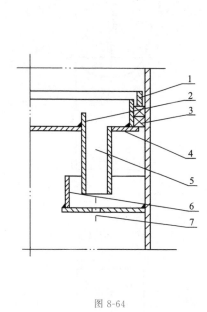

图 8-64

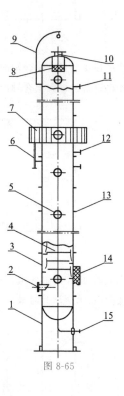

图 8-65

第9章

搅拌器的机械设计

9.1 概 述

化学工艺过程中的化学反应,以参加反应物质的充分混合为前提,往往需要搅拌操作。对于热量传递、质量传播以及动量传递等物理过程,也往往要采用搅拌操作才能得到好的效果。因此,搅拌设备在工业生产中被广泛用于物料混合、溶解、传热、制备悬浮液、聚合反应、制备催化剂等工艺过程。例如,炼油厂的硅铝反应器、打浆罐、钡化反应釜、硫磷化反应釜、烃化反应釜、白土混合罐等都是装有各种不同型式搅拌器的搅拌设备。化工生产中,制造苯乙烯、乙烯、高压聚乙烯、聚丙烯、合成橡胶、苯胺染料和油漆颜料等工艺过程,都需要应用各种型式的搅拌设备。搅拌设备在多数工业生产中是作为反应器来应用,例如,在三大合成材料的生产中,搅拌设备作为反应器,约占反应器总数的90%。

搅拌设备的作用有:

(1)使物料混合均匀;

(2)使气体在液相中很好地分散;

(3)使固体粒子(如催化剂)在液相中均匀地悬浮;

(4)使不相溶的另一液相均匀悬浮或充分乳化;

(5)强化相间的传质(如吸收等);

(6)强化传热。

搅拌设备的应用范围之所以这样广泛,是因为搅拌设备操作条件(如浓度、温度、停留时间等)的可控范围较广,能适应多样化的生产。混合的快慢、均匀程度和传热情况的好坏,均会影响反应结果。对于非均相系统,则还影响到相界面的大小和相间的传质速度,情况就更为复杂,所以搅拌情况的改变,常常很敏感地影响到产品的质量和数量。

搅拌设备的结构如图 9-1 所示。

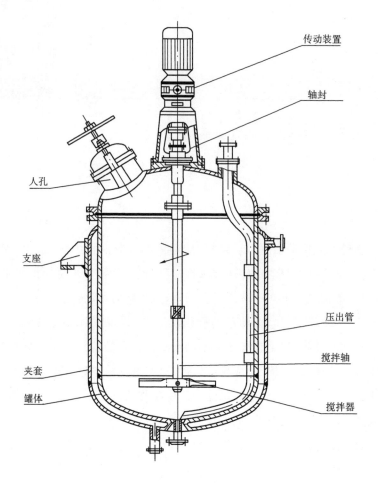

传动装置

轴封

人孔

支座

压出管

搅拌轴

夹套

罐体

搅拌器

图 9-1 搅拌设备的结构图

搅拌设备主要由搅拌装置、搅拌容器两大部分组成。搅拌容器包括:筒体、热交换元件、内构件;搅拌装置包括:搅拌器、轴密封和传动装置。

9.2 搅拌器的型式及选型

搅拌过程有赖于搅拌器的正常运转,故搅拌器的结构及强度是不容忽视的问题。因搅拌操作的多样性,搅拌器存在着多种型式。各类型搅拌器在配备各种可控制流动状态的附件后,能使流动状态以及供给能量的情况出现多种变化,更有利于强化不同的搅拌过程。典型的搅拌器型式有桨式、涡轮式、推进式、框式、锚式、螺带式、螺杆式等,如图 9-2 所示。

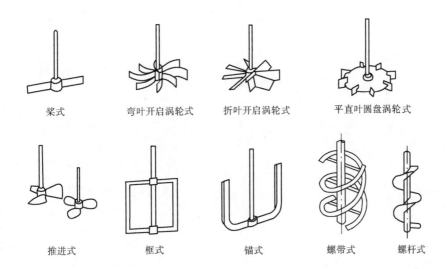

图 9-2　典型的搅拌器类型

概括地说,搅拌器的功能就是提供搅拌过程所需要的能量和适宜的流动状态,以达到搅拌的目的。搅拌器的搅拌作用由运动着的桨叶产生,因此,桨叶的形状、尺寸、数量以及转速都影响着搅拌器的功能。搅拌器的功能还与搅拌介质的特性以及搅拌器的工作环境有关。另外,搅拌槽的形状、尺寸、挡板的设置情况、物料在槽中的进出方式都属于工作环境的范畴,这些条件以及搅拌器在槽内的安装位置及方式都会影响搅拌器的功能。

各种搅拌过程对搅拌的要求有共性,而各种搅拌器的性能也有共性,这样,往往是几种型式的搅拌器适用于同一种搅拌操作,而同一种搅拌器也适用于几种搅拌操作。当然,严格地说还是各有所长的,如黏度高低、容积大小、转速范围等,都会影响搅拌器的使用效果。目前的选型方法多数是根据实践经验,选择习惯应用的桨型,再在常用范围内确定搅拌器的各种参数。也有通过小型试验取得数据,进行比拟放大的设计方法。不论哪种做法,都离不开最初的根据搅拌目的选择搅拌器类型这一步。

搅拌器选型不仅要考虑搅拌的目的,也要考虑动力消耗的问题。在达到同样的搅拌效果时,希望消耗的动力尽可能少。而当需要给搅拌过程较大的能量时,某些搅拌器却又无能为力,这些都会影响搅拌器的选型。另外,搅拌器的结构也是选型中要考虑的因素。所以一个完整的选型方案必须满足经济与安全的要求。这里所说的选型不只是基于操作目的和桨叶功能的选型。

表 9-1 为搅拌器型式适用条件。

表 9-1 搅拌器型式适用条件表

搅拌器型式	流动状态			搅拌目的										槽容量范围 m³	转速范围 r/min	最高黏度 P
	对流循环	湍流扩散	剪切流	低黏度液混合	高度黏液混合传热反应	分散	溶解	固体悬浮	气体吸收	结晶	传热	液相反应				
涡轮式	○	○	○	○		○	○	○	○	○	○	○	1～100	10～300	500
桨式	○			○		○	○		○		○	○	1～200	10～300	20
推进式	○			○		○	○		○		○	○	1～1 000	100～500	500
折叶开启涡轮式	○					○				○	○	○	1～1 000	10～300	500
锚式	○				○	○	○						1～100	1～100	1 000
螺杆式	○				○		○						1～50	0.5～50	1 000
螺带式	○				○		○						1～50	0.5～50	1 000

注　表中空白为不适或不详,○为适合。

9.3　搅拌器的功率

9.3.1　搅拌器功率和搅拌作业功率

搅拌过程进行时需要动力,将动力统称为功率。具有一定结构形状的设备中装有一定物性的液体,其中用一定型式的搅拌器以一定转速进行搅拌时,将对液体做功,并使之发生流动,这时为使搅拌器连续运转所需要的功率称为搅拌器功率。显然搅拌器功率是搅拌器的几何参数、搅拌槽的几何参数、物料的物性参数和搅拌器的运转参数等的函数。这里所指的搅拌器功率不包括机械传动和轴封部分所消耗的动力。

被搅拌的介质在流动状态下都要进行一定的物理过程和化学反应过程,即都有一定的目的。不同的搅拌过程、不同的物性及物料量在完成其过程时所需要的动力不同,这是由工艺过程的特性所决定的。这个动力的大小是被搅拌介质的物理、化学性能以及各种搅拌过程所要求的最终结果的函数。我们把搅拌器使搅拌槽中的液体以最佳方式完成搅拌过程所需要的功率叫作搅拌作业功率。

最理想的状况是搅拌器功率正好等于搅拌作业功率,这就可使搅拌过程以最佳方式完成。搅拌器功率小于搅拌作业功率时,可能使过程无法完成,也可能拖长操作时间而得不到最佳方式。而搅拌器功率过分大于搅拌作业功率时,只能浪费动力而于过程无益。目前无论是搅拌器功率还是搅拌作业功率,都还没有很准确的求法,当然也很难评价最佳方式是否达到的问题。

9.3.2　影响搅拌器功率的因素

搅拌器功率与槽内造成的流动状态有关,所以影响流动状态的因素也是影响搅拌器功率的因素。

(1)搅拌器的几何参数与运转参数:桨径、桨宽、桨叶角度、桨转速、桨叶数量、桨叶离槽底安装高度等。

(2)搅拌槽的几何参数:槽内径、液体深度、挡板宽度、挡板数量、导流筒尺寸等。

(3)搅拌介质的物性参数:液相的密度、液相的黏度、重力加速度等。

因为搅拌器功率是从搅拌器本身的几何参数运转条件来研究其动力消耗的,所以在影响因素中看不到搅拌目的的不同影响。也就是说,只要上面这些参数相同,进行任何搅拌过程,所得到的搅拌器功率都相同。上述这些影响因素归纳起来可称为桨、槽的几何变量,桨的操作变量以及影响功率的物理变量。设法找到这些变量与功率的关系,也就是解决搅拌器功率计算的问题。

9.3.3　从搅拌作业功率的观点确定搅拌过程的功率

1.液体单位体积的平均搅拌功率的推荐值

液体单位体积的平均搅拌功率的大小,常用来反映搅拌的难易程度。对同一种搅拌过程,取液体单位体积的平均搅拌功率也是一个常用的比拟放大准则。

对于 $Re > 10^4$ 的湍流区操作的下述过程,液体单位体积的平均搅拌功率推荐值见表9-2。

根据表 9-2 中的数据,只要操作时液体体积一定,就可求出某种搅拌过程所需要的搅拌功率。

表 9-2　　　　不同搅拌种类液体单位体积的平均搅拌功率

搅拌过程的种类	液体单位体积的平均搅拌功率/(Hp·m^{-3})
液体混合	0.09
固体有机物悬浮	0.264~0.396
固体有机物溶解	0.396~0.528
固体无机物溶解	1.32
乳液聚合(间歇式)	1.32~2.64
悬浮聚合(间歇式)	1.585~1.894
气体分散	3.96

注　1 Hp=735.499 W。

2.按搅拌过程求搅拌功率的算图

通过搅拌过程的种类以及物料量、物性参数来求搅拌功率的算图,如图 9-3 所示。该算图的用法简便,将液体容积与液体黏度连线,交于参考线Ⅰ上某点,将该点与液体比重连线,交于参考线Ⅱ上某点,将该点与某一搅拌操作连线,交于搅拌功率线上某点,即可由此求得该过程的搅拌功率。

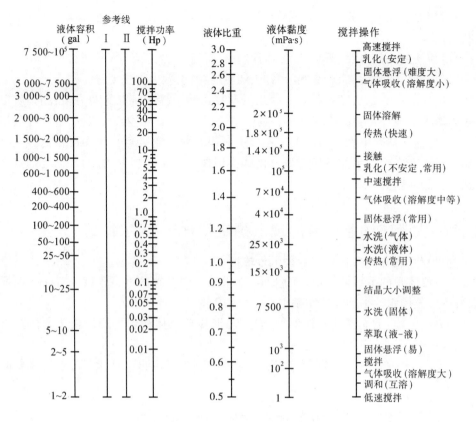

图 9-3　由搅拌过程求搅拌功率的算图

9.4　搅拌容器结构设计

9.4.1　罐体的尺寸确定

搅拌容器包括罐体和装焊在其上的各种附件。常用罐体是立式圆筒形容器,它有顶盖、筒体和罐底,通过支座安装在基础或平台上。罐体在规定的操作温度和操作压力下,为物料完成其搅拌过程提供了一定的空间。为了满足不同的工艺要求,或者因为搅拌容器本身结构上的需要,罐体上装有各种不同用途的附件。例如,由于物料在反应过程中常伴有热效应,为了提供或取出反应热,需要在罐体的外侧安装夹套或在罐体的内部安装蛇管;为了与减速机和轴封相连接,顶盖上要焊装底座;为了便于检修内件及加料和排料,需要装焊人孔、手孔和各种接管;为了在操作过程中有效地监视和控制物料的温度、压力和物料面高度,则要安装温度计、压力表、液面计、视镜和安全泄放装置;有时为了改变物料的流型、增加搅拌强度、强化传质和传热,还要在罐体的内部焊装挡板和导流筒。在确定搅拌容器结构时应综合考虑,使设备既满足生产工艺要求又经济合理,实现最佳设计。

1.罐体的长径比

选择罐体长径比应考虑的主要因素有三个方面,即罐体长径比对搅拌功率的影响、对传热的影响以及物料搅拌反应特性对罐体长径比的要求。图 9-4 为罐体的直径及高度。

(1)罐体长径比对搅拌功率的影响

一定结构型式搅拌器的桨叶直径同与其装配的搅拌容器的
罐体直径通常有一定的比例范围。随着罐体长径比的减小,即
高度减小而直径增大,搅拌器桨叶直径也相应增大。在固定的
搅拌轴转速下,搅拌功率与搅拌器桨叶直径的五次方成正比。
所以,随着罐体直径的增大,搅拌器功率增大很多,这对于需要
较大搅拌作业功率的搅拌过程是适宜的。而减小长径比只能无
谓地损耗一些搅拌器功率,故长径比可以考虑选得大一些。

(2)罐体长径比对传热的影响

罐体长径比对夹套传热有显著影响。容积一定时,长径比

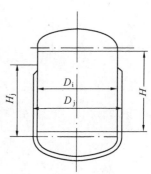

图 9-4 罐体的直径及高度

越大,则罐体盛料部分表面积越大,夹套的传热面积也就越大。
同时,长径比越大,传热表面距罐体中心越近,物料的温度梯度就越小,有利于提高传热效
果。因此,单从夹套传热角度考虑,一般希望长径比取得大一些。

(3)物料搅拌反应特性对罐体长径比的要求

某些物料的搅拌反应过程对罐体长径比有着特殊要求,例如发酵罐,为了使通入罐内的
空气与发酵液有充分的接触时间,需要有足够的液位高度,就希望长径比取得大一些。

根据实践经验,几种搅拌容器的长径比大致如表 9-3 所示。

表 9-3　　　　　　　　　几种搅拌容器的长径比

种类	设备内物料类型	H/D_i
一般搅拌容器	液-固相或液-液相物料	1~1.3
	气-液相物料	1~2
发酵容器类		1.7~2.5

2. 搅拌容器装料量

选择罐体长径比之后,还要根据搅拌容器操作时所允许的装满程度考虑选择装料系数
η,然后经过初步计算、数值圆整及核算,最终确定罐体的直径和高度。

(1)装料系数

罐体的全容积 V 与罐体的公称容积(即操作时盛装物料的容积)V_g 有如下关系:

$$V_g = V\eta \quad (\text{m}^3) \tag{9-1}$$

设计时应合理选用装料系数,尽量提高设备利用率。通常 η 可取 0.6~0.85。如果物料
在反应过程中要起泡沫或呈沸腾状态,η 应取低值,为 0.6~0.7;如果物料反应平稳,η 可取
0.8~0.85(物料黏度较大可取大值)。

(2)初步计算罐体直径

确定了罐体的长径比和装料系数后,还不能直接算出罐体的直径和高度,因为罐体直径

未知,封头的容积未知,罐体全容积也就不能最后确定。为了便于计算,忽略封头的容积,认为

$$V \approx \frac{\pi}{4} D_i^2 H \qquad (\text{m}^3)$$

将罐体长径比代入上式,得

$$V \approx \frac{\pi}{4} D_i^3 \left(\frac{H}{D_i}\right) \qquad (\text{m}^3) \tag{9-2}$$

将式(9-1)代入式(9-2),并整理得

$$D_i \approx \sqrt[3]{\frac{4V_g}{\pi \left(\frac{H}{D_i}\right) \eta}} \qquad (\text{m}) \tag{9-3}$$

(3)确定罐体直径和高度

将由式(9-3)计算出的结果圆整成标准直径,代入式(9-4),算出罐体高度:

$$H = \frac{V - V_0}{\frac{\pi}{4} D_i^2} = \frac{\frac{V_g}{\eta} - V_0}{\frac{\pi}{4} D_i^2} \tag{9-4}$$

式中　V_0——封头容积,m^3;

D_i——由式(9-3)计算值经圆整后的罐体直径,m。

再将由式(9-4)算出的罐体高度进行圆整,然后核算 H/D_i 及 η,大致符合要求即可。

9.4.2　顶盖的结构

1.顶盖

搅拌容器顶盖在受压状态下操作常选用椭圆形封头。设计时一般先算出顶盖承受操作压力所需要的最小壁厚,然后根据顶盖上密集的开孔情况,按整体补强的方法计算其壁厚,再加上壁厚附加量,经圆整即是采用的封头壁厚。如果搅拌器重量及工作载荷对封头稳定性影响不大,不必将封头另行加强。如果搅拌器的工作状况对封头影响较大,则要把封头壁厚适当增加一些。例如,封头直径较大而壁厚较薄,则刚性较差,不足以承受搅拌器操作载荷;因传动装置偏载而产生较大弯矩(如某些三角皮带传动);搅拌操作时轴向推力较大或机械振动较大;由于搅拌轴安装位置偏离罐体几何中心线或者由于搅拌器几何形状的不对称而产生弯矩等。必要时也可以在搅拌容器罐体之外另做一个框架,将搅拌装置的轴承安装在框架上,由框架承担搅拌器的操作载荷。对于常压或操作压力不大而直径较大的设备,顶盖常采用薄钢板制造的平盖,即在薄钢板上加设型钢(槽钢或工字钢)制的横梁,用以支承搅拌器及其传动装置。

2.底座结构

底座焊接在罐体的顶盖上,用以连接减速机和轴的密封装置。如图 9-5(a)~图 9-5(f)所示为整体式底座,如图 9-5(g)、图 9-5(h)所示为分装式底座。各种型式底座的特点如下:

图 9-5(a)：底座与封头接触处为平面,加工方便。底座外周焊一圆环,与封头焊成一体。该结构在设计中采用较多。

图 9-5(b)：底座与封头接触处为平面,其间隙中间垫一适当直径的圆钢后,再焊成一体。

图 9-5(c)：在底座的底面车成一约 15°斜面,使外周与封头吻合,然后焊成一体。

图 9-5(d)：底座底面的曲率与封头相应部分外表层的曲率相同,使底面全部与封头吻合,在加工中不易做到,一般很少采用。

图 9-5(e)：适用于衬里设备。衬里设备也可使用图 9-5(a)～图 9-5(d)所示底座,亦可如图 9-5(e)所示用衬里层包覆。

图 9-5(f)：适用于碳钢或不锈钢制设备。加工方便,设计中采用较多。

图 9-5(g)：加工方便。

图 9-5(h)：加工困难,设计中不宜采用。

为了保证既与减速机牢固连接又使穿过密封装置的搅拌轴运转顺利,要求安装时轴的密封装置与减速机有一定的同心度,为此常采用整体式底座。如果减速机底座和轴封底座的直径相差很多,做成一体不经济,则可采用分装式底座。

根据搅拌容器内物料的腐蚀情况,底座有衬里和不衬里两种。不衬里的底座材料可用 Q235A 或 Q235AF。要求衬里的底座,则在可能与物料接触的底座表面衬一层耐腐蚀材料,通常用不锈钢。为便于和底座焊接,车削应在衬里焊好后进行。

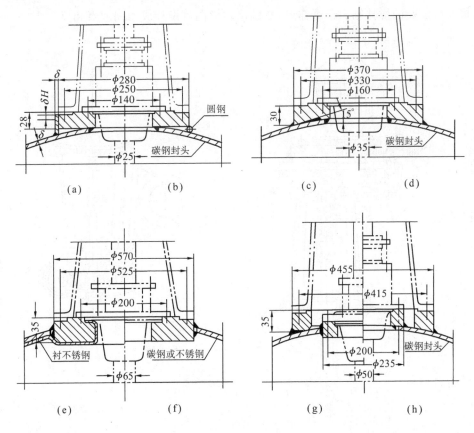

图 9-5　底座结构

9.5 传动装置及搅拌轴

9.5.1 传动装置

搅拌设备具有单独的传动装置,一般包括电动机、减速装置、联轴节及搅拌轴等。

在比电动机速度低得多的搅拌器上,常用的减速装置是装在设备上的齿轮减速机、涡轮减速机(图 9-6、图 9-7)、三角皮带以及摆线针齿行星减速机等。其中最常用的是固定的和可移动的齿轮减速机,这是由于它们的加工费用低、结构简单、装配检修方便。由于设备条件的限制或其他情况必须采用卧式减速机时,也可利用一对伞齿轮来改变方向。

减速机价格较贵,制造困难,因此,如果速度比不大,可采用三角皮带减速,但不要在有爆炸危险场合使用。

当搅拌器快速转动并和电机同步时,可与电机直接连用。也可制造可移动的搅拌器,对简单的圆筒形或方形敞口设备可将传动装置安装在罐体上,搅拌轴斜插入罐体内。

对高黏度搅拌过程,有时为了提高搅拌效果,往往需要两种不同型式、不同转速的搅拌器,使之能够同时达到搅拌、刮壁等要求。这时可采用双轴传动减速机,即利用一台电机驱动两根同心安装的搅拌轴。根据需要,双轴旋转方向可设计成相同或者相反。

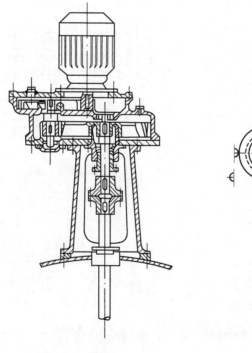

图 9-6 齿轮减速机

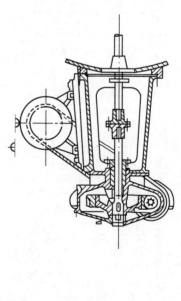

图 9-7 涡轮减速机

随着工业的发展,反应釜有大型化的趋势,搅拌轴从设备底部伸入的底搅拌结构也逐渐增多(图 9-8)。这是由于底搅拌轴短,不需要装设中间轴承和底轴承,而且轴所承受的应力小,运转稳定,对密封也有利。底搅拌的传动装置可安放在地面基础上,便于维护检修,也有利于上封头接管的排列和安装,并且可在封头上加夹套以冷却气相介质。

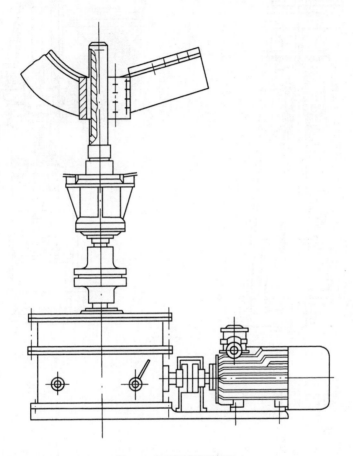

图 9-8 底搅拌减速搅拌器

轴承的布置是保证设备正常运转的关键。轴承的布置一般有三种情况:

(1)轴承设在支架内(图 9-9);

(2)轴承设在设备底部,主要承受径向载荷,轴向载荷由减速机或电机的向心推力轴承承担,但所能承受的轴向力是有限的;

(3)轴承设在密封处并与密封紧密相连(图 9-10),主要控制密封处的摆动量,保证密封正常运转。

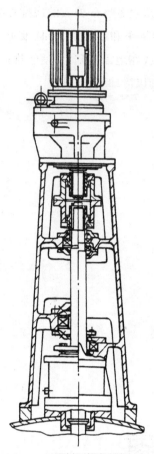

图 9-9 机座(轴承设在支架内)

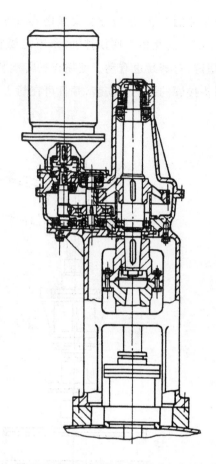

图 9-10 机座(轴承设在密封处并与密封紧密相连)

9.5.2 搅拌轴的设计

1.轴的强度计算

搅拌轴要承受扭转和弯曲联合作用,其中以扭转作用为主,所以在工程应用中常用近似方法进行强度计算。即假定轴只承受扭矩的作用,然后用增加安全系数以降低材料的许用应力来弥补由于忽略受弯曲作用所引起的误差。轴受扭转时,其截面上产生剪应力。轴扭转的强度条件是:

$$\tau_{max} = \frac{T_\theta}{W_p} \leqslant [\tau]_k \tag{9-5}$$

式中　τ_{max}——截面上最大剪应力,MPa;

　　　T_θ——轴所传递的扭矩,N·mm;

　　　W_p——抗扭截面系数,mm³;

　　　$[\tau]_k$——考虑有弯曲作用的材料扭转许用剪应力,MPa。

在静载荷作用下,钢材的扭转许用剪应力$[\tau]$与拉伸许用应力$[\sigma]$有如下关系:

$$[\tau] = (0.5 \sim 0.6)[\sigma]$$

　　在工程上常根据有关标准、规范选取。由于搅拌轴除受扭转作用外,也常受弯曲作用,而且所受的不是静载荷,所以许用剪应力$[\tau]_k$常规定得更低一些,例如对圆钢材质 35(GB/T 699—2015),取$[\tau]_k=118\times(0.5\sim0.6)=59\sim71$ MPa。

　　当已知搅拌轴所传递的扭矩T_θ和轴材料的许用剪应力$[\tau]_k$后,就可由式(9-5)求出轴的抗扭截面系数W_p,即

$$W_p=\frac{T_\theta}{[\tau]_k} \tag{9-6}$$

对于实心轴,$W_p=\pi d^3/16$,便可计算出轴的直径。

2. 轴的刚度计算

　　为了防止轴产生过大的扭转变形,以免在运转中引起振动,造成轴封失败,应该将轴的扭转变形限制在一个允许的范围内,这就是设计中的扭转刚度条件。为此,搅拌轴要进行刚度计算。工程上以单位长度的扭转角φ°不得超过许用扭转角$[\varphi^\circ]$作为扭转刚度条件,即

$$\varphi^\circ=\frac{T_\theta}{G_0 J_p}\times\frac{180}{\pi}\times100\leqslant[\varphi^\circ] \tag{9-7}$$

式中　φ°——轴扭转变形的扭转角,(°)/m;

　　　　J_p——轴截面的极惯性矩,mm^4。

　　　　G_0——轴材质的剪切弹性模量,MPa,对于碳钢及合金钢,$G_0=8.1\times10^4$ MPa;

　　　　$[\varphi^\circ]$——轴扭转变形的许用扭转角,(°)/m;

　　从式(9-7)可以看出,扭转角φ°的大小与扭矩T_θ成正比,与$G_0 J_p$成反比。$G_0 J_p$越大,扭转变形量越小。工程上将$G_0 J_p$称为扭转刚度。对于许用扭转角一般取值如下:

　　(1)在精密稳定的传动中,$[\varphi^\circ]$取$\left(\dfrac{1}{4}\sim\dfrac{1}{2}\right)$(°)/m。

　　(2)在一般传动和搅拌轴的计算中,$[\varphi^\circ]$取$\left(\dfrac{1}{2}\sim1\right)$(°)/m。

　　(3)在精度要求低的传动中,可取$[\varphi^\circ]>1$(°)/m。

　　由强度和刚度条件计算出轴径后,在确定轴的结构尺寸时还必须考虑到轴上因开有键槽或孔等引起的横截面局部削弱,因此轴的直径应按计算直径给予适当增大。

9.6　轴　封

　　轴封是搅拌设备的一个重要组成部分。转轴密封的型式很多,最常见的有填料密封、机械密封、迷宫密封、浮动环密封等。虽然搅拌器轴封也属于转轴密封的范畴,但由于搅拌器轴封的作用是保证搅拌设备内处于一定的正压或真空以及防止反应物逸出和杂质的渗入,故并非所有转轴密封型式都能用于搅拌设备。

9.6.1　填料密封

　　填料密封的结构大体上如图 9-11 所示,它是由衬套、填料箱体、填料、压盖、压紧螺栓等构成的。

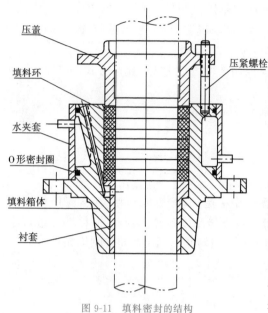

图 9-11 填料密封的结构

填料密封的作用原理是：被装填在搅拌轴和填料箱之间环形间隙中的填料，在压盖压力的作用下，对搅拌轴表面产生径向压紧力。由于填料中含有润滑剂（此润滑剂是在制造填料时加进去的），因此，在对搅拌轴产生径向压紧力的同时也产生一层极薄的液膜。这层液膜一方面使搅拌轴得到润滑，另一方面起到阻止设备内流体漏出或外部流体渗入的作用。

虽然制造填料时向填料中加了一些润滑剂，但加入的量是很有限的，由于在运动时还要不断地消耗，因此，单靠填料本身所含的润滑剂是不够的，故还需在填料箱体上设置加润滑剂的装置，以满足不断润滑的需要。当填料中缺乏润滑剂时，润滑情况就会马上变坏，边界摩擦状态就不能维持，于是轴和填料之间产生局部固体摩擦，造成发热，使填料和轴急剧磨损，密封面间隙扩大，泄漏增加。

实际上，要使填料密封点滴不漏是不可能的，因为要达到点滴不漏，势必要加大填料压盖的压紧力，使填料压紧于搅拌轴表面，因而加速轴及填料的磨损，使密封更快地失效。从提高填料密封的使用寿命出发，应允许填料密封有适当的泄漏量。由于密封填料在使用中有磨损，故需经常调整填料压盖的压紧力。

9.6.2 机械密封

机械密封是一种功耗小、泄漏率低、密封性能可靠、使用寿命长的转轴密封，被广泛地应用于各个技术领域。与填料密封相比，机械密封的泄漏率大约为填料密封的百分之一。机械密封在运转时，除了装在轴上的浮动环由于磨损需作轴向移动补偿外，安装在浮动环上的辅助密封则随浮动环沿轴表面做微小的轴向移动，故轴或轴套被磨损是微不足道的。因而可免去轴或轴套的维修。由于机械密封有很多优点，因此，在搅拌设备上已被广泛采用。

图 9-12 为机械密封的结构。

机械密封的原理是：当轴旋转时，设置在垂直于转轴的两个密封面（其中一个安装在轴上随轴转动，

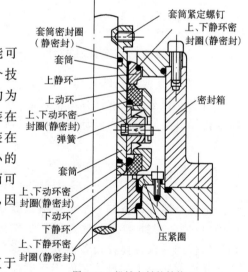

图 9-12 机械密封的结构

另一个安装在静止的机壳上），通过弹簧力的作用，始终使它们保持接触，并做相对运动，使泄漏不致发生。机械密封常因轴的尺寸和使用压力增加而使结构趋于复杂。在机械密封中，由于运转时密封环需做相对运动，因而产生磨损和热，为了使密封得到润滑和冷却，必须使冷却润滑剂在密封腔中不断循环。

附　录

附录 1　常用金属材料的物理性能

附表 1-1　钢材的弹性模量

钢类	在下列温度（℃）下的弹性模量 E/(10³ MPa)																
	-196	-100	-40	20	100	150	200	250	300	350	400	450	500	550	600	650	700
碳素钢、碳锰钢	—	—	205	201	197	194	191	188	183	178	170	160	149	—	—	—	—
锰钼钢、镍钢	214	209	205	200	196	193	190	187	183	178	170	160	149	—	—	—	—
铬（0.5%～2%）钼（0.2%～0.5%）钢	—	—	208	204	200	197	193	190	186	183	179	174	169	164	162	161	—
铬（2.25%～3%）钼（1.0%）钢	—	—	215	210	206	202	199	196	192	188	184	180	175	169	168	—	—
铬（5%～9%）钼（0.5%～1.0%）钢	—	—	218	213	208	205	201	198	195	191	187	183	179	174	168	161	—
铬钢（12%～17%）	—	—	206	201	195	192	189	186	182	178	173	166	157	145	131	—	—
奥氏体钢（Cr18Ni8～Cr25Ni20）	209	203	199	195	189	186	183	179	176	172	169	165	160	156	151	146	140
奥氏体-铁素体钢（Cr18Ni5～Cr25Ni7）	—	—	200	200	194	190	186	183	180	—	—	—	—	—	—	—	—

附表 1-2

钢材的平均线膨胀系数

钢类	在下列温度（℃）与 20 ℃ 之间的平均线膨胀系数 α/[10⁻⁶ mm/(mm·℃)]																	
	-196	-100	-50	0	50	100	150	200	250	300	350	400	450	500	550	600	650	700
碳素钢、碳锰钢、锰钼钢、低铬钢	—	9.89	10.39	10.76	11.12	11.53	11.88	12.25	12.56	12.90	13.24	13.58	13.93	14.22	14.42	14.62	—	—
中铬钼钢（Cr5Mo～Cr9Mo）	—	—	9.77	10.16	10.52	10.91	11.15	11.39	11.66	11.90	12.15	12.38	12.63	12.86	13.05	13.18	—	—
高铬钢（Cr12～Cr17）	—	—	8.95	9.29	9.59	9.94	10.20	10.45	10.67	10.96	11.19	11.41	11.61	11.81	11.97	12.11	—	—
奥氏体钢（Cr18Ni8～Cr19Ni14）	14.67	15.45	15.97	16.28	16.54	16.84	17.06	17.25	17.42	17.61	17.79	17.99	18.19	18.34	18.58	18.71	18.87	18.97
奥氏体钢（Cr25Ni20）	—	—	—	—	—	15.84	15.98	16.05	16.06	16.07	16.11	16.13	16.17	16.33	16.56	16.66	16.91	17.14
奥氏体-铁素体钢（Cr18Ni5～Cr25Ni7）	—	—	—	—	—	13.10	13.40	13.70	13.90	14.10	—	—	—	—	—	—	—	—

附录 2　锅炉和压力容器用钢板的化学成分和力学性能

附表 2-1　锅炉和压力容器用钢板的化学成分(GB 713—2014)

牌号	化学成分/%(质量分数)												
	C[b]	Si	Mn	Cu	Cr	Ni	Mo	Nb	V	Ti	P	S	Alt[b]
Q245R	≤0.20	≤0.35	0.50~1.10	≤0.30	0.30	≤0.30	≤0.08	≤0.050	≤0.050	≤0.030	≤0.025	≤0.010	≥0.020
Q345R	≤0.20	≤0.55	1.20~1.70	≤0.30	0.30	≤0.30	≤0.08	≤0.050	≤0.050	≤0.030	≤0.025	≤0.010	≥0.020
Q370R	≤0.18	≤0.55	1.20~1.70	≤0.30	0.30	≤0.30	≤0.08	0.015~0.050	≤0.050	≤0.030	≤0.020	≤0.010	—
Q420R	≤0.20	≤0.55	1.30~1.70	≤0.30	≤0.30	0.20~0.50	≤0.08	0.015~0.050	≤0.100	≤0.030	≤0.020	≤0.010	—
18MnMoNbR	≤0.21	0.15~0.50	1.20~1.60		≤0.30	≤0.30	0.45~0.65	0.025~0.050		—	≤0.020	≤0.010	—
13MnNiMoR	≤0.15	0.15~0.50	1.20~1.60	≤0.30	0.20~0.40	0.60~1.00	0.20~0.40	0.005~0.020		—	≤0.020	≤0.010	—
15CrMoR	0.12~0.18	0.15~0.40	0.40~0.70	≤0.30	0.80~1.20	≤0.30	0.45~0.60	—		—	≤0.020	≤0.010	—
14Cr1MoR	≤0.17	0.50~0.80	0.40~0.65	≤0.30	1.15~1.50	≤0.30	0.45~0.65	—		—	≤0.025	≤0.010	—
12Cr2Mo1R	0.08~0.15	≤0.50	0.30~0.60	≤0.20	2.00~2.50	≤0.30	0.90~1.10	—		—	≤0.020	≤0.010	—
12Cr1MoVR	0.08~0.15	0.15~0.40	0.40~0.70	≤0.30	0.90~1.20	≤0.30	0.25~0.35	—	0.15~0.30		≤0.025	≤0.010	—
12Cr2Mo1VR	0.11~0.15	≤0.10	0.30~0.60	≤0.20	2.00~2.50	≤0.25	0.90~1.10	≤0.07	0.25~0.35	≤0.030	≤0.010	≤0.005	—
07Cr2AlMoR	≤0.09	0.20~0.50	0.40~0.90	≤0.30	≤2.00~2.40	0.30	0.30~0.50	—	—	—	≤0.020	≤0.010	0.30~0.50

a. 如果钢中加入 Nb、Ti、V 等微量元素,Alt 含量的下限不适用。

b. 未注明的不作要求。

c. 厚度大于 60 mm 的钢板,Mn 含量下限可至 1.20%。

附表 2-2　　　　锅炉和压力容器用钢板的力学性能(GB 713—2014)

牌号	交货状态	钢板厚度/mm	拉伸试验			冲击试验		弯曲试验[b]
			抗拉强度 R_m/MPa	屈服强度[a] R_{eL}/MPa	断后伸长率 A/%	温度 /℃	冲击吸收能量 KV_2/J	180° $b=2a$
				不小于			不小于	
Q245R	热轧、控轧或正火	3~16	400~520	245	25	0	34	$D=1.5a$
		>16~36		235				
		>36~60		225				
		>60~100	390~510	205				
		>100~150	380~500	185	24			$D=2a$
		>150~250	370~490	175				
Q345R		3~16	510~640	345	21	0	41	$D=2a$
		>16~36	500~630	325				
		>36~60	490~620	315				$D=3a$
		>60~100	490~620	305				
		>100~150	480~610	285	20			
		>150~250	470~600	265				
Q370R	正火	10~16	530~630	370	20	−20	47	$D=2a$
		>16~36		360				
		>36~60	520~620	340				$D=3a$
		>60~100	510~610	330				
Q420R		10~20	590~720	420	18	−20	60	$D=3a$
		>20~30	570~700	400				
18MnMoNbR	正火加回火	30~60	570~720	400	19	0	47	$D=3a$
		>60~100		390				
13MnNiMoR		30~100	570~720	390	19	0	47	$D=3a$
		>100~150		380				
15CrMoR	正火加回火	6~80	450~590	295	19	20	47	$D=3a$
		>80~100		275				
		>100~200	440~580	255				
14Cr1MoR		6~100	520~680	310	19	20	47	$D=3a$
		>100~200	510~570	300				
12Cr2Mo1R		6~200	520~680	310	19	20	47	$D=3a$
12Cr1MoVR	正火加回火	6~60	440~590	245	19	20	47	$D=3a$
		>60~100	430~580	235				
12Cr2Mo1VR		>6~200	590~760	415	17	−20	60	$D=3a$
07Cr2AlMoR	正火加回火	>6~36	420~580	260	21	20	47	$D=3a$
		>36~60	410~570	250				

a. 如屈服现象不明显,则屈服强度取 $R_{p0.2}$ 代替 R_{eL}。 b. a 为试样厚度,D 为弯曲压头直径。

附录3　钢板、钢管、锻件和螺柱的高温力学性能

附表 3-1　　　　　　　　　碳素钢和低合金钢钢板高温屈服强度

钢号	板厚/mm	在下列温度（℃）下的 $R_{p0.2}(R_{eL})$/MPa									
		20	100	150	200	250	300	350	400	450	500
Q245R	3～16	245	220	210	196	176	162	147	137	127	—
	＞16～36	235	210	200	186	167	153	139	129	121	—
	＞36～60	225	200	191	178	161	147	133	123	116	—
	＞60～100	205	184	176	164	147	135	123	113	106	—
	＞100～150	185	168	160	150	135	120	110	105	95	—
Q345R	3～16	345	315	295	275	250	230	215	200	190	
	＞16～36	325	295	275	255	235	215	200	190	180	
	＞36～60	315	285	260	240	220	200	185	175	165	
	＞60～100	305	275	250	225	205	185	175	165	155	
	＞100～150	285	260	240	220	200	180	170	160	150	
	＞150～200	265	245	230	215	195	175	165	155	145	
Q370R	10～16	370	340	320	300	285	270	255	240		
	＞16～36	360	330	310	290	275	260	245	230		
	＞36～60	340	310	290	270	255	240	225	210		
18MnMoNbR	30～60	400	375	365	360	355	350	340	310	275	
	＞60～100	390	370	360	355	350	345	335	305	270	
13MnNiMoR	30～100	390	370	360	355	350	345	335	305		
	＞100～150	380	360	350	345	340	335	325	300		
15Cr1MoR	6～60	295	270	255	240	225	210	200	189	179	174
	＞60～100	275	250	235	220	210	196	186	176	167	162
	＞100～150	255	235	220	210	199	185	175	165	156	150
14Cr1MoR	6～100	310	280	270	255	245	230	220	210	195	176
	＞100～150	300	270	260	245	235	220	210	200	190	172
12Cr2Mo1R	6～150	310	280	270	260	255	250	245	240	230	215
12Cr1MoVR	6～60	245	225	210	200	190	176	167	157	150	142
	＞60～100	235	220	210	200	190	176	167	157	150	142
12Cr2Mo1VR	30～120	415	395	380	370	365	360	355	350	340	325
16MnDR	6～16	315	290	270	250	230	210	195	—	—	—
	＞16～36	295	270	250	235	215	195	180	—	—	—
	＞36～60	285	260	240	225	205	185	175	—	—	—
	＞60～100	275	250	235	220	200	180	170	—	—	—
	＞100～120	265	245	230	215	195	175	165	—	—	—
15MnNiDR	6～16	325	300	280	260				—	—	—
	＞16～36	315	290	270	250				—	—	—
	＞36～60	305	280	260	240				—	—	—
15MnNiNbDR	10～16	370	340	320	300						
	＞16～36	360	330	310	290						
	＞36～50	350	320	300	280						
09MnNiDR	6～16	300	275	255	240	230	220	205			
	＞16～36	280	255	235	225	215	205	190			
	＞36～60	270	245	225	215	205	195	180			
	＞60～120	260	240	220	210	200	190	175			
07MnMoVR	12～60	490	465	450	435	—	—	—	—	—	—
07MnNiVDR	12～60	490	465	450	435	—	—	—	—	—	—
07MnNiMoDR	12～50	490	465	450	435	—	—	—	—	—	—
12MnNiVR	12～60	490	465	450	435	—	—	—	—	—	—

附表 3-2　　　　　　　　　　高合金钢钢板高温屈服强度

钢号	板厚/mm	在下列温度(℃)下的 $R_{p0.2}$/MPa										
		20	100	150	200	250	300	350	400	450	500	550
S11306	≤25	205	189	184	180	178	175	168	163	—	—	—
S11348	≤25	170	156	152	150	149	146	142	135	—	—	—
S11972	≤8	275	238	223	213	204	196	187	178	—	—	—
S30408	≤80	205	171	155	144	135	127	123	119	114	111	106
S30403	≤80	180	147	131	122	114	109	104	101	98	—	—
S30409	≤80	205	171	155	144	135	127	123	119	114	111	106
S31008	≤80	205	181	167	157	149	144	139	135	132	128	124
S31608	≤80	205	175	161	149	139	131	126	123	121	119	117
S31603	≤80	180	147	130	120	111	105	100	96	93	—	—
S31668	≤80	205	175	161	149	139	131	126	123	121	119	117
S31708	≤80	205	175	161	149	139	131	126	123	121	119	117

附表 3-3　　　　　　　　　　碳素钢和低合金钢钢管高温屈服强度

钢号	板厚/mm	在下列温度(℃)下的 $R_{p0.2}(R_{eL})$/MPa									
		20	100	150	200	250	300	350	400	450	500
10	≤16	205	181	172	162	147	133	123	113	98	—
	>16~30	195	176	167	157	142	128	118	108	93	—
20	≤16	245	220	210	196	176	162	147	132	117	—
	>16~40	235	210	200	186	167	153	139	124	110	—
16Mn	≤16	320	290	270	250	230	210	195	185	175	—
	>16~40	310	280	260	240	220	200	185	175	165	—
12CrMo	≤16	205	181	172	162	152	142	132	123	118	113
	>16~30	195	176	167	157	147	137	127	118	113	108
15CrMo	≤16	235	210	196	186	176	162	152	142	137	132
	>16~30	225	200	186	176	167	154	145	136	131	127
	>30~50	215	190	176	167	158	146	138	130	126	122
12Cr2Mo1	≤30	280	255	245	235	230	225	220	215	205	194
1Cr5Mo	≤16	195	176	167	162	157	152	147	142	137	127
	>16~30	185	167	157	152	147	142	137	132	127	118
12Cr1MoVG	≤30	255	230	215	200	190	176	167	157	150	142
08Cr2AlMo	≤8	250	225	210	195	185	175	—	—	—	—
09CrCuSb	≤8	245	220	205	190	—	—	—	—	—	—

附表 3-4   高合金钢钢管高温屈服强度

序号	钢号	在下列温度（℃）下的 $R_{p0.2}(R_{eL})$/MPa										
		20	100	150	200	250	300	350	400	450	500	550
1	0Cr18Ni9	205	171	155	144	135	127	123	119	114	111	106
2	00Cr19Ni10	175	145	131	122	114	109	104	101	98	—	—
3	0Cr18Ni10Ti	205	171	155	144	135	127	123	120	117	114	111
4	0Cr17Ni12Mo2	205	175	161	149	139	131	126	123	121	119	117
5	00Cr17Ni14Mo2	175	145	130	120	111	105	100	96	93	—	—
6	0Cr18Ni12Mo2Ti	205	175	161	149	139	131	126	123	121	119	117
7	0Cr19Ni13Mo3	205	175	161	149	139	131	126	123	121	119	117
8	00Cr19Ni13Mo3	175	175	161	149	139	131	126	123	121	—	—
9	0Cr25Ni20	205	181	167	157	149	144	139	135	132	128	124
10	1Cr19Ni9	205	171	155	144	135	127	123	119	114	111	106
11	S21953	440	355	335	325	315	305	—	—	—	—	—
12	S22253	450	395	370	350	335	325	—	—	—	—	—
13	S22053	485	425	400	375	360	350	—	—	—	—	—
14	S25073	550	480	445	420	400	385	—	—	—	—	—
15	S30408	210	174	156	144	135	127	123	119	114	111	106
16	S30403	180	147	131	122	114	109	104	101	98	—	—
17	S31608	210	178	162	149	139	131	126	123	121	119	117
18	S31603	180	147	130	120	111	105	100	96	93	—	—
19	S32168	210	174	156	144	135	127	123	120	117	114	111

注　序号 1～9 为 GB 13296—2013 和 GB/T 14976—2012 的参考值,序号 10 为 GB 9948—2013 和 GB 13296—2013 的参考值,序号 11～14 为 GB/T 21833—2020 的参考值,序号为 15～19 为 GB/T 12771—2019 的参考值。

附表 3-5 碳素钢和低合金钢锻件高温屈服强度

钢号	公称厚度/mm	在下列温度（℃）下的 $R_{p0.2}(R_{eL})$/MPa									
		20	100	150	200	250	300	350	400	450	500
20	≤100	235	210	200	186	167	153	139	129	121	—
	>100～200	225	200	191	178	161	147	133	123	116	
	>200～300	205	184	176	164	147	135	123	113	106	
35	≤100	265	235	225	205	186	172	157	147	137	—
	>100～300	245	225	215	200	181	167	152	142	132	
16Mn	≤100	305	275	250	225	205	185	175	165	155	—
	>100～200	295	265	245	220	200	180	170	160	150	
	>200～300	275	250	235	215	195	175	165	155	145	
20MnMo	≤300	370	340	320	305	295	285	275	260	240	—
	>300～500	350	325	305	290	280	270	260	245	225	
	>500～700	330	310	295	280	270	260	250	235	215	
20MnMoNb	≤300	470	435	420	405	395	385	370	355	335	—
	>300～500	460	430	415	405	395	385	370	355	335	
20MnNiMo	≤500	450	420	405	395	385	380	370	355	335	
35CrMo	≤300	440	400	380	370	360	350	335	320	295	
	>300～500	430	395	380	370	360	350	335	320	295	
15CrMo	≤300	280	255	240	225	215	200	190	180	170	160
	>300～500	270	245	230	215	205	190	180	170	160	150
14Cr1Mo	≤300	290	270	255	240	230	220	210	200	190	175
	>300～500	280	260	245	230	220	210	200	190	180	170
12Cr2Mo1	≤300	310	280	270	260	255	250	245	240	230	215
	>300～500	300	275	265	255	250	245	240	235	225	215
12Cr1MoV	≤300	280	255	240	230	220	210	200	190	180	170
	>300～500	270	245	230	220	210	200	190	180	170	160
12Cr2Mo1V	≤300	420	395	380	370	365	360	355	350	340	325
	>300～500	410	390	375	365	360	355	350	345	335	320
12Cr3Mo1V	≤300	420	395	380	370	365	360	355	350	340	325
	>300～500	410	390	375	365	360	355	350	345	335	320
1Cr5Mo	≤500	390	355	340	330	325	320	315	305	285	255
16MnD	≤100	305	275	250	225	205	185	175	—	—	—
	>100～200	295	265	245	220	200	180	170	—	—	—
	>200～300	275	250	235	215	195	175	165	—	—	—
20MnMoD	≤300	370	340	320	305	295	285	275	—	—	—
	>300～500	350	325	305	290	280	270	260	—	—	—
	>500～700	330	310	295	280	270	260	250	—	—	—
08MnNiMoVD	≤300	480	455	440	425	—	—	—	—	—	—
10Ni3MoVD	≤300	480	455	440	425	—	—	—	—	—	—
09MnNiD	≤200	280	255	235	225	215	205	190	—	—	—
	>200～300	270	245	225	215	205	190	180	—	—	—
08Ni3D	≤300	260	—	—	—	—	—	—	—	—	—

附表 3-6 　　　　　　　　碳素钢和低合金钢螺柱高温屈服强度

钢号	螺栓规格/mm	在下列温度（℃）下的 $R_{p0.2}(R_{eL})$/MPa									
		20	100	150	200	250	300	350	400	450	500
20	≤M22	245	220	210	196	176	162	147	—	—	—
	M24～M27	235	210	200	186	167	153	139	—	—	—
35	≤M22	315	285	265	245	220	200	186	—	—	—
	M24～M27	295	265	250	230	210	191	176	—	—	—
40MnB	≤M22	685	620	600	580	570	540	500	440	—	—
	M24～M36	635	570	550	540	530	500	460	410	—	—
40MnVB	≤M22	735	665	645	625	615	590	550	490	—	—
	M24～M36	685	615	600	585	575	550	510	460	—	—
40Cr	≤M22	685	620	600	580	570	550	520	470	—	—
	M24～M36	635	570	550	540	530	510	480	440	—	—
30CrMoA	≤M22	550	495	480	470	460	450	435	405	375	—
	M24～M56	500	450	435	425	420	410	395	370	340	—
35CrMoA	≤M22	735	665	645	625	615	605	580	540	490	—
	M24～M80	685	620	600	585	575	565	540	510	460	—
	M85～M105	590	530	510	500	490	480	460	430	390	—
35CrMoVA	M52～M105	735	665	645	625	615	605	590	560	530	—
	M110～M140	665	600	580	570	560	550	535	510	480	—
25Cr2MoVA	≤M48	735	665	645	625	615	605	590	560	530	480
	M52～M105	685	620	600	590	580	570	555	530	500	450
	M110～M140	590	530	510	500	490	480	470	450	430	390
40CrNiMoA	M52～M140	825	785	760	740	720	695	660	—	—	—
S45110(1Cr5Mo)	≤M48	390	355	340	330	325	320	315	305	285	255

附表 3-7 　　　　　　　　高合金钢螺柱高温屈服强度

钢号	螺柱规格/mm	在下列温度（℃）下的 $R_{p0.2}$/MPa										
		20	100	150	200	250	300	350	400	450	500	550
S42020	≤M27	400	410	390	370	360	350	340	320	—	—	—
S30408	≤M48	205	171	155	144	135	127	123	119	114	111	106
S31008	≤M48	205	181	167	157	149	144	139	135	132	128	124
S31608	≤M48	205	175	161	149	139	131	126	123	121	119	117
S32168	≤M48	205	171	155	144	135	127	123	120	117	114	111

附录 4　无缝钢管的尺寸范围及常用系列

轧态		冷拔(冷轧)无缝钢管	热轧无缝钢管
尺寸范围	外径/mm	φ2~φ150	φ32~φ630
	壁厚/mm	0.25~14	2.5~75
通常长度/m		1.5~7(壁厚≤1 mm) 1.5~9(壁厚>1 mm)	4~12.5

常用无缝钢管

外径系列/mm：

φ10	φ12	φ14	φ16	φ18	φ19	φ20	φ22
φ25	φ28	φ30	φ32	φ35	φ38	φ40	φ42
φ45	φ48	φ50	φ51	φ57	φ60	φ76	φ89
φ108	φ133	φ159	φ219	φ273	φ325		

壁厚系列/mm：

1.5	2.0	2.5	2.8	3.0	3.5	4.0	4.5
5.0	5.5	6.0	7.0	8.0	9.0	10.0	11.0
12.0	14.0	16.0	18.0	20.0	24.0	26.0	28.0
34.0							

一般中、低压用无缝钢管

外径/mm	φ10	φ14	φ18	φ25	φ38	φ45	φ57	φ76	φ89	φ108	φ133	φ159	φ219	φ273	φ325
壁厚/mm	1.5	2	3	3	3.5	3.5	3.5	4	5	6	6	6	6	8	13

化工用高压无缝钢管

外径/mm	φ14	φ24	φ35	φ43	φ49	φ68	φ83	φ102	φ127	φ159	φ180
壁厚/mm	4	6	9	10	10	13	15	17	21	28	30

热交换器用无缝钢管

外径/mm	φ19	φ25	φ32	φ38	φ51	φ57
壁厚/mm	2	2.5	3	3	3.5	3.5

附录5 螺栓、螺母材料组合及适用温度范围

螺栓钢号	螺母用钢			
	钢号	钢材标准	使用状态	使用温度范围/℃
20	10、15	GB/T 699—2015	正火	−20～350
35	20、25	GB/T 699—2015	正火	0～350
40MnB	40Mn、45	GB/T 699—2015	正火	0～400
40MnVB	40Mn、45	GB/T 699—2015	正火	0～400
40Cr	40Mn、45	GB/T 699—2015	正火	0～400
30CrMoA	40Mn、45	GB/T 699—2015	正火	−10～400
	30CrMoA	GB/T 3077—2015	调质	−100～500
35CrMoA	40Mn、45	GB/T 699—2015	正火	−10～400
	30CrMoA、35CrMoA	GB/T 3077—2015	调质	−70～500
35CrMoVA	35CrMoA、35CrMoVA	GB/T 3077—2015	调质	−20～425
25Cr2MoVA	30CrMoA、35CrMoA	GB/T 3077—2015	调质	−20～500
	25Cr2MoVA	GB/T 3077—2015	调质	−20～550
40CrNiMoA	35CrMoA、40CrNiMoA	GB/T 3077—2015	调质	−50～350
S45110(1Cr5Mo)	S45110(1Cr5Mo)	GB/T 1221—2007	调质	−20～600
S42020	S42020	GB/T 1220—2007	调质	0～400
S30408	S30408	GB/T 1220—2007	固溶	−253～700
S31008	S31008	GB/T 1220—2007	固溶	−253～800
S31608	S31608	GB/T 1220—2007	固溶	−253～700
S32168	S32168	GB/T 1220—2007	固溶	−253～700

附录 6　钢板、钢管、锻件和螺栓的许用应力

附表 6-1

碳素钢和低合金钢钢板许用应力

钢号	钢板标准	使用状态	厚度/mm	室温强度指标 R_m/MPa	室温强度指标 R_{eL}/MPa	在下列温度（℃）下的许用应力/MPa ≤20	100	150	200	250	300	350	400	425	450	475	500	525	550	575	600
Q245R	GB 713—2014	热轧，控轧，正火	3～16	400	245	148	147	140	131	117	108	98	91	85	61	41	—	—	—	—	—
			>16～36	400	235	148	140	133	124	111	102	93	86	84	61	41	—	—	—	—	—
			>36～60	400	225	148	133	127	119	107	98	89	82	80	61	41	—	—	—	—	—
			>60～100	390	205	137	123	117	109	98	90	82	75	73	61	41	—	—	—	—	—
			>100～150	380	185	123	112	107	100	90	80	73	70	67	61	41	—	—	—	—	—
Q345R	GB 713—2014	热轧，控轧，正火	3～16	510	345	189	189	189	183	167	153	143	125	93	66	43	—	—	—	—	—
			>16～36	500	325	185	185	183	170	157	143	133	125	93	66	43	—	—	—	—	—
			>36～60	490	315	181	181	173	160	147	133	123	117	93	66	43	—	—	—	—	—
			>60～100	490	305	181	181	167	150	137	123	117	110	93	66	43	—	—	—	—	—
			>100～150	480	285	178	173	160	147	133	120	113	107	93	66	43	—	—	—	—	—
			>150～200	470	265	174	163	153	143	130	117	110	103	93	66	43	—	—	—	—	—
Q370R	GB 713—2014	正火	10～16	530	370	196	196	196	196	190	180	170	—	—	—	—	—	—	—	—	—
			>16～36	530	360	196	196	196	193	183	173	163	—	—	—	—	—	—	—	—	—
			>36～60	520	340	193	193	193	180	170	160	150	—	—	—	—	—	—	—	—	—
18MnMoNbR	GB 713—2014	正火加回火	30～60	570	400	211	211	211	211	211	211	211	207	195	177	117	—	—	—	—	—
			>60～100	570	390	211	211	211	211	211	211	211	203	192	177	117	—	—	—	—	—
13MnNiMoR	GB 713—2014	正火加回火	30～100	570	390	211	211	211	211	211	211	211	203	—	—	—	—	—	—	—	—
			>100～150	570	380	211	211	211	211	211	211	211	200	—	—	—	—	—	—	—	—
15Cr-MoR	GB 713—2014	正火加回火	6～60	450	295	167	167	167	160	150	140	133	126	122	119	117	88	58	37	—	—
			>60～100	450	275	167	167	157	147	140	131	124	117	114	111	109	88	58	37	—	—
			>100～150	440	255	163	157	147	140	133	123	117	110	104	102	102	88	58	37	—	—
14Cr1MoR	GB 713—2014	正火加回火	6～100	520	310	193	187	180	170	163	153	147	140	135	130	123	80	54	33	—	—
			>100～150	510	300	189	180	173	163	157	147	140	133	130	127	121	80	54	33	—	—
12Cr2Mo1R	GB 713—2014	正火加回火	6～150	520	310	193	187	180	170	167	163	160	157	147	130	119	89	61	46	37	—
12Cr1MoVR	GB 713—2014	正火加回火	6～60	440	245	163	150	140	133	127	117	111	105	103	100	98	95	82	59	41	—
			>60～100	430	235	157	147	140	133	127	117	111	105	103	100	98	95	82	59	41	—

（续表）

钢号	钢板标准	使用状态	厚度/mm	室温强度指标 R_m/MPa	R_{eL}/MPa	在下列温度(℃)下的许用应力/MPa ≤20	100	150	200	250	300	350	400	425	450	475	500	525	550	575	600
12Cr2Mo1VR	GB 713—2014	正火加回火	30~120	590	415	219	219	219	219	219	219	219	219	219	193	163	134	104	72	—	—
16MnDR	GB 3531—2014	正火,正火加回火	6~16	490	315	181	181	180	167	153	140	130	—	—	—	—	—	—	—	—	—
			>16~36	470	295	174	174	167	157	143	130	120	—	—	—	—	—	—	—	—	—
			>36~60	460	285	170	170	160	150	137	123	117	—	—	—	—	—	—	—	—	—
			>60~100	450	275	167	167	157	147	133	120	113	—	—	—	—	—	—	—	—	—
			>100~120	440	265	163	163	153	143	130	117	110	—	—	—	—	—	—	—	—	—
15MnNiDR	GB 3531—2014	正火,正火加回火	6~16	490	325	181	181	181	173	—	—	—	—	—	—	—	—	—	—	—	—
			>16~36	480	315	178	178	178	167	—	—	—	—	—	—	—	—	—	—	—	—
			>36~60	470	305	174	174	173	160	—	—	—	—	—	—	—	—	—	—	—	—
15MnNiNbDR	—	正火,正火加回火	10~16	530	370	196	196	196	196	196	196	—	—	—	—	—	—	—	—	—	—
			>16~36	530	360	196	196	196	196	193	187	—	—	—	—	—	—	—	—	—	—
			>36~60	520	350	193	193	193	187	187	—	—	—	—	—	—	—	—	—	—	—
09MnNiDR	GB 3531—2014	正火,正火加回火	6~16	440	300	163	163	163	160	153	147	137	—	—	—	—	—	—	—	—	—
			>16~36	430	280	159	159	157	150	143	137	127	—	—	—	—	—	—	—	—	—
			>36~60	430	270	159	159	150	143	137	130	120	—	—	—	—	—	—	—	—	—
			>60~120	420	260	156	156	147	140	133	127	117	—	—	—	—	—	—	—	—	—
08Ni3DR	—	正火,正火加回火,调质	6~60	490	320	181	181	—	—	—	—	—	—	—	—	—	—	—	—	—	—
			>60~100	480	300	178	178	—	—	—	—	—	—	—	—	—	—	—	—	—	—
06Ni9DR	—	调质	6~30	680	560	252	252	—	—	—	—	—	—	—	—	—	—	—	—	—	—
			>30~40	680	550	252	252	—	—	—	—	—	—	—	—	—	—	—	—	—	—
07MnMoVR	GB 19189—2011	调质	10~60	610	490	226	226	226	226	—	—	—	—	—	—	—	—	—	—	—	—
07MnNiVDR	GB 19189—2011	调质	10~60	610	490	226	226	226	226	—	—	—	—	—	—	—	—	—	—	—	—
07MnNiMoDR	GB 19189—2011	调质	10~50	610	490	226	226	226	226	—	—	—	—	—	—	—	—	—	—	—	—
12MnNiVR	GB 19189—2011	调质	10~60	610	490	226	226	226	226	—	—	—	—	—	—	—	—	—	—	—	—

附表 6-2

高合金钢钢板许用应力

在下列温度(℃)下的许用应力/MPa

钢号	钢板标准	厚度/mm	≤20	100	150	200	250	300	350	400	450	500	525	550	575	600	625	650	675	700	725	750	775	800	注
S11306	GB 24511—2017	1.5~25	137	126	123	120	119	117	112	109	—	—	—	—	—	—	—	—	—	—	—	—	—	—	
S11348	GB 24511—2017	1.5~25	113	104	101	100	99	97	95	90	—	—	—	—	—	—	—	—	—	—	—	—	—	—	
S11972	GB 24511—2017	1.5~8	154	154	149	142	136	131	125	—	—	—	—	—	—	—	—	—	—	—	—	—	—	—	
S21953	GB 24511—2017	1.5~80	233	233	223	217	210	203	—	—	—	—	—	—	—	—	—	—	—	—	—	—	—	—	
S22253	GB 24511—2017	1.5~80	230	230	230	230	223	217	—	—	—	—	—	—	—	—	—	—	—	—	—	—	—	—	
S22053	GB 24511—2017	1.5~80	230	230	230	230	223	217	—	—	—	—	—	—	—	—	—	—	—	—	—	—	—	—	1
S30408	GB 24511—2017	1.5~80	137	137	137	130	122	114	111	107	103	100	98	91	79	64	52	42	32	27	—	—	—	—	1
S30408	GB 24511—2017	1.5~80	137	114	103	96	90	85	82	79	76	74	73	71	67	62	52	42	32	27	—	—	—	—	
S30403	GB 24511—2017	1.5~80	120	120	118	110	103	98	94	91	88	—	—	—	—	—	—	—	—	—	—	—	—	—	1
S30403	GB 24511—2017	1.5~80	120	98	87	81	76	73	69	67	65	—	—	—	—	—	—	—	—	—	—	—	—	—	
S30409	GB 24511—2017	1.5~80	137	137	137	130	122	114	111	107	103	100	98	91	79	64	52	42	32	27	—	—	—	—	1
S30409	GB 24511—2017	1.5~80	137	114	103	96	90	85	82	79	76	74	73	71	67	62	52	42	32	27	—	—	—	—	
S31008	GB 24511—2017	1.5~80	137	137	137	137	134	130	125	122	119	115	113	105	84	61	43	31	23	19	15	12	10	8	1
S31008	GB 24511—2017	1.5~80	137	121	111	105	99	96	93	90	88	85	84	83	81	61	43	31	23	19	15	12	10	8	
S31608	GB 24511—2017	1.5~80	137	137	137	134	125	118	113	111	109	107	106	105	96	81	65	50	38	30	—	—	—	—	1
S31608	GB 24511—2017	1.5~80	137	117	107	99	93	87	84	82	81	79	78	78	76	73	65	50	38	30	—	—	—	—	
S31603	GB 24511—2017	1.5~80	120	120	118	108	100	95	90	86	84	—	—	—	—	—	—	—	—	—	—	—	—	—	1
S31603	GB 24511—2017	1.5~80	120	98	87	80	74	70	67	64	62	—	—	—	—	—	—	—	—	—	—	—	—	—	
S31668	GB 24511—2017	1.5~80	137	137	137	134	125	118	113	111	109	107	106	105	96	81	65	50	38	30	—	—	—	—	1
S31668	GB 24511—2017	1.5~80	137	117	107	99	93	87	84	82	81	79	78	78	76	73	65	50	38	30	—	—	—	—	
S31708	GB 24511—2017	1.5~80	137	137	137	134	125	118	113	111	109	107	106	105	96	81	65	50	38	30	—	—	—	—	1
S31708	GB 24511—2017	1.5~80	137	117	107	99	93	87	84	82	81	79	78	78	76	73	65	50	38	30	—	—	—	—	
S31703	GB 24511—2017	1.5~80	137	137	137	134	125	118	113	111	109	107	106	105	96	81	65	50	38	30	—	—	—	—	1
S31703	GB 24511—2017	1.5~80	137	117	107	99	93	87	84	82	81	79	78	78	76	73	65	50	38	30	—	—	—	—	
S32168	GB 24511—2017	1.5~80	137	137	137	130	122	114	111	108	105	103	101	83	58	44	33	25	18	13	—	—	—	—	1
S32168	GB 24511—2017	1.5~80	137	114	103	96	90	85	82	80	78	76	75	74	58	44	33	25	18	13	—	—	—	—	
S39042	GB 24511—2017	1.5~80	147	147	147	147	144	131	122	—	—	—	—	—	—	—	—	—	—	—	—	—	—	—	1
S39042	GB 24511—2017	1.5~80	147	137	127	117	107	97	90	—	—	—	—	—	—	—	—	—	—	—	—	—	—	—	

注 1　该行许用应力仅适用于允许产生微量永久变形之元件,对于法兰或其他有微量永久变形就会引起泄漏或故障的场合不能采用。

附表 6-3　碳素钢和低合金钢钢管许用应力

钢号	钢管标准	使用状态	壁厚/mm	R_m/MPa	R_{eL}/MPa	在下列温度（℃）下的许用应力/MPa															
						≤20	100	150	200	250	300	350	400	425	450	475	500	525	550	575	600
10	GB/T 8163—2018	热轧	≤10	335	205	124	121	115	108	98	89	82	75	70	61	41	—	—	—	—	—
20	GB/T 8163—2018	热轧	≤10	410	245	152	147	140	131	117	108	98	88	83	61	41	—	—	—	—	—
Q345D	GB/T 8163—2018	正火	≤10	470	345	174	174	174	174	167	153	143	125	93	66	43	—	—	—	—	—
10	GB 9948—2013	正火	≤16	335	205	124	121	115	108	98	89	82	75	70	61	41	—	—	—	—	—
10	GB 9948—2013	正火	>16~30	335	195	124	117	111	105	95	85	79	73	67	61	41	—	—	—	—	—
20	GB 9948—2013	正火	≤16	410	245	152	147	140	131	117	108	98	88	83	61	41	—	—	—	—	—
20	GB 9948—2013	正火	>16~30	410	235	152	140	133	124	111	102	93	83	78	61	41	—	—	—	—	—
20	GB 6479—2013	正火	≤16	410	245	152	147	140	131	117	108	98	88	83	61	41	—	—	—	—	—
20	GB 6479—2013	正火	>16~40	410	235	152	140	133	124	111	102	93	83	78	61	41	—	—	—	—	—
16Mn	GB 6479—2013	正火	≤16	490	320	181	181	180	167	153	140	130	123	93	66	43	—	—	—	—	—
16Mn	GB 6479—2013	正火	>16~40	490	310	181	181	173	160	147	133	123	117	93	66	43	—	—	—	—	—
12CrMo	GB 9948—2013	正火加回火	≤16	410	205	137	121	115	108	101	95	88	82	80	79	77	74	50	—	—	—
12CrMo	GB 9948—2013	正火加回火	>16~30	410	195	130	117	111	105	98	91	85	79	77	75	74	72	50	—	—	—
15CrMo	GB 9948—2013	正火加回火	≤16	440	235	157	140	131	124	117	108	101	95	93	91	90	88	58	37	—	—
15CrMo	GB 9948—2013	正火加回火	>16~30	440	225	150	133	124	117	111	103	97	91	89	87	86	85	58	37	—	—
15CrMo	GB 9948—2013	正火加回火	>30~50	440	215	143	127	117	111	105	97	92	87	85	84	83	81	58	37	—	—
12Cr2Mo1	—	正火加回火	≤30	450	280	167	167	163	157	153	150	147	143	140	137	119	89	61	46	37	—
1Cr5Mo	GB 9948—2013	退火	≤16	390	195	130	117	111	108	105	101	98	95	93	91	83	62	46	35	26	18
1Cr5Mo	GB 9948—2013	退火	>16~30	390	185	123	111	105	101	98	95	91	88	86	85	82	62	46	35	26	18
12Cr1MoVG	GB 5310—2017	正火加回火	≤30	470	255	170	153	143	133	127	117	111	105	103	100	98	95	82	59	41	—
09MnD	—	正火	≤8	420	270	156	156	150	143	130	120	110	—	—	—	—	—	—	—	—	—
09MnNiD	—	正火	≤8	440	280	163	163	157	150	143	137	127	—	—	—	—	—	—	—	—	—
08Cr2AlMo	—	正火加回火	≤8	400	250	148	148	140	130	123	117	—	—	—	—	—	—	—	—	—	—
09CrCuSb	—	正火	≤8	390	245	144	144	137	127	—	—	—	—	—	—	—	—	—	—	—	—

附表 6-4　高合金钢钢管许用应力

钢号	钢管标准	壁厚/mm	在下列温度（℃）下的许用应力/MPa																					注
			≤20	100	150	200	250	300	350	400	450	500	525	550	575	600	625	650	675	700	725	750	775	800	
0Cr18Ni9 (S30408)	GB 13296—2013	≤14	137	137	137	130	122	114	111	107	103	100	98	91	79	64	52	42	32	27	—	—	—	—	1
0Cr18Ni9 (S30408)	GB/T 14976—2012	≤28	137	114	103	96	90	85	82	79	76	74	73	71	67	62	52	42	32	27	—	—	—	—	1
00Cr19Ni10 (S30403)	GB 13296—2013	≤14	117	117	117	110	103	98	94	91	88	—	—	—	—	—	—	—	—	—	—	—	—	—	1
00Cr19Ni10 (S30403)	GB/T 14976—2012	≤28	117	97	87	81	76	73	69	67	65	—	—	—	—	—	—	—	—	—	—	—	—	—	1
0Cr18Ni10Ti (S32168)	GB 13296—2013	≤14	137	137	137	130	122	114	111	108	105	103	101	83	58	44	33	25	18	13	—	—	—	—	1
0Cr18Ni10Ti (S32168)	GB/T 14976—2012	≤28	137	114	103	96	90	85	82	80	78	76	75	74	58	44	33	25	18	13	—	—	—	—	1
0Cr17Ni12Mo2 (S31608)	GB 13296—2013	≤14	137	137	137	134	125	118	113	111	109	107	106	105	96	81	65	50	38	30	—	—	—	—	1
0Cr17Ni12Mo2 (S31608)	GB/T 14976—2012	≤28	137	117	107	99	93	87	84	82	81	79	78	78	76	73	65	50	38	30	—	—	—	—	1
00Cr17Ni14Mo2 (S31603)	GB 13296—2013	≤14	117	117	117	108	100	95	90	86	84	—	—	—	—	—	—	—	—	—	—	—	—	—	1
00Cr17Ni14Mo2 (S31603)	GB/T 14976—2012	≤28	117	97	87	80	76	70	67	64	62	—	—	—	—	—	—	—	—	—	—	—	—	—	1
0Cr18Ni12Mo2Ti (S31668)	GB 13296—2013	≤14	137	137	137	134	125	118	113	111	109	107	—	—	—	—	—	—	—	—	—	—	—	—	1
0Cr18Ni12Mo2Ti (S31668)	GB/T 14976—2012	≤28	137	117	107	99	93	87	84	82	81	79	—	—	—	—	—	—	—	—	—	—	—	—	1
0Cr19Ni13Mo3 (S31708)	GB 13296—2013	≤14	137	137	137	134	125	118	113	111	109	107	106	105	96	81	65	50	38	30	—	—	—	—	1
0Cr19Ni13Mo3 (S31708)	GB/T 14976—2012	≤28	137	117	107	99	93	87	84	82	81	79	78	78	76	73	65	50	38	30	—	—	—	—	1
00Cr19Ni13Mo3 (S31703)	GB 13296—2013	≤14	117	117	117	117	117	117	113	111	109	107	—	—	—	—	—	—	—	—	—	—	—	—	1
00Cr19Ni13Mo3 (S31703)	GB/T 14976—2012	≤28	117	117	107	99	93	87	84	82	81	79	—	—	—	—	—	—	—	—	—	—	—	—	1

（续表）

钢号	钢管标准	壁厚/mm	在下列温度（℃）下的许用应力/MPa																					注
			≤20	100	150	200	250	300	350	400	450	500	525	550	575	600	625	650	675	700	725	750	775	800	
0Cr25Ni20 (S31008)	GB 13296—2013	≤14	137	137	137	137	134	130	125	122	119	115	113	105	84	61	43	31	23	19	15	12	10	8	1
0Cr25Ni20 (S31008)	GB/T 14976—2012	≤28	137	121	111	105	99	96	93	90	88	85	84	83	81	61	43	31	23	19	15	12	10	8	1
1Cr19Ni9 (S30409)	GB 13296—2013	≤14	137	137	137	130	122	114	111	107	103	100	98	91	79	64	52	42	32	27	—	—	—	—	1
S21953	GB/T 21833—2020	≤12	233	233	223	217	210	203	—	—	—	—	—	—	—	—	—	—	—	—	—	—	—	—	
S22253	GB/T 21833—2020	≤12	230	230	230	230	223	217	—	—	—	—	—	—	—	—	—	—	—	—	—	—	—	—	
S22053	GB/T 21833—2020	≤12	243	243	243	243	240	233	—	—	—	—	—	—	—	—	—	—	—	—	—	—	—	—	
S25073	GB/T 21833—2020	≤12	296	296	296	280	267	257	—	—	—	—	—	—	—	—	—	—	—	—	—	—	—	—	
S30408	GB/T 12771—2019	≤28	116	116	116	116	104	97	94	91	88	85	83	77	67	54	44	36	27	23	—	—	—	—	1,2
S30408	GB/T 12771—2019	≤28	116	97	88	77	77	72	71	70	65	63	62	60	57	54	44	36	27	23	—	—	—	—	2
S30403	GB/T 12771—2019	≤28	99	99	99	99	88	82	80	77	75	71	66	60	57	43	36	31	27	26	—	—	—	—	1,2
S30403	GB/T 12771—2019	≤28	99	82	74	65	63	62	59	57	55	53	54	53	52	43	32	32	32	26	—	—	—	—	2
S31608	GB/T 12771—2019	≤28	116	116	116	116	104	97	94	91	88	85	83	77	67	54	44	36	27	23	—	—	—	—	1,2
S31608	GB/T 12771—2019	≤28	116	99	88	79	77	72	70	67	65	63	66	63	65	62	55	49	15	11	—	—	—	—	2
S31603	GB/T 12771—2019	≤28	116	116	116	111	104	97	89	88	88	85	86	77	49	37	28	21	15	11	—	—	—	—	1,2
S31603	GB/T 12771—2019	≤28	116	97	88	82	77	72	66	65	65	63	64	63	49	37	28	21	15	11	—	—	—	—	2
S32168	GB/T 12771—2019	≤28	116	116	116	111	104	97	91	91	88	85	83	77	67	54	44	36	27	23	—	—	—	—	1,2
S32168	GB/T 12771—2019	≤28	116	97	88	82	77	72	70	67	65	63	62	60	57	53	44	36	27	23	—	—	—	—	2
S30408	GB/T 24593—2018	≤4	99	99	99	94	88	83	77	73	75	74	86	71	67	54	44	36	27	23	—	—	—	—	1,2
S30408	GB/T 24593—2018	≤4	99	82	74	68	72	70	57	54	65	63	64	63	57	53	44	36	27	23	—	—	—	—	2
S30403	GB/T 24593—2018	≤4	116	116	116	111	104	97	94	91	88	85	83	77	67	54	44	36	27	23	—	—	—	—	1,2
S30403	GB/T 24593—2018	≤4	116	97	88	82	77	72	70	67	66	65	66	63	57	53	44	36	27	23	—	—	—	—	2
S31608	GB/T 24593—2018	≤4	99	99	99	94	88	83	77	73	75	71	90	89	82	69	55	43	32	26	—	—	—	—	1,2
S31608	GB/T 24593—2018	≤4	99	82	74	68	63	60	54	54	55	53	66	62	65	62	55	43	32	26	—	—	—	—	2
S31603	GB/T 24593—2018	≤4	116	116	116	111	104	97	89	88	88	88	86	71	49	37	28	21	15	11	—	—	—	—	1,2
S31603	GB/T 24593—2018	≤4	116	97	88	82	77	72	66	65	65	63	64	63	49	37	28	21	15	11	—	—	—	—	2
S32168	GB/T 24593—2018	≤4	116	116	116	111	104	97	92	92	89	88	86	71	49	37	28	21	15	11	—	—	—	—	1,2
S32168	GB/T 24593—2018	≤4	116	97	88	82	77	72	68	68	66	65	64	63	49	37	28	21	15	11	—	—	—	—	2
S21953	GB/T 21832—2018	≤20	198	198	190	185	179	173	—	—	—	—	—	—	—	—	—	—	—	—	—	—	—	—	2
S22253	GB/T 21832—2018	≤20	196	196	196	196	190	185	—	—	—	—	—	—	—	—	—	—	—	—	—	—	—	—	2
S22053	GB/T 21832—2018	≤20	207	207	207	207	204	198	—	—	—	—	—	—	—	—	—	—	—	—	—	—	—	—	2

注1 该行许用应力仅适用于允许产生微量永久变形的元件，对于法兰或其他有微量永久变形就引起泄漏或故障的场合不能采用。

注2 该行许用应力已乘焊接接头系数 0.85。

附表 6-5　碳素钢和低合金钢钢锻件许用应力

钢号	钢锻件标准	使用状态	公称厚度/mm	室温强度指标 R_m/MPa	室温强度指标 R_{eL}/MPa	≤20	100	150	200	250	300	350	400	425	450	475	500	525	550	575	600	注
20	NB/T 47008—2017	正火、正火加回火	≤100	410	235	152	140	133	124	111	102	93	86	84	61	41	—	—	—	—	—	—
20	NB/T 47008—2017	正火、正火加回火	>100~200	400	225	148	133	127	119	107	98	89	82	80	61	41	—	—	—	—	—	—
20	NB/T 47008—2017	正火、正火加回火	>200~300	380	205	137	123	117	109	98	90	82	75	73	61	41	—	—	—	—	—	—
35	NB/T 47008—2017	正火、正火加回火	≤100	510	265	177	157	150	137	124	115	105	98	85	61	41	—	—	—	—	—	1
35	NB/T 47008—2017	正火、正火加回火	>100~300	490	245	163	150	143	133	121	111	101	95	85	61	41	—	—	—	—	—	
16Mn	NB/T 47008—2017	正火、正火加回火、调质	≤100	480	305	178	178	167	150	137	123	117	110	93	66	43	—	—	—	—	—	
16Mn	NB/T 47008—2017	正火、正火加回火、调质	>100~200	470	295	174	174	163	147	133	120	113	107	93	66	43	—	—	—	—	—	
16Mn	NB/T 47008—2017	正火、正火加回火、调质	>200~300	450	275	167	167	157	143	130	117	110	103	93	66	43	—	—	—	—	—	
20MnMo	NB/T 47008—2017	调质	≤300	530	370	196	196	196	196	196	190	183	173	167	131	84	49	—	—	—	—	
20MnMo	NB/T 47008—2017	调质	>300~500	510	350	189	189	189	189	187	180	173	163	157	131	84	49	—	—	—	—	
20MnMo	NB/T 47008—2017	调质	>500~700	490	330	181	181	181	181	180	173	167	157	150	131	84	49	—	—	—	—	
20MnMoNb	NB/T 47008—2017	调质	≤300	620	470	230	230	230	230	230	230	230	230	230	177	117	—	—	—	—	—	1
20MnMoNb	NB/T 47008—2017	调质	>300~500	610	460	226	226	226	226	226	226	226	226	226	177	117	—	—	—	—	—	
20MnNiMo	NB/T 47008—2017	调质	≤500	620	450	230	230	230	230	230	230	230	230	230	—	—	—	—	—	—	—	
35CrMo	NB/T 47008—2017	调质	≤300	620	440	230	230	230	230	230	230	223	213	197	150	111	79	50	—	—	—	
35CrMo	NB/T 47008—2017	调质	>300~500	610	430	226	226	226	226	226	226	223	213	197	150	111	79	50	—	—	—	
15CrMo	NB/T 47008—2017	正火加回火、调质	≤300	480	280	178	170	160	150	143	133	127	120	117	113	110	88	58	37	—	—	
15CrMo	NB/T 47008—2017	正火加回火、调质	>300~500	470	270	174	163	153	143	137	127	120	113	110	107	103	88	58	37	—	—	
14Cr1Mo	NB/T 47008—2017	正火加回火、调质	≤300	490	290	181	180	170	160	153	147	140	133	130	127	122	80	54	33	—	—	
14Cr1Mo	NB/T 47008—2017	正火加回火、调质	>300~500	480	280	178	173	163	153	147	140	133	127	123	120	117	80	54	33	—	—	
12Cr2Mo1	NB/T 47008—2017	正火加回火、调质	≤300	510	310	189	187	180	173	170	167	163	160	157	147	119	89	61	46	37	—	
12Cr2Mo1	NB/T 47008—2017	正火加回火、调质	>300~500	500	300	185	183	177	170	167	163	160	157	153	147	119	89	61	46	37	—	
12Cr1MoV	NB/T 47008—2017	正火加回火、调质	≤300	470	280	174	170	160	153	147	140	133	127	123	120	117	113	82	59	41	—	
12Cr1MoV	NB/T 47008—2017	正火加回火、调质	>300~500	460	270	170	163	153	147	140	133	127	120	117	113	107	107	82	59	41	—	
12Cr2Mo1V	NB/T 47008—2017	正火加回火、调质	≤300	590	420	219	219	219	219	219	219	219	219	219	193	163	134	104	72	—	—	
12Cr2Mo1V	NB/T 47008—2017	正火加回火、调质	>300~500	580	410	215	215	215	215	215	215	215	215	215	193	163	134	104	72	—	—	

（续表）

钢号	钢锻件标准	使用状态	公称厚度/mm	R_m/MPa	R_{eL}/MPa	≤20	100	150	200	250	300	350	400	425	450	475	500	525	550	575	600	注
				室温强度指标		在下列温度（℃）下的许用应力/MPa																
12Cr3Mo1V	NB/T 47008—2017	正火加回火，调质	≤300	590	420	219	219	219	219	219	219	219	219	219	193	—	—	—	—	—	—	
			>300~500	580	410	215	215	215	215	215	215	215	215	215	193	—	—	—	—	—	—	
1Cr5Mo	NB/T 47008—2017	正火加回火，调质	≤500	590	390	219	219	219	219	217	213	210	190	136	107	83	62	46	35	26	18	
16MnD	NB/T 47009—2017	调质	≤100	480	305	178	178	167	150	137	123	117	—	—	—	—	—	—	—	—	—	
			>100~200	470	295	174	174	163	147	133	120	113	—	—	—	—	—	—	—	—	—	
			>200~300	450	275	167	167	157	143	130	117	110	—	—	—	—	—	—	—	—	—	
20MnMoD	NB/T 47009—2017	调质	≤300	530	370	196	196	196	196	196	190	183	—	—	—	—	—	—	—	—	—	
			>300~500	510	350	189	189	189	189	187	180	173	—	—	—	—	—	—	—	—	—	
			>500~700	490	330	181	181	181	181	180	173	167	—	—	—	—	—	—	—	—	—	
08MnNiMoVD	NB/T 47009—2017	调质	≤300	600	480	222	222	222	222	222	—	—	—	—	—	—	—	—	—	—	—	
10Ni3MoVD	NB/T 47009—2017	调质	≤300	600	480	222	222	222	222	222	—	—	—	—	—	—	—	—	—	—	—	
09MnNiD	NB/T 47009—2017	调质	≤200	440	280	163	163	157	150	143	137	127	—	—	—	—	—	—	—	—	—	
			>200~300	430	270	159	159	150	143	137	130	120	—	—	—	—	—	—	—	—	—	
08Ni3D	NB/T 47009—2017	调质	≤300	460	260	170	—	—	—	—	—	—	—	—	—	—	—	—	—	—	—	

注 1　该钢锻件不得用于焊接结构。

附表 6-6

高合金钢钢锻件许用应力

钢号	钢锻件标准	公称厚度/mm	在下列温度（℃）下的许用应力/MPa																					注
			≤20	100	150	200	250	300	350	400	450	500	525	550	575	600	625	650	675	700	725	750	775	800	
S11306	NB/T 47010—2017	≤150	137	126	123	120	119	117	112	109	—	—	—	—	—	—	—	—	—	—	—	—	—	—	—
S30408	NB/T 47010—2017	≤300	137	137	137	130	122	114	111	107	103	100	98	91	79	64	52	42	32	27	—	—	—	—	1
S30403	NB/T 47010—2017	≤300	117	114	103	96	90	85	82	79	88	—	—	—	—	—	—	—	—	—	—	—	—	—	1
S30409	NB/T 47010—2017	≤300	137	137	137	130	122	114	111	107	103	100	98	91	79	64	52	42	32	27	—	—	—	—	1
S31008	NB/T 47010—2017	≤300	137	137	137	137	134	130	125	122	119	115	113	105	84	61	43	31	23	19	15	12	10	8	1
S31608	NB/T 47010—2017	≤300	137	121	111	105	99	96	93	90	88	85	84	83	81	61	43	31	23	19	15	12	10	8	1
S31603	NB/T 47010—2017	≤300	137	117	107	99	93	87	84	82	81	79	78	78	76	73	65	50	38	30	—	—	—	—	1
S31668	NB/T 47010—2017	≤300	117	117	117	108	100	95	90	86	84	—	—	—	—	—	—	—	—	—	—	—	—	—	—	1
S31703	NB/T 47010—2017	≤300	137	137	137	134	125	118	113	111	109	107	—	—	—	—	—	—	—	—	—	—	—	—	1
S32168	NB/T 47010—2017	≤300	137	117	107	99	93	87	84	82	81	79	—	—	—	—	—	—	—	—	—	—	—	—	1
S39042	NB/T 47010—2017	≤300	137	137	137	130	122	114	111	108	105	103	101	83	58	44	33	25	18	13	—	—	—	—	1
S21953	NB/T 47010—2017	≤150	147	147	147	147	144	131	122	—	—	—	—	—	—	—	—	—	—	—	—	—	—	—	—	1
S22253	NB/T 47010—2017	≤150	147	137	127	117	107	97	90	—	—	—	—	—	—	—	—	—	—	—	—	—	—	—	—
S22053	NB/T 47010—2017	≤150	219	210	200	193	187	180	—	—	—	—	—	—	—	—	—	—	—	—	—	—	—	—	—
	NB/T 47010—2017	≤150	230	230	230	230	223	217	—	—	—	—	—	—	—	—	—	—	—	—	—	—	—	—	—
	NB/T 47010—2017	≤150	230	230	230	230	223	217	—	—	—	—	—	—	—	—	—	—	—	—	—	—	—	—	—

注 1　该行许用应力仅适用于允许产生微量永久变形之元件，对于法兰之或其他微量永久变形就引起泄漏或故障的场合不能采用。

附表 6-7　　碳素钢和低合金钢螺柱许用应力

钢号	钢棒标准	使用状态	螺柱规格/mm	室温强度指标 R_m/MPa	室温强度指标 R_{eL}/MPa	在下列温度(℃)下的许用应力/MPa ≤20	100	150	200	250	300	350	400	425	450	475	500	525	550	575	600
20	GB/T 699—2015	正火	≤M22	410	245	91	81	78	73	65	60	54	—	—	—	—	—	—	—	—	—
			M24~M27	400	235	94	84	80	74	67	61	56	—	—	—	—	—	—	—	—	—
35	GB/T 699—2015	正火	≤M22	530	315	117	105	98	91	82	74	69	—	—	—	—	—	—	—	—	—
			M24~M27	510	295	118	106	100	92	84	76	70	—	—	—	—	—	—	—	—	—
40MnB	GB/T 3077—2015	调质	≤M22	805	685	196	176	171	165	162	154	143	126	—	—	—	—	—	—	—	—
			M24~M36	765	635	212	189	183	180	176	167	154	137	—	—	—	—	—	—	—	—
40MnVB	GB/T 3077—2015	调质	≤M22	835	735	210	190	185	179	176	168	157	140	—	—	—	—	—	—	—	—
			M24~M36	805	685	228	206	199	196	193	183	170	154	—	—	—	—	—	—	—	—
40Cr	GB/T 3077—2015	调质	≤M22	805	685	196	176	171	165	162	157	148	134	—	—	—	—	—	—	—	—
			M24~M36	765	635	212	189	183	180	176	170	160	147	—	—	—	—	—	—	—	—
30CrMoA	GB/T 3077—2015	调质	≤M22	700	550	157	141	137	134	131	129	124	116	111	107	103	79	—	—	—	—
			M24~M48	660	500	167	150	145	142	140	137	132	123	118	113	108	79	—	—	—	—
			M52~M56	660	500	185	167	161	157	156	152	146	137	131	126	111	79	—	—	—	—
35CrMoA	GB/T 3077—2015	调质	≤M22	835	735	210	190	185	179	176	174	165	154	147	140	111	79	—	—	—	—
			M24~M48	805	685	228	206	199	196	193	189	180	170	162	150	111	79	—	—	—	—
			M52~M80	805	685	254	229	221	218	214	210	200	189	180	150	111	79	—	—	—	—
			M85~M105	735	590	219	196	189	185	181	178	171	160	153	145	111	79	—	—	—	—
35Cr-MoVA	GB/T 3077—2015	调质	M52~M105	835	735	272	247	240	232	229	225	218	207	201	—	—	—	—	—	—	—
			M110~M140	785	665	246	221	214	210	207	203	196	189	183	—	—	—	—	—	—	—
25Cr2MoVA	GB/T 3077—2015	调质	≤M22	835	735	210	190	185	179	176	174	168	160	156	151	141	131	72	39	—	—
			M24~M48	835	735	245	222	216	209	206	203	196	186	181	176	168	131	72	39	—	—
			M52~M105	805	685	254	229	221	218	214	210	203	196	191	185	176	131	72	39	—	—
			M110~M140	735	590	219	196	189	185	181	178	174	167	164	160	153	131	72	39	—	—
40CrNiMoA	GB/T 3077—2015	调质	M52~M140	930	825	306	291	281	274	267	257	244	—	—	—	—	—	—	—	—	—
S45110 (1Cr5Mo)	GB/T 1221—2007	调质	≤M22	590	390	111	101	97	94	92	91	90	87	84	81	77	62	46	35	26	18
			M24~M48	590	390	130	118	113	109	108	106	105	101	98	95	83	62	46	35	26	18

注　括号中为旧钢号。

附表 6-8

高合金钢螺柱许用应力

钢号	钢棒标准	使用状态	螺柱规格/mm	室温强度指标		在下列温度(℃)下的许用应力/MPa															
				R_m/MPa	R_{eL}/MPa	≤20	100	150	200	250	300	350	400	450	500	550	600	650	700	750	800
S42020 (2Cr13)	GB/T 1220—2007	调质	≤M22	640	440	126	117	111	106	103	100	97	91	—	—	—	—	—	—	—	—
			M24～M27	640	440	147	137	130	123	120	117	113	107	—	—	—	—	—	—	—	—
S30408	GB/T 1220—2007	固溶	≤M22	520	205	128	107	97	90	84	79	77	74	71	69	66	58	42	27	—	—
			M24～M48	520	205	137	114	103	96	90	85	82	79	76	74	71	62	42	27	—	—
S31008	GB/T 1220—2007	固溶	≤M22	520	205	128	113	104	98	93	90	87	84	83	80	78	61	31	19	12	8
			M24～M48	520	205	137	121	111	105	99	96	93	90	88	85	83	61	31	19	12	8
S31608	GB/T 1220—2007	固溶	≤M22	520	205	128	109	101	93	87	82	79	77	76	75	73	68	50	30	—	—
			M24～M48	520	205	137	117	107	99	93	87	84	82	81	79	78	73	50	30	—	—
S32168	GB/T 1220—2007	固溶	≤M22	520	205	128	107	97	90	84	79	77	75	73	71	69	44	25	13	—	—
			M24～M48	520	205	137	114	103	96	90	85	82	80	78	76	74	44	25	13	—	—

注　括号中为旧铜号。

附录7　图 5-5、图 5-7～图 5-15 的曲线数据表（GB 150.3—2011）

附表 7-1　　　　　　　　　　　　　　　　图 5-5 的曲线数据表

D_o/δ_e	L/D_o	A 值	D_o/δ_e	L/D_o	A 值	D_o/δ_e	L/D_o	A 值
4	2.2	9.59×10^{-2}	10	0.56	9.64×10^{-2}	25	0.5	2.50
	2.6	8.84		0.70	7.20		0.8	1.43
	3.0	8.39		1.00	4.63		1.0	1.11
	4.0	7.83		1.20	3.71		1.2	9.02×10^{-3}
	5.0	7.59		2.00	2.01		2.0	5.08
	7.0	7.39		2.40	1.65		3.0	3.23
	10.0	7.29		3.00	1.39		3.4	2.78
	30.0	7.20		4.00	1.24		4.0	2.35
	50.0	7.20		5.00	1.18		4.4	2.19
				7.00	1.14		5.0	2.04
5	1.4	9.29×10^{-2}		10.00	1.12		6.0	1.91
	1.6	8.02		16.00	1.11		7.0	1.86
	2.0	6.58		50.00	1.11		10.0	1.80
	2.4	5.86					30.0	1.76
	3.0	5.32	15	0.34	9.68×10^{-2}		50.0	1.76
	4.0	4.94		0.40	7.70			
	5.0	4.78		0.60	4.53	30	0.16	9.04×10^{-2}
	7.0	4.65		1.00	2.44		0.20	6.35
	10.0	4.59		1.20	1.97		0.30	3.57
	30.0	4.54		2.00	1.09		0.40	2.46
	50.0	4.53		2.40	8.90×10^{-3}		0.60	1.50
				3.00	6.91		0.80	1.08
6	1.2	8.37×10^{-2}		4.00	5.73		1.00	8.38×10^{-3}
	1.6	5.84		5.00	5.34		1.20	6.83
	2.0	4.69		6.00	5.16		2.00	3.88
	2.4	4.11		10.00	4.97		3.00	2.46
	3.0	3.69		40.00	4.90		4.00	1.77
	4.0	3.41		50.00	4.90		4.40	1.61
	5.0	3.29					5.00	1.47
	7.0	3.20	20	0.24	9.82×10^{-2}		6.00	1.36
	10.0	3.16		0.40	4.77		7.00	1.30
	30.0	3.12		0.60	2.86		10.00	1.25
	50.0	3.12		0.80	2.03		30.00	1.22
				1.00	1.56		50.00	1.22
8	0.74	9.68×10^{-2}		1.20	1.27			
	0.80	8.75		2.00	7.13×10^{-3}	40	0.12	8.64×10^{-2}
	1.00	6.60		3.00	4.46		0.20	3.85
	1.60	3.72		3.40	3.88		0.30	2.22
	2.00	2.85		4.00	3.42		0.40	1.55
	2.40	2.42		5.00	3.08		0.60	9.58×10^{-3}
	3.00	2.12		7.00	2.87		0.80	6.91
	4.00	1.92		10.00	2.80		1.00	5.39
	5.00	1.84		40.00	2.75		1.20	4.41
	7.00	1.79		50.00	2.75		2.00	2.52
	10.00	1.76					4.00	1.17
	20.00	1.74	25	0.2	8.77×10^{-2}		5.00	9.12×10^{-4}
	50.00	1.74		0.3	4.84		6.00	8.04

（续表）

D_o/δ_e	L/D_o	A 值	D_o/δ_e	L/D_o	A 值	D_o/δ_e	L/D_o	A 值
40	7.00	7.56	80	0.070	6.08	125	2.00	4.59
	8.00	7.31		0.090	3.91		4.00	2.20
	10.00	7.08		0.100	3.28		6.00	1.41
	16.00	6.92		0.140	1.96		9.00	9.04×10^{-5}
	40.00	6.88		0.200	1.20		10.00	8.37
	50.00	6.88		0.240	9.50×10^{-3}		12.00	7.70
				0.400	5.16		14.00	7.40
50	0.088	9.30×10^{-2}		0.600	3.28		20.00	7.13
	0.100	7.82		0.800	2.39		40.00	7.04
	0.200	2.63		1.000	1.88		50.00	7.04
	0.300	1.54		2.000	8.95×10^{-4}			
	0.400	1.08		4.000	4.24	150	0.05	3.38×10^{-2}
	0.600	6.77×10^{-3}		6.600	2.41		0.06	2.44
	0.800	4.90		8.000	2.05		0.08	1.51
	1.000	3.84		10.000	1.86		0.10	1.08
	2.000	1.81		14.000	1.76		0.12	8.33×10^{-3}
	4.000	8.42×10^{-4}		30.000	1.72		0.16	5.69
	5.000	6.52		50.000	1.72		0.20	4.31
	6.000	5.48					0.40	1.94
	7.000	5.02	100	0.05	7.41×10^{-2}		0.60	1.25
	8.000	4.78		0.07	3.98		1.00	7.26×10^{-4}
	10.000	4.58		0.10	2.20		2.00	3.49
	12.000	4.49		0.14	1.33		4.00	1.68
	16.000	4.44		0.20	8.31×10^{-3}		6.00	1.08
	40.000	4.40		0.40	3.64		8.00	7.87×10^{-5}
	50.000	4.40		0.50	2.83		10.00	6.19
				0.80	1.70		12.00	5.53
60	0.074	9.54×10^{-2}		1.00	1.34		16.00	5.10
	0.100	5.56		2.00	6.41×10^{-4}		20.00	4.98
	0.140	3.23		4.00	3.05		40.00	4.89
	0.200	1.93		6.00	1.95		50.00	4.89
	0.400	8.12×10^{-3}		8.00	1.42			
	0.600	5.10		10.00	1.24	200	0.05	1.96×10^{-2}
	0.800	3.71		14.00	1.14		0.06	1.43
	1.000	2.91		25.00	1.10		0.08	9.09×10^{-3}
	2.000	1.38		50.00	1.1		0.10	6.59
	3.000	8.86×10^{-4}					0.14	4.21
	4.000	6.45	125	0.05	4.80×10^{-2}		0.20	2.72
	6.000	4.09		0.06	3.44		0.30	1.71
	7.000	3.64		0.08	2.10		0.50	9.76×10^{-4}
	8.000	3.41		0.10	1.48		0.80	5.92
	10.000	3.22		0.14	9.17×10^{-3}		1.00	4.69
	14.000	3.10		0.20	5.78		2.00	2.27
	40.000	3.06		0.40	2.57		4.00	1.10
	50.000	3.06		0.60	1.65		6.00	7.11×10^{-5}
				0.80	1.21		8.00	5.20
80	0.054	9.90×10^{-2}		1.00	9.55×10^{-4}		10.00	4.03

（续表）

D_o/δ_e	L/D_o	A 值	D_o/δ_e	L/D_o	A 值	D_o/δ_e	L/D_o	A 值
200	12.00	3.38	300	40.00	1.23	600	0.40	2.31
	14.00	3.09		50.00	1.22		0.60	1.51
	16.00	2.95					0.80	1.12
	20.00	2.83	400	0.05	5.49×10^{-3}		1.00	8.94×10^{-5}
	40.00	2.75		0.06	4.17		2.00	4.39
	50.00	2.75		0.08	2.78		4.00	2.16
				0.10	2.08		6.00	1.41
250	0.05	1.29×10^{-2}		0.12	1.66		8.00	1.04
	0.06	9.55×10^{-3}		0.16	1.18		8.40	9.88×10^{-6}
	0.08	6.17		0.20	9.14×10^{-4}			
	0.10	4.52		0.40	4.29	800	0.05	1.65×10^{-3}
	0.14	2.93		0.60	2.80		0.06	1.29
	0.20	1.91		0.80	2.07		0.08	8.92×10^{-4}
	0.40	8.81×10^{-4}		1.00	1.65		0.10	6.82
	0.60	5.72		2.00	8.08×10^{-5}		0.12	5.51
	0.80	4.22		4.00	3.93		0.16	3.98
	1.00	3.35		6.00	2.57		0.20	3.12
	2.00	1.63		8.00	1.89		0.40	1.49
	4.00	7.89×10^{-5}		10.00	1.48		0.60	9.80×10^{-5}
	6.00	5.13		14.00	1.02		0.80	7.28
	8.00	3.77		16.00	8.82×10^{-6}		1.00	5.80
	10.00	2.93	500	0.05	3.70×10^{-3}		2.00	2.86
	12.00	2.38		0.06	2.84		4.00	1.40
	14.00	2.10		0.08	1.92		5.00	1.12
	16.00	1.96		0.10	1.45		5.60	9.92×10^{-6}
	20.00	1.84		0.12	1.16	1 000	0.05	1.13×10^{-3}
	40.00	1.76		0.16	8.30×10^{-4}		0.06	8.91×10^{-4}
	50.00	1.76		0.20	6.45		0.07	7.33
300	0.05	9.23×10^{-3}		0.40	3.05		0.09	5.41
	0.06	6.90		0.60	1.99		0.12	3.88
	0.08	4.52		0.80	1.48		0.16	2.82
	0.10	3.34		1.00	1.18		0.20	2.21
	0.12	2.64		2.00	5.79×10^{-5}		0.40	1.06
	0.20	1.43		4.00	2.82		0.70	5.96×10^{-5}
	0.40	6.66×10^{-4}		6.00	1.85		1.00	4.14
	0.60	4.33		8.00	1.37		2.00	2.04
	0.80	3.21		10.00	1.07		4.00	1.01
	1.00	2.54		12.00	8.80×10^{-6}		4.20	9.57×10^{-6}
	2.00	1.24	600	0.05	2.70×10^{-3}			
	4.00	6.02×10^{-5}		0.06	2.08			
	6.00	3.93		0.08	1.42			
	8.00	2.87		0.10	1.08			
	10.00	2.25		0.12	8.68×10^{-4}			
	14.00	1.56		0.16	6.24			
	16.00	1.42		0.20	4.86			
	20.00	1.30						

附表 7-2　　　　　　　　　图 5-7 的曲线数据表

温度/℃	A 值	B 值/MPa	温度/℃	A 值	B 值/MPa	温度/℃	A 值	B 值/MPa
150	1.00×10^{-5}	1.33	260	2.00×10^{-2}	120.00	425	5.00×10^{-4}	42.70
	6.20×10^{-4}	82.70		1.00×10^{-1}	120.00		6.00	45.30
	7.00	92.00	370	1.00×10^{-5}	1.14		7.00	47.00
	8.00	96.00		4.09×10^{-4}	46.70		1.00×10^{-3}	52.00
	9.00	100.00		5.00	50.70		1.50	56.00
	1.00×10^{-3}	103		6.00	54.70		2.00	60.00
	1.50	111		7.00	56.00		2.00×10^{-2}	86.0
	2.00	113		8.00	58.70		1.00×10^{-1}	86.0
	9.00	128.00		9.00	60.00	475	1.00×10^{-5}	0.956
	1.00×10^{-1}	128.00		1.00×10^{-3}	61.30		3.25×10^{-4}	31.0
260	1.00×10^{-5}	1.24		1.50	66.70		5.00	36.000
	5.08×10^{-4}	62.70		2.00	70.70		7.00	40.000
	6.00	68.00		2.00×10^{-2}	101.0		1.00×10^{-3}	42.700
	8.00	74.70		1.00×10^{-1}	105.0		1.50	48.000
	1.00×10^{-3}	77.30	425	1.00×10^{-5}	1.05		2.50	53.300
	1.50	85.30		3.54×10^{-4}	37.30		2.00×10^{-2}	78.0
	2.50	93.30		4.00	40.00		1.00×10^{-1}	78.0

附表 7-3　　　　　　　　　图 5-8 的曲线数据表

温度/℃	A 值	B 值/MPa	温度/℃	A 值	B 值/MPa	温度/℃	A 值	B 值/MPa
30	1.00×10^{-5}	1.33	300	1.00×10^{-3}	82.4	400	5.00	99.2
	1.00×10^{-3}	133		1.50	94.4		7.00	106
	1.50	151		2.00	101		8.00	108
	2.00	163		3.00	111		1.00×10^{-2}	110
	3.00	171		4.00	117	475	1.00×10^{-5}	0.977
	1.00×10^{-2}	183		5.00	122		3.90×10^{-4}	37.2
200	1.00×10^{-5}	1.24		8.00	129		5.00	41.3
	9.30×10^{-4}	115		1.00×10^{-2}	130		6.00	44.3
	1.00×10^{-3}	118	400	1.00×10^{-5}	1.05		7.00	47.1
	1.50	132		4.00×10^{-4}	42.1		8.00	49.4
	2.00	138		5.00	46.8		9.00	51.8
	2.50	142		6.00	51.2		1.00×10^{-3}	54.1
	3.00	146		7.00	54.4		1.50	62.9
	4.00	151		8.00	57.2		2.00	68.6
	1.00×10^{-2}	161		9.00	60.0		3.00	77.0
300	1.00×10^{-5}	1.17		1.00×10^{-3}	62.8		4.00	82.6
	5.00×10^{-4}	58.7		1.50	73.2		5.00	86.3
	6.00	65.6		2.00	80.0		6.00	88.7
	7.00	71.2		3.00	88.8		8.00	92.6
	8.00	75.7		4.00	95.2		1.00×10^{-2}	94.7

附表 7-4　　　　　　　　　　　　图 5-9 的曲线数据表

温度/℃	A 值	B 值/MPa	温度/℃	A 值	B 值/MPa	温度/℃	A 值	B 值/MPa
150	1.00×10^{-5}	1.33	260	3.00	114	425	1.00×10^{-3}	65.0
	7.65×10^{-4}	101		8.00	132		1.50	73.3
	8.00	105		1.00×10^{-2}	135		2.00	77.3
	9.00	109		1.50	143		3.00	82.7
	1.00×10^{-3}	113		2.00	149		3.00×10^{-2}	113
	2.00	137		2.72	156		1.00×10^{-1}	113
	3.00	149		1.00×10^{-1}	156	475	1.00×10^{-5}	0.956
	4.00	156	370	1.00×10^{-5}	1.39		4.27×10^{-4}	41.3
	5.00	159		5.59×10^{-4}	62.7		1.00×10^{-3}	56.0
	2.50×10^{-2}	164		1.00×10^{-3}	74.7		1.50	62.7
	1.00×10^{-1}	164		3.00	93.3		2.00	68.0
260	1.00×10^{-5}	1.24		1.00×10^{-2}	112		3.00	73.3
	6.63×10^{-4}	82.2		2.50	128		8.00	85.3
	9.00	89.0		1.00×10^{-1}	128		3.00×10^{-2}	102
	1.00×10^{-3}	93.3	425	1.00×10^{-5}	1.05		1.00×10^{-1}	102
	2.50	111		5.00×10^{-4}	52.0			

附表 7-5　　　　　　　　　　　　图 5-10 的曲线数据表

屈服强度/MPa	A 值	B 值/MPa	屈服强度/MPa	A 值	B 值/MPa	屈服强度/MPa	A 值	B 值/MPa
415	4.00×10^{-5}	5.33	345	4.00×10^{-5}	5.33	260~275	4.00×10^{-5}	5.33
	1.00×10^{-3}	133		1.00×10^{-3}	133		1.00×10^{-3}	133
	1.66	220		1.38	184		1.10	147
	1.00×10^{-1}	276		1.00×10^{-1}	229		1.00×10^{-1}	184
380	4.00×10^{-5}	5.33	310	4.00×10^{-5}	5.33			
	1.00×10^{-3}	133		1.00×10^{-3}	133			
	1.52	207		1.24	165			
	1.00×10^{-1}	248		1.00×10^{-1}	207			

附表 7-6　　　　　　　　　　　　图 5-11 的曲线数据表

A 值	B 值/MPa	A 值	B 值/MPa	A 值	B 值/MPa
4.00×10^{-4}	53.3	1.00×10^{-3}	133	3.00×10^{-2}	303
6.00	8.00	2.00	266	6.00	313
8.00	106	2.20	293	1.00×10^{-1}	327

附表 7-7　　　　　　　　　　图 5-12 的曲线数据表

温度/℃	A 值	B 值/MPa	温度/℃	A 值	B 值/MPa	温度/℃	A 值	B 值/MPa
30	1.00×10^{-5}	1.29	370	1.00×10^{-5}	1.07	480	1.05×10^{-3}	50.7
	4.63×10^{-4}	60.0		3.34×10^{-4}	36.0		3.00	56.0
	1.50×10^{-3}	97.3		4.00	40.0		1.00×10^{-2}	65.3
	2.00	105		5.00	42.7		2.00	68.0
	3.00	115		6.00	45.3		7.00	73.3
	1.00×10^{-2}	131		1.00×10^{-3}	53.3		1.00×10^{-1}	73.3
	1.00×10^{-1}	147		2.00	61.3	650	1.00×10^{-5}	0.933
205	1.00×10^{-5}	1.20		5.00	70.7		2.78×10^{-4}	25.3
	3.86×10^{-4}	46.4		6.00	72.0		1.00×10^{-3}	38.7
	2.00×10^{-3}	76.0		1.00×10^{-2}	74.7		2.00	44.0
	3.00	84.0		5.00	82.7		5.00	50.7
	4.00	89.3		1.00×10^{-1}	82.7		1.00×10^{-2}	54.7
	5.00	93.3	480	1.00×10^{-5}	1.07		2.00	58.7
	1.00×10^{-2}	98.7		3.09×10^{-4}	32.0		5.00	62.7
	5.00	107		4.00	36.0		1.00×10^{-1}	62.7
	1.00×10^{-1}	107		5.00	38.7			

附表 7-8　　　　　　　　　　图 5-13 的曲线数据表

温度/℃	A 值	B 值/MPa	温度/℃	A 值	B 值/MPa	温度/℃	A 值	B 值/MPa
30	1.00×10^{-5}	1.29	205	3.00	104	480	6.00	56.0
	5.88×10^{-4}	75.7		4.00	108		1.00×10^{-3}	66.7
	1.50×10^{-3}	103		5.00	111		3.00	84.0
	2.00	109		6.00	113		4.00	88.0
	2.50	113		1.00×10^{-2}	117		1.00×10^{-2}	96.0
	3.00	117		5.00	126		5.00	108
	4.00	120		1.00×10^{-1}	126		1.00×10^{-1}	108
	5.00	123	370	1.00×10^{-5}	1.07	650	1.00×10^{-5}	0.933
	7.00	128		5.07×10^{-4}	57.3		4.50×10^{-4}	42.0
	1.00×10^{-2}	129		1.00×10^{-3}	73.3		1.00×10^{-3}	56.0
	2.00	136		3.00	93.3		2.00	66.7
	7.00	144		4.00	96.0		3.00	93.3
	1.00×10^{-1}	144		1.00×10^{-2}	105		4.00	76.0
205	1.00×10^{-5}	1.20		5.00	117		5.00	78.7
	5.75×10^{-4}	68.6		6.00	120		1.00×10^{-2}	82.3
	1.00×10^{-3}	81.3		1.00×10^{-1}	120		7.00	87.1
	1.50	90.7		1.00×10^{-5}	1.07			
	2.00	96.0	480	5.19×10^{-4}	53.3			

附表 7-9　　　　　　　　　　　图 5-14 的曲线数据表

温度/℃	A 值	B 值/MPa	温度/℃	A 值	B 值/MPa	温度/℃	A 值	B 值/MPa
30	1.00×10^{-5}	1.29	205	1.00×10^{-3}	50.1	315	1.00×10^{-1}	77.7
	5.24×10^{-4}	67.4		1.00×10^{-2}	74.9	425	1.00×10^{-5}	1.06
	2.00×10^{-3}	94.7		2.83	89.6		2.70×10^{-4}	28.6
	6.00	115		1.00×10^{-1}	89.6		1.50×10^{-3}	40.0
	2.00×10^{-2}	132	315	1.00×10^{-5}	1.13		1.00×10^{-2}	56.0
	1.00×10^{-1}	140		3.13×10^{-4}	35.3		1.00×10^{-1}	66.2
205	1.00×10^{-5}	1.20		1.00×10^{-3}	44.0			
	3.52×10^{-4}	42.0		1.00×10^{-2}	66.7			

附表 7-10　　　　　　　　　　图 5-15 的曲线数据表

温度/℃	A 值	B 值/MPa	温度/℃	A 值	B 值/MPa	温度/℃	A 值	B 值/MPa
30	1.00×10^{-5}	1.29	150	1.00×10^{-2}	103	315	5.00×10^{-3}	66.2
	5.87×10^{-4}	75.5		5.00	119		1.00×10^{-2}	72.6
	7.00×10^{-3}	124		1.00×10^{-1}	119		4.56	82.7
	1.00×10^{-2}	132	205	1.00×10^{-5}	1.2		1.00×10^{-1}	86.7
	2.00	143		4.02×10^{-4}	50.7	425	1.00×10^{-5}	1.06
	5.00	152		7.00×10^{-3}	84.0		3.06×10^{-4}	33.5
	1.00×10^{-1}	152		1.00×10^{-2}	88.0		5.00×10^{-3}	56.0
150	1.00×10^{-5}	1.20		4.00	98.7		1.00×10^{-2}	62.7
	4.46×10^{-4}	56.5		1.00×10^{-1}	98.7		5.00	70.8
	5.00×10^{-3}	93.3	315	1.00×10^{-5}	1.13		1.00×10^{-1}	70.8
	6.00	96.0		3.55×10^{-4}	40.0			

附录 8　压力容器用钢制法兰

附表 8-1　　　　　　　长颈对焊法兰的最大允许工作压力（NB/T 47020—2012）　　　　　　（MPa）

公称压力 PN/MPa	法兰材料 （锻件）	工作温度/℃								备注
		−70～<−40	−40～−20	>−20～200	250	300	350	400	450	
0.60	20			0.44	0.40	0.35	0.33	0.30	0.27	
	16Mn			0.60	0.57	0.52	0.49	0.46	0.29	
	20MnMo			0.65	0.64	0.63	0.60	0.57	0.50	
	15CrMo			0.61	0.59	0.55	0.52	0.49	0.46	
	14Cr1Mo			0.61	0.59	0.55	0.52	0.49	0.46	
	12Cr2Mo1			0.65	0.63	0.60	0.56	0.53	0.50	
	16MnD		0.60	0.60	0.57	0.52	0.49			
	09MnNiD	0.60	0.60	0.60	0.60	0.57	0.53			
1.00	20			0.73	0.66	0.59	0.55	0.50	0.45	
	16Mn			1.00	0.96	0.86	0.81	0.77	0.49	
	20MnMo			1.09	1.07	1.05	1.00	0.94	0.83	
	15CrMo			1.02	0.98	0.91	0.86	0.81	0.77	
	14Cr1Mo			1.02	0.98	0.91	0.86	0.81	0.77	
	12Cr2Mo1			1.09	1.04	1.00	0.93	0.88	0.83	
	16MnD		1.00	1.00	0.96	0.86	0.81			
	09MnNiD	1.00	1.00	1.00	1.00	0.95	0.88			
1.60	20			1.16	1.05	0.94	0.88	0.81	0.72	
	16Mn			1.60	1.53	1.37	1.30	1.23	0.78	
	20MnMo			1.74	1.72	1.68	1.60	1.51	1.33	
	15CrMo			1.64	1.56	1.46	1.37	1.30	1.23	
	14Cr1Mo			1.64	1.56	1.46	1.37	1.30	1.23	
	12Cr2Mo1			1.74	1.67	1.60	1.49	1.41	1.33	
	16MnD		1.60	1.60	1.53	1.37	1.30			
	09MnNiD	1.60	1.60	1.60	1.60	1.51	1.41			
2.50	20			1.81	1.65	1.46	1.37	1.26	1.13	
	16Mn			2.50	2.39	2.15	2.04	1.93	1.22	
	20MnMo			2.92	2.86	2.82	2.73	2.58	2.45	DN<1 400
	20MnMo			2.67	2.63	2.59	2.50	2.37	2.24	DN≥1 400
	15CrMo			2.56	2.44	2.28	2.15	2.04	1.93	
	14Cr1Mo			2.56	2.44	2.28	2.15	2.04	1.93	
	12Cr2Mo1			2.67	2.61	2.50	2.33	2.20	2.09	
	16MnD		2.50	2.50	2.39	2.15	2.04			
	09MnNiD	2.50	2.50	2.50	2.50	2.37	2.20			
4.00	20			2.90	2.64	2.34	2.19	2.01	1.81	
	16Mn			4.00	3.82	3.44	3.26	3.08	1.96	
	20MnMo			4.64	4.56	4.51	4.36	4.13	3.92	DN<1 500
	20MnMo			4.27	4.20	4.14	4.00	3.80	3.59	DN≥1 500
	15CrMo			4.09	3.91	3.64	3.44	3.26	3.08	
	14Cr1Mo			4.09	3.91	3.64	3.44	3.26	3.08	
	12Cr2Mo1			1.26	4.18	4.00	3.73	3.53	3.35	
	16MnD		4.00	4.00	3.82	3.44	3.26			
	09MnNiD	4.00	4.00	4.00	4.00	3.79	3.52			
6.40	20			4.65	4.22	3.75	3.51	3.22	2.89	
	16Mn			6.40	6.12	5.50	5.21	4.93	3.13	
	20MnMo			7.42	7.30	7.22	6.98	6.61	6.27	DN<400
	20MnMo			6.82	6.73	6.63	6.40	6.07	5.75	DN≥400
	15CrMo			6.54	6.26	5.83	5.50	5.21	4.93	
	14Cr1Mo			6.54	6.26	5.83	5.50	5.21	4.93	
	12Cr2Mo1			6.82	6.68	6.40	5.97	5.64	5.36	
	16MnD		6.40	6.40	6.12	5.50	5.21			
	09MnNiD	6.40	6.40	6.40	6.40	6.06	5.64			

附表 8-2　　　　甲型平焊法兰螺柱材料选用表（NB/T 47020—2012）

PN/MPa ＼ DN/mm	0.25	0.60	1.00	1.60	2.50	4.00
300						
350						
400						
450						
500						
550						
600	—	—		40MnB		
650						
700				40Cr		
800						
900						
1 000						
1 100						
1 200						
1 300						
1 400						
1 500						
1 600						
1 700						
1 800		35*			40MnVB	
1 900						
2 000						
2 200						
2 400						
2 600						
2 800	35*			—		
3 000						

*　对 16Mn、Q345R 法兰材料，当工作温度高于 200 ℃时，应改选 40MnB。

附表 8-3　　　　　乙型平焊法兰螺柱材料选用表(NB/T 47012—2012)

DN/mm \ PN/MPa	0.25	0.60	1.00	1.60	2.50	4.00	6.40
300							
350							
400							
450							
500							
550							
600	—	—					40MnVB**
650			40MnB*,**				35CrMoA
700			40Cr**				
800							
900							
1 000							
1 100							
1 200							
1 300							
1 400							
1 500							
1 600							
1 700							
1 800		40MnB*,**					
1 900		40Cr**					
2 000							
2 100					40MnVB**		
2 200					35CrMoA		
2 400	40MnB*,**						
2 500	40Cr**						
2 600							
2 800					—		
3 000							

*　对 15CrMo 法兰材料,当工作温度高于 350 ℃时,应改选 40MnVB。

**　当法兰工作温度高于 400 ℃或低于等于−20 ℃时,螺柱材料应改选 35CrMoA。

附表 8-4 　　　　　　 长颈法兰螺柱材料选用表（NB/T 47020—2012）

PN/MPa DN/mm	0.25	0.60	1.00	1.60	2.50	4.00	6.40
300	—	—	40MnVB* 35CrMoA				25Cr2MoA
350							
400							
450							
500							
550							
600							
650							
700							
800							
900							
1 000							
1 100							
1 200							
1 300							
1 400				25Cr2MoVA			
1 500							
1 600							
1 700							
1 800							
1 900							
2 000							
2 200			—				
2 400							
2 600							
2 800							
3 000							

* 　当法兰工作温度高于 400 ℃时,螺柱材料应改选 35CrMoA。

附表 8-5　　　　　　　　　甲型平焊法兰尺寸（NB/T 47021—2012）

公称直径 DN/mm	法兰/mm							螺柱	
	D	D_1	D_2	D_3	D_4	δ	d	规格	数量
PN=0.25 MPa									
700	815	780	750	740	737	36	18	M16	28
800	915	880	850	840	837	36	18	M16	32
900	1 015	980	950	940	937	40	18	M16	36
1 000	1 130	1 090	1 055	1 045	1 042	40	23	M20	32
1 100	1 230	1 190	1 155	1 141	1 138	40	23	M20	32
1 200	1 330	1 290	1 255	1 241	1 238	44	23	M20	36
1 300	1 430	1 390	1 355	1 341	1 338	46	23	M20	40
1 400	1 530	1 490	1 455	1 441	1 438	46	23	M20	40
1 500	1 630	1 590	1 555	1 541	1 538	48	23	M20	44
1 600	1 730	1 690	1 655	1 641	1 638	50	23	M20	48
1 700	1 830	1 790	1 755	1 741	1 738	52	23	M20	52
1 800	1 930	1 890	1 855	1 841	1 838	56	23	M20	52
1 900	2 030	1 990	1 955	1 941	1 938	56	23	M20	56
2 000	2 130	2 090	2 055	2 041	2 038	60	23	M20	60
PN=0.60 MPa									
450	565	530	500	490	487	30	18	M16	20
500	615	580	550	540	537	30	18	M16	20
550	665	630	600	590	587	32	18	M16	24
600	715	680	650	640	637	32	18	M16	24
650	765	730	700	690	687	36	18	M16	28
700	830	790	755	745	742	36	23	M20	24
800	930	890	855	845	842	40	23	M20	24
900	1030	990	955	945	942	44	23	M20	32
1 000	1 130	1 090	1 055	1 045	1 042	48	23	M20	36
1 100	1 230	1 190	1 155	1 141	1 138	55	23	M20	44
1 200	1 330	1 290	1 255	1 241	1 238	60	23	M20	52
PN=1.0 MPa									
300	415	380	350	340	337	26	18	M16	16
350	465	430	400	390	387	26	18	M16	16
400	515	480	450	440	437	30	18	M16	20
450	565	530	500	490	487	34	18	M16	24
500	630	590	555	545	542	34	23	M20	20
550	680	640	605	595	592	38	23	M20	24
600	730	690	655	645	642	40	23	M20	24
650	780	740	705	695	692	44	23	M20	28
700	830	790	755	745	742	46	23	M20	32
800	930	890	855	845	842	54	23	M20	40
900	1 030	990	955	945	942	60	23	M20	48
PN=1.6 MPa									
300	430	390	355	345	342	30	23	M20	16
350	480	440	405	395	392	32	23	M20	16
400	530	490	455	445	442	36	23	M20	20
450	580	540	505	495	492	40	23	M20	24
500	630	590	555	545	542	44	23	M20	28
550	680	640	605	595	592	50	23	M20	36
600	730	690	655	645	642	54	23	M20	40
650	780	740	705	695	692	58	23	M20	44

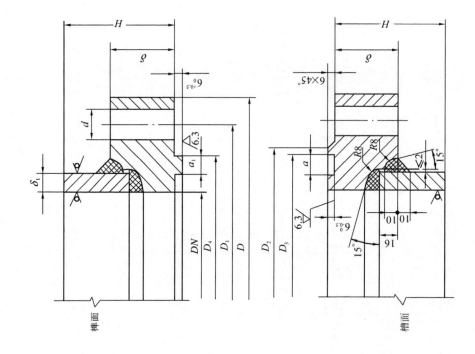

附图8-2 榫槽密封面乙型平焊法兰(NB/T 47022—2012)

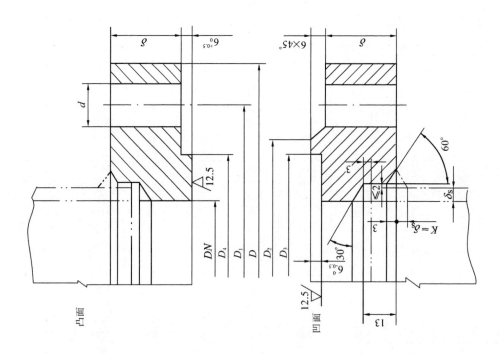

附图8-1 凹凸密封面甲型平焊法兰(NB/T 47021—2012)

附表 8-6　　　　　　　　　　　乙型平焊法兰尺寸（NB/T 47022—2012）

公称直径	法兰尺寸/mm											螺柱	
DN/mm	D	D_1	D_2	D_3	D_4	δ	H	δ_t	a	a_1	d	规格	数量
PN=0.25 MPa													
2 600	2 760	2 715	2 676	2 656	2 653	96	345	16	21	18	27	M24	72
2 800	2 960	2 915	2 876	2 856	2 853	102	350	16	21	18	27	M24	80
3 000	3 160	3 115	3 076	3 056	3 053	104	355	16	21	18	27	M24	84
PN=0.6 MPa													
1 300	1 460	1 415	1 376	1 356	1 353	70	270	16	21	18	27	M24	36
1 400	1 560	1 515	1 476	1 456	1 453	72	270	16	21	18	27	M24	40
1 500	1 660	1 615	1 576	1 556	1 553	74	270	16	21	18	27	M24	40
1 600	1 760	1 715	1 676	1 656	1 653	76	275	16	21	18	27	M24	44
1 700	1 860	1 815	1 776	1 756	1 753	78	280	16	21	18	27	M24	48
1 800	1 960	1 915	1 876	1 856	1 853	80	280	16	21	18	27	M24	52
1 900	2 060	2 015	1 976	1 956	1 953	84	285	16	21	18	27	M24	56
2 000	2 160	2 115	2 076	2 056	2 053	87	285	16	21	18	27	M24	60
2 200	2 360	2 315	2 276	2 256	2 253	90	340	16	21	18	27	M24	64
2 400	2 560	2 515	2 476	2 456	2 453	92	340	16	21	18	27	M24	68
PN=1.0 MPa													
1 000	1 140	1 100	1 065	1 055	1 052	62	260	12	17	14	23	M20	40
1 100	1 260	1 215	1 176	1 156	1 153	64	265	16	21	18	27	M24	32
1 200	1 360	1 315	1 276	1 256	1 253	66	265	16	21	18	27	M24	36
1 300	1 460	1 415	1 376	1 356	1 353	70	270	16	21	18	27	M24	40
1 400	1 560	1 515	1 476	1 456	1 453	74	270	16	21	18	27	M24	44
1 500	1 660	1 615	1 576	1 556	1 553	78	275	16	21	18	27	M24	48
1 600	1 760	1 715	1 676	1 656	1 653	82	280	16	21	18	27	M24	52
1 700	1 860	1 815	1 776	1 756	1 753	88	280	16	21	18	27	M24	56
1 800	1 960	1 915	1 876	1 856	1 853	94	290	16	21	18	27	M24	60
PN=1.6 MPa													
700	860	815	776	766	763	46	200	16	21	18	27	M24	24
800	960	915	876	866	863	48	200	16	21	18	27	M24	24
900	1 060	1 015	976	966	963	55	205	16	21	18	27	M24	28
1 000	1 160	1 115	1 076	1 066	1 063	66	260	16	21	18	27	M24	32
1 100	1 260	1 215	1 176	1 156	1 153	76	270	16	21	18	27	M24	36
1 200	1 360	1 315	1 276	1 256	1 253	85	280	16	21	18	27	M24	40
1 300	1 460	1 415	1 376	1 356	1 353	94	290	16	21	18	27	M24	44
1 400	1 560	1 515	1 476	1 456	1 453	103	295	16	21	18	27	M24	52
PN=2.5 MPa													
300	440	400	365	355	352	35	180	12	17	14	23	M20	16
350	490	450	415	405	402	37	185	12	17	14	23	M20	16
400	540	500	465	455	452	42	190	12	17	14	23	M20	20
450	590	550	515	505	502	43	190	12	17	14	23	M20	20
500	660	615	576	566	563	43	190	16	21	18	27	M24	20
550	710	665	626	616	613	45	195	16	21	18	27	M24	20
600	760	715	676	666	663	50	200	16	21	18	27	M24	24
650	810	765	726	716	713	60	205	16	21	18	27	M24	24
700	860	815	776	766	763	66	210	16	21	18	27	M24	28
800	960	915	876	866	863	77	220	16	21	18	27	M24	32
PN=4.0 MPa													
300	460	415	376	366	363	42	190	16	21	18	27	M24	16
350	510	465	426	416	413	44	190	16	21	18	27	M24	16
400	560	515	476	466	463	50	200	16	21	18	27	M24	20
450	610	565	526	516	513	61	205	16	21	18	27	M24	20
500	660	615	576	566	563	68	210	16	21	18	27	M24	24
550	710	665	626	616	613	75	220	16	21	18	27	M24	28
600	760	715	676	666	663	81	225	16	21	18	27	M24	32

注　法兰短节与容器筒体连接部位的焊接坡口型式和尺寸由设计或制造单位决定。

附录 9　钢制管法兰标准（HG/T 20592—2009）摘要

1. 法兰基本参数

附表 9-1　法兰类型和适用范围

法兰类型	整体法兰(IF)								承插焊法兰(SW)						螺纹法兰(Th)				
适用钢管外径系列	A,B一致								A 和 B						A				
公称尺寸 DN ＼ 公称压力 PN	6	10	16	25	40	63	100	160	10	16	25	40	63	100	6	10	16	25	40
10	×	×	×	×	×	×	×	×	×	×	×	×	×	×	×	×	×	×	×
15	×	×	×	×	×	×	×	×	×	×	×	×	×	×	×	×	×	×	×
20	×	×	×	×	×	×	×	×	×	×	×	×	×	×	×	×	×	×	×
25	×	×	×	×	×	×	×	×	×	×	×	×	×	×	×	×	×	×	×
32	×	×	×	×	×	×	×	×	×	×	×	×	×	×	×	×	×	×	×
40	×	×	×	×	×	×	×	×	×	×	×	×	×	×	×	×	×	×	×
50	×	×	×	×	×	×	×	×	×	×	×	×	—	—	×	×	×	×	—
65	×	×	×	×	×	×	×	×	—	—	—	—	—	—	—	—	—	—	—
80	×	×	×	×	×	×	×	×	—	—	—	—	—	—	—	—	—	—	—
100	×	×	×	×	×	×	×	×	—	—	—	—	—	—	—	—	—	—	—
125	×	×	×	×	×	×	×	×	—	—	—	—	—	—	—	—	—	—	—
150	×	×	×	×	×	×	×	×	—	—	—	—	—	—	—	—	—	—	—
200	×	×	×	×	×	×	×	×	—	—	—	—	—	—	—	—	—	—	—
250	×	×	×	×	×	×	×	×	—	—	—	—	—	—	—	—	—	—	—
300	×	×	×	×	×	×	×	×	—	—	—	—	—	—	—	—	—	—	—
350	×	×	×	×	×	×	×	—	—	—	—	—	—	—	—	—	—	—	—
400	×	×	×	×	×	×	—	—	—	—	—	—	—	—	—	—	—	—	—
450	×	×	×	×	×	—	—	—	—	—	—	—	—	—	—	—	—	—	—
500	×	×	×	×	×	—	—	—	—	—	—	—	—	—	—	—	—	—	—
600	×	×	×	×	×	—	—	—	—	—	—	—	—	—	—	—	—	—	—
700	×	×	×	×	—	—	—	—	—	—	—	—	—	—	—	—	—	—	—
800	×	×	×	×	—	—	—	—	—	—	—	—	—	—	—	—	—	—	—
900	×	×	×	×	—	—	—	—	—	—	—	—	—	—	—	—	—	—	—
1 000	×	×	×	×	—	—	—	—	—	—	—	—	—	—	—	—	—	—	—
1 200	×	×	×	—	—	—	—	—	—	—	—	—	—	—	—	—	—	—	—
1 400	×	×	×	—	—	—	—	—	—	—	—	—	—	—	—	—	—	—	—
1 600	×	×	×	—	—	—	—	—	—	—	—	—	—	—	—	—	—	—	—
1 800	×	×	×	—	—	—	—	—	—	—	—	—	—	—	—	—	—	—	—
2 000	×	×	×	—	—	—	—	—	—	—	—	—	—	—	—	—	—	—	—

（续表）

公称尺寸 DN	对焊环松套法兰(PJ/SE) A和B 公称压力 PN					平焊环松套法兰(PJ/RJ) A和B 公称压力 PN			法兰盖(BL) A,B一致 公称压力 PN									衬里法兰盖[BL(S)] A,B一致 公称压力 PN				
	6	10	16	25	40	6	10	16	2.5	6	10	16	25	40	63	100	160	6	10	16	25	40
10	×	×	×	×	×	×	×	×	—	×	×	×	×	×	×	×	×	—	—	—	—	—
15	×	×	×	×	×	×	×	×	—	×	×	×	×	×	×	×	×	—	—	—	—	—
20	×	×	×	×	×	×	×	×	—	×	×	×	×	×	×	×	×	—	—	—	—	—
25	×	×	×	×	×	×	×	×	—	×	×	×	×	×	×	×	×	—	—	—	—	—
32	×	×	×	×	×	×	×	×	—	×	×	×	×	×	×	×	×	—	—	—	—	×
40	×	×	×	×	×	×	×	×	—	×	×	×	×	×	×	×	×	—	×	×	×	×
50	×	×	×	×	×	×	×	×	—	×	×	×	×	×	×	×	×	×	×	×	×	×
65	×	×	×	×	×	×	×	×	—	×	×	×	×	×	×	×	×	×	×	×	×	×
80	×	×	×	×	×	×	×	×	—	×	×	×	×	×	×	×	×	×	×	×	×	×
100	×	×	×	×	×	×	×	×	—	×	×	×	×	×	×	×	×	×	×	×	×	×
125	×	×	×	×	×	×	×	×	×	×	×	×	×	×	×	×	×	×	×	×	×	×
150	×	×	×	×	×	×	×	×	×	×	×	×	×	×	×	×	×	×	×	×	×	×
200	×	×	×	×	×	×	×	×	×	×	×	×	×	×	×	×	×	×	×	×	×	×
250	×	×	×	×	×	×	×	×	×	×	×	×	×	×	×	×	×	×	×	×	×	×
300	×	×	×	×	×	×	×	×	×	×	×	×	×	×	×	×	×	×	×	×	×	×
350	×	×	×	×	×	×	×	×	×	×	×	×	×	×	×	×	—	×	×	×	×	×
400	×	×	×	×	×	×	×	×	×	×	×	×	×	×	×	×	—	×	×	×	×	×
450	×	×	×	×	×	×	×	×	×	×	×	×	×	×	×	×	—	×	×	×	×	×
500	×	×	×	×	×	×	×	×	×	×	×	×	×	×	×	×	—	×	×	×	×	×
600	×	×	×	×	×	×	×	×	×	×	×	×	×	×	×	—	—	×	×	×	×	×
700	—	—	—	—	—	—	—	—	×	×	×	×	×	×	—	—	—	—	—	—	—	—
800	—	—	—	—	—	—	—	—	×	×	×	×	×	×	—	—	—	—	—	—	—	—
900	—	—	—	—	—	—	—	—	×	×	×	×	×	×	—	—	—	—	—	—	—	—
1 000	—	—	—	—	—	—	—	—	×	×	×	×	×	—	—	—	—	—	—	—	—	—
1 200	—	—	—	—	—	—	—	—	×	×	×	×	—	—	—	—	—	—	—	—	—	—
1 400	—	—	—	—	—	—	—	—	×	×	×	—	—	—	—	—	—	—	—	—	—	—
1 600	—	—	—	—	—	—	—	—	×	×	—	—	—	—	—	—	—	—	—	—	—	—
1 800	—	—	—	—	—	—	—	—	×	×	—	—	—	—	—	—	—	—	—	—	—	—
2 000	—	—	—	—	—	—	—	—	×	×	—	—	—	—	—	—	—	—	—	—	—	—

附表 9-2 法兰连接尺寸 (mm)

公称直径 DN	PN2.5					PN6					PN10					PN16				
	D	K	L	Th	n/个	D	K	L	Th	n/个	D	K	L	Th	n/个	D	K	L	Th	n/个
10	75	50	11	M10	4	75	50	11	M10	4	90	60	14	M12	4	90	60	14	M12	4
15	80	55	11	M10	4	80	55	11	M10	4	95	65	14	M12	4	95	65	14	M12	4
20	90	65	11	M10	4	90	65	11	M10	4	105	75	14	M12	4	105	75	14	M12	4
25	100	75	11	M10	4	100	75	11	M10	4	115	85	14	M12	4	115	85	14	M12	4
32	120	90	14	M12	4	120	90	14	M12	4	140	100	18	M16	4	140	100	18	M16	4
40	130	100	14	M12	4	130	100	14	M12	4	150	110	18	M16	4	150	110	18	M16	4
50	140	110	14	M12	4	140	110	14	M12	4	165	125	18	M16	4	165	125	18	M16	4
65	160	130	14	M12	4	160	130	14	M12	4	185	145	18	M16	8(4)①	185	145	18	M16	4(8)①
80②	190	150	18	M16	4	190	150	18	M16	4	200	160	18	M16	8	200	160	18	M16	8
100	210	170	18	M16	4	210	170	18	M16	4	220	180	18	M16	8	220	180	18	M16	8
125	240	200	18	M16	8	240	200	18	M16	8	250	210	18	M16	8	250	210	18	M16	8
150	265	225	18	M16	8	265	225	18	M16	8	285	240	22	M20	8	285	240	22	M20	8
200	320	280	18	M16	8	320	280	18	M16	8	340	295	22	M20	8	340	295	22	M20	12
250	375	335	18	M16	12	375	335	18	M16	12	395	350	22	M20	12	405	355	26	M24	12
300	440	395	22	M20	12	440	395	22	M20	12	445	400	22	M20	12	460	410	26	M24	12
350	490	445	22	M20	12	490	445	22	M20	12	505	460	22	M20	16	520	470	26	M24	16
400	540	495	22	M20	16	540	495	22	M20	16	565	515	26	M24	16	580	525	30	M27	16
450	595	550	22	M20	16	595	550	22	M20	16	615	565	26	M24	20	640	585	30	M27	20
500	645	600	22	M20	20	645	600	22	M20	20	670	620	26	M24	20	715	650	33	M30	20
600	755	705	26	M24	20	755	705	26	M24	20	780	725	30	M27	20	840	770	36	M33	20
700	860	810	26	M24	24	860	810	26	M24	24	895	840	30	M27	24	910	840	36	M33	24
800	975	920	30	M27	24	975	920	30	M27	24	1 015	950	33	M30	24	1 025	950	39	M36	24
900	1 075	1 020	30	M27	24	1 075	1 020	30	M27	24	1 115	1 050	33	M30	28	1 125	1 050	39	M36	28
1 000	1 175	1 120	30	M27	28	1 175	1 120	30	M27	28	1 230	1 160	36	M33	28	1 255	1 170	42	M39	28
1 200	1 375	1 320	30	M27	32	1 405	1 340	33	M27	32	1 455	1 380	39	M36	32	1 485	1 390	48	M45	32
1 400	1 575	1 520	30	M27	36	1 630	1 560	36	M27	36	1 675	1 590	42	M39	36	1 685	1 590	48	M45	36
1 600	1 790	1 730	30	M27	40	1 830	1 760	36	M27	40	1 915	1 820	48	M45	40	1 930	1 820	55	M52	40
1 800	1 990	1 930	30	M27	44	2 045	1 970	39	M27	44	2 115	2 020	48	M45	44	2 130	2 020	55	M52	44
2 000	2 190	2 130	30	M27	48	2 265	2 180	42	M27	48	2 325	2 230	48	M45	48	2 345	2 230	60	M56	48

（续表）

公称直径 DN	PN25					PN40					PN63				
	D	K	L	Th	n/个	D	K	L	Th	n/个	D	K	L	Th	n/个
10	90	60	14	M12	4	90	60	14	M12	4	100	70	14	M12	4
15	95	65	14	M12	4	95	65	14	M12	4	105	75	14	M12	4
20	105	75	14	M12	4	105	75	14	M12	4	130	90	18	M16	4
25	115	85	14	M12	4	115	85	14	M12	4	140	100	18	M16	4
32	140	100	18	M16	4	140	100	18	M16	4	155	110	22	M20	4
40	150	110	18	M16	4	150	110	18	M16	4	170	125	22	M20	4
50	165	125	18	M16	4	165	125	18	M16	4	180	135	22	M20	4
65	185	145	18	M16	8	185	145	18	M16	8	205	160	22	M20	8
80②	200	160	18	M16	8	200	160	18	M16	8	215	170	22	M20	8
100	235	190	22	M20	8	235	190	22	M20	8	250	200	26	M24	8
125	270	220	26	M24	8	270	220	26	M24	8	295	240	30	M27	8
150	300	250	26	M24	8	300	250	26	M24	8	345	280	33	M30	8
200	360	310	26	M24	12	375	320	30	M27	12	415	345	36	M33	12
250	425	370	30	M27	12	450	385	33	M30	12	470	400	36	M33	12
300	485	430	30	M27	16	515	450	33	M30	16	530	460	36	M33	16
350	555	490	33	M30	16	580	510	36	M33	16	600	525	39	M36	16
400	620	550	36	M33	16	660	585	39	M36	16	670	585	42	M39	16
450	670	600	36	M33	20	685	610	39	M36	20	—	—	—	—	—
500	730	660	36	M33	20	755	670	42	M39	20	—	—	—	—	—
600	845	770	39	M36	20	890	795	48	M45	20	—	—	—	—	—
700	960	875	42	M39	24	—	—	—	—	—	—	—	—	—	—
800	1 085	990	48	M45	24	—	—	—	—	—	—	—	—	—	—
900	1 185	1 090	48	M45	28	—	—	—	—	—	—	—	—	—	—
1 000	1 320	1 210	55	M52	28	—	—	—	—	—	—	—	—	—	—
1 200	1 530	1 420	55	M52	32	—	—	—	—	—	—	—	—	—	—

（续表）

公称直径 DN	PN100					PN160				
	D	K	L	Th	n/个	D	K	L	Th	n/个
10	100	70	14	M12	4	100	70	14	M12	4
15	105	75	14	M12	4	105	75	14	M12	4
20	130	90	18	M16	4	130	90	18	M16	4
25	140	100	18	M16	4	140	100	18	M16	4
32	155	110	22	M20	4	155	110	22	M20	4
40	170	125	22	M20	4	170	125	22	M20	4
50	195	145	26	M24	4	195	145	26	M24	4
65	220	170	26	M24	8	220	170	26	M24	8
80	230	180	26	M24	8	230	180	26	M24	8
100	265	210	30	M27	8	265	210	30	M27	8
125	315	250	33	M30	8	315	250	33	M30	8
150	355	290	33	M30	12	355	290	33	M30	12
200	430	360	36	M33	12	430	360	36	M33	12
250	505	430	39	M36	12	515	430	42	M39	12
300	585	500	42	M39	16	585	500	42	M39	16
350	655	560	48	M45	16	—	—	—	—	—
400	715	620	48	M45	16	—	—	—	—	—

注 ①也可采用 4 个螺栓孔。
②$PN1.0 \sim 4.0$，$DN80$ 法兰的连接尺寸相同。
③表中黑线框内为不同压力等级具有相同连接尺寸的法兰。

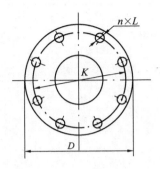

附图 9-1　法兰的连接尺寸

2. 密封面尺寸

突面、凹/凸面、榫/槽面法兰的密封面尺寸见附图 9-2 和附表 9-3。

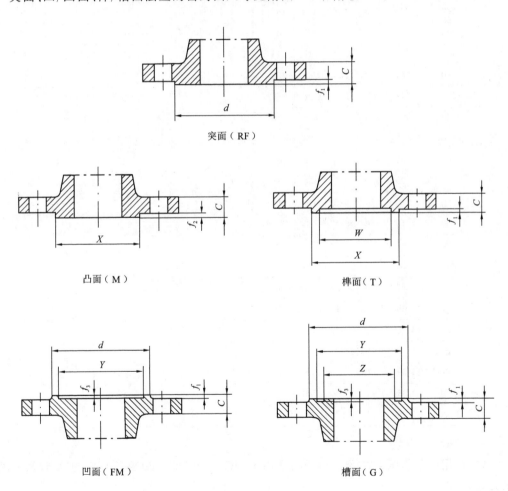

突面（RF）

凸面（M）

榫面（T）

凹面（FM）

槽面（G）

附图 9-2　突面（RF）、凹/凸面（FM/M）、榫/槽面（T/G）的密封面尺寸

附表 9-3 　　　　　　　密封面尺寸(突面、凹/凸面、榫/槽面) 　　　　(mm)

公称尺寸 DN	d 公称压力 PN						f_1	f_2	f_3	W	X	Y	Z
	2.5	6	10	16	25	≥40							
10	35	35	40	40	40	40				24	34	35	23
15	40	40	45	45	45	45				29	39	40	28
20	50	50	58	58	58	58				36	50	51	35
25	60	60	68	68	68	68				43	57	58	42
32	70	70	78	78	78	78		4.5	4.0	51	65	66	50
40	80	80	88	88	88	88				61	75	76	60
50	90	90	102	102	102	102				73	87	88	72
65	110	110	122	122	122	122				95	109	110	94
80	128	128	138	138	138	138				106	120	121	105
100	148	148	158	158	162	162				129	149	150	128
125	178	178	188	188	188	188				155	175	176	154
150	202	202	212	212	218	218		5.0	4.5	183	203	204	182
200	258	258	268	268	278	285				239	259	260	238
250	312	312	320	320	335	345				292	312	313	291
300	365	365	370	378	395	410	2			343	363	364	342
350	415	415	430	428	450	465				395	421	422	394
400	465	465	482	490	505	535				447	473	474	446
450	520	520	532	550	555	560		5.5	5.0	497	523	524	496
500	570	570	585	610	615	615				549	575	576	548
600	670	670	685	725	720	735				649	675	676	648
700	775	775	800	795	820	—							
800	880	880	905	900	930	—							
900	980	980	1 005	1 000	1 030	—							
1 000	1 080	1 080	1 110	1 115	1 140	—							
1 200	1 280	1 295	1 330	1 330	1 350	—			—				
1 400	1 480	1 510	1 535	1 530	—	—							
1 600	1 690	1 710	1 760	1 750	—	—							
1 800	1 890	1 920	1 960	1 950	—	—							
2 000	2 000	2 125	2 170	2 150	—	—							

3. 板式平焊钢制管法兰

(1)适用的公称压力等级 2.5~40,适用于 HG/T 20592—2009 所规定的 A、B 两个钢管外径系列。

(2)法兰密封面型式及适用范围见表 6-12。

(3)法兰尺寸

板式平焊钢制管法兰结构见附图 9-3,其尺寸系列见附表 9-4～附表 9-8。

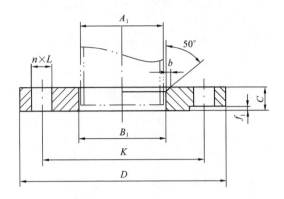

附图 9-3　板式平焊钢制管法兰(PL)

附表 9-4　　　　　　　　　　***PN*2.5 板式平焊钢制管法兰**　　　　　　　　　（mm）

公称直径 DN	钢管外径 A_1		连接尺寸					法兰厚度 C	法兰内径 B_1		法兰理论质量/kg
			法兰外径 D	螺栓孔中心圆直径 K	螺栓孔直径 L	螺栓孔数量 n/个	螺栓 Th				
	A	B							A	B	
10	17.2	14	75	50	11	4	M10	12	18	15	0.36
15	21.3	18	80	55	11	4	M10	12	22.5	19	0.41
20	26.9	25	90	65	11	4	M10	14	27.5	26	0.60
25	33.7	32	100	75	11	4	M10	14	34.5	33	0.73
32	42.4	38	120	90	14	4	M12	16	43.5	39	1.19
40	48.3	45	130	100	14	4	M12	16	49.5	46	1.38
50	60.3	57	140	110	14	4	M12	16	61.5	59	1.51
65	76.1	76	160	130	14	4	M12	16	77.5	78	1.85
80	88.9	89	190	150	18	4	M16	18	90.5	91	2.94
100	114.3	108	210	170	18	4	M16	18	116	110	3.41
125	139.7	133	240	200	18	8	M16	20	143.5	135	4.53
150	168.3	159	265	225	18	8	M16	20	170.5	161	5.14
200	219.1	219	320	280	18	8	M16	22	221.5	222	6.85
250	273	273	375	335	18	12	M16	24	276.5	276	8.96
300	323.9	325	440	395	22	12	M20	24	328	328	11.9
350	355.6	377	490	445	22	12	M20	26	360	381	14.3
400	406.4	426	540	495	22	16	M20	28	411	430	17.1
450	457	480	595	550	22	16	M20	30	462	485	20.5
500	508	530	645	600	22	20	M20	30	513.5	535	23.7
600	610	630	755	705	26	20	M24	32	616.5	636	33.7
700	711	720	860	810	26	24	M24	36	715	724	44.2
800	813	820	975	920	30	24	M27	38	817	824	58.6
900	914	920	1 075	1 020	30	24	M27	40	918	924	69.1
1 000	1 016	1 020	1 175	1 120	30	28	M27	42	1 020	1 024	79.4
1 200	1 219	1 220	1 375	1 320	30	32	M27	44	1 223	1 224	98.6
1 400	1 422	1 420	1 575	1 520	30	36	M27	48	1 426	1 424	124.4
1 600	1 626	1 620	1 790	1 730	30	40	M27	51	1 630	1 624	166.8
1 800	1 829	1 820	1 990	1 930	30	44	M27	54	1 833	1 824	197.5
2 000	2 032	2 020	2 190	2 130	30	48	M27	58	2 036	2 024	234.6

附表 9-5 PN6 板式平焊钢制管法兰 （mm）

公称直径 DN	钢管外径 A_1		连接尺寸					法兰厚度 C	法兰内径 B_1		法兰理论质量/kg
			法兰外径 D	螺栓孔中心圆直径 K	螺栓孔直径 L	螺栓孔数量 n/个	螺栓 Th				
	A	B							A	B	
10	17.2	14	75	50	11	4	M10	12	18	15	0.36
15	21.3	18	80	55	11	4	M10	12	22.5	19	0.41
20	26.9	25	90	65	11	4	M10	14	27.5	26	0.60
25	33.7	32	100	75	11	4	M10	14	34.5	33	0.73
32	42.4	38	120	90	14	4	M12	16	43.5	39	1.19
40	48.3	45	130	100	14	4	M12	16	49.5	46	1.38
50	60.3	57	140	110	14	4	M12	16	61.5	59	1.51
65	76.1	76	160	130	14	4	M12	16	77.5	78	1.85
80	88.9	89	190	150	18	4	M16	18	90.5	91	2.94
100	114.3	108	210	170	18	4	M16	18	116	110	3.41
125	139.7	133	240	200	18	8	M16	20	143.5	135	4.08
150	168.3	159	265	225	18	8	M16	20	170.5	161	5.14
200	219.1	219	320	280	18	8	M16	22	221.5	222	6.85
250	273	273	375	335	18	12	M16	24	276.5	276	8.96
300	323.9	325	440	395	22	12	M20	24	328	328	11.9
350	355.6	377	490	445	22	12	M20	26	360	381	14.3
400	406.4	426	540	495	22	16	M20	28	411	430	17.1
450	457	480	595	550	22	16	M20	30	462	485	20.5
500	508	530	645	600	22	20	M20	30	513.5	535	23.7
600	610	630	755	705	26	20	M24	32	616.5	636	33.7

附表 9-6 PN10 板式平焊钢制管法兰 （mm）

公称直径 DN	钢管外径 A_1		连接尺寸					法兰厚度 C	法兰内径 B_1		法兰理论质量/kg
			法兰外径 D	螺栓孔中心圆直径 K	螺栓孔直径 L	螺栓孔数量 n/个	螺栓 Th				
	A	B							A	B	
10	17.2	14	90	60	14	4	M12	14	18	15	0.61
15	21.3	18	95	65	14	4	M12	14	22.5	19	0.68
20	26.9	25	105	75	14	4	M12	16	27.5	26	0.94
25	33.7	32	115	85	14	4	M12	16	34.5	33	1.12
32	42.4	38	140	100	18	4	M16	18	43.5	39	1.86
40	48.3	45	150	110	18	4	M16	18	49.5	46	2.12
50	60.3	57	165	125	18	4	M16	19	61.5	59	2.77
65	76.1	76	185	145	18	8	M16	20	77.5	78	3.31
80	88.9	89	200	160	18	8	M16	20	90.5	91	3.59
100	114.3	108	220	180	18	8	M16	22	116	110	4.57
125	139.7	133	250	210	18	8	M16	22	143.5	135	5.65
150	168.3	159	285	240	22	8	M20	24	170.5	161	7.61
200	219.1	219	340	295	22	8	M20	24	221.5	222	9.24
250	273	273	395	350	22	12	M20	26	276.5	276	11.9
300	323.9	325	445	400	22	12	M20	26	328	328	14.6
350	355.6	377	505	460	22	16	M20	28	360	381	18.9
400	406.4	426	565	515	26	16	M24	32	411	430	24.4
450	457	480	615	565	26	20	M24	36	462	485	27.9
500	508	530	670	620	26	20	M24	38	513.5	535	34.9
600	610	630	780	725	30	20	M27	42	616.5	636	48.1

附表 9-7　　　　　　　　　　　　　　　PN16 板式平焊钢制管法兰　　　　　　　　　　　（mm）

公称直径 DN	管子外径 A_1		连接尺寸					法兰厚度 C	法兰内径 B_1		坡口宽度	法兰理论质量/kg
	A	B	法兰外径 D	螺栓孔中心圆直径 K	螺栓孔直径 L	螺栓孔数量 n/个	螺栓 Th		A	B	b	
10	17.2	14	90	60	14	4	M12	14	18	15	4	0.61
15	21.3	18	95	65	14	4	M12	14	22.5	19	4	0.68
20	26.9	25	105	75	14	4	M12	16	27.5	26	4	0.94
25	33.7	32	115	85	14	4	M12	16	34.5	33	5	1.12
32	42.4	38	140	100	18	4	M16	18	43.5	39	5	1.86
40	48.3	45	150	110	18	4	M16	18	49.5	46	5	2.12
50	60.3	57	165	125	18	4	M16	19	61.5	59	5	2.77
65	76.1	76	185	145	18	8	M16	20	77.5	78	6	3.31
80	88.9	89	200	160	18	8	M16	20	90.5	91	6	3.59
100	114.3	108	220	180	18	8	M16	22	116	110	6	4.57
125	139.7	133	250	210	18	8	M16	22	143.5	135	6	5.65
150	168.3	159	285	240	22	8	M20	24	170.5	161	6	7.61
200	219.1	219	340	295	22	12	M20	26	221.5	222	8	9.69
250	273	273	405	355	26	12	M24	29	276.5	276	10	13.8
300	323.9	325	460	410	26	12	M24	32	328	328	11	18.9
350	355.6	377	520	470	26	16	M24	35	360	381	12	24.7
400	406.4	426	580	525	30	16	M27	38	411	430	12	32.1
450	457	480	640	585	30	20	M27	42	462	485	12	40.5
500	508	530	715	650	33	20	M30	46	513.5	535	12	57.6
600	610	630	840	770	33	20	M30	52	616.5	636	12	88.2

附表 9-8　　　　　　　　　　　　　　　PN25 板式平焊钢制管法兰　　　　　　　　　　　（mm）

公称直径 DN	钢管外径 A_1		连接尺寸					法兰厚度 C	法兰内径 B_1		坡口宽度	法兰理论质量/kg
	A	B	法兰外径 D	螺栓孔中心圆直径 K	螺栓孔直径 L	螺栓孔数量 n/个	螺栓 Th		A	B	b	
10	17.2	14	90	60	14	4	M12	14	18	15	4	0.61
15	21.3	18	95	65	14	4	M12	14	22.5	19	4	0.68
20	26.9	25	105	75	14	4	M12	16	27.5	26	4	0.94
25	33.7	32	115	85	14	4	M12	16	34.5	33	5	1.12
32	42.4	38	140	100	18	4	M16	18	43.5	39	5	1.86
40	48.3	45	150	110	18	4	M16	18	49.5	46	5	2.12
50	60.3	57	165	125	18	4	M16	20	61.5	59	5	2.77
65	76.1	76	185	145	18	8	M16	22	77.5	78	6	3.46
80	88.9	89	200	160	18	8	M16	24	90.5	91	6	4.31
100	114.3	108	235	190	22	8	M20	26	116	110	6	6.29
125	139.7	133	270	220	26	8	M24	28	143.5	135	6	8.50
150	168.3	159	300	250	26	8	M24	30	170.5	161	6	10.8
200	219.1	219	360	310	26	12	M24	32	221.5	222	8	14.2
250	273	273	425	370	30	12	M27	35	276.5	276	10	20.2
300	323.9	325	485	430	30	16	M27	38	328	328	11	26.5
350	355.6	377	555	490	33	16	M30	42	360	381	12	37.6
400	406.4	426	620	550	36	16	M33	46	411	430	12	50.7
450	457	480	670	600	36	20	M33	50	462	485	12	57.8
500	508	530	730	660	36	20	M33	56	513.5	535	12	76.2
600	610	630	845	770	39	20	M36×3	68	616.5	636	12	117.0

4. 钢制管法兰用材料

附表 9-9   钢制管法兰用材料

类别号	类别	钢板		锻件		铸件	
		材料牌号	标准编号	材料牌号	标准编号	材料牌号	标准编号
1C1	碳素钢	—	—	A105 16Mn 16MnD	GB/T 12228 JB 4726 JB 4727	WCB	GB/T 12229
1C2	碳素钢	Q345R	GB 713	—	—	WCC LC3、LCC	GB/T 12229 JB/T 7248
1C3	碳素钢	16MnDR	GB 3531	08Ni3D 25	JB 4727 GB/T 12228	LCB	JB/T 7248
1C4	碳素钢	Q235A、Q235B 20 Q245R 09MnNiDR	GB/T 3274 (GB/T 700) GB/T 711 GB 713 GB 3531	20 09MnNiD	JB 4726 JB 4727	WCA	GB/T 12229
1C9	铬钼钢 (1~1.25Cr-0.5Mo)	14Cr1MoR 15CrMoR	GB 713 GB 713	14Cr1Mo 15CrMo	JB 4726 JB 4726	WC6	JB/T 5263
1C10	铬钼钢 (2.25Cr-1Mo)	12Cr2Mo1R	GB 713	12Cr2Mo1	JB 4726	WC9	JB/T 5263
1C13	铬钼钢 (5Cr-0.5Mo)	—	—	1Cr5Mo	JB 4726	ZG16Cr5MoG	GB/T 16253
1C14	铬钼铬钢 (9Cr-1Mo-V)	—	—	—	—	C12A	JB/T 5263
2C1	304	0Cr18Ni9	GB/T 4237	0Cr18Ni9	JB 4728	CF3 CF8	GB/T 12230 GB/T 12230
2C2	316	0Cr17Ni12Mo2	GB/T 4237	0Cr17Ni12Mo2	JB 4728	CF3M CF8M	GB/T 12230 GB/T 12230
2C3	304L 316L	00Cr19Ni10 00Cr17Ni14Mo2	GB/T 4237 GB/T 4237	00Cr19Ni10 00Cr17Ni14Mo2	JB 4728 JB 4728	—	—
2C4	321	0Cr18Ni10Ti	GB/T 4237	0Cr18Ni10Ti	JB 4728	—	—
2C5	347	0Cr18Ni11Nb	GB/T 4237	—	—	—	—
12E0	CF8C	—	—	—	—	CF8C	GB/T 12230

注 1. 管法兰材料一般应采用锻件或铸件,不推荐用钢板制造。钢板仅可用于法兰盖、衬里法兰盖、板式平焊法兰、
对焊环松套法兰、平焊环松套法兰。

2. 表列铸件仅适用于整体法兰。

3. 管法兰用对焊环可采用锻件或钢管制造(包括焊接)。

5. 法兰标记及标记示例

(1)标记

法兰按下列规定标记:

$$\boxed{a} \text{ 法兰(法兰盖) } \boxed{b} \ \boxed{c} - \boxed{d} \ \boxed{e} \ \boxed{f} \ \boxed{g} \ \boxed{h}$$

a——标准号,各种类型管法兰均以本标准的标准号统一标记:HG/T 20592。

b——法兰类型代号,按表 6-10 的规定。

c——法兰公称尺寸 DN(mm)与适用钢管外径系列。整体法兰、法兰盖、衬里法兰盖、螺纹法兰,适用钢管外径系列的标记可省略。适用于本标准 A 系列钢管的法兰,适用钢管外径系列的标记可省略。适用于本标准 B 系列钢管的法兰,标记为"DN×××(B)"。

d——法兰公称压力等级 PN。

e——密封面型式代号,按表 6-12 的规定。

f——应由用户提供的钢管壁厚。对于带颈对焊法兰、对焊环(松套法兰)应标注钢管壁厚。

g——材料牌号。

h——其他。如附加要求或采用与本标准系列规定不一致的要求等。

(2)标记示例

示例 1

公称尺寸 DN1 200、公称压力 PN6、配用公制管的突面板式平焊钢制管法兰,材料为 Q235A,其标记为

　　　　HG/T 20592　法兰　PL 1 200(B)-6　RF　Q235A

示例 2

公称尺寸 DN300、公称压力 PN25、配用英制管的凸面带颈平焊钢制管法兰,材料为 20 钢,其标记为

　　　　HG/T 20592　法兰　SO 300-25　M　20

附录 10　容器支座　第 1 部分:鞍式支座标准(JB/T 4712.1—2007)

　　容器支座　第 1 部分:鞍式支座(JB/T 4712.1—2007)标准适用于双支点支承的钢制卧式容器的鞍式支座。对多支点支承的卧式容器鞍式支座其结构型式和结构尺寸亦可参照本标准使用。

1. 鞍式支座的设计条件

(a)设计温度:200 ℃;

(b)地震设防烈度:8 度(Ⅱ类场地土)

2. 鞍式支座型式特征

　　鞍式支座分为轻型(代号 A)、重型(代号 B)两种。重型鞍式支座按制作方式、包角及附带垫板情况分为五种型号(代号 BⅠ,BⅡ,BⅢ,BⅣ,BⅤ)。

3. 鞍式支座安装形式

　　鞍式支座分固定式(代号 F)和滑动式(代号 S)两种安装形式。

4. 轻型(A 型)鞍式支座

　　$DN2\,100\sim4\,000$、120°包角轻型带垫板鞍式支座结构与尺寸应符合附图 10-1 和附表10-1 的规定。

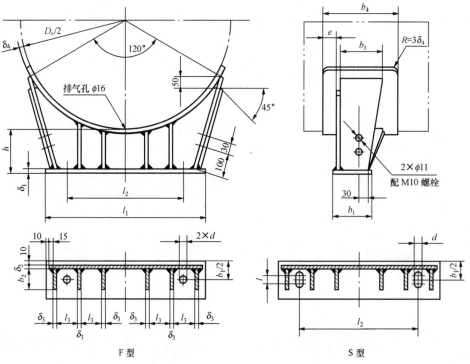

附图 10-1　$DN2\,100\sim4\,000$ 支座

附表 10-1 　　　　　A 型鞍式支座标准系列 　（DN2 100～4 000）　　　　　（mm）

公称直径 DN	允许载荷 Q /kN	鞍座高度 h	底板			腹板	筋板				垫板				螺栓配置				鞍座质量/kg	增加 100 mm 高度增加的质量/kg
			l_1	b_1	δ_1	δ_2	l_3	b_2	b_3	δ_3	弧长	b_4	δ_4	e	间距 l_2	螺孔 d	螺纹	孔长 l		
2 100	400		1 500				230				2 450				1 300				196	19
2 200	405		1 580	240			245	208	290		2 570	500		100	1 380				205	19
2 300	410		1 660		14		255			8	2 680				1 460	24	M20	40	215	20
2 400	435		1 720			10	265				2 800				1 520				234	23
2 600	440		1 880	300			295	268	360		3 030	610	10		1 640				298	26
2 800	445	250	2 040				320				3 260			120	1 800				324	28
3 000	785		2 180	360			340	316	410		3 490	660			1 940				462	34
3 200	795		2 340				370			10	3 720				2 100				492	35
3 400	835		2 480		16		390				3 950				2 200	28	M24	60	559	41
3 600	845		2 640	380		12	420	335	430		4 180	730	12	140	2 360				594	43
3 800	1 330		2 780				440			12	4 410				2 500				650	47
4 000	1 345		2 940				465				4 640				2 660				687	49

5.重型（BⅠ型）鞍式支座

（1）DN159～426、120°包角重型带垫板或不带垫板鞍式支座结构与尺寸应符合附图 10-2 和附表 10-2 的规定。

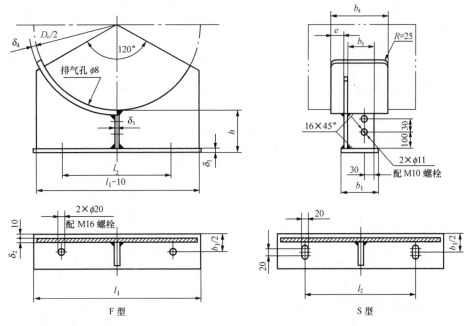

(a) 焊制

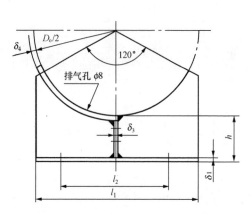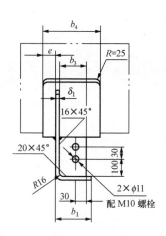

(b) 弯制

附图 10-2　DN159～426 支座

附表 10-2　　　　　　　BⅠ型鞍式支座标准系列(DN159～426)　　　　　　(mm)

公称直径 DN	允许载荷 Q /kN	鞍座高度 h	底板			腹板	筋板		垫板				螺栓间距 l_2	鞍座质量/kg		增加 100 mm 高度增加的质量/kg
			l_1	b_1	δ_1	δ_2	b_3	δ_3	弧长	b_4	δ_4	e		带垫板	不带垫板	
159	50	200	160	120	8	8	96	8	210	160	6	28	100	6	4	2
219	50		210						270				140	7	5	2
273	55		260						330			38	180	9	7	2
325	55		300						390	180			210	11	7	2
377	55		350						440				250	13	9	3
426	60		390						500				280	14	9	3

(2)DN300～450、120°包角重型带垫板或不带垫板鞍式支座结构与尺寸应符合附图 10-3 和附表 10-3 的规定。

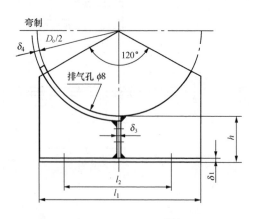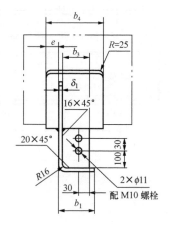

附图 10-3　DN300～450 支座

附表 10-3　　　　　　　B Ⅰ 型鞍式支座标准系列（DN300～450）　　　　　（mm）

公称直径 DN	允许载荷 Q /kN	鞍座高度 h	底板			腹板 δ₂	筋板		垫板				螺栓间距 l₂	鞍座质量/kg		增加 100 mm 高度增加的质量/kg
			l_1	b_1	δ_1	δ_2	b_3	δ_3	弧长	b_4	δ_4	e		带垫板	不带垫板	
300	55	200	290	120	8	8	96	8	370	200	6	48	200	10	8	2
350	55		330						420				230	12	8	3
400	60		380						480				260	14	9	3
450	60		420						540				290	16	10	3

（3）DN500～900、120°包角重型带垫板或不带垫板鞍式支座结构与尺寸应符合附图 10-4 和附表 10-4 的规定。

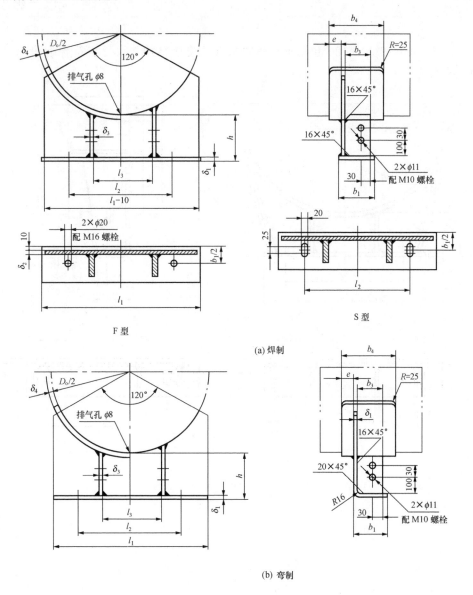

附图 10-4　　DN500～900 支座

附表 10-4　　　　　　　　　B Ⅰ 型鞍式支座标准系列（DN500～900）　　　　（mm）

公称直径 DN	允许载荷 Q /kN	鞍座高度 h	底板			腹板	筋板			垫板				螺栓间距 l₂	鞍座质量/kg		增加 100 mm 高度增加的质量/kg
			l_1	b_1	δ_1	δ_2	l_3	b_3	δ_3	弧长	b_4	δ_4	e		带垫板	不带垫板	
500	155		460				250			590				330	21	15	4
550	160		510				275			650				360	23	17	5
600	165		550			8	300		8	710	240		56	400	25	18	5
650	165	200	590	150	10		325	120		770		6		430	27	19	5
700	170		640				350			830				460	30	21	5
800	220		720			10	400		10	940	260		65	530	38	27	7
900	225		810				450			1 060				590	43	30	8

（4）DN1 000～2 000、120°包角重型带垫板鞍式支座结构与尺寸应符合附图 10-5 和附表 10-5 的规定。

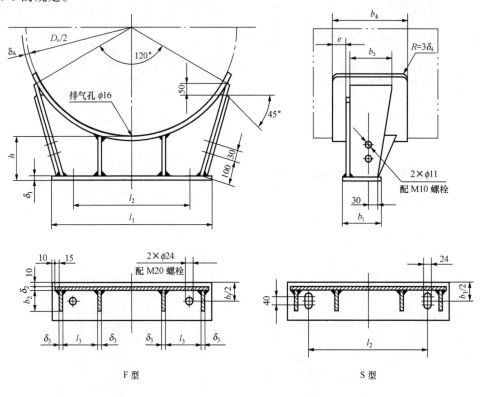

F 型　　　　　　　　　　　　　S 型

附图 10-5　DN1 000～2 000 支座

附表 10-5　　　　　　　B I 型鞍式支座标准系列（DN1 000～2 000）　　　　　　　（mm）

公称直径 DN	允许载荷 Q /kN	鞍座高度 h	底板			腹板	筋板				垫板				螺栓间距 l₂	鞍座质量/kg	增加 100mm 高度增加的质量/kg
			l_1	b_1	δ_1	δ_2	l_3	b_2	b_3	δ_3	弧长	b_4	δ_4	e			
1 000	305	200	760	170	12	8	170	140	200	8	1 180	350	8	70	600	63	9
1 100	310		820				185				1 290				660	69	9
1 200	560		880				200				1 410				720	87	12
1 300	570		940		10		215			10	1 520				780	94	12
1 400	575		1 000				230				1 640				840	101	13
1 500	785	250	1 060	200	16	12	240	170	240	12	1 760	440	10	90	900	155	17
1 600	795		1 120				257				1 870				960	164	18
1 700	805		1 200				275				1 990				1 040	174	19
1 800	855		1 280				295				2 100				1 120	204	22
1 900	865		1 360	220	14		315	190	260		2 220	460			1 200	214	23
2 000	875		1 420				330				2 330				1 260	225	24

（5）DN2 100～4 000、120°包角重型带垫板或不带垫板鞍式支座结构与尺寸应符合附图 10-6 和附表 10-6 的规定。

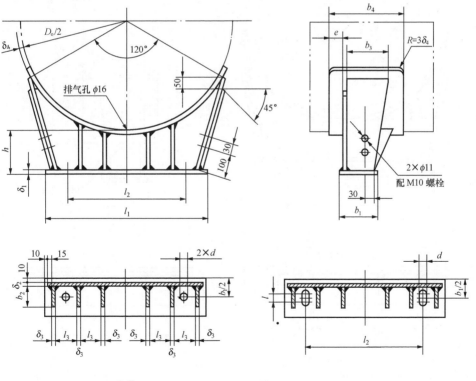

附图 10-6　DN2 100～4 000 支座

附表 10-6　　　　　　　BⅠ型鞍式支座标准系列（DN2 100～4 000）　　　　　　（mm）

公称直径 DN	允许载荷 Q/kN	鞍座高度 h	底板			腹板	筋板				垫板				螺栓配置				鞍座质量/kg	增加100 mm高度增加的质量/kg
			l_1	b_1	δ_1	δ_2	l_3	b_2	b_3	δ_3	弧长	b_4	δ_4	e	间距 l_2	螺孔 d	螺纹	孔长 l		
2 100	1 215	250	1 500	240	16	14	230	208	290	12	2 450	510	12	100	1 300	24	M20	40	300	30
2 200	1 230		1 580				243				2 570				1 380				314	31
2 300	1 825		1 660			16	256			14	2 680				1 460				352	37
2 400	1 845		1 720				266				2 800				1 520				365	38
2 600	1 950		1 880	300	18	18	293	268	360		3 030	620		120	1 640				488	47
2 800	1 985		2 040				320				3 260				1 800				528	49
3 000	2 800		2 180	360	20	20	341	316	410	16	3 490	700	14	135	1 940	28	M24	60	692	65
3 200	2 850		2 340				368				3 720				2 100				743	67
3 400	2 975		2 480	380	22	22	391	335	430		3 950	740		140	2 200				856	75
3 600	3 020		2 640				418				4 180				2 360				912	78
3 800	4 125		2 780		25	25	440			18	4 410				2 500				1 045	90
4 000	4 185		2 940				465				4 640				2 660				1 108	94

6. 重型（BⅡ型）鞍式支座

（1）DN1 500～2 000、150°包角重型带垫板或不带垫板鞍式支座结构与尺寸应符合附图 10-7 和附表 10-7 的规定。

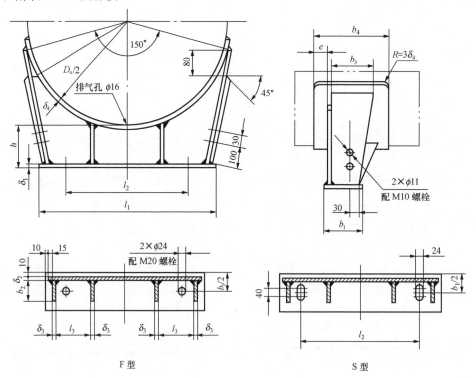

附图 10-7　DN1 500～2 000 支座

附表 10-7　　　　　　　　**BⅡ型鞍式支座标准系列（DN1 500～2 000）**　　　　　　（mm）

公称直径 DN	允许载荷 Q /kN	鞍座高度 h	底板			腹板	筋板				垫板				螺栓间距 l_2	鞍座质量/kg	增加 100mm 高度增加的质量/kg
			l_1	b_1	δ_1	δ_2	l_3	b_2	b_3	δ_3	弧长	b_4	δ_4	e			
1 000	555	200	940	170	14	10	215	140	200	10	1 450	350	8	70	600	86	13
1 100	565		1 000				235				1 590				660	92	14
1 200	575		1 060				255				1 730				720	98	15
1 300	585		1 140				275				1 870				780	105	15
1 400	590		1 220				295				2 010				840	112	16
1 500	820	250	1 300	200	16	12	315	170	230	12	2 150	430	10	90	900	184	18
1 600	830		1 380				335				2 290				960	196	19
1 700	845		1 460				355				2 430				1 040	208	20
1 800	890		1 540				375				2 580				1 120	253	25
1 900	895		1 600	220		14	390	190	260		2 720	460			1 200	266	26
2 000	905		1 680				410				2 860				1 260	279	27

（2）DN2 100～4 000、150°包角重型带垫板鞍式支座结构与尺寸应符合附图 10-8 和附表 10-8 的规定。

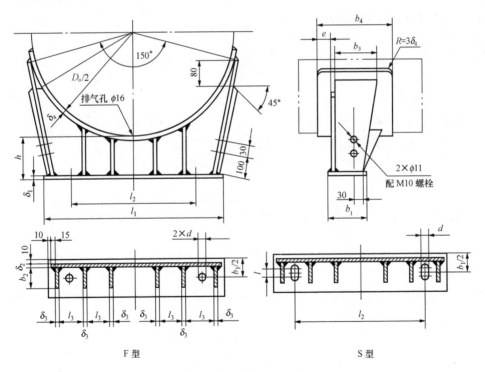

附图 10-8　DN2 100～4 000 支座

附表 10-8　　　　　　　　　BⅡ型鞍式支座标准系列（DN2 100～4 000）　　　　　　　（mm）

公称直径 DN	允许载荷 Q/kN	鞍座高度 h	底板			腹板 δ₂	筋板				垫板				螺栓配置				鞍座质量/kg	增加100 mm高度增加的质量/kg
			l_1	b_1	δ_1		l_3	b_2	b_3	δ_3	弧长	b_4	δ_4	e	间距 l_2	螺孔 d	螺纹	孔长 l		
2 100	1 261	250	1 760	240	16	14	286	208	290	12	3 010	510	12	100	1 300	24	M20	40	367	33
2 200	1 270		1 840	240	16	14	300	208	290	12	3 150	510	12	100	1 380	24	M20	40	384	34
2 300	1 890		1 920	240	16	16	310	208	290	14	3 290	510	12	100	1 460	24	M20	40	430	40
2 400	1 912		2 000	240	16	16	325	208	290	14	3 430	510	12	100	1 520	24	M20	40	449	41
2 600	2 010		2 140	300	18	18	350	268	360	14	3 710	620	12	120	1 640	24	M20	40	594	51
2 800	2 040		2 300	300	18	18	375	268	360	14	3 990	620	12	120	1 800	24	M20	40	642	53
3 000	2 885		2 460	360	20	20	400	316	410	16	4 280	700	12	135	1 940	24	M20	40	844	69
3 200	2 925		2 600	360	20	20	425	316	410	16	4 570	700	12	135	2 100	24	M20	40	900	71
3 400	3 055		2 760	380	22	22	450	335	430	16	4 850	740	14	140	2 200	28	M24	60	1 037	79
3 600	3 095		2 920	380	22	22	480	335	430	16	5 130	740	14	140	2 360	28	M24	60	1 103	82
3 800	4 225		3 060	380	25	25	500	335	430	18	5 410	740	14	140	2 500	28	M24	60	1 261	96
4 000	4 280		3 220	380	25	25	530	335	430	18	5 700	740	14	140	2 660	28	M24	60	1 334	99

注　重型鞍座中 BⅢ，BⅣ，BⅤ各型号的结构与尺寸，参见附图 10-1、10-2、10-3 和附表 10-1、附表 10-2、附表 10-3。

7. 鞍式支座标记与标准选用

（1）材料

鞍式支座材料一般为 Q235A，如需要使用其他材料，垫板材料一般应与容器筒体材料相同。

（2）鞍式支座标记

①标记方法

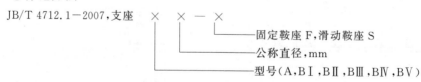

JB/T 4712.1—2007，支座　×　×—×

- 固定鞍座 F，滑动鞍座 S
- 公称直径，mm
- 型号（A，BⅠ，BⅡ，BⅢ，BⅣ，BⅤ）

注　①若鞍座高度 h、垫板宽度 b_4、垫板厚度 δ_4、底板滑动长孔长度 l 与标准尺寸不同，则应在设备图纸零件名称栏或备注栏中注明。如：$h=400$，$b_4=200$，$\delta_4=12$，$l=30$。

②鞍座材料应在设备图纸的材料栏内填写，表示方法为：支座材料/垫板材料。无垫板时只注支座材料。

②标记示例

【例 1】　DN 325，120°包角，重型不带垫板、标准尺寸的弯制固定式鞍座，鞍座材料 Q235A。

标记：JB/T 4712.1—2007，鞍座 BⅤ325-F

材料栏内注：Q235A

【例 2】　DN1 600，150°包角，重型滑动鞍座，鞍座材料 Q235A，垫板材料 0Cr18Ni9，鞍座高度为 400 mm，垫板厚度为 12 mm，滑动长孔长度为 60 mm。

标记：JB/T 4712.1—2007，鞍座 BⅡ1 600-S，$h=400$，$\delta_4=12$，$l=60$

材料栏内注：Q235A/0Cr18Ni9

（3）鞍式支座选用说明

鞍式支座安装示意见附图 10-9。

①本标准鞍式支座设计条件为：设计温度 200 ℃；地震设防烈度 8 度（Ⅱ类场地土）。

②鞍座设置应尽可能靠近封头，即 A 应小于或等于 $D_o/4$，且不宜大于 $0.2L$。当需要时，A 最大不得大于 $0.25L$。

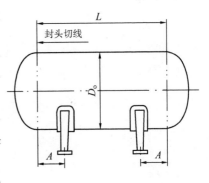

附图 10-9　鞍式支座安装示意图

③标准高度下鞍式支座的允许载荷按附表 10-1～10-8 中规定。当鞍座高度增加时，鞍座允许载荷随之降低，其值可参照 JB/T 4712.1—2007 附录 B 确定。

④根据鞍座实际承载的大小，确定选用轻型（A 型）或重型（BⅠ，BⅡ，BⅢ，BⅣ，BⅤ 型）鞍座，根据容器圆筒强度确定选用 120°包角或 150°包角的鞍座。

⑤垫板选用：公称直径小于等于 900 mm 的容器，重型鞍座分为带垫板和不带垫板两种结构型式，当符合下列条件之一时，必须设置垫板。

a.容器圆筒有效厚度小于或等于 3 mm 时；

b.容器圆筒鞍座处的周向应力大于规定值时；

c.容器圆筒有热处理要求时；

d.容器圆筒与鞍座间温差大于 200 ℃时；

e.当容器圆筒材料与鞍座材料不具有相同或相近化学成分和性能指标时。

⑥基础垫板：当容器基础为钢筋混凝土时，滑动鞍座底板下面必须安装基础垫板，基础垫板必须保持平整光滑，垫板尺寸参照附图 10-10 确定。

⑦当容器操作壁温与安装环境温度有较大差异时，螺栓孔应根据不同膨胀形式，按附图 10-11 的要求进行安装。同时，应根据容器圆筒金属温度、两鞍座间距，按附表 10-9 核算滑动鞍座所需螺栓孔长度 l。

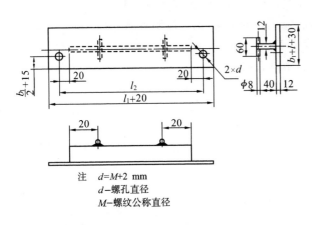

注　$d=M+2$ mm
　　d—螺孔直径
　　M—螺纹公称直径

附图 10-10　基础垫板尺寸

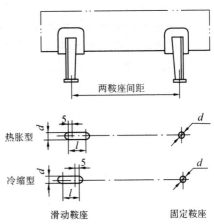

附图 10-11　鞍座安装间距

附表 10-9　　　　　　　　　　　　滑动螺栓孔长度 *l*　　　　　　　　　　　　（mm）

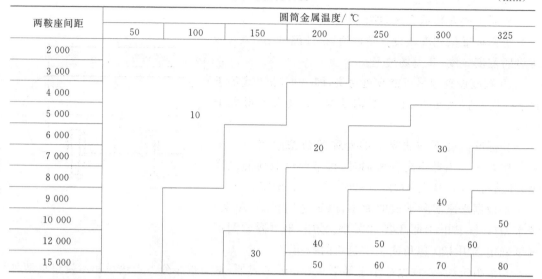

两鞍座间距	圆筒金属温度/℃						
	50	100	150	200	250	300	325
2 000							
3 000							
4 000							
5 000	10						
6 000				20		30	
7 000							
8 000							
9 000						40	
10 000							50
12 000		30	40	50		60	
15 000				50	60	70	80

注　计算基准：材料按奥氏体不锈钢；环境温度为 25 ℃。

鞍式支座制造技术要求：

（1）焊接采用电弧焊，焊条型号：J422 或性能类似的与支座相适应的其他牌号，焊接接头的型式与尺寸按 GB/T 985.1—2008 中规定。

（2）鞍座本体的焊接，均为双面连续角焊，鞍座与容器圆筒焊接采用连续焊。焊缝腰高取较薄板厚度的 0.5～0.7 倍，且不小于 5 mm。

（3）焊缝表面不得有裂纹、夹渣、气孔和弧坑等缺陷，并不得残留有熔渣和飞溅物。

（4）鞍座垫板的圆弧表面应能与容器壁贴合，要求装配后的最大间隙不应超过 2 mm。

（5）鞍座螺栓孔间距 l_2 允许偏差为 ±2 mm。

（6）鞍座的螺栓孔和其他部分的制造公差应分别按 GB 1804—2000 的 m 级与 c 级程度。

（7）若容器壳体有热处理要求时，鞍座垫板应在热处理前焊于容器上。

（8）与腹板相接侧的筋板两端应切成 25×45°的倒角（图中注明者除外）。

（9）鞍座的所有组焊零件周边粗糙度为 *Ra* 50 μm。

（10）鞍座组焊完毕，各部件均应平整，不得翘曲。

附录 11　容器支座

第 3 部分：耳式支座标准（JB/T 4712.3—2007）摘要

耳式支座标准（JB/T 4712.3—2007）适用于公称直径不大于 4 000 mm 的立式钢制圆筒形容器。耳式支座型式特征根据臂的长短分为短臂 A 型、长臂 B 型和加长臂 C 型，常用的是 B 型系列。耳式支座的垫板材料一般应与容器材料相同，厚度与筒体厚度相等。耳式支座筋板和底板的材料分为 4 种，其代号见附表 11-1。

附表 11-1　材料代号

材料代号	I	II	III	IV
支座的筋板和底板材料	Q235A	16MnR	0Cr18Ni9	15CrMoR

1. 耳式支座标记

（1）标记方法

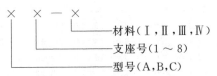

JB/T 4712.3—2007，耳式支座　××—×

- 材料（I，II，III，IV）
- 支座号（1 ~ 8）
- 型号（A，B，C）

注：1.若垫板的厚度与标准尺寸不同，则在设备图样零部件名称或备注栏中注明。

　2.支座及垫板的材料应在设备图样的材料栏中标注，标注方法：支座材料/垫板材料。

（2）标记示例

B 型，3 号耳式支座，支座材料为 Q345R，垫板材料为 0Cr18Ni9，垫板厚度 12 mm：

$$JB/T\ 4712.3—2007，耳式支座\ B3\text{-}II\,I，\delta_3＝12$$

$$材料：Q345R/S30408$$

2. B 型耳式支座结构和尺寸

B 型耳式支座结构和尺寸应符合附图 11-1 和附表 11-2 的规定。

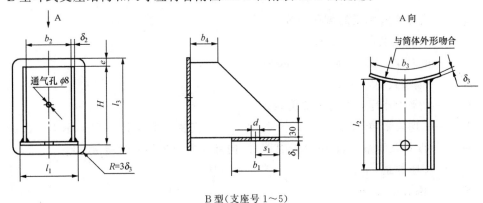

B 型（支座号 1～5）

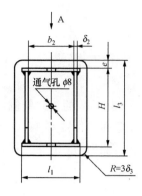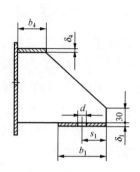

B型(支座号 6～8)

附图 11-1 B 型耳式支座

附表 11-2 　　　　　　　　　　B 型支座系列参数表　　　　　　　　　　　　（mm）

支座号	支座允许载荷 Q /kN Q235A 0Cr18Ni9	支座允许载荷 Q /kN 16MnR 15CrMoR	适用容器公称直径 DN	高度 H	底板 l_1	底板 b_1	底板 δ_1	底板 s_1	筋板 l_2	筋板 b_2	筋板 δ_2	垫板 l_3	垫板 b_3	垫板 δ_3	垫板 e	盖板 b_4	盖板 δ_4	地脚螺栓 d	地脚螺栓 规格	支座质量/kg
1	10	14	300～600	125	100	60	6	30	160	70	5	160	125	6	20	50	—	24	M20	2.5
2	20	26	500～1 000	160	125	80	8	40	180	90	6	200	160	6	24	50	—	24	M20	4.3
3	30	44	700～1 400	200	160	105	10	50	205	110	8	250	200	8	30	50	—	30	M24	8.3
4	60	90	1 000～2 000	250	200	140	14	70	290	140	10	315	250	8	40	70	—	30	M24	15.7
5	100	120	1 300～2 600	320	250	180	16	90	330	180	12	400	320	10	48	70	—	30	M24	28.7
6	150	190	1 500～3 000	400	320	230	20	115	380	230	14	500	400	12	60	100	14	36	M30	53.9
7	200	230	1 700～3 400	480	375	280	22	130	430	270	16	600	480	14	70	100	16	36	M30	85.2
8	250	320	2 000～4 000	600	480	360	26	145	510	350	18	720	600	16	72	100	18	36	M30	146.0

注　表中支座质量是以表中的垫板厚度为 δ_3 计算的,如果 δ_3 的厚度改变,则支座的质量应相应地改变。

3. 耳式支座实际承受载荷的近似计算

耳式支座实际承受载荷可按下式近似计算:

$$Q = \left[\frac{m_0 g + G_e}{kn} + \frac{4(Ph + G_e S_e)}{nD} \right] \times 10^{-3}$$

式中　Q ——支座实际承受的载荷,kN;

　　　D ——支座安装尺寸,mm;

　　　g ——重力加速度,取 $g = 9.8$ m/s²;

　　　G_e ——偏心载荷,N;

　　　h ——水平力作用点至底板高度,mm;

　　　k ——不均匀系数,安装 3 个支座时,取 $k = 1$;安装 3 个以上支座时,取 $k = 0.83$;

　　　m_0 ——设备总质量(包括壳体及其附件,内部介质及保温层的质量),kg;

　　　n ——支座数量;

　　　S_e ——偏心距,mm;

　　　P ——水平力,取 P_w 和 $P_e + 0.25 P_w$ 的大值,N。

　　当容器高径比不大于 5，且总高度 H_0（附图 11-2）不大于 10 m 时，P_e 和 P_w 可按下式计算，超出此范围的容器本标准不推荐使用耳座。

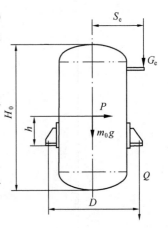

附图 11-2　耳式支座承载示意图

　　水平地震力：　　$P_e = am_0g$　　（N）

式中　a——地震影响系数，对 7、8、9 度地震设防烈度分别取 0.08(0.12)、0.16(0.24)、0.32。

　　水平风载荷：$P_w = 1.2 f_i q_0 D_0 H_0 \times 10^{-6}$　　（N）

式中　D_0——容器外径，mm，有保温层时取保温层外径；

　　　f_i——风压高度变化系数，按设备质心所处高度取，小于 10 m、15 m、20 m 分别取 1.00、1.14、1.25；

　　　H_0——容器总高度，mm；

　　　q_0——10 m 高度处的基本风压值，N/m²。

附录 12　裙座参数

附表 12-1

裙座上开设检查孔处的断面模数及面积

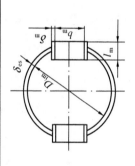

附图 12-1　裙座壳检查孔或较大管线引出孔处截面图

塔径 D_i/mm	截面特性	裙座厚度 δ_e/mm										
		4	6	8	10	12	14	16	18	20	22	24
600	A_{sm}/×10² cm²	0.792	1.185	1.580	1.975	2.370	2.765	3.160	—	—	—	—
	Z_{sm}/×10³ cm³	1.248	1.876	2.502	3.127	3.753	4.378	5.003	—	—	—	—
700	A_{sm}/×10² cm²	0.918	1.373	1.831	2.289	2.747	3.205	3.662	—	—	—	—
	Z_{sm}/×10³ cm³	1.685	2.529	3.372	4.215	5.059	5.902	6.745	—	—	—	—
800	A_{sm}/×10² cm²	0.924	1.382	1.842	2.303	2.764	3.224	3.685	—	—	—	—
	Z_{sm}/×10³ cm³	1.646	2.468	3.291	4.114	4.936	5.759	6.582	—	—	—	—
900	A_{sm}/×10² cm²	1.050	1.570	2.094	2.617	3.140	3.664	4.187	—	—	—	—
	Z_{sm}/×10³ cm³	2.155	3.234	4.312	5.390	6.468	7.546	8.624	—	—	—	—
1 000	A_{sm}/×10² cm²	1.092	1.633	2.178	2.722	3.266	3.811	4.355	4.900	—	—	—
	Z_{sm}/×10³ cm³	2.256	3.386	4.515	5.643	6.772	7.901	9.029	10.158	—	—	—
1 200	A_{sm}/×10² cm²	1.344	2.010	2.680	3.350	4.020	4.690	5.360	6.030	—	—	—
	Z_{sm}/×10³ cm³	3.516	5.274	7.032	8.790	10.548	12.306	14.064	15.821	—	—	—

附表 12-2

基本风压值 $q_0 = 300$ Pa 的裙座尺寸

塔径 D_i/mm	塔高 $H=20$ m			塔高 $H=25$ m			塔高 $H=30$ m			塔高 $H=35$ m			塔高 $H=40$ m			塔高 $H=45$ m			塔高 $H=50$ m		
	δ_s/mm	δ_r/mm	Z—M	δ_s/mm	δ_r/mm	Z—M	δ_s/mm	δ_r/mm	Z—M	δ_s/mm	δ_r/mm	Z—M	δ_s/mm	δ_r/mm	Z—M	δ_s/mm	δ_r/mm	Z—M	δ_s/mm	δ_r/mm	Z—M
800	3.2	16.1	6—36	4.2	20.5	8—36	5.7	25.4	12—36	8.4	30.0	20—42									
900	3.1	15.0	6—36	4.0	18.9	8—36	5.0	23.5	12—36	6.8	27.9	20—42									
1 000	3.3	13.9	6—36	4.3	17.6	8—36	5.3	21.8	12—36	6.6	26.0	20—36	9.4	29.6	20—42						
1 200	3.1	12.5	6—30	4.0	15.7	8—36	5.0	19.5	12—36	6.0	23.1	20—36	7.0	26.6	20—42						
1 400	3.1	11.3	8—27	3.9	14.4	12—36	4.8	17.8	12—30	5.8	21.0	20—36	6.7	24.2	20—42	7.7	27.6	24—42			
1 600	3.0	10.8	8—27	3.8	13.4	12—30	4.7	16.5	12—30	5.6	19.5	20—30	6.6	22.6	16—42	7.5	25.4	24—42	8.5	28.6	24—48
1 800	3.0	8.6	8—27	3.8	10.6	12—30	4.6	12.9	12—27	5.5	15.3	20—30	6.5	17.6	16—42	7.4	19.9	24—42	8.3	22.4	24—48
2 000	3.3	8.6	8—27	3.9	10.2	12—27	4.6	12.3	12—27	5.5	14.5	20—27	6.4	16.7	16—42	7.3	18.8	21—42	8.2	21.0	21—42
2 200				4.1	10.2	12—27	4.7	11.8	12—27	5.6	14.0	20—30	6.4	15.9	16—42	7.3	17.9	20—42	8.1	20.1	21—42
2 400				4.4	10.6	12—27	4.9	11.7	12—27	5.6	13.5	20—27	6.3	15.3	12—42	7.2	17.2	16—42	8.1	19.4	20—42
2 600				4.8	10.9	12—27	5.4	12.3	12—27	5.9	13.4	20—27	6.4	14.8	12—42	7.2	16.7	16—42	8.2	18.6	20—42
2 800				5.1	11.2	12—27	6.3	12.9	12—24	6.3	13.9	20—27	6.6	14.4	12—36	7.3	16.1	16—42	8.2	18.0	20—42
3 200							7.0	13.7	12—24	7.4	14.5	20—24	7.4	15.2	12—36	8.0	16.2	16—42	8.4	17.2	20—42
3 600										7.8	15.1	20—24	8.2	15.9	12—36	8.8	16.9	16—36	9.4	18.0	16—42
3 800										8.2	15.5	20—24	8.2	16.3	12—36	9.2	17.3	16—36	9.8	18.4	16—42

注：表中 δ_s、δ_r 分别为裙座与基础环的厚度(mm)，Z—M 为地脚螺栓的个数及公称直径，Z 和 M 分别表示地脚螺栓的数量和规格。

附表 12-3

基本风压值 $q_0 = 350$ Pa 的裙座尺寸

塔径 D_i/mm	塔高 $H=20$ m			塔高 $H=25$ m			塔高 $H=30$ m			塔高 $H=35$ m			塔高 $H=40$ m			塔高 $H=45$ m			塔高 $H=50$ m		
	δ_s/mm	δ_r/mm	Z—M	δ_s/mm	δ_r/mm	Z—M	δ_s/mm	δ_r/mm	Z—M	δ_s/mm	δ_r/mm	Z—M	δ_s/mm	δ_r/mm	Z—M	δ_s/mm	δ_r/mm	Z—M	δ_s/mm	δ_r/mm	Z—M
800	3.5	17.2	6—36	4.5	21.9	8—42	6.6	27.1	12—42	9.7	32.0	20—42									
900	3.3	16.0	6—36	4.3	20.2	8—42	5.4	25.1	12—42	7.9	29.8	20—42									
1 000	3.5	14.8	6—36	4.5	18.8	8—42	5.7	23.3	12—42	7.6	27.7	20—42	10.9	31.4	20—48						
1 200	3.3	13.3	6—27	4.3	16.7	8—36	5.3	20.3	12—42	6.4	24.7	20—36	7.8	28.4	20—48						
1 400	3.2	12.2	8—27	4.1	15.3	8—36	5.1	18.9	12—36	6.1	22.4	20—36	7.2	25.8	20—48	8.3	29.5	24—48			
1 600	3.2	11.4	8—27	4.0	14.2	8—36	5.0	17.5	12—36	5.9	20.7	20—36	7.0	24.0	16—48	8.0	27.1	24—48	9.0	30.5	28—48
1 800	3.2	9.0	8—27	4.0	11.2	12—30	4.9	13.7	12—36	5.8	16.2	20—30	6.9	18.8	16—48	7.8	21.2	24—48	8.8	23.8	28—48
2 000	3.3	8.7	8—27	4.0	10.4	12—30	4.9	13.0	12—36	5.8	15.3	20—30	6.8	17.7	16—48	7.7	20.0	20—48	8.7	23.5	28—42
2 200				4.1	10.6	12—27	4.9	12.3	12—30	5.8	14.6	20—30	6.7	16.7	16—42	7.6	19.0	20—48	8.6	21.2	28—42
2 400				4.4	10.6	12—27	5.0	12.1	12—30	5.9	14.2	20—30	6.7	16.2	12—48	7.6	18.1	16—48	8.6	20.5	24—48
2 600				4.8	10.9	12—27	5.4	12.3	12—36	6.0	13.8	20—30	6.7	15.6	12—48	7.6	17.6	16—48	8.6	19.7	24—48
2 800				5.1	11.2	12—27	6.3	12.4	12—27	6.3	13.9	20—30	6.8	15.1	12—48	7.6	17.1	16—48	8.7	19.1	24—42
3 200							7.0	13.7	12—27	7.0	14.5	20—27	7.4	15.3	12—48	7.9	16.3	16—48	8.7	18.0	24—42
3 600										7.8	15.1	20—27	8.3	16.0	12—42	8.8	17.0	16—42	9.4	18.0	20—48
3 800										8.2	15.5	20—27	8.7	16.3	12—42	9.2	17.3	16—42	9.8	18.4	20—48

注：表中 δ_s、δ_r 分别为裙座圈与基础环的厚度(mm)，Z—M 为地脚螺栓的个数及公称直径，Z 和 M 分别表示地脚螺栓的数量和规格。

附表 12-4　基本风压值 q_0=400 Pa 的裙座尺寸

D_i/mm	H=20 m δ_s/mm	δ_r/mm	Z-M	H=25 m δ_s/mm	δ_r/mm	Z-M	H=30 m δ_s/mm	δ_r/mm	Z-M	H=35 m δ_s/mm	δ_r/mm	Z-M	H=40 m δ_s/mm	δ_r/mm	Z-M	H=45 m δ_s/mm	δ_r/mm	Z-M	H=50 m δ_s/mm	δ_r/mm	Z-M
800	3.7	18.3	6-42	4.8	23.3	12-36	7.5	28.7	12-48	11.0	33.8	20-48									
900	3.6	17.0	6-42	4.6	21.4	12-36	6.1	26.6	12-48	8.9	31.5	20-48									
1 000	3.8	15.8	8-30	4.6	19.9	12-36	6.2	24.7	16-36	8.8	29.2	20-48	12.3	31.1	24-48						
1 200	3.5	14.0	8-30	4.5	17.7	12-30	5.7	22.0	16-36	6.8	26.1	20-42	8.9	29.9	24-48	9.2	31.1	28-48			
1 400	3.4	12.8	8-30	4.3	16.1	12-30	5.4	20.0	16-30	6.5	23.7	20-42	7.6	27.3	24-42	9.2	31.1	28-48			
1 600	3.4	11.9	8-27	4.2	15.0	12-30	5.3	18.4	16-30	6.3	21.9	20-42	7.4	25.4	24-42	8.5	28.6	28-48	9.6	32.2	28-48
1 800	3.3	9.4	8-27	4.2	11.7	12-30	5.2	17.1	16-30	6.2	17.1	20-36	7.2	25.2	20-48	8.3	22.4	28-42	9.4	25.2	28-48
2 000	3.4	9.0	8-27	4.2	11.2	12-27	5.1	13.6	16-30	6.1	16.1	20-36	7.2	18.7	20-42	8.1	21.1	28-42	9.2	23.7	28-48
2 200				4.2	10.8	12-27	5.1	13.0	16-30	6.0	15.4	20-36	7.1	18.5	20-36	8.1	20.0	24-42	9.1	22.5	28-48
2 400				4.4	10.6	12-27	5.2	12.6	16-30	6.1	14.8	20-30	7.1	17.8	20-36	8.0	19.2	24-42	9.1	21.7	24-48
2 600	4.8	10.9	12-24	4.8	10.9	12-24	5.4	12.3	16-30	6.2	14.3	20-30	7.0	17.0	16-42	8.0	18.5	24-42	9.1	20.8	24-48
2 800	5.1	11.2	12-24	5.1	11.2	12-24	5.6	12.4	16-27	6.3	14.0	20-27	6.3	17.6	16-42	8.1	17.9	20-48	9.1	20.9	24-48
3 200							6.3	13.1	16-27	7.0	14.5	20-30	7.0	15.3	16-42	8.1	17.0	20-48	9.1	18.9	24-48
3 600							7.0	13.7	16-27	8.2	15.1	20-27	8.3	16.0	16-36	8.8	16.9	20-42	9.2	18.0	20-48
3 800										8.2	15.2	20-27	8.7	16.3	16-36	9.2	17.3	20-42	9.6	18.0	20-48

注　表中 δ_s、δ_r 分别为裙座圈与基础环的厚度(mm),Z-M 为地脚螺栓的个数及公称直径,Z 和 M 分别表示地脚螺栓的数量和规格。

附表 12-5　基本风压值 q_0=450 Pa 的裙座尺寸

D_i/mm	H=20 m δ_s/mm	δ_r/mm	Z-M	H=25 m δ_s/mm	δ_r/mm	Z-M	H=30 m δ_s/mm	δ_r/mm	Z-M	H=35 m δ_s/mm	δ_r/mm	Z-M	H=40 m δ_s/mm	δ_r/mm	Z-M	H=45 m δ_s/mm	δ_r/mm	Z-M	H=50 m δ_s/mm	δ_r/mm	Z-M
800	3.9	19.3	6-42	5.3	24.5	12-36	8.4	30.1	16-48	12.3	35.4	20-48									
900	3.7	17.9	6-42	4.8	22.6	12-36	6.8	28.0	16-48	10.0	33.0	20-48									
1 000	4.0	16.6	8-30	5.1	21.0	12-36	6.9	26.0	16-42	9.8	30.6	20-48	13.8	34.6	24-48						
1 200	3.7	14.7	8-30	4.7	18.6	12-30	6.0	23.1	16-42	7.2	27.5	20-42	9.9	31.4	24-48	10.2	32.6	28-48			
1 400	3.6	13.4	8-27	4.5	16.9	12-30	5.7	21.0	16-42	6.9	24.9	20-42	8.0	28.7	24-48	10.2	32.6	28-48			
1 600	3.5	12.5	8-27	4.4	15.7	12-30	5.5	19.3	16-42	6.7	23.0	20-42	7.8	26.7	24-48	8.9	30.1	28-48	10.7	33.7	32-48
1 800	3.5	9.8	8-24	4.4	12.3	12-30	5.4	15.1	16-36	6.5	17.9	20-42	7.6	20.8	20-48	8.7	26.5	28-42	9.9	26.5	32-48
2 000	3.5	9.4	8-24	4.4	11.7	12-30	5.4	14.9	16-36	6.4	16.9	20-36	7.5	19.6	20-48	8.5	22.1	28-48	9.7	24.9	32-48
2 200				4.4	10.9	12-30	5.3	14.2	16-30	6.4	16.0	20-36	7.4	18.6	20-48	8.5	21.0	24-48	9.6	23.6	32-48
2 400				4.5	10.9	12-27	5.4	13.6	16-30	6.4	15.4	20-30	7.4	17.8	20-42	8.4	20.0	24-48	9.6	22.7	28-48
2 600	4.8	10.9	12-27	4.8	10.9	12-27	5.4	12.6	16-30	6.4	14.8	20-36	7.3	17.0	16-42	8.4	19.4	24-48	9.5	21.8	28-48
2 800	5.1	11.2	12-27	5.1	11.2	12-27	5.6	12.4	16-27	6.5	14.4	20-30	7.4	16.5	16-48	8.4	18.7	24-48	9.5	20.9	28-48
3 200							6.3	13.0	16-27	7.0	14.5	20-30	7.5	15.6	16-48	8.5	17.7	20-48	9.5	19.7	28-48
3 600							7.0	13.7	16-27	7.8	15.1	20-30	8.2	16.2	16-42	9.2	17.0	20-48	9.6	18.8	24-48
3 800										8.2	15.5	20-30	8.7	16.3	16-42	9.6	17.3	20-42	9.6	18.4	24-48

注　表中 δ_s、δ_r 分别为裙座圈与基础环的厚度(mm),Z-M 为地脚螺栓的个数及公称直径,Z 和 M 分别表示地脚螺栓的数量和规格。

附表 12-6

基本风压值 $q_0 = 500$ Pa 的裙座尺寸

塔径 D_i/mm	塔高 $H=20$ m δ_s/mm	δ_r/mm	Z—M	塔高 $H=25$ m δ_s/mm	δ_r/mm	Z—M	塔高 $H=30$ m δ_s/mm	δ_r/mm	Z—M	塔高 $H=35$ m δ_s/mm	δ_r/mm	Z—M	塔高 $H=40$ m δ_s/mm	δ_r/mm	Z—M	塔高 $H=45$ m δ_s/mm	δ_r/mm	Z—M	塔高 $H=50$ m δ_s/mm	δ_r/mm	Z—M
800	4.1	20.2	6—48	5.8	25.7	12—42	9.3	31.5	16—48	13.6	36.9	24—36									
900	3.9	18.7	6—48	5.0	23.7	12—42	7.5	29.3	16—48	11.0	34.5	24—36									
1 000	4.1	17.4	8—36	5.3	22.0	12—42	7.6	27.1	16—42	8.5	31.5	24—36	15.2	36.0	28—36						
1 200	3.9	15.4	8—36	5.0	19.4	12—36	6.3	24.2	20—42	7.9	28.8	20—48	10.9	32.7	28—36	11.3	34.0	32—36			
1 400	3.7	11.0	8—36	4.7	17.6	12—36	6.0	21.9	20—36	7.2	26.1	20—48	8.4	30.0	28—36	9.3	31.5	32—36			
1 600	3.6	13.0	8—30	4.6	16.3	12—36	5.8	20.2	20—36	7.0	24.0	20—42	8.2	27.9	28—30	9.1	24.6	32—36	11.8	35.1	32—48
1 800	3.6	10.2	8—30	4.6	12.8	12—36	5.7	15.7	20—36	6.8	18.7	20—42	8.0	20.5	28—30	8.8	23.1	32—30	10.3	27.7	32—48
2 000	3.6	9.7	8—30	4.5	12.1	12—30	5.6	14.8	20—30	6.7	17.6	20—36	7.9	19.4	24—42	8.7	21.9	28—42	10.1	26.0	32—48
2 200				4.6	11.6	12—30	5.5	14.1	20—30	6.6	17.3	20—36	7.8	18.6	24—42	8.7	20.9	28—42	10.0	24.6	32—48
2 400				4.6	11.2	12—30	5.6	13.6	20—27	6.6	16.0	20—36	7.7	17.8	24—36	8.8	20.1	28—42	10.0	23.7	32—48
2 600				4.8	10.9	12—30	5.6	13.1	20—27	6.6	15.4	20—36	7.7	17.2	24—36	8.8	19.5	28—42	10.0	22.8	32—48
2 800				5.1	11.2	12—30	5.6	12.7	20—27	6.7	15.0	20—36	7.7	16.0	24—36	8.8	18.3	24—42	9.9	21.8	32—48
3 200							6.3	13.7	20—24	6.9	14.3	20—30	8.3	16.3	24—36	8.8	17.5	24—42	9.9	19.5	32—48
3 600							7.0	13.7	20—24	7.7	15.0	20—30				9.2	17.3	24—42	10.0	19.0	32—48
3 800										8.2	15.5	20—24									

注　表中 δ_s、δ_r 分别为裙座与基础环厚度(mm),Z—M 为地脚螺栓的个数及公称直径,Z 和 M 分别表示地脚螺栓的数量和规格。

附表 12-7

基本风压值 $q_0 = 600$ Pa 的裙座尺寸

塔径 D_i/mm	塔高 $H=20$ m δ_s/mm	δ_r/mm	Z—M	塔高 $H=25$ m δ_s/mm	δ_r/mm	Z—M	塔高 $H=30$ m δ_s/mm	δ_r/mm	Z—M	塔高 $H=35$ m δ_s/mm	δ_r/mm	Z—M	塔高 $H=40$ m δ_s/mm	δ_r/mm	Z—M	塔高 $H=45$ m δ_s/mm	δ_r/mm	Z—M	塔高 $H=50$ m δ_s/mm	δ_r/mm	Z—M
800	4.4	22.0	6—48	6.9	27.8	12—48	11.0	33.9	16—48	16.2	39.5	24—42									
900	4.3	20.3	6—48	5.6	25.7	12—48	8.9	31.5	16—48	13.1	37.0	24—42									
1 000	4.2	18.8	8—36	5.4	23.8	12—42	9.0	29.2	16—42	12.1	34.3	24—36	18.1	38.5	28—42						
1 200	4.2	16.7	8—36	5.4	21.0	12—42	6.8	26.2	16—42	9.4	30.9	24—36	12.9	35.1	28—42	13.3	36.4	32—42			
1 400	4.0	15.1	8—36	5.1	19.0	12—42	6.5	23.7	16—42	7.8	28.2	20—48	9.9	32.3	28—36	10.8	33.9	32—42			
1 600	3.9	14.0	8—27	5.0	17.6	12—36	6.3	21.7	16—36	7.5	26.0	20—48	8.9	30.2	28—36	9.9	26.6	32—36	13.9	37.7	36—42
1 800	3.9	10.9	8—27	4.9	13.7	12—36	6.1	16.9	16—36	7.4	20.2	20—48	8.7	23.6	28—36	9.7	24.9	32—36	11.7	30.0	36—42
2 000	3.9	10.4	8—27	4.8	13.0	12—36	6.0	15.1	20—30	7.2	19.6	20—42	8.5	22.6	24—48	9.6	23.6	28—48	11.0	28.2	36—42
2 200				4.8	12.4	12—36	6.0	14.5	20—27	7.1	18.0	20—42	8.4	21.4	24—48	9.5	22.5	28—48	10.9	26.6	36—42
2 400				4.9	11.9	12—36	5.9	13.9	20—27	7.1	17.2	20—36	8.3	20.0	24—42	9.4	21.7	28—48	10.8	25.6	36—42
2 600				4.9	11.6	12—30	6.0	13.5	20—27	7.1	16.5	20—36	8.3	19.1	24—42	9.4	20.9	28—48	10.7	24.5	32—48
2 800				5.1	11.3	12—30	6.2	12.8	20—24	7.1	15.9	20—36	8.3	18.8	24—42	9.4	19.6	24—48	10.7	23.5	32—48
3 200							6.9	13.5	20—24	7.5	14.6	20—36	8.3	17.3	24—36	9.5	18.6	24—48	10.6	22.0	32—48
3 600										7.9	15.0	20—36	8.7	16.5	24—36	9.5	18.2	24—48	10.6	20.8	32—48
3 800														16.3					10.7	20.4	32—48

注　表中 δ_s、δ_r 分别为裙座圈基础环厚度(mm),Z—M 为地脚螺栓的个数及公称直径,Z 和 M 分别表示地脚螺栓的数量和规格。

参考文献

[1] 余国琮.化工容器及设备[M].北京:化学工业出版社,1980.

[2] 贺匡国.化工容器及设备简明设计手册[M].2版.北京:化学工业出版社,2002.

[3] 张康达,洪起超.压力容器手册[M].北京:劳动人事出版社,1987.

[4] 化工设备设计全书编辑委员会.化工容器设计[M].上海:上海科学技术出版社,1987.

[5] 李智诚,朱中平,薛剑峰,等.锅炉与压力容器常用金属材料手册[M].北京:中国物资出版社,1997.

[6] 高忠白,邱清宇,王志文.压力容器安全管理工程[M].北京:中国石化出版社,1997.

[7] 龚斌.压力容器破裂的防治[M].杭州:浙江科学技术出版社,1985.

[8] 吴粤燊.压力容器安全技术[M].北京:化学工业出版社,1993.

[9] 闫康平.工程材料[M].北京:化学工业出版社,2001.

[10] 潘家祯.压力容器材料实用手册[M].北京:化学工业出版社,2000.

[11] 董大勤.化工设备机械基础[M].北京:中央广播电视大学出版社,1993.

[12] 国家质量监督检验检疫总局.固定式压力容器安全技术监察规程,2016.

[13] 范钦珊.压力容器的应力分析与强度设计[M].北京:原子能出版社,1979.

[14] 余国琮.化工机械手册[M].天津:天津大学出版社,1991.

[15] 吴泽炜.化工容器设计[M].北京:化学工业出版社,1983.

[16] 燕山石油化学总公司设计院,兰州化学工业公司化工设计院.钢制列管式固定管板换热器结构设计手册.1985.

[17] 化工设备设计全书编辑委员会.搅拌设备设计[M].上海:上海科学技术出版社,1985.

[18] 国家质量监督检验检疫总局,国家标准化管理委员会.压力容器 GB/T 150.1~4—2011.

[19] 国家质量监督检验检疫总局,国家标准化管理委员会.热交换器 GB/T 151—2014.